全国高等教育自学考试指定教材

计算机基础与应用技术

（2023 年版）

（含：计算机基础与应用技术自学考试大纲）

全国高等教育自学考试指导委员会　组编

鲍培明　编著

机 械 工 业 出 版 社

本书是按照全国高等教育自学考试指导委员会制定的《计算机基础与应用技术自学考试大纲》，为参加自学考试的考生而编写的教材。本书共八章，第一章介绍计算机基础知识；第二章介绍计算机硬件的组成部件和工作原理；第三章介绍计算思维和计算机软件的相关基础知识；第四章介绍操作系统的基础知识、Windows 10 操作系统的基本功能和使用方法；第五章介绍文字处理软件 Word 2019 的基本功能和使用方法；第六章介绍电子表格软件 Excel 2019 的基本功能和使用方法；第七章介绍演示文稿软件 PowerPoint 2019 的基本功能和使用方法；第八章介绍计算机网络的基础知识、互联网的功能和使用。

“计算机基础与应用技术”是一门有理论深度、知识广度和操作难度的课程，为便于理解和掌握，书中提供较多的例题，并配有习题和实验操作题。

全书按照科学性、实用性和基础性的原则精心组织，力争做到概念清晰正确、原理简洁明白、知识丰富实用、文字通顺流畅。本书既可作为高等教育各类同等水平考试的教材，也可作为计算机技术人员的参考资料。

本书配有电子课件、习题解答等教辅资源，需要的读者可登录 www.cmpedu.com 免费注册，审核通过后下载，或扫描关注机械工业出版社计算机分社官方微信订阅号——身边的信息学，回复 73855 即可获取本书配套资源链接。

图书在版编目（CIP）数据

计算机基础与应用技术：2023 年版/全国高等教育自学考试指导委员会组编；鲍培明编著．—北京：机械工业出版社，2023.10（2025.1 重印）
全国高等教育自学考试指定教材
ISBN 978-7-111-73855-8

Ⅰ．①计…　Ⅱ．①全…　②鲍…　Ⅲ．①电子计算机-高等教育-自学考试-教材　Ⅳ．①TP3

中国国家版本馆 CIP 数据核字（2023）第 173510 号

机械工业出版社（北京市百万庄大街 22 号　邮政编码 100037）
策划编辑：王　斌　　　　责任编辑：王　斌　王　荣
责任校对：王荣庆　张　薇　　责任印制：张　博
北京建宏印刷有限公司印刷
2025 年 1 月第 1 版第 3 次印刷
184mm×260mm · 17.5 印张 · 431 千字
标准书号：ISBN 978-7-111-73855-8
定价：65.00 元

电话服务　　　　　　网络服务
客服电话：010-88361066　　机　工　官　网：www.cmpbook.com
　　　　　010-88379833　　机　工　官　博：weibo.com/cmp1952
　　　　　010-68326294　　金　书　网：www.golden-book.com
封底无防伪标均为盗版　　机工教育服务网：www.cmpedu.com

组编前言

21 世纪是一个变幻难测的世纪，是一个催人奋进的时代。科学技术飞速发展，知识更替日新月异。希望、困惑、机遇、挑战，随时随地都有可能出现在每一个社会成员的生活之中。抓住机遇，寻求发展，迎接挑战，适应变化的制胜法宝就是学习——依靠自己学习、终生学习。

作为我国高等教育组成部分的自学考试，其职责就是在高等教育这个水平上倡导自学、鼓励自学、帮助自学、推动自学，为每一个自学者铺就成才之路。组织编写供读者学习的教材就是履行这个职责的重要环节。毫无疑问，这种教材应当适合自学，应当有利于学习者掌握和了解新知识、新信息，有利于学习者增强创新意识，培养实践能力，形成自学能力，也有利于学习者学以致用，解决实际工作中所遇到的问题。具有如此特点的书，我们虽然沿用了“教材”这个概念，但它与那种仅供教师讲、学生听，教师不讲、学生不懂，以“教”为中心的教科书相比，已经在内容安排、编写体例、行文风格等方面都大不相同了。希望读者对此有所了解，以便从一开始就树立起依靠自己学习的坚定信念，不断探索适合自己的学习方法，充分利用自己已有的知识基础和实际工作经验，最大限度地发挥自己的潜能，达到学习的目标。

欢迎读者提出意见和建议。

祝每一位读者自学成功。

全国高等教育自学考试指导委员会

2022 年 8 月

目 录

全国高等教育自学考试

计算机基础与应用技术
自学考试大纲

全国高等教育自学考试指导委员会　制定

大 纲 前 言

为了适应社会主义现代化建设事业的需要，鼓励自学成才，我国在 20 世纪 80 年代初建立了高等教育自学考试制度。高等教育自学考试是个人自学、社会助学和国家考试相结合的一种高等教育形式。应考者通过规定的专业课程考试并经思想品德鉴定达到毕业要求的，可获得毕业证书；国家承认学历并按照规定享有与普通高等学校毕业生同等的有关待遇。经过 40 多年的发展，高等教育自学考试为国家培养造就了大批专门人才。

课程自学考试大纲是规范自学者学习范围、要求和考试标准的文件。它是按照专业考试计划的要求，具体指导个人自学、社会助学、国家考试及编写教材的依据。

为更新教育观念，深化教学内容方式、考试制度、质量评价制度改革，更好地提高自学考试人才培养的质量，全国考委各专业委员会按照专业考试计划的要求，组织编写了课程自学考试大纲。

新编写的大纲，在层次上，本科参照一般普通高校本科水平，专科参照一般普通高校专科或高职院样的水平；在内容上，及时反映学科的发展变化以及自然科学和社会科学近年来研究的成果，以更好地指导应考者学习使用。

全国高等教育自学考试指导委员会

2023 年 5 月

Ⅰ. 课程性质与课程目标

一、课程性质和特点

《计算机基础与应用技术》是高等教育自学考试计算机应用技术、计算机网络技术等专业大专阶段学生学习计算机基础知识、掌握计算机基本技能的一门专业基础课程。

本课程设置的目的是使学生通过自学、助学和实践环节，了解计算机的发展历史，熟悉计算机系统的软硬件组成，掌握计算思维的基本概念和方法，熟练应用最常用的办公工具软件，熟练使用互联网工具进行信息检索和通信交流，为后续课程构建一个基本知识框架，为深入学习计算机技术和掌握专业知识打下扎实的基础。

本课程具有的特点如下：

1）基于“计算机基础”类课程提出的广度优先原则，本课程对计算机信息处理相关的基本知识做了粗线条的全景式介绍，为后续课程的学习奠定基础。

2）本课程融合知识、技能和品行三个方面的综合能力培养，采用逐步深入的方法介绍计算机基础理论及计算机应用工具，同时加强了对职业素养等方面的要求。

3）本课程精心设计了实验案例，要求学生在实验操作中掌握操作技能，每个实验都配有完整的操作步骤及相关的实验素材、实验结果样例，学生可自行下载学习和参考。

二、课程目标

本课程的主要对象是计算机类大专考生，他们很多会成为企事业单位中计算机应用系统的用户。本课程设置的目标是鼓励考生：

1）拓宽知识面。通过学习，学生应能够理解计算机学科的基本知识，同时具备一定的计算思维能力和信息素养。具体包括了解计算机的发展历史、应用领域、发展趋势，计算机的特点和分类，数据表示和进制计算，计算机系统的组成、软硬件的基本构成，计算机工作的基本原理，计算思维以及利用计算机解决问题的方法，计算机操作系统的概念及其作用，计算机软件和编程语言，计算机网络基础知识及互联网的应用等。

2）掌握基本技能。通过学习，学生应具备应用计算机技术分析问题、解决问题的能力，具备使用计算机工具软件处理日常事务的能力，具备计算机的基本管理与维护能力，具备获取、管理、加工、分析、利用信息的能力，了解并能遵守与计算机相关的法律与法规，养成良好的计算机和互联网使用习惯。

3）提高应用能力。本课程培养学生具有良好的动手实践能力，能熟练使用主流操作系统 Windows，能熟练使用常用的办公软件完成文档处理、表格编排、图表制作、数据分析、数据统计、信息展示等任务，能熟练通过互联网进行信息检索、软件下载安装、文件传送、信息交流和信息分享等，能综合使用上述多种技能完成工作任务。

4）发展对计算机学科的学习兴趣。本课程通过例题、习题和实验，激励考生实践知行合一的学习方法，培养对计算机学科的兴趣与热爱，激发自主学习能力与持续学习能力，以适应计算机技术的快速发展，为职业生涯发展和终身学习奠定基础。

三、与相关课程的联系与区别

本课程是计算机类专业学生学习计算机基础知识和基本技能的入门课程，不需要其他先导课程的知识铺垫。通过本课程的学习，可以为后续的专业课学习构建基本的知识框架，提供基本的计算机操作能力。

四、课程的重点和难点

本课程的重点内容包括：计算机中信息的编码表示、信息的存储、信息处理的基本方法和基本原理；运用计算机科学进行问题求解、系统设计和实现的思维模式；使用办公软件解决实际应用问题；使用互联网提供的信息服务和通信服务。

本课程的难点主要在于各种名词术语较多；涉及二进制数位的计算比较烦琐，例如，不同数制的相互转换、数值数据的编码、IP 地址的表示等；计算机的工作原理、算法的表示方法比较抽象；各种计算机软件丰富的应用功能需要熟练掌握。

Ⅱ. 考核目标

本大纲在考核目标中，按照识记、领会、简单应用和综合应用四个层次规定其应达到的能力层次要求。四个能力层次是递升的关系，后者必须建立在前者的基础上。各能力层次的含义是：

识记（Ⅰ）：要求考生能够识别和记忆本课程中有关计算机基础知识、硬件、软件、互联网、操作系统以及应用软件中的有关名词、概念、符号、图标等知识的含义，并能够根据考核的不同要求，做出正确的表述、选择和判断。

领会（Ⅱ）：在识记的基础上，要求考生能全面理解计算机基础中的基本概念、基本知识的内涵及外延，以及它们适用的条件和环境，并能掌握有关概念、知识的区别和联系，并能根据考核的不同要求对相关问题进行逻辑推理和论证，做出正确的判断、解释和说明。

简单应用（Ⅲ）：在领会的基础上，要求考生能运用已知的知识、计算原理和方法，对相关问题进行逻辑推理和论证，得出正确的结论或做出正确的判断，并能把计算过程正确地表达出来；还可运用本课程中的知识点以及应用软件中的操作方法，通过简单的分析来解决一般应用问题，如简单的文档编辑和格式化、表格绘制和数据分析、汇总等。

综合应用（Ⅳ）：在简单应用的基础上，要求考生能够面对具体、实际的应用需求发现问题，并能探究解决问题的方法，建立合理的计算模型或找到正确的操作方法，并进行求解、设计和实现，并根据结果得出应用问题的结论，如分析、计算、绘图、操作步骤等。

Ⅲ. 课程内容与考核要求

第一章　计算机基础知识

一、课程内容

第一节　计算机的发展历程

第二节　计算机的特点和分类

第三节　数制和二进制数的运算

第四节　计算机内部数据的表示

二、学习目的与要求

本章的学习目的与要求是了解计算机的起源与发展史、未来计算机的发展趋势，以及我国计算机的发展现状；认识计算机的特点和计算机的分类；掌握数制的概念，能在不同数制之间进行换算；掌握计算机中信息存储的编码方法和信息存储的单位，特别是掌握整数、西文字符和汉字在计算机中的编码方法。

学习完本章后，独立完成书后习题，并参照答案（参见配套电子资源）批改和订正。

三、考核知识点与考核要求

1. 计算机的发展历程

识记：存储程序原理；集成电路；微型化；智能化；物联网；云计算。

领会：计算机的发展历程；构成计算机硬件的电子器件的技术发展；未来计算机的发展趋势。

2. 计算机的特点和分类

识记：模拟信号；数字信号；模拟计算机；数字计算机；通用计算机；专用计算机；超级计算机；服务器；工作站；个人计算机；嵌入式计算机。

领会：计算机的特点；不同角度对计算机的分类。

3. 数制和二进制数的运算

识记：数制；基数；数制的符号；位权；比特；字节；字。

领会：二进制、八进制、十进制、十六进制的数制含义；不同数制之间转换的方法；二进制数的加法和减法运算方法；二进制数的逻辑运算规则；二进制数的按位逻辑运算规则；存储容量常用单位的含义。

简单应用：基于数制之间的转换规则，给出数制转换的结果；基于二进制数的运算规则，给出二进制数的运算结果；存储容量不同单位之间的换算。

综合应用：基于数制之间的转换规则，比较不同数制数据的大小。

4. 计算机内部数据的表示

识记：数值数据；真值；机器数；整数；带符号整数；无符号整数；浮点数；西文字符集；ASCII 码；汉字输入码；汉字内码；汉字字形码；Unicode。

领会：无符号整数的编码格式和编码方法；补码的编码格式和编码方法；整数编码格式能表示的数据范围；浮点数的基本编码格式；西文字符集的 ASCII 码表的构成；汉字的常用输入码；汉字内码表示的种类，GB 2312 区位码到汉字机内码的换算方法；不同汉字内码的区别；汉字点阵字模描述方法和轮廓描述方法；UTF-8 和 UTF-16 的编码方法。

简单应用：对于给定的整数数值数据，能给出其编码表示；基于 ASCII 码表，能给出某字符的 ASCII 码；基于给定的汉字区位码，能计算出机内码；对于给定的汉字点阵字形，给出汉字的字形编码，并计算汉字字形码占用的空间。

四、本章重点、难点

本章重点：数制及数制的转换；数值数据的编码表示；西文字符的 ASCII 码和汉字的机内码。

本章难点：二进制数的运算；用二进制数位编码表示整数、西文字符和汉字。

第二章　计算机组成原理

一、课程内容

第一节　计算机硬件的基本组成

第二节　中央处理器

第三节　存储器系统

第四节　CPU、主存与外设的互连

第五节　常用的输入/输出设备

二、学习目的与要求

本章的学习目的与要求是掌握计算机硬件组成中各部件的概念、功能、基本工作原理、性能指标等，认识一些物理部件和常用 I/O 设备的接口，能实现这些部件之间的连接。

学习完本章后，独立完成书后习题，并参照答案批改和订正。

三、考核知识点与考核要求

1. 计算机硬件的基本组成

识记：硬件；软件；运算器；控制器；存储器；输入设备；输出设备；中央处理器；总线；I/O 控制器。

领会：冯 · 诺依曼计算机的结构框图；现代计算机各组成部件的功能。

2. 中央处理器

识记：机器指令；操作码；地址码；汇编指令；指令系统；机器语言程序；精简指令集计算机；复杂指令集计算机；通用寄存器；指令寄存器；程序计数器；算术逻辑单元；加法器；字长；主频；时钟周期；摩尔定律。

领会：机器指令与汇编指令的关系；精简指令集计算机与复杂指令集计算机的区别；CPU 的功能和基本组成；算术逻辑单元的功能；控制器的作用；CPU 的主要性能指标；主频与时钟周期的关系。

简单应用：对于主流指令集，能给出其指令系统所属类别；加法运算在 CPU 中的实现；主频与时钟周期的相互换算。

综合应用：对于常用的电子设备，根据其指令系统，能分析设备的部分特性。

3. 存储器系统

识记：高速缓冲存储器；主存储器；辅助存储器；内存；外存；RAM；ROM；内存条。

领会：不同角度对存储器的分类；不同存储器的特性；存储器的层次结构；识别内存条和内存条插槽；常用外存储器的种类和各自的特性。

简单应用：计算主存储器容量；计算硬磁盘容量。

综合应用：对于给定的需求，能选择合适的存储器。

4. CPU、主存与外设的互连

识记：系统总线；主板；总线标准；I/O 控制器；I/O 设备接口。

领会：CPU、主存、外设之间基于总线的逻辑互联结构；主板的作用；微机中常用的总线标准；PCI-E 总线的特点；I/O 控制器的作用；USB 接口的特点。

简单应用：能识别主板上的部件或插槽；能正确安装独立显卡；能识别计算机上常用 I/O 设备接口。

综合应用：对于给定的部件，能实现正确连接。

5. 常用的输入/输出设备

识记：键盘；鼠标器；触摸屏；扫描仪；显示器；打印机。

领会：键盘上常用按键的名称和功能；鼠标的分类和工作原理；触摸屏的特点与应用场景；扫描仪的工作原理；液晶显示器的主要性能指标；打印机的分类和各自特点。

简单应用：输入/输出设备与计算机的连接；输入/输出设备的使用。

四、本章重点、难点

本章重点：现代计算机的硬件组成；CPU 的基本功能和组成；存储器的层次结构以及常用的存储器；计算机中部件的互连；常用的输入/输出设备。

本章难点：名词术语较多且抽象。

第三章　计算思维和计算机软件基础

一、课程内容

第一节　计算思维概述

第二节 解决问题的常用算法
第三节 程序与程序设计语言
第四节 软件的特性和常用软件

二、学习目的与要求

本章的学习目的与要求是理解计算思维的含义，并理解用计算思维解决问题的过程，即把实际问题转化为可计算问题，并设计算法、编制程序，让计算机去执行；理解算法、程序、软件的基本概念，建立相关的知识框架。

学习完本章后，独立完成书后习题，并参照答案批改和订正。

三、考核知识点与考核要求

1. 计算思维概述

识记：计算思维。

领会：计算思维的本质和特征。

简单应用：对于给定的简单问题，能使用计算思维的特征去分析问题。

2. 解决问题的常用算法

识记：算法；穷举法；贪心法；分治法；递归法；回溯法；动态规划法。

领会：算法的特征；算法的常用表示方法；算法的设计要求；解决问题的常用算法。

简单应用：对于给定的算法，能用案例说明该算法的应用。

综合应用：对于给定的简单问题，能用算法表示出来。

3. 程序与程序设计语言

识记：程序；程序设计语言；汇编语言；高级语言；源程序；目标程序；可执行目标程序；编译程序；汇编程序；解释程序；连接程序。

领会：机器语言、汇编语言与高级语言的区别；源程序到可执行目标程序的转换过程；程序设计的过程；常用的程序设计语言及各语言的特点。

简单应用：对于给定的语言，能用案例说明该语言的应用。

4. 软件的特性和常用软件

识记：软件；系统软件；应用软件。

领会：常用的系统软件及它们的功能；应用软件的分类；软件的特性；软件的知识产权保护方法。

简单应用：当软件作品受到侵权的时候，应采用的法律和法规。

综合应用：在实际工作、学习或生活中，能选择合适的软件并使用。

四、本章重点、难点

本章重点：计算思维的含义，并能应用计算思维的方法；算法的基本表示方法和典型问题的求解策略；常用的程序设计语言；软件的分类、特性和知识产权保护的相关知识。

本章难点：算法的表示方法和算法的描述。

第四章　Windows 10 操作系统

一、课程内容

第一节　操作系统的基础知识
第二节　Windows 10 基础知识
第三节　Windows 10 图形用户界面
第四节　Windows 10 的文件管理
第五节　Windows 10 的软硬件管理

二、学习目的与要求

本章的学习目的与要求是理解操作系统的作用和功能，掌握 Windows 10 操作系统的安装方法，熟悉 Windows 10 操作系统的桌面、窗口、对话框的构成和功能，熟练使用 Windows 10 操作系统提供的操作命令和快捷键功能，实现对计算机软硬件资源的管理、系统设置、软件的安装和下载等，维护好计算机使其高效运行。

学习完本章后，应上机完成实验一至实验六的操作；独立完成书后习题，并参照答案批改和订正。

三、考核知识点与考核要求

1. 操作系统的基础知识

识记：操作系统。

领会：操作系统的作用和功能；常用的操作系统。

简单应用：对于给定的需求，能识别或选择合适的操作系统。

2. Windows 10 基础知识

识记：Windows 操作系统；即插即用。

领会：Windows 操作系统的特性；Windows 10 的安装步骤。

简单应用：升级安装 Windows 10；新安装 Windows 10。

3. Windows 10 图形用户界面

识记：桌面；图标；开始菜单；窗口；对话框。

领会：Windows 10 桌面上的主要元素；窗口的基本组成；对话框中的基本元素；常用命令的快捷键。

简单应用：能使用键盘、鼠标完成常用操作，能使用剪贴板实现信息内容的移动和复制。

4. Windows 10 的文件管理

识记：文件；文件夹；文件资源管理器。

领会：文件名的命名规则；常用文件扩展名的含义；多级文件夹结构。

简单应用：使用文件资源管理器对文件或文件夹的操作。

5. Windows 10 的软硬件管理

识记：设备管理器；控制面板；任务管理器。

领会：设备管理器的功能和使用方法；控制面板的功能和使用方法；任务管理器的功能和使用方法；安装和卸载应用软件的方法和途径。

简单应用：使用设备管理器查看计算机的硬件设备；使用控制面板查看计算机工作的软硬件环境，并进行系统设置；使用任务管理器查看和管理正在运行的应用程序和进程。

综合应用：软件的安装和卸载。

四、本章重点、难点

本章重点：操作系统的功能，Windows 10 操作系统提供的程序或工具的使用命令，文件管理、设备管理、系统设置、软件安装和卸载、正在运行的应用程序和进程管理的方法和操作步骤。

本章难点：操作命令的熟练使用。

第五章　Word 文字处理

一、课程内容

第一节　Word 2019 概述
第二节　文本编辑
第三节　文本排版
第四节　制作表格
第五节　图文混排
第六节　文档打印

二、学习目的与要求

本章的学习目的与要求是理解文字处理软件的功能，熟悉 Word 2019 文字处理软件的窗口构成和功能，熟练使用 Word 2019 提供的操作命令和快捷键功能，实现对电子文档的创建、编辑、排版、打印，并能掌握文本、图片、表格的混排技术，丰富版面内容、美化版面效果。

学习完本章后，应上机完成实验一和实验二的操作；独立完成书后习题，并参照答案批改和订正。

三、考核知识点与考核要求

1. Word 2019 概述

识记：文字处理软件。

领会：Word 2019 的主要功能；Word 2019 的窗口组成。

简单应用：熟练操作 Word 2019 文档的建立、打开、保存、打印和关闭。

2. 文本编辑

领会：中文字符、西文字符、特殊字符、数学公式的输入方法；文本内容选中、删除、移动、复制、查找和替换的方法。

简单应用：熟练实现 Word 文本编辑。

3. 文本排版

识记：格式刷。

领会：字体格式设置的工具和方法；项目符号和编号、边框和底纹、文本框、页眉、页脚、页码、样式、模板等的使用方法。

简单应用：能调整文字、表格、图形、图片等信息元素在版面布局上的位置、大小、颜色等，以使版面达到美观的视觉效果。

4. 制作表格

识记：单元格。

领会：表格创建的方法；表格常用的编辑功能；表格编辑的工具。

简单应用：熟练制作符合需求的表格。

5. 图文混排

领会：Word 2019 中插图的类型；图片编辑的常用工具；图片的环绕方式；调整图片大小的方法；移动、复制、删除、裁剪、组合图片的工具和方法。

简单应用：熟练实现文字与图片的混合排列，丰富版面效果。

6. 文档打印

领会：打印输出设置的选项和方法；打印页面设置的选项和方法；打印预览的方法。

简单应用：熟练应用打印功能，实现文档打印输出。

四、本章重点、难点

本章重点：Word 2019 提供的工具或命令，文本、表格、图片等的编辑、排版方法。

本章难点：操作命令的熟练使用。

第六章　Excel 电子表格

一、课程内容

第一节　Excel 2019 概述

第二节　数据编辑

第三节　数据格式化

第四节　数据计算

第五节　数据可视化

第六节　数据分析

二、学习目的与要求

本章的学习目的与要求是理解电子表格处理软件的功能，熟悉 Excel 2019 电子表格处理软件的窗口构成和功能，熟练使用Excel 2019提供的操作命令和快捷键功能，实现对电子表格的创建、数据输入、单元格格式化、打印功能，并能掌握数据的计算、图表可视化、数据排序、数据筛选、数据汇总统计等操作方法。

学习完本章后，应上机完成实验一至实验五的操作；独立完成书后习题，并参照答案批改和订正。

三、考核知识点与考核要求

1. Excel 2019概述

识记：工作簿；工作表；单元格区域。

领会：Excel 2019的主要功能；Excel 2019的窗口组成；工作表区域的选中、插入、删除的基本操作。

简单应用：熟练操作Excel 2019文档的建立、打开、保存、打印和关闭；熟练操作Excel 2019工作表。

2. 数据编辑

领会：单元格支持的数据类型；单元格中数据输入方法；工作表中快速输入数据的方法。

简单应用：向单元格中输入基本类型的数据。

综合应用：工作表中数据的快速输入。

3. 数据格式化

领会：单元格格式设置的选项和方法；行高、列宽设置方法；工作表打印页面设置的选项和方法。

简单应用：对工作表内的数据及外观进行格式化处理。

4. 数据计算

识记：相对引用；绝对引用。

领会：相对引用和绝对引用的含义与区别；数据计算的运算符以及优先级；Excel内置函数的使用方法；出错信息的原因与解决方法。

简单应用：使用运算符对单元格进行数据计算。

综合应用：使用公式对单元格进行数据计算。

5. 数据可视化

领会：图表类型；图表创建的方法；图表包含的基本元素；图表编辑的方法。

简单应用：对工作表中的数据用图表可视化表示。

综合应用：对图表包含的基本元素进行编辑，使得图表实用和美观。

6. 数据分析

领会：数据排序的基本步骤；数据筛选的方法和步骤；数据分类汇总的基本步骤。

简单应用：对数据的常规排序；对数据的自动筛选；对数据的基本汇总统计。

综合应用：对数据的自定义排序；对数据的高级筛选。

四、本章重点、难点

本章重点：Excel 2019提供的工具或命令，数据输入、编辑、格式化、计算、可视化、排序、筛选、汇总统计的方法和步骤。

本章难点：数据计算、可视化、排序、筛选、汇总统计的方法；操作命令的熟练使用。

第七章　PowerPoint 演示文稿

一、课程内容

第一节　PowerPoint 2019 概述

第二节　编辑演示文稿

第三节　放映演示文稿

第四节　优化演示文稿

第五节　导出和打印演示文稿

二、学习目的与要求

本章的学习目的与要求是理解演示文稿软件的功能，熟悉 PowerPoint 2019 软件的窗口构成和功能，熟练使用 PowerPoint 2019 提供的操作命令和快捷键功能，掌握幻灯片制作的技术和方法，实现对演示文稿的创建、编辑、放映、美化、导出和打印等功能。

学习完本章后，应上机完成实验一至实验五的操作；独立完成书后习题，并参照答案批改和订正。

三、考核知识点与考核要求

1. PowerPoint 2019 概述

识记：演示文稿；幻灯片；视图；普通视图；大纲视图；幻灯片浏览视图；备注页视图；阅读视图。

领会：PowerPoint 2019 的功能；PowerPoint 2019 的窗口组成；各种视图之间的差异。

简单应用：能根据需求，选择合适的视图。

2. 编辑演示文稿

领会：演示文稿的新建和保存方法；幻灯片的基本操作方法；幻灯片中添加文本、表格、图片、视频、音频等对象的方法。

简单应用：添加文本的幻灯片的制作。

综合应用：插入多种对象的幻灯片的制作。

3. 放映演示文稿

识记：幻灯片的切换。

领会：幻灯片的放映方式；幻灯片切换的设置选项和方法。

简单应用：常规幻灯片的放映。

综合应用：具有动态效果和个性化选项设置的幻灯片的放映。

4. 优化演示文稿

识记：幻灯片主题；SmartArt 图形。

领会：幻灯片外观设置的选项和方法；SmartArt 图形的使用方法；动画效果设置的选项

和方法；超链接和动作设置的选项和方法。

简单应用：幻灯片的外观美化。

综合应用：幻灯片的动画设计或交互性设计。

5. 导出和打印演示文稿

领会：演示文稿打包的含义和方法；演示文稿打印设置的选项和方法。

简单应用：演示文稿的打印。

综合应用：演示文稿的打包。

四、本章重点、难点

本章重点：PowerPoint 2019 提供的工具或命令，幻灯片制作、切换、放映的方法，幻灯片中 SmartArt 图形的使用、动画效果的设置、超链接和动作的设置方法，演示文稿的导出和打印方法。

本章难点：幻灯片的动画设计或交互性设计；操作命令的熟练使用。

第八章　Internet 基础知识及应用

一、课程内容

第一节　计算机网络概述

第二节　Internet 基础知识

第三节　Internet 的常用操作

第四节　Internet 的通信服务

第五节　网络安全

二、学习目的与要求

本章的学习目的与要求是理解计算机网络中的名词术语，理解计算机网络提供的功能和服务，理解网络的工作模式。熟练使用互联网提供的常用信息服务和通信服务。理解计算机网络安全的问题，培养良好的互联网使用习惯，了解计算机相关的法律和法规。

学习完本章后，应上机完成实验一至实验四的操作；独立完成书后习题，并参照答案批改和订正。

三、考核知识点与考核要求

1. 计算机网络概述

识记：局域网；城域网；广域网；客户机；服务器；浏览器；网络协议；Wi-Fi、互联网。

领会：计算机网络的主要功能；计算机网络的分类；计算机网络的工作模式；计算机网络的基本组成。

简单应用：能识别给定网络的分类、工作模式、网络中的组成部件。

综合应用：根据给定的需求，给出计算机网络连接的示意图。

2. Internet 基础知识

识别：互联网；因特网；互联网服务提供者；主机；IP 地址；IP 数据报；路由器；域名；域名解析；域名系统；域名服务器；调制解调器；光纤；WWW 信息服务；文件传输服务；电子邮件；即时通信；远程登录；物联网；云计算。

领会：Internet 的起源与发展；Internet 在我国的发展；IP 地址的表示；IP 数据报的格式；路由器的功能；域名的含义和构成；域名服务器的功能；Internet 的接入方式；Internet 提供的服务。

简单应用：IP 地址的二进制表示和点分十进制的表示；网络地址的表示；域名的含义分析。

综合应用：根据环境，给出正确接入 Internet 的方式。

3. Internet 的常用操作

识别：WWW；Web 服务器；数据库服务器；网页；HTML；超文本；主页；URL；http；https；搜索引擎。

领会：用户访问网页的过程；因特网上信息检索的工具；网络资源下载的方式；网络云盘的功能。

简单应用：识别常用的浏览器，并能通过浏览器进行信息浏览、信息检索。

综合应用：网络资源的下载；使用网络云盘上传、下载、分享文件。

4. Internet 的通信服务

识记：电子邮箱地址。

领会：电子邮件的组成；电子邮件系统的工作过程；电子邮件系统使用的主要协议；即时通信的实现原理。

简单应用：电子邮件的发送和接收；熟练使用即时通信软件。

综合应用：根据给定的条件，分析通信服务的工作模式。

5. 网络安全

识记：网络系统的脆弱性；计算机病毒；黑客入侵；钓鱼网站；漏洞；补丁；杀毒软件；防火墙；数据备份。

领会：网络安全存在的问题；Windows 10 安全中心的作用；互联网操作的良好习惯；计算机相关的法律和法规。

简单应用：Windows 10 安全中心的使用；数据的整理和及时备份。

四、本章重点、难点

本章重点：Internet 的组成、工作模式、提供的服务和工作机理，接入 Internet 的方式；通过互联网进行信息浏览、信息检索、网络资源下载、网络云盘存储的操作方法，电子邮件的收发和即时通信软件的使用。

本章难点：名词术语的理解；网络中信息服务和通信服务的原理。

Ⅳ. 实践环节

一、实践方式

本课程的实践环节采用上机实习的方式，利用台式计算机或笔记本计算机进行操作练习。计算机需安装 Windows 10 操作系统、Word 2019、Excel 2019 和 PowerPoint 2019 应用软件，计算机能接入互联网。

二、目的与要求

通过上机实践加深对课程内容的理解，熟练掌握 Windows 10 操作系统的基本操作，熟练使用 Word 2019 进行文档的编辑和处理，熟练使用 Excel 2019 进行电子表格的数据编辑和数据处理，熟练使用 PowerPoint 2019 进行演示文稿的制作和播放，熟练掌握互联网信息资源的使用能力。

要求所有操作能熟练进行，能给出操作步骤说明，给出操作结果截图或结果的样张。

三、与课程考试的关系

对于“计算机基础与应用技术”课程，上机实验是必不可少的实践环节。上机实验所涉及的内容在第四章至第八章中，所涉及操作都是围绕完成具体任务而展开，通过实践环节的练习，加深和巩固课程知识的理解。本课程的实践环节需在相应的课程知识学习后进行，也必须在考试之前完成。实践环节是掌握课程内容的重要步骤，也是考试内容的重要组成部分。

四、实验大纲

1. Windows 10 操作系统

实验一：掌握文件资源管理器的基本使用方法，能熟练完成文件、文件夹的创建、复制、重命名、移动和删除的基本操作。

实验二：掌握设备管理器的基本使用，通过“设备管理器”去查看计算机硬件设备的配置、属性等信息。

实验三：掌握任务管理器的基本使用，通过“任务管理器”去查看计算机正在运行的应用程序状态，并学会终止正在运行的应用。

实验四：掌握控制面板的基本使用，通过“控制面板”去查看计算机工作的软硬件环境，并学会调整计算机的设置。

实验五：掌握常用应用软件的安装和卸载。

实验六：学会使用快捷菜单，快速找到处理对象的操作命令。

2. Word 文字处理

实验一：熟练使用文档的编辑和排版操作，实现 Word 文档的图文混排。

实验二：熟练使用表格的制作，实现图、文、表格的混排。

3. Excel 电子表格

实验一：使用多种输入方法，实现对工作表中数据的输入。

实验二：通过对单元格的格式设置，实现对工作表的编辑和格式化。

实验三：利用公式和常用函数，实现数据的计算和统计。

实验四：熟练使用图表功能，实现数据图表的创建和编辑。

实验五：熟练使用数据的排序、筛选和分类汇总操作，实现数据的分析。

4. PowerPoint 演示文稿

实验一：使用多种幻灯片版式，实现演示文稿的编辑。

实验二：使用多种幻灯片的切换效果，实现演示文稿的放映。

实验三：使用幻灯片主题、背景、SmartArt 图形，美化演示文稿。

实验四：使用动画工具，实现 SmartArt 图形的动画制作和带路径的动画制作。

实验五：使用超链接和动作，增强演示文稿放映时的交互性。

5. Internet 基础知识及应用

实验一：使用信息检索的方法查找软件资源，通过网页页面和下载软件两种方法，实现软件的下载。

实验二：使用网络云盘，实现文件的云存储、下载、上传和分享。

实验三：通过电子邮箱，实现带附件的邮件发送和接收。

实验四：以某款软件为例，熟练使用即时通信软件常用的功能。

V．关于大纲的说明与考核实施要求

一、自学考试大纲的目的和作用

课程自学考试大纲是根据专业自学考试计划的要求，结合自学考试的特点制订。其目的是对个人自学、社会助学和课程考试命题进行指导和规定。

课程自学考试大纲明确了课程学习的内容以及深广度，规定了课程自学考试的范围和标准。它是编写自学考试教材和辅导书的依据，是社会助学组织进行自学辅导的依据，是自学者学习教材、掌握课程内容知识范围和程度的依据，也是进行自学考试命题的依据。

二、课程自学考试大纲与教材的关系

课程自学考试大纲是进行学习和考核的依据，教材是学习掌握课程知识的基本内容与范围，教材的内容是大纲所规定的课程知识和内容的扩展与发挥。课程内容在教材中可以体现一定的深度或难度，但在大纲中对考核的要求一定要适当。

大纲与教材所体现的课程内容应基本一致；大纲里面的课程内容和考核知识点，教材里一般也要有。反过来，教材里有的内容，大纲里就不一定体现（注：如果教材是推荐选用的，其中有的内容与大纲要求不一致的地方，应以大纲规定为准）。

三、关于自学教材

《计算机基础与应用技术》，全国高等教育自学考试指导委员会组编，鲍培明编著，机械工业出版社出版，2023 年版。

四、关于自学要求和自学方法的指导

本大纲的课程基本要求是依据专业考试计划和专业培养目标而确定的。课程基本要求还明确了课程的基本内容，以及对基本内容掌握的程度。基本要求中的知识点构成了课程内容的主体部分。因此，课程基本内容掌握程度、课程考核知识点是高等教育自学考试考核的主要内容。

为有效地指导个人自学和社会助学，本大纲已指明了课程的重点和难点，在章节的基本要求中一般也指明了章节内容的重点和难点。

本课程共 5 学分，其中 2 学分为实验内容的学分。

本课程内容丰富、实践性强，对于考生理论知识的理解和实践操作能力都有比较高的要求，为了取得较好的学习效果，在自学时应注意以下几点。

1）自学考试的范围既不超出大纲又不超出教材范围，所以，考生应仔细阅读教学大纲规定的课程内容和考核要求，了解课程的性质、特点和目标；认真学习教材，要全面、系统地了解教材中的基本概念、基本知识，以及相互之间的区别和联系，在理解的基础上掌握基本概念和术语。

2）在系统学习教材的基础上，根据大纲要求，把握各章节的重点和难点，对重点内容进行深入细致的学习。在学习过程中，切忌死记硬背，应在学习每章节内容时适当做些笔记，梳理出该章节的知识点，分析知识点间的内在联系，明确该章节叙述的问题以及解决问题的步骤和方法。

3）本课程具有很强的实践性，学习第四章到第八章教材内容的时候，建议一边对着教材，一边使用计算机实践操作。单纯只看教材，命令、步骤是抽象的文字符号，上机操作把符号转换为看得见的应用效果，学习变得生动、简单、有趣。

4）学习教材的每一章后，认真、独立完成上机实验操作练习和课后习题。通过上机实验和习题再反馈回来查找相关教材内容、理解知识点。学习、理解和借鉴提供的实验步骤和参考答案，有利于掌握和提高知识的运用和扩展，切忌只看不做。

5）学会使用互联网提供的信息资源，在学习中遇到问题时，利用信息检索工具查询相关知识，学会提出问题、发现问题、解决问题的学习过程。

五、应考指导

1. 如何学习

很好的计划和组织是你学习成功的法宝，在自学过程中，学会制订学习计划，管理自己的学习进展，掌握学习的节奏。如果你正在接受培训学习，一定要跟紧课程并完成作业。如果你在家自学，使用“行动计划表”来监控管理自己的学习进度。

为了在考试中做出满意的回答，必须对所学课程内容有很好的理解。建议阅读课本时可以做读书笔记。如有需要重点注意的内容，可以用不同颜色来标注。例如：红色代表重点；绿色代表需要深入研究的领域；黄色代表可以运用在工作之中。建议为课程准备一个纸质的读书笔记本和草稿本。纸质笔记本可以用于整理知识点，记录通过书籍或互联网上查找的资料。学会使用草稿本计算、推导、验证课本中涉及的公式和数据，动手画一些原理示意图。

2. 如何考试

在考试过程中应做到卷面整洁，书写工整，段落与间距合理，卷面赏心悦目有助于阅卷者评分，因为阅卷者只能为他能看懂的内容打分，书写不清楚容易导致不必要的丢分。回答试卷所提出的问题时，不要超出问题的范围，更不要答非所问。

3. 如何处理紧张情绪

正确处理面对失败的惧怕，要正面思考。如果可能，请教已经通过该科目考试的人，问他们一些问题。做深呼吸放松，这有助于使头脑保持清醒，缓解紧张情绪。考试前合理膳食，保持旺盛精力，保持冷静。

4. 如何克服心理障碍

怯场导致大脑一片空白这是一个普遍问题。试试使用“线索”纸条：进入考场之前，将记忆“线索”记在纸条上，临考之前快速浏览加以巩固。但不能将纸条带进考场！在阅读考卷时，一旦有了思路就快速记下。按自己的步调进行答卷，为每个考题或部分分配合理时间，并按此时间安排进行。

六、对社会助学的要求

1）助学辅导老师应熟知考试大纲对本课程提出的总的要求和各章的知识点，准确理解对各知识点要求达到的能力层次和考核要求。

2）在辅导过程中，应以考试大纲为依据，以教材为基础，不要随意增删内容、提高或降低要求。

3）在助学过程中，应对学习方法进行指导，应提倡多阅读教材、勤于实践，引导考生掌握理解问题、解决问题的思路和方法。培养良好的学风，提高自学能力、解决问题的能力，杜绝为应付考试猜题、押题。

4）鼓励考生在日常工作学习中主动运用所学知识。例如，安装和配置个人计算机软硬件；利用办公软件创建文档用于创作、制作个人简历、撰写论文等，制作表格记录和分析生活账目，使用演示文档制作开题报告、产品展示等；利用互联网进行信息检索，查找问题的解决方法。

5）助学单位应为考生提供相应的上机操作条件，老师应在上机过程中辅导考生，使考生在实际操作过程中理解、消化课程知识，提升实践能力。

6）助学单位在安排本课程辅导时，授课时间建议不少于54+36课时，其中36课时用于上机操作。

七、对考核内容的说明

本课程要求考生学习和掌握的知识点内容都作为考核的内容。课程中各章的内容均由若干知识点组成，在自学考试中成为考核知识点。因此，课程自学考试大纲中所规定的考试内容是以分解为考核知识点的方式给出的。由于各知识点在课程中的地位、作用以及知识自身的特点不同，自学考试将对各知识点分别按四个认知（能力）层次确定其考核要求。

八、关于考试命题的若干规定

1）考试方式为闭卷、笔试，考试时间为150分钟。考试时只允许携带笔、橡皮和尺，涂写部分、画图部分必须使用2B铅笔，书写部分必须使用黑色字迹签字笔。

2）本大纲各章所规定的基本要求、知识点及知识点下的知识细目，都属于考核的内容。考试命题既要覆盖到章，又要避免面面俱到。要注意突出课程的重点、章节重点，加大重点内容的覆盖度。

3）命题不应有超出大纲中考核知识点范围的题目，考核目标不得高于大纲中所规定的相应的最高能力层次要求。命题应着重考核考生对基本概念、基本知识和基本理论是否了解或掌握，对基本方法是否会用或熟练。不应出与基本要求不符的偏题或怪题。

4）本课程在试卷中对不同能力层次要求的分数比例大致为：识记占20%，领会占30%，简单应用占30%，综合应用占20%。

5）要合理安排试题的难易程度，试题的难度可分为：易、较易、较难和难四个等级。每份试卷中不同难度试题的分数比例一般为2∶3∶3∶2。

必须注意试题的难易程度与能力层次有一定的联系，但二者不是等同的概念，在各个能力层次中都会存在着不同难度的试题。

6）课程考试命题的主要题型一般有单项选择题、多项选择题、名词解释题、简答题、应用题等。

在命题工作中必须按照本课程大纲中所规定的题型命制，考试试卷使用的题型可以略少，但不能超出本课程大纲对题型的规定。

VI. 题型举例

一、单项选择题

1. 提出存储程序工作原理的是 【　　】

A. 比尔·盖茨　　B. 冯·诺依曼

C. 约翰·莫齐利　　D. 约翰·文森特·阿塔那索夫

2. 按照计算机用途分类，下列属于专用计算机的是 【　　】

A. 工作站　　B. 服务器　　C. 个人计算机　　D. 嵌入式计算机

3. 计算机系统中处理、存储和传输信息的最小单位是 【　　】

A. Byte　　B. 字　　C. 字节　　D. 比特

4. 2000 年我国颁布了《信息技术中文编码字符集》，支持 Unicode 的所有码位，其代号为 【　　】

A. GB 18030　　B. GB 2312　　C. GBK　　D. UTF-8

5. 计算机中执行指令的部件是 【　　】

A. 总线　　B. 存储器　　C. 处理器　　D. I/O 控制器

6. 某计算机的主频为 2GHz，则该计算机的时钟周期为 【　　】

A. 5 ns　　B. 5 μs　　C. 0.5 ns　　D. 0.5 μs

7. 下列存储器中，采用非半导体集成电路芯片构成的是 【　　】

A. 主存储器　　B. 机械式硬盘　　C. 固态硬盘　　D. 优盘

8. 下列计算机显示器接口中，采用模拟信号传输的是 【　　】

A. VGA　　B. DVI　　C. HDMI　　D. DP

9. 为了判断 n 是否为素数，在 2~n-1 的自然数中，逐一判断其是否为 n 的因数，若存在某一个数是 n 的因数，则 n 不是素数，否则 n 是素数。该问题的求解策略属于 【　　】

A. 贪心法　　B. 分治法　　C. 穷举法　　D. 递归法

10. 将 C 语言书写的源程序转换为 x86 汇编语言源程序（或目标程序）的翻译程序属于 【　　】

A. 解释程序　　B. 编译程序　　C. 连接程序　　D. 汇编程序

11. 下列软件中，属于系统软件的是 【　　】

A. Windows 10　　B. Office 2019　　C. Photoshop　　D. QQ

12. Windows 10 操作系统中表示“设置”的图标是 【　　】

A.　　B.　　C.　　D.

13. Windows 10 中使用剪贴板完成粘贴命令的快捷键是 【　　】

A. <Ctrl+X>　　B. <Ctrl+C>　　C. <Ctrl+V>　　D. <Ctrl+Z>

14. 下列文件扩展名中，属于音频文件的是 【　　】

A. .txt　　B. .docx　　C. .wav　　D. .jpg

15. 下列操作中，能通过 Windows 10 的设备管理器完成的是 【　　】

A. 查看处理器型号　　B. 查看网络状态
C. 更改账户名称　　D. 设置计算机的时间

16. Word 2019 的默认视图方式为 【　】
A. 阅读视图　B. 页面视图　C. 大纲视图　D. 草稿视图

17. 在 Word 2019 中，下列情形适合采用“文件”→“保存”命令的是 【　】
A. 将文档保存为另一个副本
B. 文档修改后再保存，改变保存的路径
C. 文档修改后再保存，改变保存的文件名
D. 文档修改后再保存，不改变保存的路径和文件名

18. 在 Word 2019 编辑状态中，能设定文本字体格式的按钮位于 【　】
A. “文件”选项卡　　B. “开始”选项卡
C. “插入”选项卡　　D. “布局”选项卡

19. 在 Word 2019 中，若希望将文档中所有的“涉及”修改为“设计”，则适合采用的命令是 【　】
A. “审阅”→“校对”命令　　B. “开始”→“替换”命令
C. “引用”→“信息检索”命令　　D. “开始”→“选择”命令

20. 在 Excel 2019 中，选定多个不相邻的单元格区域的操作方法是：按下鼠标左键拖动的同时，按下 【　】
A. <Alt>键　B. <Ctrl>键　C. <Esc>键　D. <Shift>键

21. 在 PowerPoint 2019 中，窗口左侧显示幻灯片缩略图，右侧用于幻灯片编辑的视图方式属于 【　】
A. 阅读视图　　B. 大纲视图
C. 普通视图　　D. 幻灯片浏览视图

22. 下列操作中，PowerPoint 2019 提供支持，但 Word 2019 不支持的是 【　】
A. 插入图片　　B. 插入表格
C. 插入视频　　D. 插入 SmartArt 图形

23. 在 PowerPoint 2019 中，通过“文件”→“新建”命令可以建立 【　】
A. 一张工作表　B. 一张新幻灯片　C. 一个新备注　D. 一个演示文稿

24. 无线局域网采用的协议主要是 IEEE 802. 11 标准，俗称 【　】
A. Wi-Fi　B. 蓝牙　C. TCP　D. IP

25. jsjzikao@ 163. com 是一个邮箱地址，其中 163. com 表示 【　】
A. 邮箱所在 Web 服务器域名　　B. 邮箱所在邮箱服务器域名
C. 邮箱所在 Web 服务器 IP 地址　　D. 邮箱所在邮箱服务器 IP 地址

二、多项选择题

26. 下列应用中，需要使用计算模型求解问题的有 【　】
A. 面部识别　B. 解决交通拥堵　C. 无人驾驶
D. 蛋白质结构预测　E. 企业决策管理

27. 在安装 Windows 10 时，可使用的介质包括 【　】
A. U 盘　B. DVD 盘　C. ISO 文件

D. 迅雷软件　　　　　　　　E. TXT 文件

28. 新建 Word 2019 文件的常用方法有　　【　　】

A. 在 Word 2019 窗口，按<Ctrl+N>快捷键

B. 在 Word 2019 窗口，单击“文件”菜单→“打开”命令

C. 在 Word 2019 窗口，单击“文件”菜单→“新建”命令

D. 在文件资源管理器中，右键单击选择“新建”→“Microsoft Word 文档”

E. 在文件资源管理器中，单击“主页”→“新建项目”→“Microsoft Word 文档”

29. 下列选项中，通过 PowerPoint 2019 的超链接可实现的有　　【　　】

A. 幻灯片之间的跳转　　B. 幻灯片的移动　　C. 指定网页的打开

D. 本地计算机文件的打开　　E. 本地计算机文件的删除

30. 下列选项中，属于无线信号传输介质的是　　【　　】

A. 红外线　　B. 光纤　　C. 微波

D. 双绞线　　E. 卫星

三、名词解释题

31. 即插即用

32. 主板

33. 程序设计语言

34. 幻灯片

35. 因特网

四、简答题

36. 找出$(1010010)_2$、$(73)_8$、$(46)_{10}$和$(2A)_{16}$中的最大数，并写出其十进制表示。

37. 写出下列键盘按键的名称和作用。

（1）<Shift>　（2）<Tab>　（3）<Enter>　（4）<Backspace>　（5）<Esc>

38. 简述计算机需要安装 Windows、UNIX 或者其他操作系统的原因。

39. 某用户购买了一款软件后，在互联网上提供软件的副本。该用户的这种行为是否属于违法行为，其相关的法律依据是什么？

40. 演示文稿可以保存为多种类型的文件，如 JPG 格式，列举可以保存的 5 种文件扩展名。

41. 小明家采用 FTTH 方式连入互联网，其中 FTTH 的中文含义是什么？为了使手机可以通过 Wi-Fi 连入互联网，小明家应该安装什么通信控制设备。

42. 以“用 https://www.baidu.cn 访问百度网站”为例，说明使用浏览器访问网页的通信过程。

五、应用题

43. 在 Word 2019 中，编辑图文混排为如题 43 图（1）所示的效果。回答下列问题。

（1）根据题 43 图（2），写出“三十六大峰”中“.”的设置选项。

（2）若将“三十六小峰”改为“三十六小峰”，除采用（1）的方法外，还有什么方法？

黄山经历了漫长的造山运动和地壳抬升，以及冰川和自然风化作用，才形成其特有的峰林结构。黄山群峰林立，七十二峰素有“三十六大峰，三十六小峰”之称，主峰莲花峰海拔高达1864.8米。

黄山山体主要由燕山期花岗岩构成，垂直节理发育，侵蚀切割强烈，断裂和裂隙纵横交错，长期受水溶蚀，形成瑰丽多姿的花岗岩洞穴与孔道，使之重岭峡谷，关口处处，全山有岭30处、岩22处、洞7处、关2处。

题43图（1）

字体 ? ×
字体(N) 高级(V)
中文字体(T): 宋体
字形(Y): 常规 （常规 倾斜 加粗）
字号(S): 五号 （四号 小四 五号）
西文字体(F): Times New Roman
所有文字
字体颜色(C): 自动 下划线线型(U): (无) 下划线颜色(I): 自动 着重号(·): (无)
效果
□删除线(K) □阴影(W) □小型大写字母(M)
□双删除线(L) □空心(O) □全部大写字母(A)
□上标(P) □阳文(E) □隐藏(H)
□下标(B) □阴文(G)
预览
三十六大峰
这是一种 TrueType 字体，同时适用于屏幕和打印机。
设为默认值(D) 文字效果(E)... 确定 取消

题43图（2）

（3）写出图片采用的环绕方式，并给出此种图片环绕方式的一种设置方法。

44. 现有Excel 2019文件，其内容如题44图（1）所示。回答下列问题。

（1）写出打开如题44图（2）所示“排序”对话框的命令。

（2）希望对语文成绩从高分到低分排序，语文成绩相同时按数学成绩从低分到高分排序，写出题44图（3）所示对话框中的选项设置内容。

（3）为了计算语文与数学的总分，在G2单元格中应输入的公式是什么？使用什么方法可以快速输入G3~G19单元格的总分？

	A	B	C	D	E	F	G
1	学号	姓名	性别	院系	语文	数学	总分
2	220212	陈**	男	电子系	76	93	
3	220210	单**	男	电子系	82	89	
4	220202	李**	男	电子系	91	64	
5	220215	林**	男	电子系	79	85	
6	220207	王**	男	电子系	82	94	
7	220208	皱**	男	电子系	88	85	
8	220205	李**	女	电子系	85	77	
9	220209	钱**	女	电子系	94	68	
10	220201	王**	女	电子系	74	74	
11	220211	张**	女	电子系	68	87	
12	220110	黎**	男	计算机系	72	85	
13	220102	李**	男	计算机系	97	80	
14	220107	施**	男	计算机系	88	87	
15	220108	周**	男	计算机系	63	75	
16	220105	陈**	女	计算机系	76	84	
17	220101	杨**	女	计算机系	85	78	
18	220111	章**	女	计算机系	85		
19	220109	郑*	女	计算机系	79	91	

题 44 图（1）

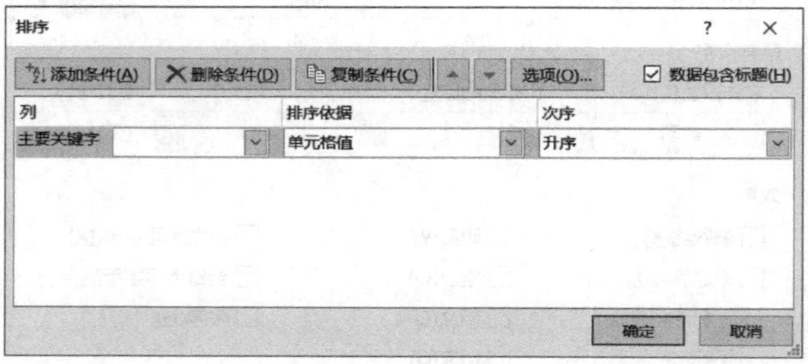

题 44 图（2）

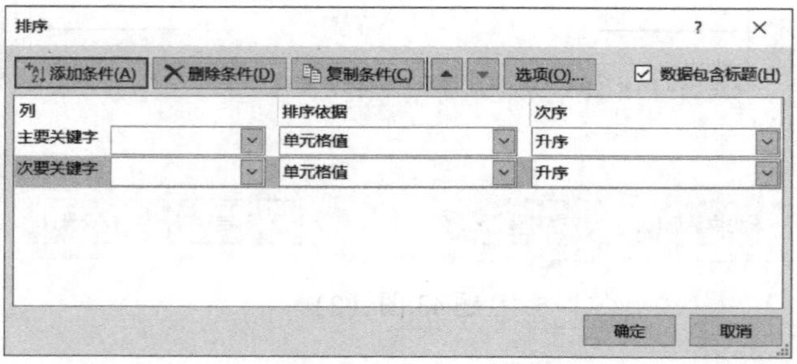

题 44 图（3）

Ⅶ. 题型举例参考答案

一、单项选择题

1	2	3	4	5	6	7	8	9	10	11	12	13
B	D	D	A	C	C	B	A	C	B	A	C	C
14	15	16	17	18	19	20	21	22	23	24	25	
C	A	B	D	B	B	B	C	C	D	A	B	

二、多项选择题

26	27	28	29	30
ABCDE	ABC	ACDE	ACD	ACE

三、名词解释题

31. 即插即用是指设备连接到计算机后，不需要手动进行驱动程序的安装，也不需要对设备参数进行复杂的设置，计算机系统能自动识别所连接的设备。

32. 主板是指 PC 中的一块矩形印制电路板，电路板表面分布有电阻、电容、总线、芯片组、各种插座、插槽和接口，主板提供了 CPU 芯片、内存条以及各接插件、设备互连的一个通用平台。

33. 程序设计语言是人与计算机交流的语言，程序设计语言包含一组用来定义计算机程序的语法规则和语义，按照给定的规则编写计算机程序，可以使计算机自动进行各种操作处理。

34. 演示文稿中的每一页称为幻灯片，每张幻灯片可能包含文字、图形、图像、表格、公式、剪贴画、艺术字、组织结构图等对象。

35. Internet 根据音译被称为因特网，它是通过采用 TCP/IP 连接计算机构成的世界上最大的一个互联网络。

四、简答题

36. 答案：$(1010010)_2$、$(73)_8$、$(46)_{10}$和$(2A)_{16}$中的最大数是$(1010010)_2$。

十进制表示为：$(1010010)_2=64+16+2=82$。

37. （1）<Shift>：转换键。用于转换字母大小写或上档转换，还可以配合其他键共同起作用。

（2）<Tab>：跳格键。通常在文字处理软件里（如 Word）起到等距离移动的作用。

（3）<Enter>：回车键/确认键。在文字处理软件中是换行的作用，或者表示对输入内容的确认。

（4）<Backspace>：退格键。删除当前光标位置前的字符，并将光标向前移动一个位置。

（5）<Esc>：Escape 的缩写，退出键。用于强行中止或退出。

38. 裸机是指没有安装任何软件的计算机。在裸机上开发和运行应用程序难度大、效率低，甚至难以实现。计算机安装操作系统后，呈现给应用程序和用户的是一台虚拟计算机。有了操作系统的计算机才能成为一个高效、可靠、通用的信息处理系统。

1）操作系统为计算机中运行的程序管理和分配各种软硬件资源。

2）操作系统为用户提供友善的人机界面。

3）操作系统为其他系统软件及各种应用软件的开发和运行提供一个高效率的平台。

4）操作系统还具有处理软硬件错误、监控系统性能、保护系统安全等许多作用。

39. 属于违法行为。该用户购买软件后，仅获得软件使用权，不具有软件著作权，在互联网上提供软件的副本属于违反软件著作权。软件著作权保护的法律依据有《中华人民共和国著作权法》《计算机软件保护条例》和《计算机软件著作权登记办法》。

40. 下列文件扩展名写出 5 个即可得满分，其他正确也可得分。

. pptx　. ppsx　. pdf　. mp4　. gif　. jpg　. wmv

41. FTTH 的中文含义是光纤到户。为了小明在家时手机通过 Wi-Fi 连入互联网，小明家应该安装无线路由器和光猫。

42. 用户在浏览器的地址栏输入 https://www. baidu. cn 之后，浏览器便使用 HTTPS 协议与域名为 www. baidu. cn 的 Web 服务器进行通信，请求服务器下传网页；Web 服务器接到请求后，从硬盘中找到或生成相应的网页文件，用 HTTPS 协议回传给浏览器；浏览器对收到的网页进行解释，并将内容显示给用户。使用浏览器访问网页的过程如答 42 图所示。

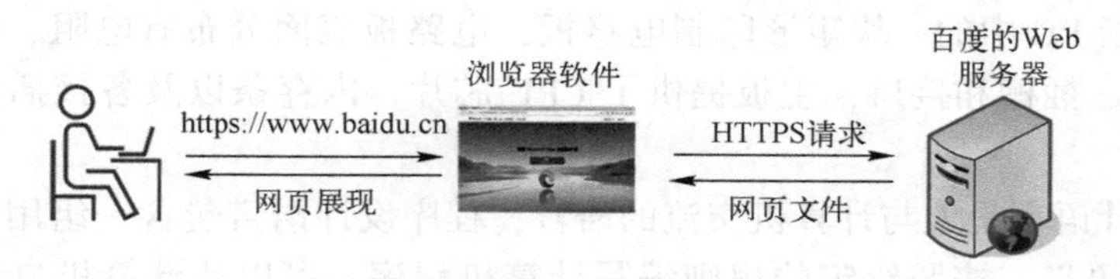

答 42 图　使用浏览器访问网页的过程

五、应用题

43. （1）选择“着重号”为“.”。

（2）使用格式刷。选中“三十六大峰”，单击格式刷，用格式刷刷一下“三十六小峰”即可。

（3）四周型或紧密性。

下列方法写出一种可得满分。

方法 1：选中图片，单击“图片工具”→“格式”选项卡→“排列”→“环绕文字”，打开下拉菜单，选择“四周型”或“紧密型”环绕方式即可。

方法 2：选中图片，单击“图片工具”→“格式”选项卡→“排列”→“位置”→“其他布局选项”，打开“布局”对话框，如答 43 图所示，单击“文字环绕”选项卡，选择“四周型”或“紧密型”环绕方式，单击“确定”按钮即可。

方法 3：右键单击图片，在弹出的快捷菜单中选择“大小和位置”，也弹出“布局”对话框，后续步骤同方法 2。

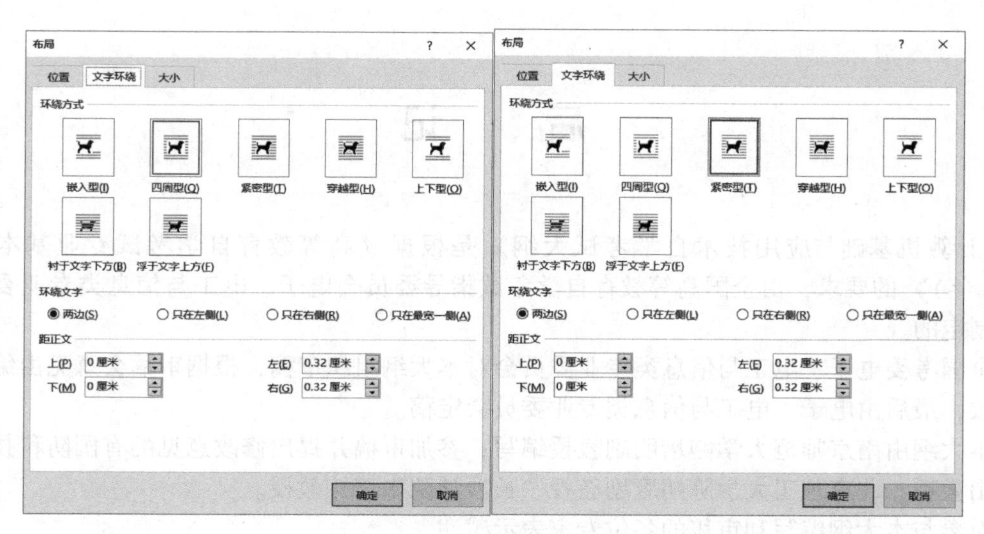

答 43 图 “布局”对话框

44. (1) 单击“数据”→“排序和筛选”→“排序”，打开“排序”对话框。

(2) 选择“主要关键字”为“语文”，“次序”为“降序”；选择“次要关键字”为“数学”，“次序”为“升序”。

(3) 在 G2 单元格输入公式“=E2+F2”或者“=sum(E2:F2)”。

对 G3~G19 使用“填充柄”快速输入数据：移动光标到 G2 右下角填充柄位置，光标为实心十字时拖动填充柄到 G19 单元格处松开鼠标。

后　记

《计算机基础与应用技术自学考试大纲》是根据《高等教育自学考试专业基本规范（2021年）》的要求，由全国高等教育自学考试指导委员会电子、电工与信息类专业委员会组织制定的。

全国考委电子、电工与信息类专业委员会对本大纲组织审稿，根据审稿会意见由编者做了修改，最后由电子、电工与信息类专业委员会定稿。

本大纲由南京师范大学鲍培明副教授编写；参加审稿并提出修改意见的有国防科技大学熊岳山教授、北京理工大学陈朔鹰副教授、长沙学院朱培栋教授。

对参与本大纲编写和审稿的各位专家表示感谢。

全国高等教育自学考试指导委员会

电子、电工与信息类专业委员会

2023年5月

全国高等教育自学考试指定教材

计算机基础与应用技术

全国高等教育自学考试指导委员会　组编

编 者 的 话

本书是根据全国高等教育自学考试指导委员会最新制定的《计算机基础与应用技术自学考试大纲》编写的自学指定教材。“计算机基础与应用技术”是计算机应用技术（专科）、计算机网络技术（专科）等专业的一门基础课程，旨在引导刚刚进入计算机类相关专业学习的新生对计算机基础知识有一个整体、准确的了解，为系统地学习后续计算机类相关专业课程打下坚实基础。

本书基于通俗易懂、注重理论、兼顾实践的原则进行编写，针对初学者的特点，由浅入深、循序渐进地讲解计算机相关基础知识，重点培养学生计算机技能、信息化素养、计算思维能力，引导学生挖掘自身的兴趣点，为后续学习计划提供指导。

全书内容包含理论基础和应用实践。理论基础包括数据表示与进制计算、计算机系统的组成、计算机工作的基本原理、计算思维以及利用计算机解决问题的方法、计算机操作系统的概念及其作用、计算机网络的基础知识。应用实践包括 Windows 操作系统的安装及使用、常用办公软件的安装及使用、Internet 的信息服务的应用和通信服务的技术原理与使用等。

全书共八章。第一章计算机基础知识，介绍了计算机的起源与发展，还介绍了数制和数制的转换方法、计算机中信息存储的编码方法。第二章计算机组成原理，介绍了计算机硬件组成中各部件的概念、功能、基本工作原理，以及部件之间互连的基础知识。第三章计算思维和计算机软件基础，介绍了计算思维的概念和应用计算思维解决问题的过程，介绍了算法、程序、软件的基本概念。第四章 Windows 10 操作系统，介绍了操作系统的基本概念和 Windows 10 操作系统的基本功能和应用方法。第五章 Word 文字处理，介绍了 Word 2019 的主要功能和编辑文档的基本操作方法。第六章 Excel 电子表格，介绍了 Excel 2019 的主要功能和表格编辑、数据处理的基本操作方法。第七章 PowerPoint 演示文稿，介绍了 PowerPoint 2019 的主要功能和演示文稿制作、放映的基本操作方法。第八章 Internet 基础知识及应用，介绍了计算机网络的基本概念和 Internet 提供的信息服务和通信服务的应用。每一章都配备了习题，帮助学生检查和提高。第四~八章配备了实验操作，通过上机实验完成。

为便于考生进行自学，全书在每章的开始列出了该章的学习目标，在每章的结尾给出了本章小结，以便考生学习时抓住重点。本书在内容安排上连贯有序、层次分明、循序渐进，本书编写时力求表述严谨、语言精练、通俗易懂，既便于考生自学，又便于教学。

在本书的编写过程中，得到了南开大学辛运帏教授的支持和帮助，在此深表感谢！国防科技大学熊岳山教授、北京理工大学陈朔鹰副教授和长沙学院朱培栋教授仔细审读本书，提出了大量宝贵的修改意见，在此表示由衷的谢意！

由于编者水平有限，书中难免有疏漏之处，敬请读者批评指正，以便进一步更新。

编者

2023 年 5 月

第一章　计算机基础知识

学习目标：

1. 了解计算机的起源和发展史、未来计算机的发展趋势、我国计算机的发展现状。
2. 理解计算机的特点、计算机的分类。
3. 掌握二进制、八进制、十进制和十六进制，以及它们之间的转换。
4. 掌握二进制数的算术运算和逻辑运算的基本规则。
5. 掌握信息存储的基本单位。
6. 掌握数值数据、西文字符和汉字在计算机中的表示方法。

第一节　计算机的发展历程

一、计算机的起源

电子计算机最初是作为计算工具而研制开发的。远古时代就有了手指计数、石子计数、结绳计数、契刻计数等。从计数逐渐发展到计算，并出现了各种计算工具。算筹和算盘是我国传统的计算工具，后来出现了对数计算尺、机械计算机器。直到20世纪，诞生了电子计算机。计算工具经历了从简单到复杂、从手动到自动、从机械机器到电子机器的发展过程，而且还在不断发展。其中，计算机器的发展历史，可以分为如下三个阶段。

1. 机械计算机器

在这个阶段，人们发明了一些用于计算的机器，它们并没有现代计算机的概念。

17世纪，法国著名的数学家和物理学家布莱斯·帕斯卡（Blaise Pascal）发明了用于加减运算的计算机器Pascaline。20世纪，人们为了纪念这位发明首台机械计算机器的科学家，将一种结构化程序设计语言命名为Pascal语言。

17世纪后期，德国数学家戈特弗里德·莱布尼茨（Gottfried Leibnitz）发明了既能计算加减运算又能计算乘除运算的计算机器，这台机器被称为布莱尼茨之轮（Leibnitz's Wheel）。

1823年，查尔斯·巴贝奇（Charles Babbage）发明了一种差分引擎，能进行数学运算，也可以解多项式方程。1834年，巴贝奇发明了分析机的原理，设想根据储存数据的穿孔卡上的指令进行任何数学运算的可能性，并设想了现代计算机所具有的大多数其他特性。1855年，斯德哥尔摩的舒茨公司按他的设计，制造了一台计算器。

2. 电子计算机

这一时期诞生了真正意义上的电子计算机，但计算机的存储单元仅仅用于存放数据，并没有将程序存放到存储器中，利用配线或开关进行外部编程。

1939年，美国艾奥瓦州立学院（现艾奥瓦州立大学）教授约翰·文森特·阿塔那索夫（John Vincent Atanasoff）和克利福德·贝里（Clifford Berry）研制成功了一台电子数字计算机，被命名为ABC（Atanasoff Berry Computer）。这台计算机主要用于实现解线性方程的系数，是电子与电器的结合，电路系统中装有300个电子管执行数字计算与逻辑运算，使用电容器来进行数值存储，数据输入采用打孔读卡方法，采用了二进制位。因此，ABC的设计中已经包含了现代计算机中重要的基本概念，它是一台真正意义上的电子计算机。

1946年，美国宾夕法尼亚大学的约翰·莫齐利（John Mauchly）设计和研制了世界上第一台通用的、完全电子的计算机，被称为ENIAC（Electronic Numerical Integrator and Computer，电子数字积分机和计算机）。ENIAC能进行每秒5000次加法运算、每秒400次乘法运算，能进行平方和立方运算，还能计算正弦和余弦等三角函数的值，以及其他一些更复杂的运算。当时正值第二次世界大战期间，研制ENIAC是为美国军方解决弹道的复杂计算问题，使得60 s射程的弹道计算时间由原来的20 min缩短到30 s。战争促使ENIAC计算机的诞生。ENIAC耗资40多万美元，使用了18000个电子管，重30 t，占地面积170 m^2，耗电150 kW。ENIAC运行了10年时间，运行到1955年10月2日。

ENIAC的设计思想基本来源于ABC，现在国际计算机界公认的事实是：第一台电子计算机的真正发明人是约翰·文森特·阿塔那索夫，他在国际计算机界被称为“电子计算机之父”。

3. 现代计算机

1944年，冯·诺依曼被邀请加入ENIAC研制组。针对ENIAC存在的问题，冯·诺依曼提出了程序和数据应该存储在存储器中，应该采用二进制。1945年，在共同讨论的基础上，冯·诺依曼以《关于EDVAC的报告草案》为题，发表了全新的“存储程序通用电子计算机方案”，宣告了现代计算机结构思想的诞生。冯·诺依曼被称为“现代计算机之父”。

存储程序原理的基本思想是：为解决问题首先编写程序，程序和数据存入到计算机的存储器中；一旦程序被启动执行，计算机能在不需要操作人员干预的情况下，自动完成逐条取出指令并执行任务，直至程序执行结束。

EDVAC（Electronic Discrete variable Automatic Computer）也是为美国陆军弹道研究实验室研制，于1949年8月交付，直到1951年EDVAC才开始运行。

1946年，英国剑桥大学数学实验室的莫里斯·威尔克斯（Maurice Wilkes）教授和他的团队受EDVAC报告的启发，以EDVAC为蓝本，设计和制造EDSAC计算机，于1949年5月6日正式运行。EDSAC成为世界上第一台“存储程序”式的现代计算机。

二、计算机的发展

1950年以后出现的计算机都是基于冯·诺依曼结构的，它们变得更快、更小、更便宜，原理几乎是相同的，但构成计算机硬件的电子器件发生了几次重大的技术革新，给计算机发展历程留下了非常鲜明的标志。因此，根据计算机使用的电子元器件，将计算机的发展划分为四代。

1. 第一代计算机（20世纪40年代中期到50年代末）

这一时期计算机使用的主要逻辑器件是电子管。电子管是一种早期的信号放大、检波、振荡器件，其电路部分被封装在一个玻璃容器中。内存储器有水银延迟线、磁鼓，后来采用磁芯存储器。外存储器主要使用磁带。没有系统软件，用机器语言和汇编语言编写程序。计算机的主要特点是体积大、成本高、可靠性差，运算速度一般为每秒几千次到几万次，存储器容量小。此时的计算机只有专家们才能使用，采用手工操作方式，主要用于科学计算，服务于军事和科学研究方面的工作。

2. 第二代计算机（20 世纪 50 年代中后期到 60 年代中期）

这一时期计算机使用的主要逻辑器件是晶体管。晶体管是一种固体半导体器件，具有电子管的功能，但体积和能耗更小。内存储器采用磁芯存储器，外存储器主要使用磁带和磁盘。计算软件得到了发展，有了管理程序，出现了 FORTRAN、COBOL 高级语言，以及编译程序，使得编写程序更容易。相比于电子管计算机，晶体管计算机体积小、功耗低、可靠性高，运算速度一般为每秒几十万次。计算机应用扩大到数据处理和自动控制等方面。

3. 第三代计算机（20 世纪 60 年代中期到 20 世纪 70 年代中期）

集成电路（integrated circuit）是把一个电路中所需的晶体管、电阻、电容和电感等元器件及布线互连，制作在一小块或几小块半导体晶片或介质基片上，然后封装在一个管壳内，是一种微型电子器件或部件。集成电路的出现使电子元器件向着微小型化、低功耗、智能化和高可靠性方面发展。

这一时期的计算机，用中小规模的集成电路代替了分立元器件，用半导体存储器代替了磁芯存储器，外存储器使用磁盘，外部设备数量繁多。软件方面进一步完善，简单的操作系统开始出现，高级语言数量增多，出现了并行处理、多处理机、虚拟存储系统以及面向用户的应用软件。运算速度一般为每秒几十万次到几百万次。计算机技术与通信技术紧密结合起来，广泛应用到科学计算、数据处理、事务管理和工业控制等领域。

4. 第四代计算机（20 世纪 70 年代末期至今）

这一时期的计算机主要逻辑元器件是大规模和超大规模集成电路。内存储器采用半导体存储器，外存储器采用软磁盘、硬磁盘，并开始使用光盘、优盘（U 盘）、固态硬盘、磁盘阵列。计算机的运行速度可达每秒万亿次到亿亿次。软件方面，操作系统不断完善，出现了数据库管理系统、通信软件等，软件开发工具和平台、分布式计算软件等开始广泛使用。

计算机的发展出现了两个重要的特征，影响着人们的生活和工作。一个特征是出现了微型计算机，掀起了计算机应用的浪潮，计算机开始进入办公室、学校和家庭。另一个特征是计算机发展进入计算机网络为特征的时代，计算机网络的功能主要体现在 3 个方面：信息交换、资源共享和分布式处理。计算机应用渗透到人类社会生活的各个领域，个人普遍使用计算机，计算机应用的广度和深度已成为衡量一个国家或部门现代化水平的重要指标。

无论是电子管计算机，还是超大规模集成电路计算机，都是基于冯·诺依曼体系结构。计算机一直朝着提高性能、降低成本、降低功耗、普及和深化应用等方面不断努力。伴随着计算机电子元器件的更新换代，计算机系统结构和计算机软件也得到了快速发展。

三、未来计算机的发展趋势

随着计算机技术的快速发展，计算机的功能已经超出了单纯计算工具的范畴。未来计算机将向着巨型化、微型化、智能化和网络化的方向发展。

1. 巨型化

超级计算机是计算机中功能最强、运算速度最快、存储容量最大的一类计算机。超级计算机是未来计算机发展的重要方向，其多用于国家高科技领域和尖端技术研究，是国家科技发展水平和综合国力的重要标志。超级计算机 TOP500 排行榜是全世界最权威的超级计算机排行榜之一，每年6月和11月各评比1次。

2. 微型化

微型化是指发展体积小、功耗低、可靠性高、便于携带的计算机系统。微电子技术和嵌入式技术的不断进步，微型计算机已渗透到仪器、仪表、家用电器等小型仪器设备中，同时也作为工业控制过程的心脏，更多的智能微型设备将会被开发。

智能手机其实就是一台由计算机、数码相机、导航仪和手机等多种设备集成的结合体。

3. 智能化

智能化是指计算机具有模拟人的感觉和思维过程的能力。例如，计算机系统逐步具备类似于人类的感知能力、记忆和思维能力、学习能力、自适应能力和行为决策能力，具备理解自然语言、声音、图像和文字的能力。

无人驾驶汽车是一种通过计算机系统实现无人驾驶的智能汽车，它依靠人工智能、视觉计算、雷达、监控装置和全球定位系统协同合作，自动安全地操作机动车辆行驶。

4. 网络化

网络化是指利用通信技术和计算机技术，把分布在不同地点的计算机互联起来，按照网络协议相互通信，以实现计算机之间共享资源、相互通信、传输数据的目的。计算机网络在交通、金融、企业管理、教育、邮电和商业等各行各业中得到广泛的应用。

物联网、云计算是计算机网络化发展的典型体现。物联网是通过各种传感设备，按约定的协议，把物品与互联网相连接，进行信息交换和通信，以实现对物品的智能化识别、定位、跟踪、监控和管理的一种网络。云计算的核心概念就是以互联网为中心，在网站上提供快速且安全的计算服务与数据存储，实现“按需付费”的服务模式。

随着芯片制造技术的不断提高，世界各国研究人员正在努力开拓新的芯片制造技术，正在研究量子计算机、生物计算机、光计算机和纳米计算机等，但至今尚未出现真正意义上可以大规模量产的新一代计算机。

四、我国计算机的发展

我国从20世纪50年代开始研制计算机系统，我国计算机的发展也经历了电子管计算机、晶体管计算机和集成电路计算机时代。我国在超级计算机方面取得了举世瞩目的成绩。

1957年，中科院计算所开始研制通用数字电子计算机。1958年，我国第一台小型电子管通用计算机103机（八一型）研制成功，这标志着我国第一台电子计算机的诞生。1965年，中科院计算所研制成功了我国第一台大型晶体管计算机，在两弹试验中发挥了重要作用。1974年，清华大学等单位联合设计、研制成功采用集成电路的DJS-130小型计算机，运算速度达每秒100万次。1983年，国防科技大学研制成功运算速度每秒上亿次的银河-I巨型机，这是我国高速计算机研制的一个重要里程碑。1985年，电子工业部计算机管理局研制成功与IBM PC兼容的长城0520CH微机。

2009年9月，国防科技大学研制成功“天河一号”超级计算机，部署在国家超级计算天津中心，其峰值速度为2566 TFlop/s。在2010年11月的超级计算机TOP500排行榜中，“天河一号”排名全球第一。

2013年，国防科技大学研制成功“天河二号”超级计算机，峰值速度为33862 TFlop/s，部署在国家超级计算广州中心。2013 年 6 月 17 日，“天河二号”获得超级计算机 TOP500 排行榜第一。到 2015 年 11 月 16 日，中国“天河二号”获超级计算机 TOP500 排行榜六连冠。

2016 年 11 月，由国家并行计算机工程技术研究中心研制的“神威 · 太湖之光”超级计算机获超级计算机 TOP500 排行榜第一，其峰值速度为 125436 TFlop/s。“神威 · 太湖之光”实现了包括处理器在内的核心部件国产化，安装在国家超级计算无锡中心。基于“神威 · 太湖之光”，我国科研团队的项目获得了 2016 年超级计算机应用领域最高奖——“戈登 · 贝尔”奖，成为我国高性能计算机发展史上的里程碑。

2002 年 8 月 10 日，我国首枚拥有自主知识产权的通用高性能微处理芯片“龙芯一号”诞生。2021 年 7 月，龙芯中科技术股份有限公司正式发布龙芯 3A5000 处理器，该产品是首款采用自主指令系统 LoongArch 的处理器芯片，代表了我国自主 CPU 设计领域的最新里程碑成果。

第二节　计算机的特点和分类

一、计算机的特点

计算机作为一种通用的信息处理工具，具有许多优点。其主要特点可以归纳如下。

1. 运算速度快

计算机使用的主要元器件是电子元器件，相比于其他计算工具，计算机以极快的速度进行计算。并行计算也是提高计算机系统计算速度和处理能力的一种有效手段。超级计算机可以达到每秒钟百亿亿次浮点运算的速度，使许多复杂的工程计算，例如，气象云图数据的处理、卫星轨道的计算，都能在很短的时间内完成。

2. 运算精度高

计算机的精度与计算机的字长、数据的编码表示和运算部件的宽度等多种因素有关。例如，采用 IEEE 754 标准的双精度浮点格式，可以表示 53 位二进制有效数字。载人航天工程、弹道导弹防御系统等都离不开计算机的精确计算。

3. 存储容量大

具有存储功能是计算机区别于其他计算工具的重要特点。存储器可以长期存储程序，以及程序执行时的初始数据、中间结果和最终结果，并在需要时可执行读、写操作来存取信息。单个硬盘的容量已经达到 TB 级别。可以将多个磁盘组合成磁盘阵列，以提升存储容量和可靠性。基于网络的云存储，例如阿里云、腾讯云，可以提供海量数据的存储能力。

4. 具有逻辑判断能力

计算机不仅可以进行加、减、乘、除等算术运算，还可以对数据信息进行比较、判断等逻辑运算。这种逻辑处理能力是计算机进行推理、分析、决策问题的前提，也是计算机能实现信息处理高度智能化的重要因素。

5. 具有自动控制能力

存储程序是冯 · 诺依曼结构计算机的基本工作原理。计算机启动工作后，可以在无人参与的条件下，自动完成预定的全部处理任务。

6. 通用性强

各种类型的信息，例如，数值数据、文字、图像、声音和视频等，都可以用二进制编码形式表示，计算机可以采集、存储、加工处理和传输它们。不管多复杂的问题求解，只要能用算法的方式分解为基本的算术运算和逻辑运算，就可以编制程序用计算机来完成。

计算机已经应用到人类社会的各个领域，计算机的主要用途包括科学计算、信息管理、过程控制、计算机辅助设计、计算机辅助制造、计算机辅助教学、计算机仿真、学习娱乐、电子商务和决策支持等方面。

二、计算机的分类

计算机的种类很多，可以从不同的角度对计算机进行分类。

1. 按照处理信息形式的分类

通信系统中被传输的信息都必须以某种电（或光）信号的形式才能通过传输介质进行传输，电（或光）信号有两种形式：模拟信号和数字信号。模拟信号是指用连续变化的物理量所表达的信息，例如，温度、湿度、压力、长度、电流和电压等。模拟信号又称为连续信号，它在一定的时间范围内可以有无限多个不同的取值。

数字信号是指在取值上离散的、不连续的信号。例如，用二进制编码“0”和“1”表示的信号属于数字信号，电报机、传真机发出的信号属于数字信号。模拟信号和数字信号的示例如图 1-1 所示。

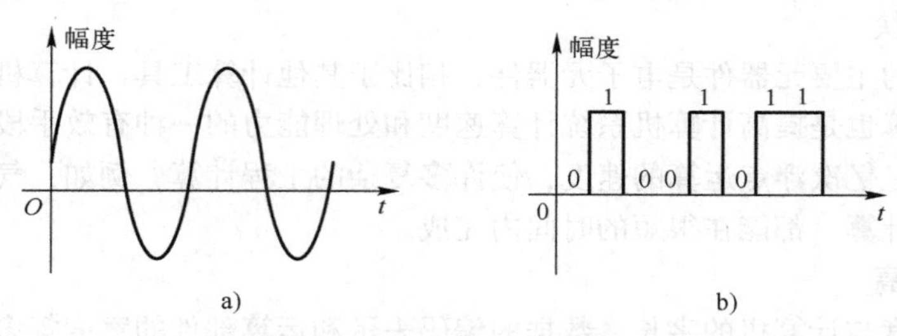

图 1-1　模拟信号和数字信号的示例
a）模拟信号　b）数字信号

按照计算机处理信息形式的不同，可以把计算机分为数字计算机和模拟计算机。模拟计算机是计算机发展早期的一种类型，内部使用的是模拟电路，利用连续变化的物理量直接进行运算，速度慢，精度差。数字电子计算机采用数字逻辑电路，处理的是离散表示的数字信号。目前广泛使用的计算机都是数字计算机。

2. 按照计算机用途的分类

按照计算机用途分类，可以把计算机分为通用计算机和专用计算机。通用计算机功能齐全、适应性强、应用广泛，可适用于各个领域。专用计算机是针对某一领域或应用专门设计制造的计算机产品，功能单一、结构简单、经济便宜。例如，超市收银使用的客户机终端、企业中用于自动控制的工控机等，均属于专用计算机。

3. 按照计算机性能的分类

按照计算机的性能不同，早期把计算机分为巨型机、大型机、小型机和微型机。随着计算机技术的不断发展，计算机性能不断提高，这种分类界限不明显了。目前，把计算机分为超级计算机、服务器、工作站、个人计算机和嵌入式计算机。

超级计算机又称为巨型机，是计算机中价格最贵、功能最强、运算速度最快的计算机。超级计算机只有少数几个国家能生产，主要用于科学计算，在气象、军事、能源、航天和探矿等领域，承担大规模、高速度的计算任务。

服务器是指一类高性能计算机，其通过网络为客户端计算机提供计算、数据存储等各种服务。高性能主要表现在高速度的运算能力、长时间的可靠运行、强大的数据吞吐能力等方面。根据服务的功能不同，服务器又可分为打印服务器、Web 服务器、邮件服务器、文件服务器和数据库服务器等。

工作站是一种高端的通用微型计算机，通常为单用户使用，相比于个人计算机，其图形处理能力、任务并行处理能力更强。

个人计算机（简称 PC）是指一种大小、价格和性能适用于个人使用的多用途计算机。个人计算机软件丰富、价格便宜、功能强大。台式机、笔记本计算机、平板电脑等都属于个人计算机。工作站和个人计算机都属于微型计算机。

嵌入式计算机属于专用计算机系统，运行特定的应用程序以执行预定的功能，嵌入在家用电器、车辆、自动化生产线、监视系统等机器或设备中。例如，汽车可能包含车载娱乐、智能导航、智能驾驶及整车自检等子系统，而这些系统中都有一个或多个嵌入式计算机硬件在支持设备的稳定、高效运转。嵌入式计算机通常体积小、功耗低、成本低、实时性强、可靠性高。嵌入式计算机促进了各种各样消费电子产品的发展，如手表、手环、照相机、游戏机、智能洗衣机和智能电饭煲等，也被广泛应用于工业和军事领域，例如，机器人、数控机床、汽车、导弹和无人机等。

4. 按照计算机工作原理的分类

按照计算机的工作原理分类，计算机可以分为电子计算机、光子计算机、量子计算机和生物计算机等。电子计算机是目前使用的计算机，遵从冯 · 诺依曼结构的存储程序工作原理。光子计算机、量子计算机、生物计算机都处于研发试验阶段，是未来计算机发展的方向。

光子计算机是一种用光信号进行运算、信息存储和处理的新型计算机。以光子代替电子，光运算代替电运算。光子计算机的并行处理能力很强，具有超高运算速度。

量子计算机是一种基于量子理论的计算机，通过量子力学规律以实现数学和逻辑运算、处理和存储信息。量子计算机的基本单位是量子比特（qubit），它用两个量子态来替代 0 或 1。量子计算机和电子计算机一样，都是由硬件和软件组成，在硬件方面包括量子晶体管、量子存储器和量子效应器等，软件方面包括量子算法和量子编码等。

生物计算机的基础是生物工程技术产生的蛋白质分子，并以此作为生物芯片来替代半导体硅片，利用有机化合物存储数据。生物计算机涉及多种学科领域，包括计算机科学、脑科学、分子生物学、生物物理、生物工程和电子工程等有关学科。

第三节　数制和二进制数的运算

在现实世界中，信息的表现形式具有多样化，如文字、图像、图形、声音、视频和动画等。这些信息必须“数字化编码”后，才能用计算机进行存储、处理和传输。在计算机系统内部，所有信息都是用二进制进行编码，采用二进制编码表示的原因如下：

1）二进制编码中仅有两种基本状态，能找到具有两种稳定状态的物理介质来存储它们，技术上可行且易行。

2）二进制的运算规则简单，可采用开关电路实现，使得计算机工作的速度快、可靠性高。

3）二进制编码中的两个符号“1”和“0”，与逻辑代数的“真”和“假”相对应，可以很方便地以逻辑代数为工具进行电路设计，使计算机具有逻辑性，也可通过逻辑门电路实现算术运算。

一、数制的概念

数制也称为“计数制”，是用一组固定的符号和统一的规则来表示数值的方法。每一种数制包含三个基本要素：基数、数码和位权。日常生活中，习惯使用十进制数。十进制的基数是 10，其有 10 个不同的数码 0、1、2、3、4、5、6、7、8、9，通过数码的组合来表示数据，例如，十进制数 25、52、205。这些数码在十进制数中不同的位置有着不同的位权，位权反映了处在某一位上的“1”所表示的数值的大小。例如，十进制中第 1 位的位权为 10^0，第 2 位的位权为 10^1，第 3 位的位权为 10^2，以此类推。因此，$25=2\times10^1+5\times10^0$，$52=5\times10^1+2\times10^0$，$205=2\times10^2+0\times10^1+5\times10^0$。用基数、数码及数码相应的位权构成了数据的实际值。

计算机中使用的数制是二进制，其基数是 2，有两个数码 0 和 1。二进制中，第 1 位的位权为 2^0，第 2 位的位权为 2^1，第 3 位的位权为 2^2，以此类推。例如，二进制数 $1001=1\times2^3+0\times2^2+0\times2^1+1\times2^0$，其值等于十进制的 9。

计算机内部所有信息都采用二进制编码表示，二进制数书写冗长，难以记忆。在计算机外部，为了书写和阅读的方便，习惯用八进制、十进制或十六进制的表示形式。

八进制的基数是 8，有 8 个数码 0、1、2、3、4、5、6、7。例如，八进制数 $1001=1\times8^3+0\times8^2+0\times8^1+1\times8^0$，其值等于十进制的 513。

十六进制的基数是 16，有 16 个数码，前 10 个数码与十进制中的数码相同，后 6 个数码使用 A、B、C、D、E、F，分别表示十进制的 10、11、12、13、14、15。例如，十六进制数 $2AB=2\times16^2+10\times16^1+11\times16^0$，其值等于十进制的 683。

表 1-1 显示了二、八、十、十六进制 4 种进位计数制之间的对应关系。

表 1-1　4 种进位计数制之间的对应关系

二进制	八进制	十进制	十六进制
0	0	0	0
1	1	1	1
10	2	2	2
11	3	3	3
100	4	4	4
101	5	5	5
110	6	6	6

（续）

二进制	八进制	十进制	十六进制
111	7	7	7
1000	10	8	8
1001	11	9	9
1010	12	10	A
1011	13	11	B
1100	14	12	C
1101	15	13	D
1110	16	14	E
1111	17	15	F

为了区分不同的数制，在书写时可使用后缀字母标识。用 B（Binary）表示二进制，用 O（Octal）表示八进制，用 D（Decimal）表示十进制，用 H（Hexadecimal）表示十六进制，十六进制数也会使用 0x 作为前缀表示。例如，1001B 表示一个二进制数，1001D 表示一个十进制数，1001H 或 0x1001 都表示是一个十六进制数。

也可以使用下标的方式表示不同数制，例如，$(1001)_2$、$(1001)_{10}$、$(1001)_{16}$分别表示二进制数、十进制数和十六进制数。

二、数制之间的转换

日常生活使用十进制，计算机内部采用二进制，为了书写和阅读常常使用十六进制或八进制，所以不同数制之间需要相互转换。数制之间的相互转换有一定的规律性，归纳为如下几种方式。下面的 R 为二、八或十六。

1. R 进制数转换为十进制数

任何一个 R 进制数转换为十进制数时，只需“按权展开”即可。

例如，$(100011.011)_2=1\times2^5+1\times2^1+1\times2^0+1\times2^{-2}+1\times2^{-3}=(35.375)_{10}$

$(123.4)_8=1\times8^2+2\times8^1+3\times8^0+4\times8^{-1}=(83.5)_{10}$

$(12A.4)_{16}=1\times16^2+2\times16^1+10\times16^0+4\times16^{-1}=(298.25)_{10}$

2. 十进制数转换为 R 进制数

任何一个十进制数转换为 R 进制数时，需要将整数部分和小数部分分别进行转换。

（1）整数部分的转换

整数部分的转换方法是“除基数取余，上低下高”。

【例 1-1】 将十进制数 35 转换为二进制数。

解： 二进制的基数是 2，故方法是“除 2 取余，上低下高”，即用 35 连续除 2 并取余数，直到商数是 0 为止；每一步得到的余数作为结果数据中的数字，上面的余数（先得到的余数）作为二进制整数的低位，下面的余数（后得到的余数）作为二进制整数的高位。运算过程如图 1-2 所示，所以$(35)_{10}=(100011)_2$。

（2）小数部分的转换

小数部分的转换方法是“乘基数取整，上高下低”。

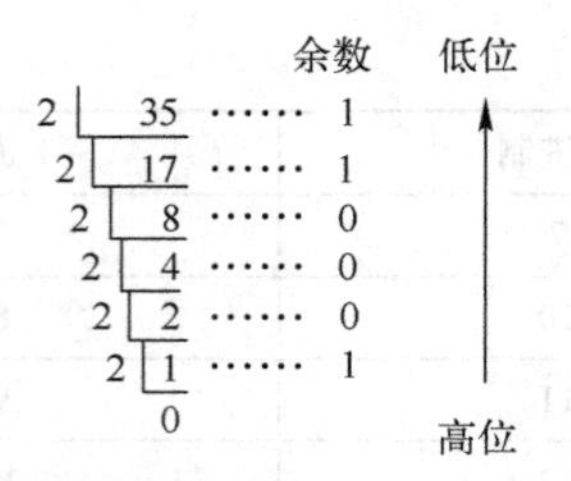

图 1-2　将十进制数 35 转换为二进制数 100011 的运算过程

【**例 1-2**】将十进制数 0. 375 转换为二进制数。

解：二进制的基数是 2，故方法是“乘 2 取整，上高下低”，即用 0. 375 乘 2 后取整数，剩下的小数部分继续乘 2，直到达到要求的精度或小数部分是 0 为止；每一步得到的整数作为结果数据中的数字，上面的整数（先得到的整数）作为二进制小数的高位，下面的整数（后得到的整数）作为二进制小数的低位。运算过程如图 1-3 所示，所以$(0.375)_{10}=(0.011)_2$。

高位　整数　0.375
　　　　　× 　2
　　　0　 0.75
　　　　　× 　2
　　　1　 0.5
　　　　　× 　2
　　　1　 0.0
低位

图 1-3　将十进制数 0. 375 转换为二进制数 0. 011 的运算过程

3. 二进制数、八进制数和十六进制数之间的转换

（1）八进制数转换为二进制数

八进制数转换为二进制数时，只需将八进制数的每一位数码改写成等值的 3 位二进制数即可，且保持高低位的次序不变。八进制数码与二进制数的对应关系见表 1-2。

表 1-2　八进制数码与二进制数的对应关系

八进制数码	0	1	2	3	4	5	6	7
二进制数	000	001	010	011	100	101	110	111

【**例 1-3**】将八进制数$(3251.224)_8$转换为二进制数。

解：$(3251.224)_8=(011\ 010\ 101\ 001.010\ 010\ 100)_2$，即$(11010101001.0100101)_2$。

（2）十六进制数转换为二进制数

十六进制数转换为二进制数时，只需将十六进制数的每一位数码改写成等值的 4 位二进制数即可，且保持高低位的次序不变。十六进制数码与二进制数的对应关系见表 1-3。

表 1-3　十六进制数码与二进制数的对应关系

十六进制数码	0	1	2	3	4	5	6	7
二进制数	0000	0001	0010	0011	0100	0101	0110	0111
十六进制数码	8	9	A	B	C	D	E	F
二进制数	1000	1001	1010	1011	1100	1101	1110	1111

【例 1-4】将十六进制数$(6A9.4A)_{16}$转换为二进制数。

解：$(6A9.4A)_{16}=(0110\ 1010\ 1001.0100\ 1010)_2$，即$(11010101001.0100101)_2$。

(3) 二进制数转换为八进制数

二进制数转换为八进制数时，以小数点为界，整数部分从小数点向左每 3 位一组，不足 3 位时在高位补 0 凑满 3 位；小数部分从小数点向右每 3 位一组，不足 3 位时在低位补 0 凑满 3 位；每 3 位二进制数用等值的八进制数码替代；保持高低位的次序不变。

【例 1-5】将二进制数$(11010101001.0100101)_2$转换为八进制数。

解：$(11010101001.0100101)_2=(011\ 010\ 101\ 001.010\ 010\ 100)_2=(3251.224)_8$。

(4) 二进制数转换为十六进制数

二进制数转换为十六进制数时，以小数点为界，整数部分从小数点向左每 4 位一组，不足 4 位时在高位补 0 凑满 4 位；小数部分从小数点向右每 4 位一组，不足 4 位时在低位补 0 凑满 4 位；每 4 位二进制数用等值的十六进制数码替代；保持高低位的次序不变。

【例 1-6】将二进制数 $(11010101001.0100101)_2$转换为十六进制数。

解：$(11010101001.0100101)_2=(0110\ 1010\ 1001.0100\ 1010)_2=(6A9.4A)_{16}$。

三、二进制数的基本运算规则

十进制数可以进行加、减、乘、除等算术运算，运算时“逢 10 进 1，借 1 当 10”。例如，5+6=11。二进制数不仅可以进行加、减、乘、除等算术运算，还可以进行与、或、非等逻辑运算。

1. 二进制数的算术运算

与十进制数的加减运算类似，二进制数的加法、减法运算也有进位和借位问题，进位和借位的规则是“逢 2 进 1、借 1 当 2”。两个 1 位二进制数的加法、减法运算规则如下所示。

$$\begin{array}{r}0\\+0\\\hline0\end{array}\quad\begin{array}{r}0\\+1\\\hline1\end{array}\quad\begin{array}{r}1\\+0\\\hline1\end{array}\quad\begin{array}{r}1\\+1\\\hline10\end{array}\qquad\qquad\begin{array}{r}0\\-0\\\hline0\end{array}\quad\begin{array}{r}0\\-1\\\hline1\end{array}\quad\begin{array}{r}1\\-0\\\hline1\end{array}\quad\begin{array}{r}1\\-1\\\hline0\end{array}$$

进位产生的1　　存在借位1

两个多位二进制数的加减运算必须要考虑进位、借位问题。例如：

$$\begin{array}{r}10101101\\+\ 00110101\\\hline11100010\end{array}\qquad\begin{array}{r}10101101\\-\ 00110101\\\hline01111000\end{array}$$

2. 二进制数的逻辑运算

在计算机中，“0”和“1”不仅可以表示数量上的概念，也可以与命题中的“真”和“假”对应，实现二进制的逻辑运算。基本的逻辑运算有逻辑与、逻辑或、逻辑非运算。逻辑与运算一般用符号“AND”或“∧”表示；逻辑或运算一般用符号“OR”或“∨”表示；逻辑非运算又称为取反运算，一般用符号“NOT”或“~”表示。它们的运算规则如下。

(1) 逻辑与

$$\begin{array}{r}0\\\wedge0\\\hline0\end{array}\quad\begin{array}{r}0\\\wedge1\\\hline0\end{array}\quad\begin{array}{r}1\\\wedge0\\\hline0\end{array}\quad\begin{array}{r}1\\\wedge1\\\hline1\end{array}$$

（2）逻辑或

$$\begin{array}{cccc} 0 & 0 & 1 & 1 \\ \underline{\vee 0} & \underline{\vee 1} & \underline{\vee 0} & \underline{\vee 1} \\ 0 & 1 & 1 & 1 \end{array}$$

（3）逻辑非

$\sim 1=0$，$\sim 0=1$

3. 二进制数的按位逻辑运算

两个多位二进制数可以进行按位逻辑运算，基本的按位逻辑运算有按位逻辑与（∧）、按位逻辑或（∨）和按位逻辑非（~）运算。按位逻辑运算不同于逻辑运算，逻辑运算的变量是逻辑值真或假，逻辑运算的结果还是逻辑值真或假，属于非数值计算。按位逻辑运算属于数值计算，又不同于算术运算，按位逻辑运算是按位进行的，位与位之间不像加减运算那样有进位或借位的联系。例如：

$$\begin{array}{r} 10101101 \\ \underline{\wedge 00110101} \\ 00100101 \end{array} \qquad \begin{array}{r} 10101101 \\ \underline{\vee 00110101} \\ 10111101 \end{array} \qquad \sim 10101101=01010010$$

四、信息存储的基本单位

1. 比特

在计算机中，存储任何数据都要占用一定位数的二进制位。比特（bit）是计算机和其他所有数字系统处理、存储和传输信息的最小单位，比特也称为位，用小写英文单词 bit 表示。例如，每个西文字符需要用 8 个比特存储，每个汉字至少需要 16 个比特存储。

2. 字节

比特这个单位太小了，通常用 8 个二进制位构成一个字节（Byte），简写为 B，即 1B＝8 bit。字节作为计算机系统中处理、存储和传输信息的基本单位。

计算机系统使用存储器存放信息，存储容量是存储器的一项重要性能指标。通常以字节为单位来计算存储容量。存储容量的常用单位有：

1 KB（千字节）＝ 2^{10}B ＝1024 B

1 MB（兆字节）＝ 2^{20}B ＝1024 KB

1 GB（吉字节）＝ 2^{30}B ＝1024 MB

1 TB（太字节）＝ 2^{40}B ＝1024 GB

1 PB（拍字节）＝ 2^{50}B ＝1024 TB

1 EB（艾字节）＝ 2^{60}B ＝1024 PB

1 ZB（泽字节）＝ 2^{70}B ＝1024 EB

1 YB（尧字节）＝ 2^{80}B ＝1024 ZB

3. 字

计算机中运算和处理二进制信息时还经常使用字（word）作为单位。字是由指令集体系结构（Instruction Set Architecture，ISA）定义的信息单位。不同的计算机，字的长度不完全相同，有的计算机将 1 个字定义为 2 字节，有的计算机将 1 个字定义为 4 字节，或 8 字节，或 16 字节。

例如，Intel 的 IA-32（Intel Architecture 32-bit，英特尔 32 位体系架构）属于 x86 体系

结构的 32 位版本。从 1985 年面世的 80386 直到 Pentium 4，都是使用 IA-32 体系结构的处理器。IA-32 架构中定义 1 个字为 16 位，32 位就是双字（double word）。

第四节 计算机内部数据的表示

计算机处理的信息具有多样性，例如数值、文字、图形、图像、视频和声音等。本节介绍在计算机中如何用比特（二进制位）来表示这些信息，或者说这些信息如何进行“数字化编码”。计算机中的数据大致分为两大类：数值数据和非数值数据。数值数据是指数学中的数，有大小、正负之分，例如，考试分数 95 分、单价 5.4 元，这些都是数值数据。它们表示了一种数量，可以进行算术运算。除了数值数据以外的其他数据都属于非数值数据，例如，西文字符、汉字、图形、图像和声音等。

一、数值数据的表示

在计算机中，数值数据分为整数和浮点数两大类。整数是没有小数点的数，或者小数点隐含在个位数的最右边，例如，56、100 属于整数。浮点数是既有整数部分，又有小数部分的数，例如，56.0、100.4 属于浮点数。

1. 整数

计算机中的整数又分为两大类：无符号整数和带符号整数。无符号整数包括 0 和正整数；带符号整数包括正整数、0 和负整数。

（1）无符号整数

无符号整数常常用于表示地址、索引等正整数，可以用 8 位、16 位、32 位或者更多二进制位编码。无符号整数无需表示符号位，编码中的所有二进制位都用来表示数值。表 1-4 显示了无符号整数在计算机中的表示方法。n 位二进制无符号整数可表示数的范围是 $0\sim2^n-1$。例如，8 位二进制无符号整数的最大值是 $2^8-1=(1111\ 1111)_2=255$。

表 1-4 无符号整数在计算机中的表示方法

无符号整数	8 位二进制	16 位二进制	32 位二进制
0	0000 0000	0000 0000 0000 0000	0000 0000 0000 0000 0000 0000 0000 0000
1	0000 0001	0000 0000 0000 0001	0000 0000 0000 0000 0000 0000 0000 0001
2	0000 0010	0000 0000 0000 0010	0000 0000 0000 0000 0000 0000 0000 0010
⋮	⋮	⋮	
127	0111 1111	0000 0000 0111 1111	0000 0000 0000 0000 0000 0000 0111 1111
128	1000 0000	0000 0000 1000 0000	0000 0000 0000 0000 0000 0000 1000 0000
129	1000 0001	0000 0000 1000 0001	0000 0000 0000 0000 0000 0000 1000 0001
⋮	⋮	⋮	
255	1111 1111	0000 0000 1111 1111	0000 0000 0000 0000 0000 0000 1111 1111
256	无法表示	0000 0001 0000 0000	0000 0000 0000 0000 0000 0001 0000 0000
⋮		⋮	
65535		1111 1111 1111 1111	0000 0000 0000 0000 1111 1111 1111 1111
65536		无法表示	0000 0000 0000 0001 0000 0000 0000 0000
⋮			⋮
4294967295			1111 1111 1111 1111 1111 1111 1111 1111

(2) 带符号整数

带符号整数是需要表示正负的整数，它必须使用一个二进制位来表示符号。带符号整数可以用 8 位、16 位、32 位或用更多二进制位编码，n 位二进制表示的带符号整数的编码格式如图 1-4 所示，最高位表示符号，其余 n-1 位则用来表示数值。

图 1-4　n 位二进制表示的带符号整数的编码格式

计算机中的带符号整数有多种表示方法，如原码、补码和反码等。现代计算机使用补码来表示带符号整数。表 1-5 显示了用补码表示的带符号整数。

表 1-5　用补码表示的带符号整数

带符号整数	8 位补码	带符号整数	16 位补码
0	0000 0000	0	0000 0000 0000 0000
1	0000 0001	1	0000 0000 0000 0001
2	0000 0010	2	0000 0000 0000 0010
⋮	⋮	⋮	⋮
126	0111 1110	65534	0111 1111 1111 1110
127	0111 1111	65535	0111 1111 1111 1111
-128	1000 0000	-65536	1000 0000 0000 0000
-127	1000 0001	-65535	1000 0000 1000 0001
⋮	⋮	⋮	⋮
-2	1111 1110	-2	1111 1111 1111 1110
-1	1111 1111	-1	1111 1111 1111 1111

用 n 位补码表示带符号整数时，最高位表示符号，其余 n-1 位则用来表示数值信息。正整数的符号位为 0，负整数的符号位为 1；正整数的数值位部分为其绝对值的二进制编码，负整数的数值位部分为其绝对值的二进制编码的按位取反、末位加 1。

对于 n 位的补码，其表示数据的范围为 $-2^{n-1} \sim 2^{n-1}-1$。例如，8 位补码能表示的最大数和最小数分别是 127 和-128。整数 0 唯一地表示为“0000…0”，最大正整数 $2^{n-1}-1$ 表示为“0111…1”，最小负整数 -2^{n-1} 表示为“1000…0”，整数-1 表示为“1111…1”，见表 1-5。

【例 1-7】 求整数 126 的 8 位补码表示。

解： 126 是正数，故其补码的符号位为 0。数值位用 8-1=7 位表示，$126=(111\ 1110)_2$。所以，整数 126 用 8 位补码表示为 0111 1110B，即 $[126]_{补}=0111\ 1110B$。

【例 1-8】 求整数-126 的 8 位补码表示。

解： -126 是负数，故其补码的符号位为 1。数值位用 8-1=7 位表示，$126=(111\ 1110)_2$，

111 1110B 的按位取反是 000 0001B，000 0001B 的末位加 1 是 000 0010B。所以，−126 用 8 位补码表示为 1000 0010B，即$[-126]_{补}=1000\ 0010B$。

真值是指一个数的实际值，机器数是指一个数在计算机中的编码表示。真值可以用二进制、十进制或十六进制表示，例如，126、111110B 都表示的是一个真值。机器数习惯用二进制或十六进制表示，通常用$[x]_{补}$表示真值 x 的补码。

【例 1-9】求整数 111011B 和−111011B 的 8 位补码表示。

解：111011B 是正数，补码的符号位为 0；数值位有 8−1=7 位，111011B 不足 7 位，高位补 0，所以数值位为 0011011B，即$[111011B]_{补}=0011\ 1011B$。

−111011B 是负数，补码的符号位为 1；数值位有 8−1=7 位，111011B 不足 7 位，高位补 0，0011011B 的按位取反是 1100100B，1100100B 的末位加 1 是 1100101B，即$[-111011B]_{补}=1110\ 0101B$。

在计算机中，带符号整数用补码表示简化了运算部件的电路设计。补码表示可以实现加减运算的统一，即可以用加法电路来实现减法运算；补码表示使得符号位可以与数值位一起参与运算，结果的符号位在运算中直接得出。

2. 浮点数

数学上，实数与数轴上的点一一对应，整数是实数的特例。实数可以用科学计数法表示。例如，$34.926=10^2\times0.34926$，$-0.0006148=-10^{-3}\times0.6148$，其中，10 是十进制的基数，2（或−3）是指数，0.34926（或 0.6148）是尾数。如上述示例所示，当尾数的绝对值是大于 0.1 的纯小数时，指数能反映数据中小数点的位置。

同理，二进制的数据可以类似地表示。例如，$-1101.1101B=-2^4\times0.11011101B$，$0.0000011101B=2^{-5}\times0.11101B$，其中，2 是二进制的基数。

因此，任何一个实数都可以用符号、基数、指数和尾数来表示，其中，符号表示数据的正负。计算机中的数据都采用二进制编码表示，计算机中表示实数时，基数可以设置为 2、4 或 8 等，指数称为阶码。在基数默认为 2 时，用符号、阶码、尾数就可以表示一个实数的值，这种表示方法称为浮点表示法，计算机中实数也称为浮点数。

早期，不同计算机的浮点数表示方法互不相同，引起相互间数据格式的不兼容。为此，美国电气与电子工程师协会（IEEE）制定了浮点数表示的工业标准 IEEE 754，现代计算机都采用 IEEE 754 标准表示浮点数。在 IEEE 754 标准里，提供了两种基本浮点数表示格式：32 位单精度浮点格式和 64 位双精度浮点格式，如图 1-5 所示。

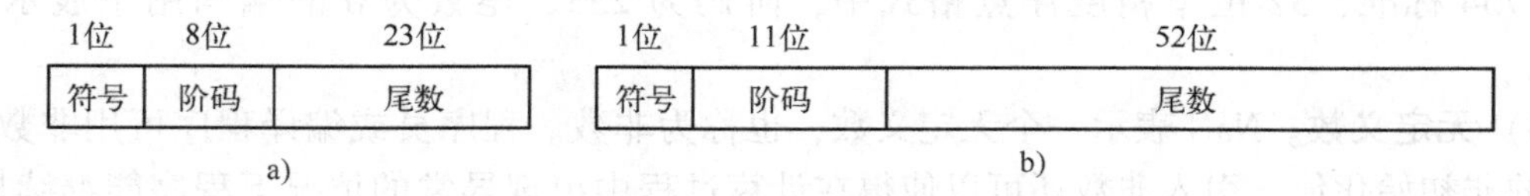

图 1-5　IEEE 754 浮点数表示格式

a）32 位单精度浮点格式　b）64 位双精度浮点格式

IEEE 754 标准中，将浮点数按值的大小分为 5 类：零、非规格化数、规格化数、无穷大数和无定义数，如图 1-6 所示，以零为界，数轴右侧的为正数，左侧的为负数。

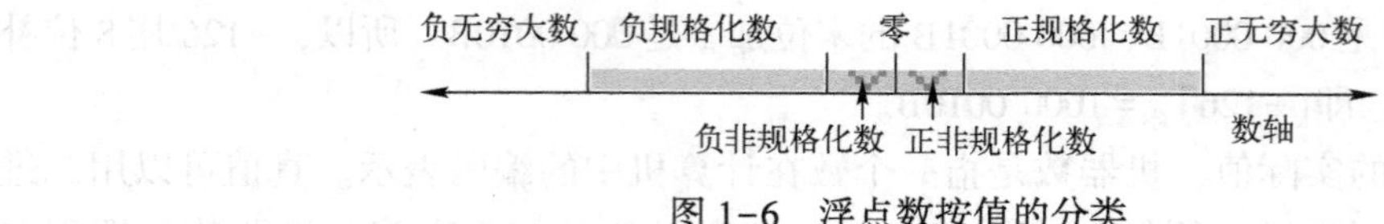

图 1-6　浮点数按值的分类

以 32 位单精度浮点格式为例，表 1-6 给出了 5 类数据的解释，其中，符号、阶码和尾数的编码分别用 s、e 和 f 表示，s=0 表示正数，s=1 表示负数。

表 1-6　32 位单精度浮点数的解释

值的类型	编码			值
	符号 s	阶码 e	尾数 f	
零	0	0	0	0
	1			-0
非规格化数	0	0	f≠0	$2^{-126}\times(0.f)$
	1			$-2^{-126}\times(0.f)$
规格化数	0	0<e<255	f	$2^{e-127}\times(1.f)$
	1			$-2^{e-127}\times(1.f)$
无穷大数	0	255	0	∞
	1			-∞
无定义数	0 或 1	255	≠0	NaN

1）零。IEEE 754 标准中，零有两种表示：+0 和-0，一般情况下，+0 和-0 是等效的。阶码为全 0、尾数为全 0 的编码用于表示零。

2）非规格化数。非规格化数用来表示接近于 0、非常小的实数。IEEE 754 标准中，阶码为全 0、尾数不为 0 的编码用于表示非规格化数。

3）规格化数。根据 IEEE 754 标准，32 位单精度浮点格式中，阶码 e 在 1~254 之间的编码用于表示规格化非零数，即 0<e<255。指数的值为 e-127（见表 1-6），故指数在-126~127 之间。

4）无穷大数。数轴上的实数有无限多个，而浮点编码能表示的数据个数是有限的，超出浮点编码能表示的最大数或最小数的数据定义为无穷大数。引入无穷大数，使得在计算过程中出现异常的情况下程序能继续执行，并且能为程序提供错误检测功能。根据 IEEE 754 标准，32 位单精度浮点格式中，阶码为 255、尾数为 0 的编码用于表示无穷大数。

5）无定义数。NaN 表示一个无定义数，也称为非数。程序员或编译程序可用非数表示变量的非初始化值，引入非数还可以使得在计算过程中出现异常的情况下程序能继续执行，让程序员将测试或判断延迟到方便的时候进行。例如，0/0 或 0×∞ 会产生一个 NaN 值。根据 IEEE 754 标准，32 位单精度浮点格式中，阶码为 255、尾数不为 0 的编码用于表示无定义数。

【例 1-10】 已知 32 位单精度浮点格式的编码为 0x7F800000，其表示的值是多少？

解： ① 将 0x7F800000 展开为二进制形式：0111 1111 1000 0000 0000 0000 0000 0000B。

② 根据图 1-5a，将二进制形式按照 32 位单精度浮点格式划分出符号 s、阶码 e 和尾数 f 的编码：0 11111111 000 0000 0000 0000 0000 0000B，该数据编码的符号 s=0、阶码 e=11111111B=255、尾数 f=0。

③ 根据表 1-6 的单精度浮点数编码解释，该数据为正无穷大数，即其值为∞。

【例 1-11】 已知 32 位单精度浮点格式的编码为 0x41050000，其表示的值是多少？

解： ① 将 0x41050000 展开为二进制形式：0100 0001 0000 0101 0000 0000 0000 0000B。

② 根据图 1-5a，将二进制形式按照 32 位单精度浮点格式划分出符号 s、阶码 e 和尾数 f 的编码：0 10000010 000 0101 0000 0000 0000 0000B，该数据编码的符号 s=0、阶码 e=10000010B=130、尾数 f=000 0101 0000 0000 0000 0000B。

③ 根据表 1-6 的单精度浮点数编码解释，该数据为正规格化数，其值为 $2^{e-127}\times(1.f)=2^{130-127}\times(1.000\ 0101\ 0000\ 0000\ 0000\ 0000B)=2^3\times(1.000\ 0101B)=1000.0101B$，用十进制表示为 8.3125。

【例 1-12】 将二进制数 1001.101B 转换为 IEEE 754 的 32 位单精度浮点格式的规格化数编码。

解： ① 根据表 1-6，将 1001.101B 转换为规格化数值的形式：$1001.101B=2^3\times(1.001101)=2^{e-127}\times(1.f)$。

② 根据①中式子推出：s=0，e=3+127=130=10000010B，f=001 1010 0000 0000 0000 0000B（不足 23 位，低位补 0）。

③ 根据图 1-5a，将 s、e、f 拼成 IEEE 754 的 32 位单精度浮点格式编码：0 10000010 001 1010 0000 0000 0000 0000B，用十六进制表示为 0x411A0000。

二、西文字符的编码

日常使用的书面文字由一系列称为“字符”的书写符号组成，包括各国家文字、标点符号、图形符号和数字等字符。常用的字符的集合称为字符集。字符集种类较多，每个字符集包含的字符个数不同，常用的字符集有 ASCII（American Standard Code for Information Interchange）字符集、GB 2312 字符集、GB 18030 字符集和 Unicode 字符集等。计算机要准确地处理各种字符集文字，就需要进行字符编码，以便计算机能够识别和存储各种文字。字符集的编码方式也多种多样，字符集的编码表称为码表，每个码表中的字符编码具有唯一性。

西文字符集由拉丁字母、数字、标点符号和一些特殊符号组成。目前计算机中广泛使用的西文字符集是 ASCII 字符集，其编码称为 ASCII 码，即美国标准信息交换码。ASCII 码被国际标准化组织（International Organization for Standardization，ISO）批准为国际标准，全世界通用。

基本的 ASCII 字符集有 128 个字符，包括 95 个可打印字符和 33 个控制字符。可打印字符是一些常用的字母、数字和标点符号等，例如 A、a、3、* 等。每个字符用 7 个二进制位进行编码，称为 ASCII 码。表 1-7 显示了 ASCII 字符集及其码表。

表 1-7　ASCII 字符集及其码表

$b_3b_2b_2b_0$	$b_6b_5b_4$							
	000	001	010	011	100	101	110	111
0000	NUL	DEL	SP	0	@	P		p
0001	SOH	DC1	!	1	A	Q	a	q
0010	STX	DC2	"	2	B	R	b	r
0011	ETX	DC3	#	3	C	S	c	s
0100	EOT	DC4	$	4	D	T	d	t
0101	ENQ	NAK	%	5	E	U	e	u
0110	ACK	SYN	&	6	F	V	f	v
0111	BEL	ETB	'	7	G	W	g	w
1000	BS	CAN	(	8	H	X	h	x
1001	HT	EM	)	9	I	Y	i	y
1010	LF	SUB	*	:	J	Z	j	z
1011	VT	ESC	+	;	K	[	k	{
1100	FF	FS	,	<	L	\	l	|
1101	CR	GS	−	=	M	]	m	}
1110	SO	RS	.	>	N	^	n	~
1111	SI	US	/	?	O	_	o	DEL

从表 1-7 中可看出，每个字符都由 7 个二进制位 $b_6b_5b_4b_3b_2b_1b_0$表示，其中 $b_6b_5b_4$是高位部分，$b_3b_2b_1b_0$是低位部分。7 个二进制位 $b_6b_5b_4b_3b_2b_1b_0$共有 128 个编码，可用来表示 128 个字符。例如，数字 0 的 ASCII 码为 0110000B，即 30H。字母 a 的 ASCII 码为 1100001B，即 61H。

在计算机中，1 个字节是 8 位，故实际用 1 个字节存储一个 ASCII 码，增加一个最高位 $b_7=0$。例如，数字 0 的 ASCII 码存储为 00110000B，字母 a 的 ASCII 码存储为 01100001B。

三、汉字字符集与汉字编码

中文信息处理的基本单位是汉字，汉字也是字符。与西文字符相比，汉字数量极大，总数超过 6 万字，字形复杂，同音字多，这就给汉字在计算机内部的存储、传输、处理、输入输出带来了一系列的问题。为了满足汉字信息处理的不同需求，汉字系统必须有三类汉字代码：输入码、内码和字形码。

1. 输入码

汉字的输入方法可以分为自然输入和键盘编码输入两大类。其中自然输入包括手写输入和语音输入。手写输入的速度通常较低，语音输入需要送话器和声卡结合使用，语音输入的准确率受到发音的准确性影响。目前，键盘编码输入是主流的汉字输入方法。

计算机的键盘从英文打字机键盘发展而来，用户可以方便地利用键盘输入西文字符，却无法直接输入汉字。汉字数量巨大，又是方块图形，设计汉字键盘不现实。用标准键盘输入汉字，就必须使每个汉字用一个或几个键来表示，这种对每个汉字用标准键盘的按键进行的编码表示就称为汉字的输入码，又称外码。

汉字输入码主要分为音码、形码和音形码（形音码）等。

音码是比较常见的编码法，以汉字的汉语拼音为基础的汉字输入码，统称为拼音码。汉字的拼音码有多种，例如，完全基于汉语拼音的“全拼”输入、为了减少输入时击键数的“双拼”输入。例如，“汉字”可以用“hanzi”全拼输入，也可以用“hz”双拼输入。由于人们在中小学阶段接受过良好的汉语拼音教育，所以拼音码比较容易学习与使用。拼音码的重码率比较高，用户需要经常在候选字词中选择字词，因此降低了输入速度。

以汉字的形状结构及书写顺序特点为基础，按照一定的规则对汉字进行拆分，从而得到若干具有特定结构特点的形状，以这些形状为编码元素的汉字编码，统称为形码。例如五笔字型码是常用的形码。它基于汉字的笔画和字形特征进行汉字编码，重码率低，熟练后可快速输入，但是记忆量较大。

音形码从汉字的音和形两个角度出发，有的以音为主，有的以形为主。因为结合了汉字的两部分信息，这样重码率往往更加低，但是用户学习和使用都相对困难。

2. 汉字内码

汉字被输入计算机内部后，就按照一种称为内码的编码形式在计算机系统中进行存储、处理和传送。汉字的内码有多种，GB 2312 国标码、GBK 汉字编码、UCS/Unicode 编码、GB 18030 国标码等。

（1）GB 2312 国标码和机内码

1980 年，由中国国家标准总局颁布了第一个汉字编码的国家标准《信息交换用汉字编码字符集　基本集》，标准号是 GB 2312—1980（于 2017 年由强制性标准转化为推荐性标准，其文本不做任何调整，即标准号改为 GB/T 2312—1980）。GB 2312 国标字符集共收入汉字 6763 个和非汉字图形字符 682 个。整个字符集分成 94 个区，每区有 94 个位，即所有的国标汉字与符号组成一个 94×94 的矩阵。一个汉字所在的区号和位号组合在一起就构成了该汉字的区位码。区位码指出了汉字在 GB 2312 字符集中的位置，具有编码的唯一性，但不易记忆。

GB 2312 国标码是由 GB 2312 国标字符集的区位码转换而来。GB 2312 国标字符集中每一个汉字的区号和位号可以各用一个字节的二进制位表示，把区号和位号各加 32（即十六进制的 20H）后就是汉字的国标码。再将国标码中每一字节的最高位置 1，相应的编码就是两个字节的 GB 2312 机内码。单字节的 ASCII 码的最高位为 0，故汉字的机内码与 ASCII 码不会混淆。汉字的区位码、国标码和机内码的换算关系可以表示如下：

国标码 = 区位码+2020H

机内码 = 国标码+8080H

【例 1-13】 以“大”字为例，它在 GB 2312 国标字符集中的区号是 20，位号是 83，求“大”字的国标码和机内码。

解： ① 20 和 83 转换为十六进制数分别为 14H 和 53H，所以“大”字的区位码用十六进制表示为 1453H。

②
```
   1453H
+  2020H
--------
   3473H
```

所以，“大”字的国标码用十六进制表示为3473H。

③ 3473H
+ 8080H
B4F3H

所以，“大”字的机内码用十六进制表示为B4F3H。

（2）GBK汉字编码

GB 2312字符集只有6763个汉字，且均为简体字。1995年，《汉字内码扩展规范》发布，代号为GBK。它一共包含21003个汉字和883个图形符号，除了包含GB 2312中的全部汉字和符号之外，还收录了繁体字。GBK汉字编码与GB 2312国标码向下兼容，即所有与GB 2312相同的字符，其编码也相同。GBK汉字编码中每个汉字由两个字节构成，第一个字节的最高位必须是1，第二个字节的最高位可以是0，也可以是1。

（3）UCS/Unicode编码

为了实现全世界不同语言文字的统一编码，国际标准化组织（ISO）制定了一个将全世界现代书面文字使用的所有字符和符号集中进行统一编码的国际标准，称为UCS（Universal Character Set，UCS）标准。Unicode协会也制定了将所有字符和符号集中进行统一编码的编码标准，称为Unicode，这是计算机科学领域里的一项业界标准。ISO与Unicode协会是两个不同的组织，都试图设计统一字符集，于是它们开始合并双方的工作成果，到Unicode2.0时，Unicode的编码和UCS的编码基本一致。

（4）GB 18030汉字编码

为了支持Unicode的所有码位，2000年，我国颁布了《信息技术中文编码字符集》，标准号为GB 18030—2000（最新版本为GB 18030—2022）。GB 18030对GB 2312和GBK保持向下兼容，是我国计算机系统必须遵循的基础性标准之一。目前汉字的国家标准编码主要有GB 2312、GBK和GB 18030三种。

3. 字形码

在屏幕上显示或打印机上打印汉字时，必须是人们可以识读的汉字方块字形。汉字字形码记录汉字的外形轮廓，是汉字的输出编码。汉字的字形有两种描述方式：点阵字模描述和轮廓描述。字符集中所有汉字和字符的形状描述数据集合在一起，构成了字库。输出汉字时，先到字库中去找到它的字形码，再把字形码转换为字形输出。

（1）点阵字模描述

把汉字的形状放在一个16×16、24×24、32×32等的矩阵中，汉字或字符中有黑点的地方用1表示，空白处用0表示，则汉字或字符的字形可以用0和1组成的方阵来表示。这种用来描述汉字或字符的二进制点阵数据称为汉字的字模点阵码。例如，图1-7显示了汉字“大”的16×16点阵字形及其用十六进制表示的字模点阵码。

字模点阵码占用空间大。例如，一个16×16点阵字形码要占用16×16 bit = 256 bit = 32 B，一个汉字的不同字体（如宋体、楷体、黑体等）对应不同的字模点阵码。因此，点阵字模描述的字库很大。

（2）轮廓描述

把汉字的笔画轮廓用一组直线和曲线来勾画，记下每一条直线或曲线的数学公式中的参数，这种用来描述汉字或字符形状的数据称为汉字的轮廓码。用轮廓描述字形的方法精度高，字形可以任意放大或缩小，同时还节省空间。

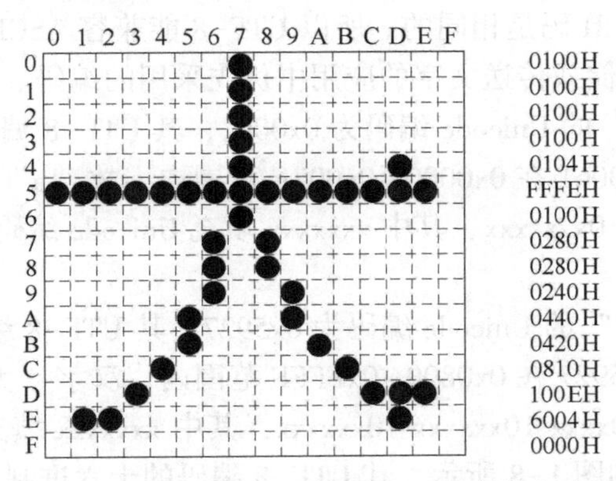

图 1-7 “大”的 16×16 点阵字形及字模点阵码

四、Unicode 字符集与 UTF 编码

1. Unicode 简介

Unicode 是国际标准字符集，它为世界各种语言的每个字符定义一个唯一的编码，编码范围是 0x0000~0x10FFFF，可以容纳一百多万个字符，以满足跨语言、跨平台的文本信息转换。

Unicode 是一个字符集，它只规定了每个字符的二进制值，可以理解为字符与数字之间逻辑映射的概念编码，没有规定每个字符具体如何存储。UTF-8、UTF-16、UTF-32 是 Unicode 的 3 种存储方式，它们分别用不同的二进制格式来存储 Unicode 字符。

“UTF”是“Unicode Transformation Format”的缩写，意思是 Unicode 转换格式，后面的数字表明至少使用多少个比特位来存储字符。例如，UTF-8 表示最少需要 8 个比特位，即至少用 1 B 来存储。UTF-16 和 UTF-32 分别表示最少用 2 B 和 4 B 来存储。目前，UTF-8 和 UTF-16 被广泛使用。

2. UTF-8 编码

UTF-8 是一种变长字符编码，将 Unicode 字符编码为 1~4 个字节，具体取决于 Unicode 字符集的编码范围。Unicode 编码对应 UTF-8 需要的字节数量以及编码格式见表 1-8。

表 1-8　Unicode 编码对应 UTF-8 需要的字节数量以及编码格式

Unicode 编码范围	UTF-8 编码字节数	UTF-8 编码格式（二进制）
0x0000~0x007F	1	0xxxxxxx
0x0080~0x07FF	2	110xxxxx　10xxxxxx
0x0800~0xFFFF	3	1110xxxx　10xxxxxx　10xxxxxx
0x10000~0x10FFFF	4	11110xxx　10xxxxxx　10xxxxxx　10xxxxxx

UTF-8 的编码规则如下：

1）对于单字节的字符，字节的第一位设为 0，后面 7 位为这个符号的 Unicode 编码。

2）对于 n 字节的字符（n>1），第一个字节的前 n 位都设为 1，第 n+1 位设为 0，后面字节的前两位都设为 10。其余的二进制位填充为该字符的 Unicode 编码。

Unicode 编码范围在 0x00～0x7F 区间的字符正好对应着 ASCII 码，对于英语字母、数字，其 UTF-8 编码和 ASCII 码是相同的。所以 UTF-8 能兼容 ASCII 编码，UTF-8 逐渐成为电子邮件、网页及其他存储或传送文字的应用中优先采用的编码。

【例 1-14】 字母“a”的 Unicode 编码为 0x0061，其 UTF-8 编码是多少？

解： 根据表 1-8，0x0061 在 0x0000～0x007F 范围内，故“a”的 UTF-8 编码采用单字节数，UTF-8 编码格式为 0xxxxxxx，其中 xxxxxxx 填充 Unicode 编码，故字母“a”的 UTF-8 编码为 0x61。

【例 1-15】 汉字“大”的 Unicode 编码为 0x5927，其 UTF-8 编码是多少？

解： 根据表 1-8，0x5927 在 0x0800～0xFFFF 范围内，汉字“大”的 UTF-8 编码采用 3 字节数，编码格式为 1110xxxx 10xxxxxx 10xxxxxx，其中 xxxxxxx 填充为 Unicode 编码。“大”的 UTF-8 编码转换过程如图 1-8 所示，其 UTF-8 编码的十六进制表示为 0xE5A4A7。

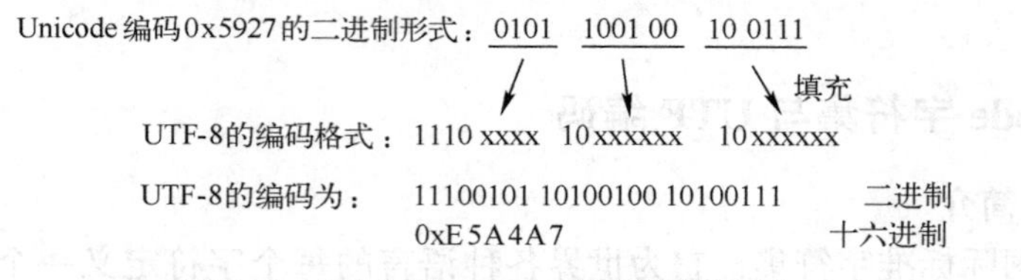

图 1-8 “大”的 UTF-8 编码转换过程

3. UTF-16 编码

UTF-16 也是一种变长字符编码，它将字符编码成 2 B 或者 4 B。具体的编码规则如下：

1）对于 Unicode 编码小于 0x10000 的字符，使用 2 B 存储，并且是直接存储 Unicode 码，不用进行编码转换。

2）对于 Unicode 编码在 0x10000～0x10FFFF 之间的字符，使用 4 B 存储，这 4 B 分成前后两部分，每个部分各 2 B。其中，前面 2 B 的前 6 位二进制固定为 110110，后面 2 B 的前 6 位二进制固定为 110111，前后部分各剩余 10 位二进制填充该字符的 Unicode 编码减去 0x10000 的结果。

【例 1-16】 字母“a”的 Unicode 编码为 0x0061，其 UTF-16 编码是多少？

解： 0x0061 小于 0x10000，使用 2 B 存储，并且是直接存储 Unicode 码。故字母“a”的 UTF-16 编码为 0x0061。

【例 1-17】 汉字“大”的 Unicode 编码为 0x5927，其 UTF-16 编码是多少？

解： 0x5927 小于 0x10000，使用 2 B 存储，并且是直接存储 Unicode 码。故汉字“大”的 UTF-16 编码为 0x5927。

4. UTF-32 编码

UTF-32 是固定长度的编码，每个字符占用 4 B，足以容纳所有的 Unicode 字符，所以直接存储 Unicode 编码即可，不需要任何编码转换。UTF-32 编码浪费了存储空间。

5. BOM

现代计算机基本上采用按字节编址方式，即一个地址单元存放一个字节。例如，汉字“大”的 UTF-16 编码为 0x5927，在计算机中存储时，需要占用两个连续的地址单元，每个地址单元存放一个字节。此时出现了两种可能的存放方式，一种方式是低地址单元存储

0x59，高地址单元存储 0x27；另一种方式是低地址单元存储 0x27，高地址单元存储 0x59。

在计算机中存储多字节编码时有两种方式：大端方式和小端方式。大端方式将数据的低字节存储在高地址单元，高字节存储在低地址单元。例如，对于 0x5927，低地址单元存储 0x59，高地址单元存储 0x27，这属于大端方式。小端方式将数据的高字节存储在高地址单元，低字节存储在低地址单元。例如，对于 0x5927，低地址单元存储 0x27，高地址单元存储 0x59，这属于小端方式。

BOM 是 Byte Order Mark 的缩写，是一个编码，通常出现在 Unicode 文本文件的开头。Unicode 用 BOM 来标识字节序，即指明文件是采用大端方式还是小端方式。Unicode 用来标识 UTF-16 的 BOM 编码是 0xFEFF。若纯文本文件的开始为 0xFEFF，则表明文件字节流采用大端方式；若纯文本文件的开始为 0xFFFE，则表明文件字节流采用小端方式。

例如，图 1-9 分别显示了字符“a 大”采用 UTF-16 编码格式的两种文件十六进制存储内容。offset 表示按字节编址的地址偏移量。

```
Offset(h)  00 01 02 03 04 05
00000000   FE FF 00 61 59 27
```
a)

```
Offset(h)  00 01 02 03 04 05
00000000   FF FE 61 00 27 59
```
b)

图 1-9　某文件的存储内容

a）UTF-16 大端方式存储　b）UTF-16 小端方式存储

图 1-9a 采用 UTF-16 大端方式存储，“0xFE 0xFF”是 UTF-16 的大端方式存储标识，“0x00 0x61”和“0x59 0x27”分别为“a”和“大”的 UTF-16 大端方式存储。

图 1-9b 采用 UTF-16 小端方式存储，“0xFF 0xFE”是 UTF-16 编码的小端方式存储标识，“0x61 0x00”和“0x27 0x59”分别为“a”和“大”的 UTF-16 编码的小端方式存储。在小端方式中，编码字节次序看起来是反过来的。

UTF-8 没有字节序问题，因为在 UTF-8 中编码头部固定是 0B、110B、1110B 或 11110B，并表示字节数，见表 1-8，因此，BOM 对 UTF-8 不是必需的。Windows 的纯文本文件中允许 UTF-8 使用或不使用 BOM，BOM 编码是 0xEFBBBF。例如，图 1-10 分别显示了字符“a 大”采用 UTF-8 编码格式的两种文件十六进制存储内容，“0x61”和“0xE5 0xA4 0xA7”分别为“a”和“大”的 UTF-8 编码。

```
Offset(h)  00 01 02 03
00000000   61 E5 A4 A7
```
a)

```
Offset(h)  00 01 02 03 04 05 06
00000000   EF BB BF 61 E5 A4 A7
```
b)

图 1-10　某文件的存储内容

a）不带 BOM 的 UTF-8 编码　b）带 BOM 的 UTF-8 编码

Windows 中对 UTF-8 使用 BOM 的好处是与汉字采用 GB 2312 编码做了很好的区分。例如，图 1-11 是字符“a 大”采用 ASCII+GB 2312 编码（称为 ANSI 编码）的文件十六进制存储内容，0x61 是“a”的 ASCII 编码，“0xB4 0xF3”是汉字“大”的 GB 2312 编码。

```
Offset(h)  00 01 02
00000000   61 B4 F3
```

图 1-11　某文件的存储内容

Windows 中对 UTF-8 使用 BOM 的缺点是不同系统处理时会带来乱码问题，因为有的软件不能识别 UTF-8 中的 BOM。

本章小结

电子计算机最初是作为计算工具而研制开发。从最初只能实现加减运算的机械计算的机器开始，逐步发展到能实现多种数值计算、能解决复杂弹道计算问题的电子计算机，再到出现存储程序原理的冯·诺依曼结构计算机。计算机一直朝着高性能、低成本、低功耗、普及和深化应用等方面不断发展，未来计算机将向着巨型化、微型化、智能化和网络化方向发展。计算机的发展拓展了人类的计算能力，承担着人工无法完成的各种庞大而复杂的计算问题。计算机计算能力的发展不仅不会减缓，还会增强，计算机的发展速度影响着社会的发展速度。

我国从20世纪50年代开始研制计算机系统。进入21世纪后，我国在超级计算机方面取得了举世瞩目的成绩，在芯片技术上也有新的突破。

数字技术是采用“0”和“1”两个数字来表示、处理、存储和传输信息的技术。在计算机系统内部，所有信息都是采用二进制编码。现实世界中的优雅文字、美妙音乐、绚丽色彩，进入到计算机世界中都是一串0/1序列。一串0/1序列太冗长，难以书写和阅读，通常习惯使用十六进制来表示二进制的信息。通信和信息存储领域也已经大量采用数字技术，例如，广播电视领域已经全面数字化，照相机、摄影机都采用数字存储技术。

比特（bit）是计算机和其他所有数字系统处理、存储和传输信息的最小单位。计算机系统通常以字节为单位来计算存储容量。字是由指令集体系结构（ISA）定义的信息单位。不同的计算机，一个字节都是8 bit，但是字的长度不完全相同。

进入计算机内部的各种信息都必须进行数字化编码，任何一种编码都包括编码格式和编码的字节数。无符号整数直接使用二进制编码；带符号整数通常使用补码的编码方式；目前浮点数采用IEEE 754浮点格式；西文字符采用ASCII码；为适应汉字的输入输出和存储处理，汉字有输入码、机内码和字形码；Unicode是国际标准字符集，UTF-8和UTF-16是被广泛使用的Unicode编码的存储方式。熟悉信息的不同编码方法，为后续继续学习打下基础。

习　　题

一、单项选择题

1. 目前，个人计算机中采用的电子元器件主要是　　【　　】

   A. 电子管　　B. 晶体管

   C. 中小规模集成电路　　D. 超大规模集成电路

2. 下列给出的计算机中，遵循存储程序工作原理的是　　【　　】

   A. Pascaline　　B. ABC

   C. ENIAC　　D. EDVAC

3. 下列选项中，不属于计算机特点的是　　【　　】

   A. 极高的处理速度　　B. 运算精度低

   C. 具有逻辑判断能力　　D. 具有自动控制能力

4. “a” 的 ASCII 码为 97，“F” 的 ASCII 码为 【　】
A. 68　B. 69　C. 70　D. 71
5. 为了与国际标准 UCS 接轨，我国发布新的汉字国家标准是 【　】
A. GBK　B. GB 2312　C. GB 18030　D. Unicode
6. 汉字字形主要有两种描述方法，一种是点阵字模描述，另一种是 【　】
A. 仿真描述　B. 轮廓描述
C. 矩阵描述　D. 模拟描述
7. 若采用 GB 2312 编码，则汉字“大”在计算机中存储时，需占用的字节数是 【　】
A. 1　B. 2　C. 3　D. 4
8. 下列数据中，最大的数是 【　】
A. $(1000110)_2$　B. $(52)_8$
C. $(46)_{10}$　D. $(2A)_{16}$
9. 下列关于“1 KB”的描述，正确的是 【　】
A. 1000 个二进制位　B. 1000 个字节
C. 1024 个二进制位　D. 1024 个字节
10. 由国家并行计算机工程技术研究中心研制的“神威·太湖之光”属于 【　】
A. 超级计算机　B. 工作站
C. 个人计算机　D. Web 服务器

二、填空题

1. 冯·诺依曼机结构计算机采用________的工作原理。
2. 汉字的国家标准编码主要有 GB 2312、GBK、________。
3. 8 位补码能表示的最大数是________。
4. 整数-15 的 8 位补码表示是________。
5. 对于逻辑运算，$1 \vee 1=$________。

三、简答题

1. 某中文 Windows 环境下，西文使用标准 ASCII 码，汉字采用 GB 2312 编码。若有一段文本的内码为 CBF5D0B45043CAC7D5B8，则在这段文本中，含有西文字符和汉字各多少个？
2. 将十进制数 35. 75 转换为二进制数。
3. 将二进制数 100100011. 100101 转换为十六进制表示。
4. 写出 10101010B+00110011B 的运算结果。

第二章 计算机组成原理

学习目标：

1. 掌握计算机硬件的基本工作原理和计算机硬件的基本组成。
2. 了解指令的格式、指令系统的基本功能和指令系统的设计风格。
3. 掌握 CPU 的基本功能、基本组成和性能指标。
4. 掌握不同类型存储器的性能差异，掌握层次结构的存储器系统。
5. 掌握 CPU、主存储器与外设之间的互连。
6. 掌握计算机常规的硬件设备和设备接口。

第一节 计算机硬件的基本组成

一、冯·诺依曼计算机的结构框图

一个完整的计算机系统包括计算机硬件和计算机软件两大部分。计算机硬件是指构成计算机的物理装置的总称，人们看到的各种芯片、板卡、外设和电缆等都是计算机硬件。计算机软件是指计算机系统中的程序、数据以及开发、使用、维护程序所需的各种文档的集合。

计算机硬件和计算机软件相辅相成，缺一不可。计算机硬件是计算机系统的物理基础，为软件的运行提供平台和环境。计算机硬件必须配备完善的软件，才能正常工作，充分发挥硬件的各种功能。

“存储程序”为工作方式的冯·诺依曼结构成为电子计算机的逻辑结构设计基础和基本设计原则。尽管各种计算机在性能、用途和规模上有所不同，但其基本结构都遵循冯·诺依曼结构，这种设计的计算机被称为冯·诺依曼计算机。

早期的冯·诺依曼计算机的结构框图如图 2–1 所示。它的主要特点包括以下 4 个方面。

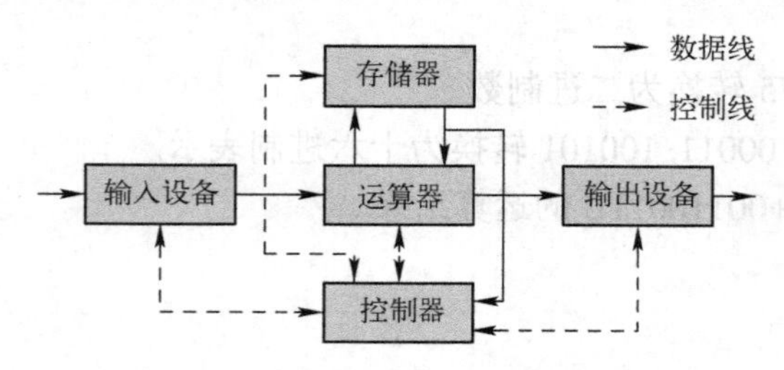

图 2–1 冯·诺依曼计算机结构框图

1）计算机由运算器、控制器、存储器、输入设备和输出设备 5 个基本部件组成。

2）存储器不仅能存放数据，也能存放指令，形式上指令与数据没有区别，但计算机应能区分它们。

3）计算机内部以二进制形式表示指令和数据。

4）采用“存储程序”的工作原理。

运算器（Arithmetic Unit）是计算机中对数据进行加工处理的部件，完成数据的算术运算和逻辑运算。算术运算是指对数据的加法、减法、乘法、除法以及乘方、开方等数学运算；逻辑运算是指对二进制数的与、或、非等逻辑操作，利用逻辑运算可以进行两个数的比较，或者从某个数中选取某几位等操作。

控制器（Control Unit）的作用是控制计算机各部件协调地工作。大脑通过神经系统协调人们的肢体运动，控制器就像大脑，通过对正在执行指令的分析，产生控制信号送到相应部件，来协调计算机各部件工作。所以，控制器的作用是对指令执行过程的控制。

存储器（Memory）的功能是存储程序和各种数据，并能在计算机运行过程中高速、自动地完成程序或数据的存取。存储器是具有“记忆”功能的设备，它采用具有两种稳定状态的物理器件来存储信息，这些器件也称为“记忆元件”。记忆元件的两种稳定状态分别表示二进制的“0”和“1”。

输入设备（Input Device）用来向计算机输入数据和程序。人们可读的信息有多种形式，例如命令、程序、数据、文本、图形、图像、音频和视频等，输入设备把这些信息都转换为计算机能识别的二进制代码送入计算机，以供计算机存储、处理和传送。

输出设备（Output Device）用于把计算机中存储、处理或传送来的信息以人们熟悉的形式表示出来。计算机中存储、处理和传送的数据都是二进制形式，输出设备把它们转换为人们能识别的形式，如数字、文本、图像、声音等，并打印到纸上、输出到显示屏，或通过音箱播放等。因此，输入/输出设备是人与计算机之间进行信息交换的装置。

二、现代计算机系统的典型硬件组成

现代的计算机依旧是冯·诺依曼计算机，一个典型系统的硬件组成如图 2-2 所示，该图是英特尔奔腾（Intel Pentium）系统的模型，其他系统也有相同的外观和特性。

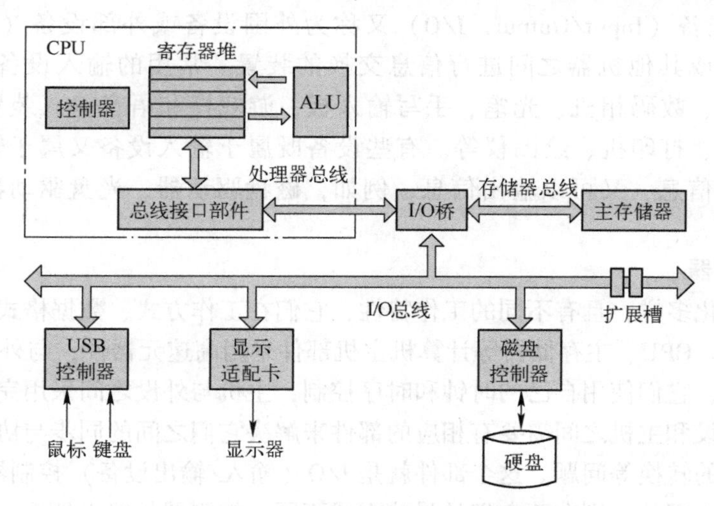

图 2-2 Intel Pentium 系统的模型

1. 中央处理器

由于计算机采用“存储程序”的工作方式，计算机所有功能都是通过执行程序完成，专门用来执行程序的部件就是处理器。计算机中的处理器很多，运行系统软件和应用软件任务的处理器称为中央处理器（Central Processing Unit，CPU），这是计算机最核心的部件。

在20世纪五六十年代，计算机使用的是分立晶体管，处理器由多个独立单元构成，运算器和控制器之间是外部连线。在20世纪70年代后，随着集成电路的集成度提高，运算器和控制器集成在了一个芯片内部，称为微处理器。随着超大规模集成电路技术的发展，更多的逻辑功能被集成到CPU芯片中，甚至一个CPU芯片集成了多个处理器核。图2-3所示的是英特尔（Intel）公司生产的酷睿（Core）i7处理器芯片。

图2-3　Core i7芯片

2. 存储器

计算机技术的成功很大程度上也源于存储技术的巨大进步。如今，存储器的种类繁多，图2-2中包括了主存储器和硬盘两种。主存储器是一个临时存储设备，用来存放CPU正在执行的程序和程序处理的数据。硬盘是一个能长久存储程序和数据的设备，CPU不能直接访问硬盘，硬盘上的程序或数据需要调入主存储器后，才能供CPU使用。

3. 总线

总线（Bus）是贯穿整个系统的一组共享的信息传输通道。总线提供计算机部件之间规范化交换数据的方式，包括一组共享的信息传输线和控制逻辑。若把计算机看作一座城市，那么总线就像是城市里的马路，能不停地运载各种信息。

现代计算机多采用总线结构，且有多种总线，它们在各个层次上提供部件之间的连接和信息交换通路。在图2-2示例中，包含了处理器总线、存储器总线和I/O（输入/输出）总线。总线结构的优点是整个系统结构清晰、灵活和成本低。它的灵活性体现在仅需要按照总线标准设计新插件，新插件就可以容易地接插到计算机中。由于连线少，所以总线的性价比高。

4. 外部设备

输入/输出设备（Input/Output，I/O）又称为外围设备或外部设备（简称外设），是计算机系统与人或其他机器之间进行信息交换的装置。常用的输入设备有键盘、鼠标、摄像头、扫描仪、数码相机、光笔、手写输入板、游戏杆和语音输入装置等。常用的输出设备有显示器、打印机、绘图仪等。有些设备既属于输入设备又属于输出设备，因为它们既可以输入信息，又可以输出信息，例如，磁盘驱动器、光盘驱动器、网卡之类的通信设备等。

5. I/O控制器

外部设备变化多样，且有不同的工作特性，它们在工作方式、数据格式和工作速度等方面存在很大差异。CPU、主存储器等计算机主机部件采用高速元器件，与外设之间在技术特性上有很大差异，它们使用自己的时钟和时序控制，主机与外设之间采用完全的异步工作方式。为此，在外设和主机之间需要有相应的部件来解决它们之间的同步与协调、工作速度的匹配和数据格式的转换等问题。这个部件就是I/O（输入/输出设备）控制器或适配卡。I/O控制器与适配卡之间的区别在于它们的封装方式不同，控制器是置于外设本身或系统的主印制电路板（通常称为主板）的芯片组中，而适配卡是一块插在主板插槽上的卡。它们的功能都是在I/O总线和外设之间传递信息，并做成标准化的部件，通称为I/O控制器。

第二节　中央处理器

一、指令和指令系统

1. 指令

机器指令是指示计算机执行某种操作、完成某种功能的命令。为了指出执行的操作、数据的来源、操作结果的去向等，一条机器指令的基本格式如图 2-4 所示。一条机器指令通常包含操作码和地址两部分。操作码用来指明指令所要完成的操作，例如加法、减法、传送、移位等。地址码用来指出该指令的操作数地址、结果的地址或者下一条指令的地址等。

操作码	地址码

图 2-4　指令格式

机器指令由一串有意义的二进制代码组成，例如，“0000 0001 1111 0000 0111 0000 0000 0000”是某计算机的一条加法指令，显然一串“0”和“1”的机器指令书写冗长，阅读困难。

为便于阅读和理解，使用助记符来表示机器指令中的操作码和地址码，用助记符表示的指令称为汇编指令。例如，“ADD A，B，C”是对应上述机器指令的汇编指令，其中“ADD”是操作码，表示需要执行加法运算；“A”“B”和“C”是 3 个地址码，“A”表示加法结果的存放位置，“B”和“C”表示两个加数存放的位置。该指令的功能可以描述为（B）+（C）→A。若指令执行前，B 和 C 所在的单元分别存放数据 3 和 4，则这条指令执行的结果就是：3+4=7，并且将 7 送到 A 的存储单元中。

机器指令与汇编指令一一对应，它们都与具体的机器结构有关，都属于机器级指令，习惯上使用汇编指令来描述机器指令。

2. 指令系统

一台计算机能执行的所有机器指令的集合就构成这台计算机的指令系统。不同的计算机都有各自的指令系统，指令系统是计算机硬件的语言系统，也叫机器语言。指令系统提供了软件和硬件之间的界面，如图 2-5 所示，一方面计算机硬件的功能通过指令系统展现出来，另一方面，软件通过指令系统中的指令去使用硬件功能。

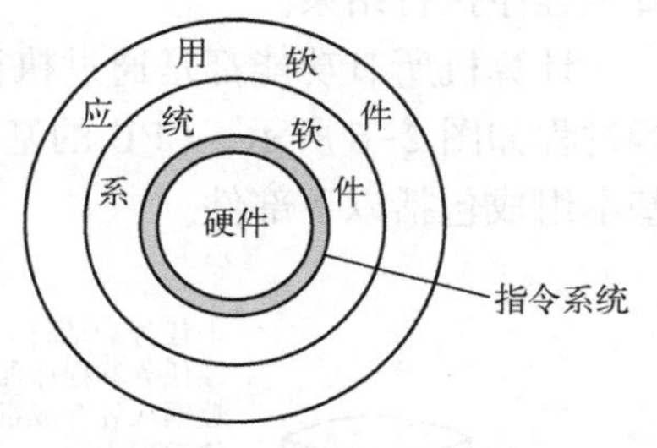

图 2-5　指令系统提供了软件和硬件之间的界面

为完成某种任务，由若干条机器指令组成的指令序列称为机器语言程序。计算机硬件只能识别和理解机器语言程序。

3. 指令系统的设计风格

早期的计算机，指令系统复杂，指令数多，指令格式多，寻址方式（寻找操作数的方法）多，指令执行所需时钟周期数也不一样。这种设计风格的指令系统称为复杂指令系统，计算机性能的提高主要依靠增加指令的功能来获取，这类计算机称为复杂指令集计算机（Complex Instruction Set Computer，CISC）。

在 1975 年，IBM 公司开始研究指令系统的合理性问题，提出了精简指令集计算机（Reduced Instruction Set Computer，RISC）的概念。其基本思想是尽量简化计算机指令功能，只保留那些功能简单、能在一个时钟周期内执行完成的指令，而把较复杂的功能用一段子程序来实现。RISC 技术不仅仅简化了指令系统，而且通过简化指令使计算机结构更加简单合理，从而提高机器的性能。

CISC 和 RISC 是处理器从指令集特点上的两种分类，是当前处理器设计的两种不同架构。它们都是试图在体系结构、操作运行、软件硬件、编译时间和运行时间等诸多因素中做出某种平衡，以求达到高效的目的。

4. 主流的指令系统

在处理器领域，主流的指令系统有 x86 与 ARM 架构。x86 是指 Intel 公司通用计算机系列的标准编号缩写，也被用来标识一套通用的计算机指令集合。x86 微处理器属于 CISC 架构，占据台式机、笔记本计算机和服务器的主流市场。

ARM（Advanced RISC Machine）是一款低功耗的微处理器，属于 RISC 架构，ARM 微处理器在移动设备市场占据了主要份额。例如，智能手机其实是一台典型的计算机系统，多数采用的是 ARM 指令集。所以智能手机与台式计算机、笔记本计算机之间的软件通常不能兼容。

RISC-V 是基于精简指令集原理建立的开源指令集架构。开源意味着与 x86、ARM 指令集相比，RISC-V 指令集可以自由地用于任何目的，允许任何人设计、制造和销售 RISC-V 芯片和软件。RISC-V 指令集的特点是短小精悍，而且还能以模块化的方式组织在一起，从而满足各种不同的应用。基于 RISC-V 指令集可以设计服务器 CPU、家用电器 CPU、工控 CPU 和传感器中的 CPU 等。

二、CPU 的基本功能与基本组成

“存储程序”的工作原理要求程序和数据都存放在计算机的存储器中，执行程序时，CPU 从内存中逐条取出指令和相应的数据，按指令操作码的规定，对数据进行运算处理，直至程序执行结束。

计算机所有功能都是通过执行程序完成，程序由若干条指令组成。程序在计算机中的执行过程如图 2-6 所示，CPU 的基本功能就是周而复始地执行指令。如图 2-7 所示，CPU 的基本组成包括以下部件。

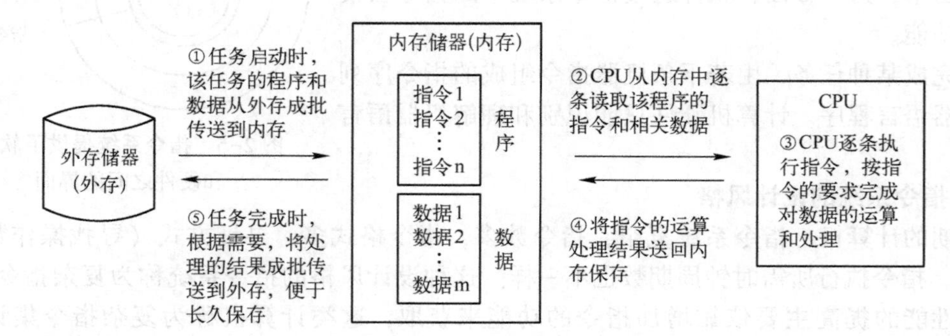

图 2-6　程序在计算机中的执行过程

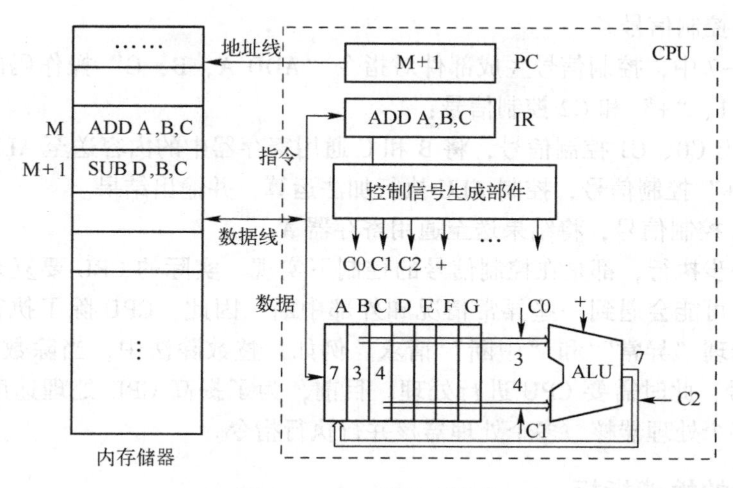

图 2-7　CPU 的基本组成

1. 寄存器

CPU 中有一组寄存器，寄存器的速度很快，用于存放临时数据、状态信号等。根据寄存器存放信息的不同，寄存器又分为通用寄存器、状态寄存器、指令寄存器和程序计数器等。通用寄存器用于临时存放参与运算的数据或运算得到的结果。通用寄存器是 CPU 中多个寄存器组成的阵列，例如，图 2-7 中的 A～G 是通用寄存器。

指令寄存器用于存放 CPU 正在执行的指令。例如，图 2-7 中的 IR 是指令寄存器，存放着一条 CPU 正在执行的指令“ADD　A，B，C”。

程序计数器又称指令计数器，用于存放 CPU 将要执行的下一条指令的地址。CPU 按照程序计数器中的地址从存储器读取指令。例如，图 2-7 中的 PC 是程序计数器，保存了指令“SUB　D，B，C”在存储器的地址 M+1。

2. 算术逻辑单元

算术逻辑单元（Arithmetic Logic Unit，ALU）是 CPU 的执行单元，也是 CPU 的核心组成部分，用来对二进制数据进行加法、减法基本算术运算或者与、或、非基本逻辑运算的部件。通常参与运算的数据来自通用寄存器，运算的结果也保存到通用寄存器中。

ALU 的基本逻辑结构是加法器。在现代 CPU 体系结构中，整型数据的算术运算都采用补码数的模运算实现，减法、乘法和除法运算都可以转化为加法运算实现。

例如，图 2-7 中，执行指令“ADD　A，B，C”时，加法运算由 ALU 来实现。假设通用寄存器 B 和 C 分别存放有数据“3”和“4”，将它们送至 ALU 的输入端，并控制 ALU 执行加法运算，则 ALU 的输出结果为“7”，根据指令的要求把结果“7”送入寄存器 A 中保存。

3. 控制器

CPU 中的每一个操作步骤都有先后顺序，例如，在图 2-7 中，数据必须先送入 ALU 输入端，接着 ALU 执行加操作，最后将 ALU 的输出结果送入通用寄存器中保存，这个步骤是不可以反向的，所以 CPU 是一个时序部件。

脉冲源需按一定的频率生成脉冲信号，提供给 CPU 作为时钟脉冲，是 CPU 时序的基准信号。控制器中有一个控制信号生成部件，它通过对指令寄存器中指令操作码的分析，按序生成每条指令的控制信号。

例如，图 2-7 中，控制信号生成部件对指令“ADD A，B，C”操作码的分析，按以下顺序发出 C0、C1、“+”和 C2 控制信号：

1）同时发出 C0、C1 控制信号，将 B 和 C 通用寄存器中的内容送至 ALU 输入端。

2）发出“+”控制信号，控制 ALU 执行加法运算，并输出结果。

3）发出 C2 控制信号，将结果送至通用寄存器 A。

指令的每一步执行，都是在控制信号的控制下实现。实际的 CPU 要复杂得多。CPU 在执行指令过程中可能会遇到一些异常情况和外部中断，因此，CPU 除了执行指令以外，还要能够发现和处理“异常”和“中断”请求。例如，整数除法中，当除数为“0”时会发出“异常”信号，此时需要 CPU 进行处理。目前，为了提高 CPU 处理速度，在一个 CPU 芯片中会集成多个处理器核，多个处理器核并行执行指令。

三、CPU 的性能指标

计算机系统的性能评价主要考虑的是 CPU 性能，系统性能与 CPU 性能是有区别的。系统性能是指系统响应时间，是计算机完成某一任务所需的总时间，包括硬盘访问、内存访问、I/O 操作、操作系统开销和 CPU 执行时间等。CPU 性能主要指 CPU 运行用户程序代码的时间。用户程序执行的时间与 CPU 相关的因素很多，列举如下的重要概念和指标。

1）机器字长。机器字长是指 CPU 一次能处理整型数据的位数，通常是 CPU 中通用寄存器和 ALU 的宽度，即一次二进制整数运算的宽度。例如，“某计算机的字长为 32 位”表示了该计算机中 CPU 内部用于整数运算的 ALU 和通用寄存器的宽度为 32 位，即一次整数加法运算可实现两个 32 位二进制数的相加，结果保存为 32 位。

字长越长，整数的表示范围越大，精度越高。若字长较短，则位数较多的数据必须经过多次处理后才能完成运算，会增加程序的执行时间。例如，如果要进行两个 6 位二进制整数的加法运算：101001B+111001B，则字长为 8 位的 CPU 只需要 1 次加法运算就可以实现，而字长为 4 位的 CPU 需要两次加法运算才可以实现，先对低 4 位二进制位做加法运算，再对高 2 位二进制位做加法运算。

早些年，微型计算机中 CPU 字长大多是 32 位，现在的 Core i3/i5/i7 等都是 64 位处理器。

“字”和“字长”的概念不同。“字”是用来度量各种数据类型的宽度。每台计算机都提供了若干数据类型，每种数据类型都有宽度，“字”是由指令集体系结构定义的整型数据的一个基本宽度。例如，在 Intel IA-32 微处理器中，字的宽度定义为 16 位，32 位称为双字。Intel IA-32 微处理器的字长是 32 位，“字长”是 CPU 内部整数部件的宽度，反映计算机处理信息的能力。

2）主频与时钟周期。主频是 CPU 内核工作的时钟频率，单位是 Hz，表示在 CPU 内数字脉冲信号振荡的速度。时钟周期是主频的倒数，表示数字脉冲信号振荡一次的时间间隔，是 CPU 中操作的最基本时间单位。

例如，图 2-8 中为某数字脉冲信号振荡的情况，若 1 s 内振荡 8 次，则该脉冲信号的频率 f=8 Hz，数字脉冲信号振荡一次的时间间隔为 1/8 s=0.125 s，时钟周期 T=0.125 s。

目前，PC 的 CPU 主频通常为 GHz 的级别，相应的时钟周期为 ns 的级别。例如，某计

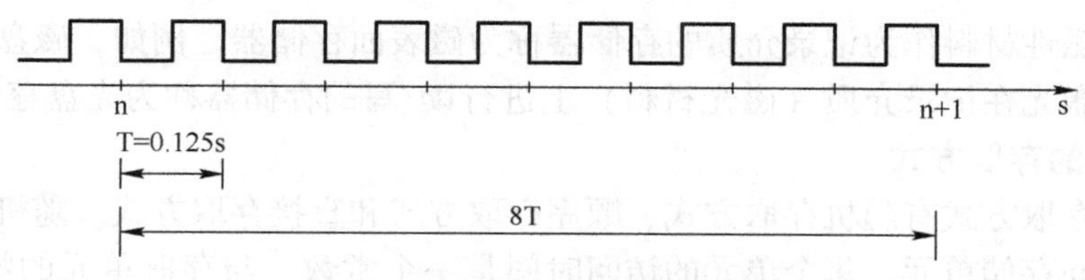

图 2-8　时钟频率与时钟周期是倒数的关系

算机的主频为 2 GHz，表示单位时间内数字脉冲信号振荡 2×10^9 次，该计算机的时钟周期为 1/(2 GHz) = 0.5 ns，即数字脉冲信号振荡一次的时间间隔为 0.5 ns。

CPU 的主频不代表 CPU 的速度，但提高主频对于提高 CPU 运算速度却是至关重要的。例如，假设某个 CPU 在一个时钟周期内执行一条运算指令，那么当 CPU 运行在 100 MHz 主频时，将比它运行在 50 MHz 主频时速度快一倍。因为工作在 100 MHz 主频的 CPU 执行一条运算指令所需时间仅为 10 ns，工作在 50 MHz 主频时执行同一条运算指令需 20 ns。对于两个不同的 CPU，由于 CPU 内部实现结构的差异，它们的运行速度不能用主频来直接比较。CPU 主频与 CPU 实际的运算能力并没有直接关系。在 2004 年以前，处理器设计者一直追求不断提升处理器的主频，计算机主频从 Pentium 开始的 60 MHz，曾经最高达到 4~5 GHz。CPU 主频的大幅提高导致了芯片功耗的快速增大，带来了难以克服的处理器散热问题。从 2005 年后，主频的提升速度减缓。

3）CPU 总线速度。CPU 总线（即前端总线）的工作频率和数据线宽度决定着 CPU 与内存之间传输数据的速度，总线速度越快，CPU 的性能发挥得越充分。

4）处理器的微架构。简单地说，CPU 微架构就是指 CPU 内部的逻辑结构。通过对 CPU 内部各运算部件的合理安排和构造可以提高指令执行效率。例如，流水线技术使得多条指令的执行在时间上重叠起来，实现指令级执行的并行，提高 CPU 执行指令的效率。

5）处理器芯片的集成度。1965 年，戈登·摩尔（Gordon Moore）发现了这样一条规律，称为摩尔定律：集成在芯片中的晶体管数量每 18~24 个月可以翻一番，其性能随之增加一倍。集成度的大幅提高也导致功耗的快速增长，带来处理器散热问题。

6）内核数量。单处理器的性能提升达到了极限，从 2005 年开始，转向以多核微处理器架构实现性能提升。多核技术的基本思路是简化单处理器的复杂设计，而是在单个芯片上设计多个简单的处理器核，以多核并行计算来提升性能。例如，一个 4 核微处理器是指在单个芯片中包含了 4 个处理器核，每个核是一个独立的 CPU，4 个核并行工作。

第三节　存储器系统

一、存储器的分类和特性

存储器的种类繁多，下面从不同的角度来描述存储器的分类或特性。

1. 存储器的存储介质

存储介质必须具有两个截然不同的物理状态，能用来表示“0”和“1”两种符号。目前使用的存储介质主要有半导体器件、磁性材料和光介质。用半导体器件构成的存储器称为半导体存储器，例如，主存储器、固态硬盘、U 盘均属于半导体存储器。在金属或塑料基体的表面涂一层磁性材料作为记录介质的存储器称为磁表面存储器，例如，磁盘存储器、磁带存储器。使用激光在记录介质（磁光材料）上进行读/写的存储器称为光盘存储器。

2. 存储器的存取方式

存储器的存取方式有随机存取方式、顺序存取方式和直接存取方式。随机存取方式的特点是按地址访问存储单元，每个单元的访问时间是一个常数，与存取单元的物理位置无关，例如，半导体存储器属于随机存取存储器。顺序存取方式的特点是对存储单元读/写操作时，需按其物理位置的线性顺序访问，存取时间取决于信息存放的位置，例如，磁带存储器属于顺序存取存储器。直接存取方式兼有随机访问和顺序访问的特点，首先直接选取信息所在区域，然后按顺序存取，例如，磁盘存储器属于直接存取存储器。

3. 断电后信息的可保存性

按断电后信息是否会丢失的特性，存储器可分为易失性存储器和非易失性存储器。易失性存储器是断电后信息即消失的存储器，例如，随机存取存储器（RAM）芯片构成的存储器。非易失性存储器是断电后仍能保存信息的存储器，例如，U 盘、磁盘和光盘。

4. 在计算机中的作用

计算机系统中常常有多种存储器，按它们承担的作用，可分为高速缓冲存储器(Cache)、主存储器、辅助存储器和后备存储器。多种存储器构成了存储器的层次结构，如图 2-9 所示。

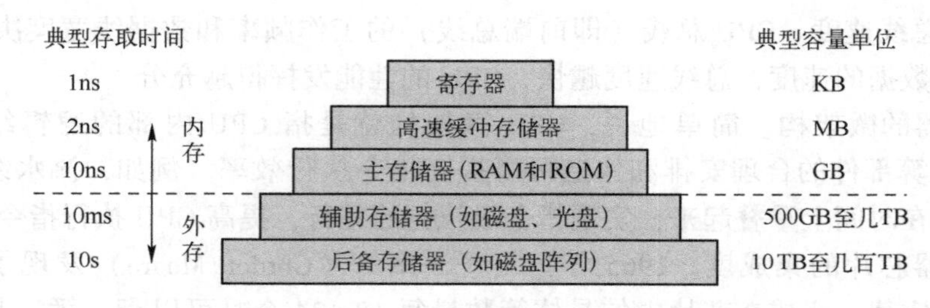

图 2-9　存储器的层次结构

寄存器在 CPU 内部，保存着最常用的数据。主存储器保存着当前 CPU 正在运行的程序和处理的数据。相对于 CPU 的工作速度，主存储器的速度较慢，在主存储器与 CPU 之间设置高速缓冲存储器，用来存放当前 CPU 经常访问的指令和数据，高速缓冲存储器的存取速度较快，接近于 CPU 的工作速度。辅助存储器和后备存储器是主存储器的后援存储器，用来长期存放程序和数据。

处理器和存储器在性能发展上的差异越来越大，存储器在访问延时方面的性能增长越来越跟不上处理器性能发展的需要。计算机中使用层次结构存储系统的目的是缩小存储器和处理器之间在性能方面的差距，同时在容量、速度和价格方面取得较好的综合性能指标。

5. CPU 的可访问性

按 CPU 的可访问性，计算机中的存储器可分为内存和外存。内存与 CPU 高速相连，保存 CPU 正在执行的程序和处理的数据，容量相对较小，速度较快，高速缓冲存储器和主存储器都属于内存。外存与 CPU 不直接相连，外存的内容需要先调入到主存储器，才能被 CPU 访问。外存容量大，成本便宜，可以大量、长久存放各种程序和数据，磁盘、光盘、U 盘均属于外存。

二、主存储器

主存储器由半导体集成电路芯片组成，包括随机存取存储器（Random Access Memory，RAM）和只读存储器（Read-Only Memory，ROM）两部分，如图 2-9 所示。RAM 是半导体读写存储器，用户程序和数据都放在 RAM 中，断电时信息会丢失。ROM 主要用于存放一些固定的系统程序等，断电后信息不会丢失。例如，PC 的 ROM 区可用闪存芯片构成，存放系统的基本输入/输出系统（BIOS），闪存芯片插在 PC 的主板上。主板将在第四节介绍。

目前，RAM 部分的主存储器由动态随机存取内存（DRAM）芯片组成，受集成度和功耗等因素的限制，一个 DRAM 芯片的容量有限，将多个 DRAM 芯片扩展后做在一个内存条上，多个内存条组成一台计算机需要的主存储器 RAM 空间。在 PC 中，内存条插在主板上的内存条插槽中，如图 2-10 所示。

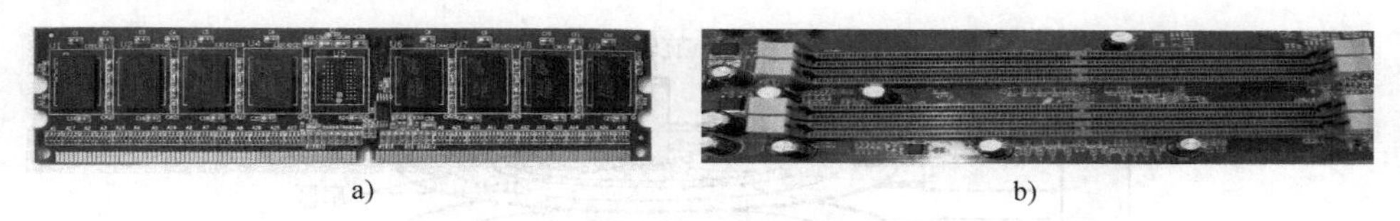

a)　　b)

图 2-10　内存条和内存条插槽

a）内存条　b）内存条插槽

主存储器包含有大量的存储单元，为了方便存取存储单元中的信息，采用从 0 地址开始的线性编址方式，给每个单元都编有一个地址，如图 2-11 所示。每个存储单元存放一个字节或一个字的信息。主存储器的容量是所有存储单元能存储的信息总位数。

主存储器容量 = 地址数×每个存储单元的位数

在图 2-11 所示的存储器中，6 位地址能够编码的地址数为 $2^6=64$ 个，每个存储单元存放 8 位二进制，所以该存储器容量为：$2^6 \times 8\ \text{bit}=64\ \text{B}$。

在 PC 中，每个主存储器单元存放一个字节信息，存储容量单位用 MB（2^{20} B）、GB（2^{30} B）或 TB（2^{40} B）表示。

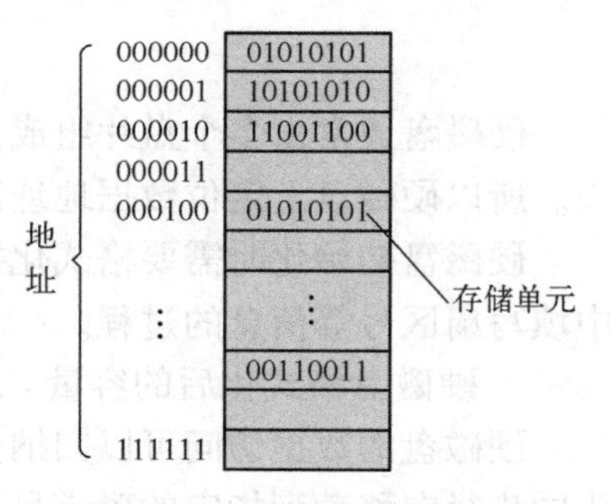

图 2-11　主存储器地址和存储单元示意图

三、常用的外存储器

计算机的外存储器种类很多，目前常用的外存储器有硬盘、磁盘阵列、磁带、光盘、U 盘和存储卡。硬盘、磁带、磁盘阵列、光盘提供了大容量的信息存储，光盘、U 盘和存储卡均属于便携式存储设备。

1. 硬盘

硬盘是计算机最重要的外存储器，具有容量大、非易失性等特点，用来长期存储大量的程序和数据。目前，硬盘主要有 3 类：机械式硬盘、固态硬盘和混合硬盘。混合硬盘采用双硬盘的方式，其中，一块小容量的固态硬盘用作系统盘，用于休眠和文件高级缓存，另一块大容量的机械式硬盘用于保存大量的数据。

(1) 机械式硬盘

机械式硬盘又称为硬磁盘，由 IBM 公司在 1956 年开始使用，随着技术的进步，成为计算机中使用最普遍的一种外部存储器。硬磁盘存储器由磁盘片（存储介质）、硬磁盘驱动器和磁盘控制器三大部分组成。磁盘片用来保存信息。硬磁盘驱动器提供了对磁盘片的访问操作。磁盘控制器就是主机和硬磁盘驱动器之间的接口，提供了主存储器与硬盘之间的高速数据传输。

磁盘片是由铝合金或玻璃制成的碟片，在碟片上涂有一层很薄的磁性材料，通过磁性材料的磁化来记录数据，所以硬磁盘属于磁表面存储器。盘片表面由外向内分成许多的同心圆，每一个同心圆称为一个磁道，盘面上一般有成千上万条磁道。每条磁道还要被等分成几百个弧段，每个弧段称为一个扇区，每个扇区的容量一般是 512 B 或 4 KB，磁盘上的数据以扇区为单位进行读写。图 2-12 示意了硬盘的结构。

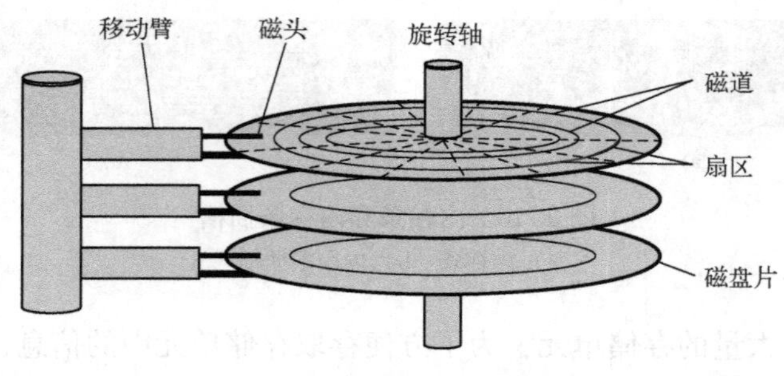

图 2-12　硬盘示意图

硬磁盘通常由多个盘片组成，每个盘片包含两个面，每个盘面都对应地有一个读/写磁头。所以硬磁盘上定位数据地址需要 3 个参数：磁头号（盘面号）、磁道号和扇区号。

硬磁盘初始化时需要格式化操作，格式化操作是指在盘面上划分磁道和扇区，并在扇区中填写扇区号等信息的过程。

硬磁盘格式化后的容量 = 2×盘片数×每盘磁道数×每磁道扇区数×每扇区字节数

硬磁盘的数据访问可以归纳为寻道、旋转等待和数据读写 3 类操作。移动臂控制所有磁头同步径向移动到指定的磁道号，称为寻道；根据磁头号选择盘面；电动机带动盘片高速旋转，扇区号指定的扇区旋转到被选中的磁头下方时，磁头可读写该扇区中的数据，如图 2-12 所示。

硬磁盘存储器的平均存取时间与硬磁盘的旋转速度、磁头的寻道时间和数据的传输速率相关。在硬磁盘工作时，盘片的旋转和磁头的径向移动都是机械运动，所以硬磁盘的数据存取速度较慢。硬磁盘的旋转速度（转速）一般为 7200 r/min、5400 r/min 或 4200 r/min。磁头的平均寻道时间为 5～10 ms。数据传输率是指单位时间内从磁盘上读出或写入的二进制信息量。

(2) 固态硬盘

固态硬盘（Solid State Disk 或 Solid State Drives，SSD）是一种主要由控制单元和基于固态存储单元组成的硬盘。固态硬盘通常采用闪烁存储器（Flash Memory，简称闪存）芯片作为存储介质，闪存是一种半导体集成电路存储器，常用于笔记本计算机硬盘、移动硬盘等。

图 2-13 显示了基于闪存的固态硬盘（SSD）的基本思想。一个 SSD 主要由一个或多个

闪存芯片和闪存转换层（Flash Translation Layer，FTL）组成。闪存芯片相当于磁盘片，存放数据。闪存转换层相当于磁盘控制器，负责控制如何访问这些闪存芯片，以及与外部总线的交互。FTL有两个主要的功能。FTL位于操作系统与闪存之间，为操作系统提供了虚拟的磁盘，使得操作系统就像访问磁盘一样访问SSD。因而面向磁盘开发的应用程序（比如数据库应用）不需要做任何修改，就可以直接运行在以固态硬盘作为存储介质的存储系统上。另一个功能是实现对存储单元的均衡使用，即磨损平衡（Wear Leveling）处理，提高固态硬盘的使用寿命。

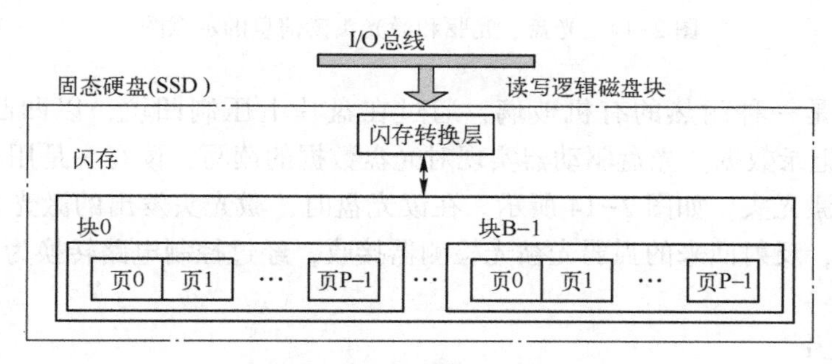

图 2-13　固态硬盘（SSD）

一个闪存有多个块组成，每块通常由128~256页组成，每页的大小是4~8 KB，每块大小为数兆字节。数据是以页为单位进行读写，闪存存储单元可以接近无限次地读取，但只能有限次数地写操作。数据在被正确写入一页之前，页面必须保持清空。闪存一次只能擦除一块，而非一页。在一个块被擦除后，块中的各页都可以写一次。块的擦除次数是有限的。例如，多层单元闪存（MLC）的一块只能被擦除数千次。如果集中对SSD闪存的某页进行写操作，则该页所在的块可能很快就损坏了。为了提高闪存的使用寿命，FTL就提供了磨损平衡处理的算法，使得闪存的各个页被均衡地使用。

SSD的读写性能有差异，一般写的速度慢于读的速度。读写的性能差别是由闪存的工作机制决定的。写速度较慢的因素主要有两个。首先，擦除块需要花费时间。其次，如果写操作试图修改一个已经有数据的页，那么这个块中所有带有用数据的页都必须被复制到一个新的块，然后才能进行对该页的写入操作。FTL采用了优化的算法来减少内部写的次数，以降低擦写块的高昂代价，写的性能不可能和读一样好。

与磁盘相比，基于闪存的固态硬盘有很多特点。SSD由半导体存储器构成，没有机械式移动的部件，因而随机访问时间比旋转的磁盘要快，SSD还有低噪声、低能耗、防振抗摔、启动速度快、尺寸小、重量轻和工作温度范围大等优点。SSD的缺点是使用寿命有限、价格贵。另外，在固态硬盘上一旦出现数据损坏，想恢复数据是困难的。

在移动设备中，已经普及使用固态硬盘。在笔记本计算机中也越来越多地将固态硬盘作为机械式硬盘的替代品，在台式机和服务器中也开始使用固态硬盘。磁盘还会继续存在，但固态硬盘是一项重要的新的存储技术。

2. 光盘存储器

光盘是一种辅助存储器，常用于存放各种文字、声音、图形、图像和视频等多媒体数字信息。光盘存储器由光盘盘片和光盘驱动器组成，如图2-14所示。

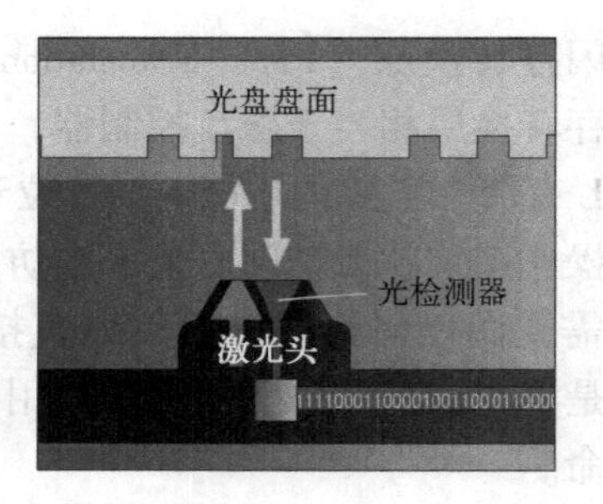

图 2-14　光盘、光驱和激光头读信息的示意图

光盘的基片是一种耐热的有机玻璃，通过在盘片上压制凹坑，以凹凸不平的坑代表“0”或“1”来记录数据。光盘驱动器实现对光盘数据的读写，读写头是用半导体激光器和光路系统组成的激光头，如图 2-14 所示。在读光盘时，激光头发出的激光光束照射在凹凸不平的光盘表面，反射回来的强弱光被光检测器接收，经过控制电路转换为“0”“1”的数字信号。

(1) 光盘盘片

按所用的激光类型，光盘分为使用红光的 CD（小型光盘）、DVD（数字化视频光盘）和使用蓝光的 BD（蓝光光盘）3 类。CD 和 DVD 大小相同，但所用的激光波长、光斑直径、道间距和凹坑宽度、凹坑最小长度等的参数不一样，DVD 的容量要远远大于 CD 的容量，CD 的容量为 650 MB，而单层单面 DVD 的容量达 4.7 GB。BD 是目前先进的大容量光盘，它利用波长更短的蓝光来读写信息，单层盘片的容量为 25 GB，最高读取速度可达 432 Mbit/s。

按读写次数，光盘可以分为只读型（ROM）、一次写入型（R）和可擦写型（RW）3 类。只读光盘是由生产厂家预先用激光在盘片上蚀刻而成，信息不能改写。一次写入型光盘是指用户可以写入数据，但只能写一次，写入后不能擦除修改的光盘，数据可以追加写入在盘片的空白处。可擦写型光盘是可读可写型的光盘，可以多次改写，改写次数可达几百次至上千次之多。因此，再结合不同的激光类型，光盘的种类很多，综合起来见表 2-1。

表 2-1　多种类型的光盘

读写次数	激光类型		
	CD	DVD	BD
ROM	CD-ROM	DVD-ROM	BD-ROM
R	CD-R	DVD-R、DVD+R	BD-R
RW	CD-RW	DVD-RW、DVD+RW	BD-RW

(2) 光盘驱动器

光盘驱动器有内置驱动器和外接驱动器两种。按其信息读写能力分为只读光驱和光盘刻录机两大类；按其可处理的光盘片类型可分为 CD 类、DVD 类、BD 类和组合式的。因此，有多种类型的光驱，见表 2-2，还有一种 Combo 光驱，可以作为 DVD 只读光驱和 CD 刻录机使用。光盘驱动器具有向下兼容性，例如，用户可在 DVD 驱动器中使用 CD 盘，BD 光驱中可以使用 CD 盘、DVD 盘。

表 2-2　多种类型的光盘驱动器

读写能力	光盘片类型		
	CD	DVD	BD
只读光驱	CD 只读光驱	DVD 只读光驱	蓝光只读光驱
光盘刻录机	CD 刻录机	DVD 刻录机	蓝光刻录机

光盘驱动器的接口是驱动器与系统主机的物理连接，也是从驱动器到计算机的数据传输途径，不同的接口决定着驱动器与系统之间的数据传输速度。内置驱动器早期使用 IDE（电子集成驱动器）接口，目前主要使用 SATA（串行高级技术附件）接口。外接驱动器使用 USB（通用串行总线）接口。

3. 便携式存储器

上述介绍的硬盘和光盘等介质，需要内置/外接驱动器才能进行数据的读写。而一类便携式的数据存储装置，带有存储介质且自身具有读写介质的功能，不需要或很少需要其他装置的协助。现代的移动存储器主要有移动硬盘、U 盘和各种存储卡。

1）移动硬盘是以硬盘为存储介质，可以随时拔插、小巧而便于携带的存储器。初期用于笔记本计算机的专用小型硬盘，由于其轻便、易携的特色，也用于不同计算机之间传送文件。另外普通的计算机硬盘通过硬盘盒或其他转换接口设备，也能做到移动硬盘的效果。移动硬盘接口分有线接口和无线接口两类，有线接口通常采用 USB、Type-C 等接口，无线接口使用 Wi-Fi 连接方式。图 2-15 所示移动硬盘采用了 USB 接口。

2）U 盘又称为优盘，是一种使用 USB 接口连接计算机，并使用闪存来存储数据的小型便携存储设备。U 盘通常使用塑胶或金属外壳，内部含有一张小的印制电路板，只有 USB 连接头突出于保护壳外，且通常被一个小盖子盖住，如图 2-16a 所示。要访问 U 盘的数据，就必须把 U 盘连接到计算机，U 盘工作所需的电力 5 V 由 USB 连接端口供给。

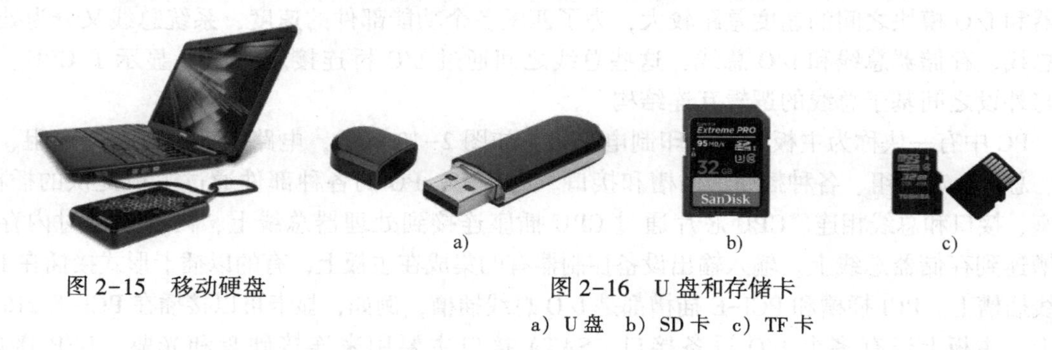

a)　　b)　　c)

图 2-15　移动硬盘

图 2-16　U 盘和存储卡
a）U 盘　b）SD 卡　c）TF 卡

U 盘有许多特点：即插即用、体积小、重量轻、存储容量大、抗振能力强、速度较快。由于没有机械设备，性能较可靠。在读写时，插拔 U 盘会丢失数据，但不会损坏硬件。

3）存储卡是用于手机、数码相机、笔记本计算机、MP3 和其他数码产品上的独立存储介质，一般是卡片的形态，故统称为存储卡。存储卡也是以闪存作为存储介质，其容量与 U 盘差不多。存储卡具有体积小巧、携带方便、使用简单的优点。大多数存储卡都具有良好的兼容性，适用于多种类型的数码产品。

存储卡的种类很多，目前主要的分类有 SD 卡、TF 卡、CF 卡、NM 卡、XQD 卡等，SD 卡和 TF 卡如图 2-16b、图 2-16c 所示。

SD 卡被广泛地使用在便携式装置上，例如 MP3 随身听、数码摄像机、数码相机等，尺寸为 32 mm×24 mm×2.1 mm。

TF 卡又称为 Micro SD，是一种超小型卡，尺寸仅为 15 mm×11 mm×1 mm，约为 SD 卡的 1/4，是目前最小的存储卡。TF 卡主要用于手机，随着容量的提升，它慢慢开始用于全球定位系统（GPS）设备、便携式音乐播放器等。通过接插 SD 卡转换器，TF 卡可以当作 SD 卡使用。

图 2-17 存储卡和 USB 接口的读卡器

读卡器是指将存储卡作为移动存储设备进行读写的接口设备。图 2-17 显示了存储卡和带 USB 接口的读卡器。由于卡片种类较多，所以读卡器也种类繁多。当存储卡配合适当的读卡器后，可以当成一般的 U 盘来使用。很多 PC 已经内置了 SD 卡的读卡装置。

第四节 CPU、主存与外设的互连

一、基于总线的互连结构

程序执行过程中，CPU、存储器和 I/O 模块之间要不断地交换各种数据（包括指令）。总线是连接多个功能部件的共享的信息传输介质，提供了部件之间规范化的交换数据的方式，或者说是以一种通用的方式为各组成部件提供数据传送和控制逻辑。

计算机系统中有多种总线，它们在各个层次上提供部件之间的连接和信息交换通路。

在 PC 中，把连接 CPU、存储器和 I/O 模块之间的总线统称为系统总线。由于 CPU、存储器和 I/O 模块之间的速度差距较大，为了匹配各个功能部件的速度，系统总线又分为处理器总线、存储器总线和 I/O 总线，这些总线之间通过 I/O 桥连接。图 2-2 显示了 CPU、主存与外设之间基于总线的逻辑互连结构。

PC 中有一块称为主板的矩形印制电路板，如图 2-18 所示，电路板表面分布有电阻、电容、总线、芯片组、各种插座、插槽和接口。物理上，PC 的各种部件通过主板提供的插槽、插座、接口和总线相连。CPU 芯片通过 CPU 插座连接到处理器总线上，内存条通过内存条插槽连到存储器总线上。输入输出设备控制器有的集成在主板上，有的以插卡形式接插在 I/O 总线插槽上。PCI 插槽和 PCI-E 插槽都是 I/O 总线插槽，例如，显卡可以接插在 PCI-E x16 插槽上。主板上还有多个 I/O 设备接口，SATA 接口主要用来连接硬盘和光驱，USB 接口、PS/2 接口、网络接口等用以连接键盘、鼠标、显示器和网络等。主板提供了 CPU 芯片、内存条以及各接插件、设备互连的一个通用平台。

主板上还有一块或两块超大规模集成电路芯片组成的芯片组，芯片组就是图 2-2 中的 I/O 桥，它是 PC 中各个组成部分相互连接和通信的枢纽，也负责控制和协调 CPU 与其他部件之间的联系。

主板上还有一些集成电路。例如，BIOS 芯片存放基本输入/输出系统。计算机启动时，根据 BIOS 芯片中预设的程序来依次识别硬件，并进入操作系统，开始工作。CMOS（互补

图 2-18　主板

金属氧化物半导体）存储器存放着计算机系统相关的一些参数，例如，当前的日期和时间、开机口令、已安装的硬盘类型等。主板上有电池，断电后电池给 COMS 供电，保持信息不丢失。

二、总线标准

大多数计算机允许用户方便地接插各种 I/O 设备，特别是新开发的 I/O 设备。为了使计算机中各种 I/O 设备的连接更加方便，计算机工业界开发了各种总线标准，为计算机制造商和 I/O 设备制造商提供了一种规范。只要按规范去设计，I/O 设备就能直接与计算机连接使用。用户也可以按自己的需求选用模块和设备，组装自己的计算机系统。计算机系统的可扩充性和可维护性得到了充分保证。目前，微机中常用的 I/O 总线标准有 PCI（Peripheral Component Interconnect，外设部件互连）总线、AGP（Accelerated Graphics Port，加速图形端口）总线、PCI-Express 总线等。

PCI 总线是 PC 中的一种高带宽 I/O 总线标准，用于中高速外设与主机相连，例如，图形适配器、网络接口控制卡、磁盘控制器等。由于 PCI 总线独立于处理器总线，因此，PCI 总线上的外设可以与 CPU 并行工作。

AGP 总线是 PC 中早期显卡专用的 I/O 总线，其速度远远快于 PCI 总线。

PCI-Express（简称 PCI-E）总线是 PC 中一种全新的 I/O 总线标准，全面取代 PCI 总线和 AGP 总线，实现 I/O 总线标准的统一，进一步简化计算机系统，增加计算机的可移植性和模块化。PCI-E 总线的特点：

1）采用点对点串行连接。点对点意味着每一个 PCI-E 设备都拥有自己独立的数据连接，各个设备之间并发的数据传输互不影响。对于 PCI 共享总线方式，PCI 总线上只能有一个设备进行通信，一旦 PCI 总线上挂接的设备增多，每个设备的实际传输速率就会下降，性能得不到保证。PCI-E 以点对点的方式处理通信，每个设备在要求传输数据的时候各自建立自己的传输通道，对于其他设备这条通道是封闭的，这样的操作保证了通道的专有性，避免其他设备的干扰。

2）有多种规格，满足不同设备对数据传输带宽的需求。根据总线的位宽，PCI-E 总线设计了 x1、x4、x8 以及 x16 等多种规格，分别包含 1、4、8 和 16 个双向传输通道。PCI-E x1 可以满足主流声卡、网卡和存储设备对数据传输带宽的需求；PCI-E x16 就是 16 倍于 x1 的速度，能满足独立显卡对数据传输带宽的需求，所以现在显卡通常连接于 PCI-E x16 总线，取代传统的 AGP 总线。PCI-E x1 和 PCI-E x16 成为 PCI-E 总线的主流规格。因此，PCI-E 总线既能满足低速设备的需求，也能满足高速设备的需求。图 2-19 显示了多种规格的 PCI 和 PCI-E 插槽，从上至下依次为 PCI-E x4、PCI-E x16、PCI-E x1、PCI-E x16 和 32 位的 PCI 插槽。

图 2-19　多种规格的 PCI 和 PCI-E 插槽

3）数据传输速率高。正是因为采用点对点的串行连接，每个设备都有自己的专用连接，数据传输率得到了极大提升。

4）较短的 PCI-E 卡可以插在较长的 PCI-E 插槽中使用。例如，采用 PCI-E x1 接口的声卡可以插在 PCI-E x16 插槽中使用。

三、I/O 控制器

输入/输出（I/O）设备变化多样，为了协调主机与 I/O 设备之间的工作差异，方便更换 I/O 设备而不影响程序的执行，每个 I/O 设备都通过一个控制器或适配卡与 I/O 总线相连。如图 2-2 所示，I/O 控制器（适配卡）是 CPU 和 I/O 设备之间的接口，它接收从 CPU 发出的命令，并控制 I/O 设备工作，实现 CPU 与 I/O 控制器之间、I/O 控制器与设备之间的数据交换。

在 PC 中，键盘、鼠标等的 I/O 控制器较简单，集成在主板芯片上。音/视频、显示器、网络等的 I/O 控制器比较复杂，早期它们做成扩充卡（或适配卡），插在主板的 PCI-E 总线（或 PCI 总线）插槽中，称为独立适配卡。现在很多主板在出厂时，将需要的网卡、声卡、显卡等 I/O 适配卡固定安装在主板上，称为主板集成适配卡。

图 2-20 显示了独立显卡的连接示意图，其有两个接口，一头插在 PCI-E x16 总线插槽

中，另一头有插座，通过电缆连接显示器，右侧是它的逻辑连接示意图。

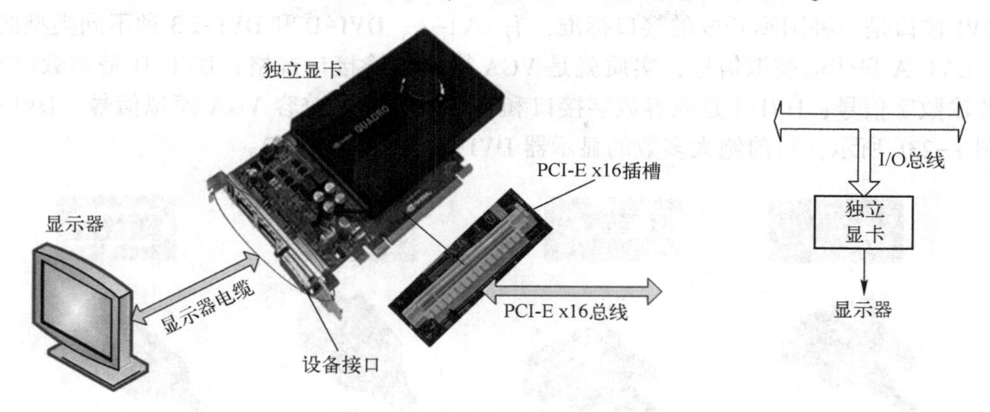

图 2-20　独立显卡连接示意图

四、I/O 设备接口

为了方便 I/O 设备的更换，I/O 设备通过各种连接器插座与 I/O 控制器进行连接。通常把用于连接 I/O 设备的连接器插座以及相应的通信规程及电气特性称为 I/O 设备接口。例如，图 2-20 中，显示器通过电缆接插到显卡提供的设备接口上。

在机箱的前面和背面，或者笔记本计算机的两侧常常看到的插座就是设备接口，如图 2-21 所示。常用的 I/O 设备接口有 USB（University Serial Bus）接口、DVI（Digital Visual Interface，数字视频接口）、HDMI（High Definition Multimedia Interface，高清多媒体接口）、VGA（Video Graphics Array，视频图形阵列）接口、网线接口等。

1. PS/2 接口

PS/2（Personal System 2）接口是早期 I/O 接口中比较常见的一种接口，用来连接键盘和鼠标，二者可以用颜色来区分，紫色的用于连接键盘，绿色的用于连接鼠标，如图 2-22 所示。目前键盘和鼠标基本使用 USB 接口。

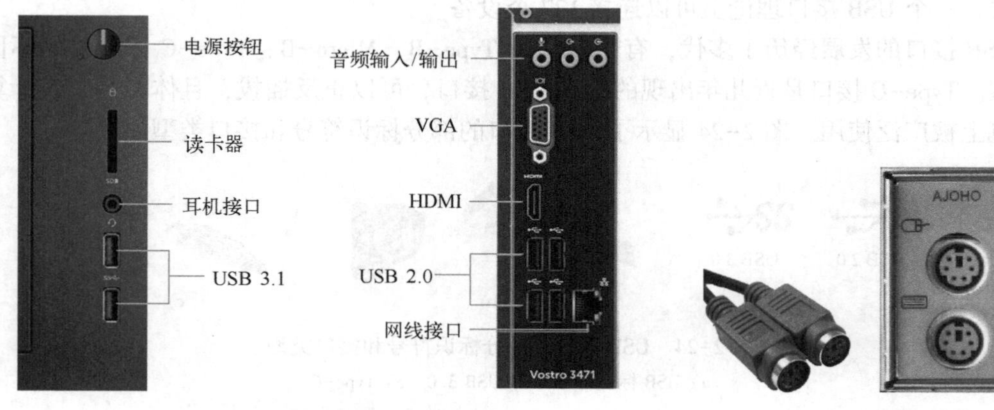

图 2-21　一台机箱前面和背面的接口示意图

图 2-22　PS/2 接口

2. 视频输出接口 VGA、DVI、HDMI 和 DP

计算机显示器有多种类型的接口，常用的有 VGA、DVI、HDMI 和 DP（DisplayPort）

等，如图 2-23 所示。VGA 接口采用模拟信号传输。

DVI 接口是一种国际开放的接口标准，有 DVI-A、DVI-D 和 DVI-I 3 种不同类型的接口形式。DVI-A 只传输模拟信号，实质就是 VGA 模拟传输接口规格；DVI-D 是纯数字接口，只能传输数字信号；DVI-I 是兼容数字接口和模拟接口，能兼容 VGA 模拟信号。DVI-D 接口如图 2-23b 所示，目前绝大多数的显示器 DVI 接口都是 DVI-D。

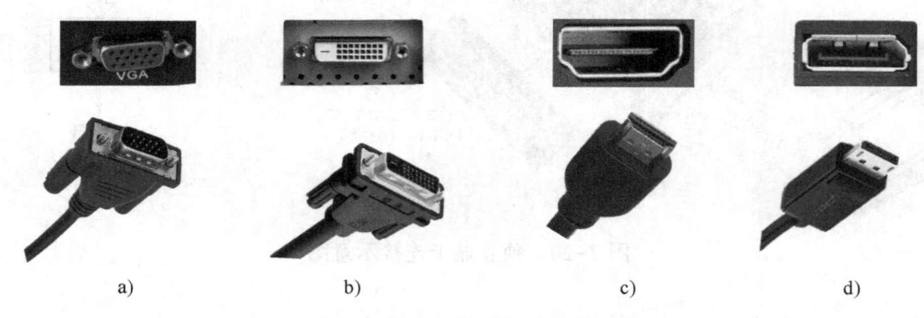

a)　　b)　　c)　　d)

图 2-23　显示器常见的接口

a）VGA　b）DVI　c）HDMI　d）DP

HDMI 是一种全数字化视频和音频发送接口，支持各类电视与计算机视频格式。

DP 是高清数字显示接口，可同时传送数字化音频和视频信号，可以连接显示器、家庭影院等。DP 接口可以理解为 HDMI 的加强版，在音频和视频传输方面更加强悍。

3. USB 接口

USB 称为通用串行总线，是一个外部总线标准，规范计算机与外设的连接和通信。USB 接口已经成为外设连接的最主要接口。例如，键盘和鼠标使用 USB 接口，打印机、移动硬盘、数码相机也使用 USB 接口。

USB 接口的特点很多。USB 接口支持设备的即插即用和热插拔功能。即插即用是指设备连接 USB 接口后，系统能自动识别，设备与计算机能自动连接。热插拔是指 USB 接口上的设备可以带电插拔。USB 接口可以为连接的设备提供电源：5 V，100～500 mA。借助 USB 集线器，一个 USB 接口理论上可以连接 127 个设备。

USB 接口的发展经历了多代，有 Type-A、Type-B、Micro-B、Type-C 等常见的不同接口类型。Type-C 接口是近几年出现的新型 USB 接口，可以正反插拔，且体积小，在计算机和手机上被广泛使用。图 2-24 显示了 USB 接口的部分标识符号和接口类型。

a)　　b)　　c)

图 2-24　USB 接口的部分标识符号和接口类型

a）USB 标识符号　b）USB 3.0　c）Type-C

4. 网络接口 RJ45

RJ45 网络接口用于将计算机网卡与局域网相连。RJ45 型网线插头又名水晶头，由 8 条芯线制成，如图 2-25 所示。

5. 音频接口

计算机有很多种音频接口，例如，光纤音频接口、6 声道（3 个 3.5 mm 插孔）和 8 声道（6 个 3.5 mm 插孔）的音频输入/输出接口等。机箱背后常有 3 个粉色、绿色和蓝色的插孔，它们是音频输入/输出接口。红色的插孔用于连接送话器；绿色的插孔是立体声音频输出，用于连接耳机或音箱；蓝色的插孔则是音频输入，如图 2-26 所示。通常在送话器接口和耳机接口旁边会有符号标识。

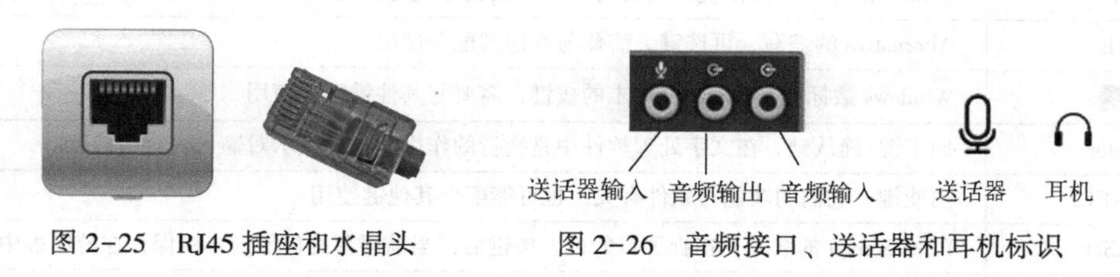

图 2-25　RJ45 插座和水晶头　　　图 2-26　音频接口、送话器和耳机标识

第五节　常用的输入/输出设备

一、常用的输入设备

输入设备可分为两类：媒体输入设备和交互输入设备。媒体输入设备把记录在各种媒体上的信息送入计算机，一般采用成批输入方式，输入过程不需要用户干预。例如，扫描仪属于媒体输入设备。交互输入设备由用户通过操作直接输入信息。键盘、鼠标、触摸屏都属于交互输入设备。

1. 键盘

键盘是最常用的输入设备，通过键盘可以将英文字母、汉字、数字、标点符号等输入到计算机中，从而向计算机发出命令、输入数据等。

键盘形式具有多样化，按键排列基本保持不变，图 2-27 为键盘示意图，表 2-3 显示了常用按键的含义和功能。

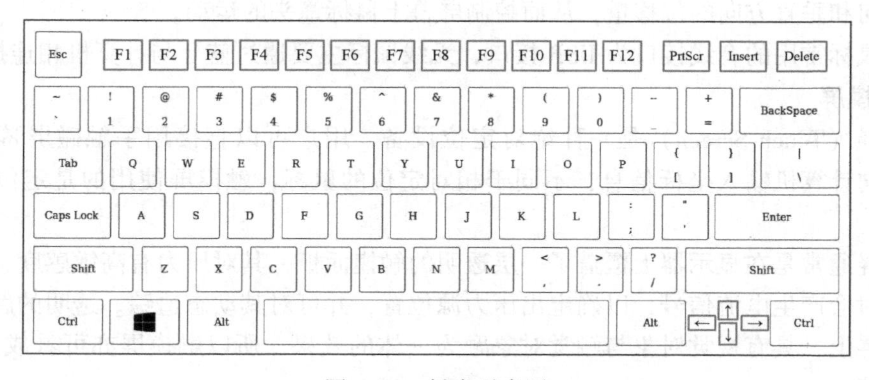

图 2-27　键盘示意图

表 2-3　常用按键的含义和功能

按键名称	主要功能
Esc	Escape 的缩写，退出键。用于强行中止或退出
Tab	跳格键。通常在文字处理软件里（如 Word）起到等距离移动的作用
Caps Lock	Capital Lock 的缩写，字母大写锁定键。用于输入较多的大写英文字符
Shift	转换键。用于转换字母大小写或上档转换，还可以配合其他键共同起作用
Ctrl	Control 的缩写，控制键。需要与其他键或鼠标配合使用
Alt	Alternative 的缩写，可选键。需要与其他键配合使用
■	Windows 徽标键。Windows 标志的按键，需要与其他键配合使用
Enter	回车键/确认键。在文字处理软件中是换行的作用，或者表示对输入内容的确认
F1~F12	功能键。它们的功能与软件有关，也可能配合其他键使用
PrtScr	Print Screen 的缩写，捕捉屏幕的键。按键后，当前屏幕的显示内容就保存在剪贴板中
Insert	插入键。在文档中，有两种输入方式：插入式输入和改写式输入，Insert 键用于切换这两种输入方式
Delete	删除键。用于删除选定的文件或内容。不同于 Backspace，它是向后删除
Backspace	退格键。删除当前光标位置前的字符，并将光标向前移动一个位置
Space	空格键。输入一个空格，光标向后移动一个字符

目前键盘常用的有线接口为 USB 接口，无线键盘主要通过蓝牙与计算机相连接。

2. 鼠标器

鼠标器（Mouse）是一种手持式的定位设备，能方便地控制屏幕上的光标移动到指定的位置，并通过按键完成各种操作。由于它拖着一根长线与接口相连，外形有点像老鼠，故取名为鼠标器，简称鼠标。鼠标价格低，操作简单，成为计算机常规的输入设备。

鼠标器按其工作原理的不同分为机械鼠标器和光电鼠标器。机械式鼠标精度不高，机械结构容易磨损，目前几乎不使用。光电鼠标具有高精度、高可靠性、使用寿命长等优点。

当移动鼠标时，借助机电或光学原理，鼠标移动的距离和方向（X 方向或 Y 方向的距离）将分别变换成脉冲信号输入计算机，鼠标驱动程序把接收到的脉冲信号再转换成鼠标在水平方向和垂直方向的位移量，从而控制屏幕上鼠标箭头的运动。

目前鼠标常用的有线接口为 USB 接口，无线鼠标主要通过蓝牙与计算机相连接。

3. 触摸屏

触摸屏（Touch Screen）是一种绝对定位设备，用户可以直接用手触碰屏幕上的定位点，就可向计算机输入坐标信息，不同于相对定位的鼠标，触摸屏使用的是定位点的绝对坐标。

触摸屏通常是在显示器上覆盖了一层透明的触摸面板，其对压力有高敏感度，当触头施压于其上时会产生电流信号，以确定出压力源位置，并可对其动态追踪。透明的触摸面板附着在显示屏上，具有视觉对象与触觉对象融为一体的效果，所以触摸屏亦可看成是输入/输出设备的统一。

触摸屏具有坚固耐用、反应速度快、节省空间、易于交流等许多优点。触摸屏的应用范围非常广阔，公共信息的查询常常使用触摸屏，如电信局、税务局、银行、电力等部门的业务查询，城市街头的信息查询。触摸屏还广泛应用于企业办公、工业控制、军事指挥、电子游戏、点歌点菜、多媒体教学等，在平板电脑、智能手机等数码产品中也已普遍采用触摸屏。

4. 扫描仪

扫描仪（Scanner）是利用光电技术和数字处理技术，以扫描方式捕获照片、文本页面、图纸、胶片、美术图画等的影像，再将影像转换为计算机可以显示、编辑、存储和输出的数字格式，是功能很强的一种输入设备。配合光学字符识别软件（Optic Character Recognize，OCR）还能将扫描的文稿转换成计算机的文本形式。

自然界的每一种物体都会吸收特定的光波，而没被吸收的光波就会反射出去。扫描仪就是利用这个原理来完成对稿件读取。扫描仪工作时发出的强光照射在稿件上，没有被吸收的光线将被反射到光学感应器上。光学感应器将检测到的光信号转换成电信号，电信号通过模拟/数字（A/D）转换器转化为数字信号，传输到计算机中。所以扫描仪的核心部件是感光器件和模数（A/D）转换器。

待扫描的稿件通常可分为反射稿和透射稿。反射稿是指不透明的文件，如照片、报纸、杂志等，这是利用文稿的反射光传到感光器件。透射稿是指幻灯片（正片）或底片（负片）等，这是利用的透射光传到感光器件。

二、常用的输出设备

1. 显示器

显示器是计算机中最基本的图文输出设备。如图 2-20 所示，显示器通过显卡与计算机相连接，有时又称显示器由监视器与显卡组成，它将计算机中的数字信号转化为光信号后，在屏幕上显示出来。

根据制造材料的不同，计算机使用的显示器主要分为两种，阴极射线管（CRT）显示器和液晶显示器（LCD），如图 2-28 所示。

阴极射线管（Cathode Ray Tube，CRT）显示器是一种早期广泛使用的显示器。在荧光屏上涂满了按一定方式紧密排列的红、绿、蓝三种颜色的荧光粉点或荧光粉条。电子枪发射电子束，电子束聚焦到荧光屏，激发屏幕内表面的荧光粉来显示图像。由于荧光粉被点亮后很快会熄灭，所以电子枪必须循环不断地激发这些点。CRT 纯平显示器具有可视角度大、无坏点、色彩还原度高、色度均匀、可调节的多分辨率模式、响应时间短等优点。

液晶显示器（Liquid Crystal Display，LCD）是一种采用液晶为材料的显示器。液晶是介于固态和液态之间的有机化合物。在电场作用下，液晶分子会发生排列上的变化。当通电时，液晶有秩序的排列，使光线容易通过；不通电时液晶排列混乱，阻止光线通过。这种光线的变化通过偏光片的作用可以表现为明暗的变化。在彩色 LCD 面板中，每一个像素都是由 3 个液晶单元格构成，其中每一个单元格前面都分别有红色、绿色或蓝色的过滤器。通过对电场的控制，让每个液晶粒子转动到不同颜色的面，来组合成不同的颜色。透过不同单元格的光线就可以在屏幕上显示出不同的颜色，达到显示图像的目的。

液晶显示器的优点是机身薄、辐射小、功耗低，缺点是色彩不够鲜艳、可视角度不高等。液晶显示器的主要性能指标如下。

1）分辨率。分辨率通常是以像素数来计量，用屏幕上的水平像素数与垂直像素数的乘

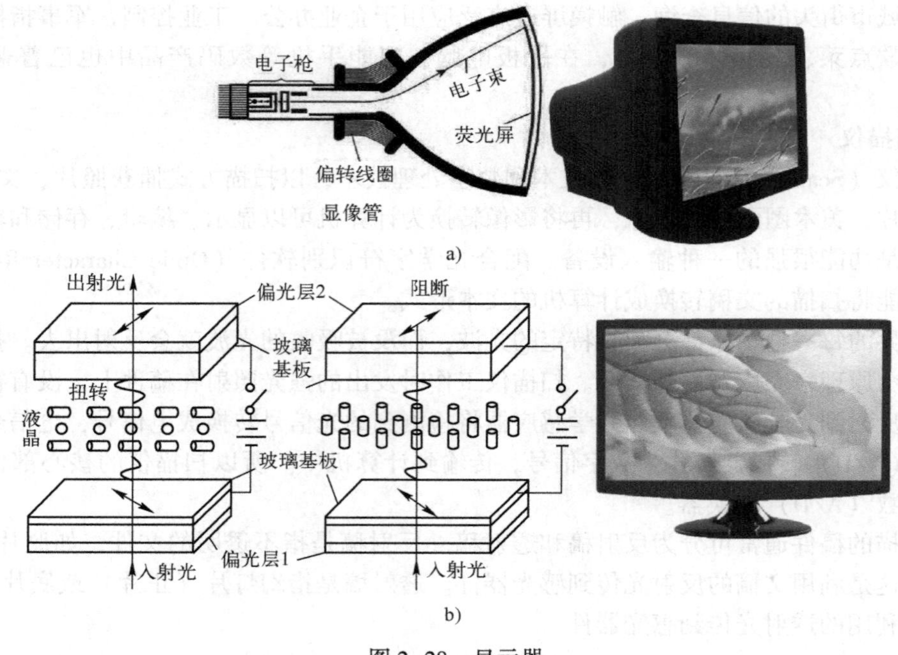

图 2-28　显示器

a) CRT 显示器　b) LCD 显示器

积来表示整屏可显示像素的数量。像素数越多，其分辨率就越高。例如，某显示器的分辨率为 1024×768 像素，其中，1024 为屏幕水平方向上显示的像素数，768 为屏幕垂直方向上显示的像素数。

2）显示器的尺寸。LCD 的尺寸是指液晶面板的对角线尺寸，以英寸（in）为单位（1 in = 2.54 cm）。传统显示器的宽度与高度之比一般为 4∶3，现在很多液晶显示器的宽高比为 16∶9 或 16∶10，它与人眼视野区域的形状更为相符。

3）刷新频率。刷新频率是指所显示的图像每秒钟更新的次数。刷新频率过低，可能出现屏幕图像闪烁或抖动。60 Hz 以上的刷新频率基本可以消除图像闪烁。

4）可视角度。指从不同的方向可以清晰地观察屏幕上所有内容的角度，液晶显示器的可视角度左右对称，而上下则不一定对称。

5）色彩度。LCD 面板上每个像素的色彩是由红（R）、绿（G）、蓝（B）3 种基本色组成。大部分厂商生产出来的液晶显示器，每个基本色（R、G、B）达到 6 位，即 $2^6 = 64$ 种表现度，那么它大约可以显示 $2^6 \times 2^6 \times 2^6 = 262144$ 种不同的颜色。

6）亮度值。最大亮度值是指屏幕显示白色图形时（全白）的亮度。最小亮度值是指屏幕显示黑色图形时（全黑）的亮度。一般而言，亮度越高，显示的色彩越鲜艳，效果也越好。

7）对比值。对比值是最大亮度值与最小亮度值的比值。对比度小时图像容易产生模糊的感觉。目前主流的液晶显示屏对比度一般在 400∶1 至 600∶1 的水平，好的可以达到 1000∶1，甚至更高。

2. 打印机

打印机是计算机的基本输出设备，通过打印机可以将计算机的运算结果或中间结果以人所能识别的数字、字母、符号或图形等形式、依照规定的格式印在纸上。

打印机按工作方式可分为针式打印机、喷墨打印机、激光打印机和热敏打印机等，如图 2-29 所示。

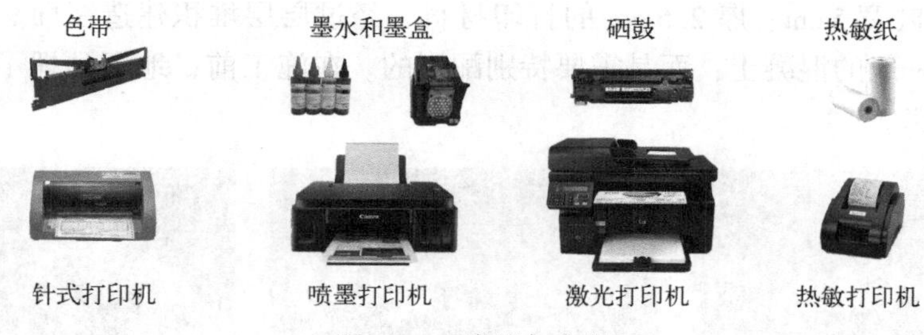

图 2-29　常规打印机

针式打印机是通过打印头中的许多根针（如 9 针或 24 针）击打色带，色带上的油墨在打印纸上印出字符或图形。针式打印机可以实现多联纸张一次性打印的功能，在打印票据方面具有优势。例如，银行柜台一般使用针式打印机，业务凭证多数是使用多联打印。

喷墨打印机属于非击打式输出设备。喷墨打印机的关键技术是喷头，打印时，喷头会喷出无数的小墨滴，小墨滴落到打印纸上组成图像中的像素。一个喷头有很多的喷嘴，喷出各种不同颜色的墨滴，不同颜色的墨滴落于同一点上，形成色彩。墨水是喷墨打印机的耗材，墨水成本高、消耗快。喷墨打印机的优点有体积小、操作简单方便、打印噪声低、打印色彩丰富等。喷墨打印机价格便宜，家庭购买打印机时，很多会选购喷墨打印机。

激光打印机是将激光扫描技术和电子照相技术相结合的打印输出设备。激光打印机工作时，由数据信息控制的激光束照在硒鼓上，利用静电原理，使得硒鼓上形成碳粉图像，打印纸滚过硒鼓时，碳粉图像转印到打印纸上，加热纸张，碳粉中的蜡升华，颜料渗入纸张纤维，形成牢固的图案。所以激光打印机刚打印好时，会发现纸是热的。激光打印机的耗材是硒鼓，硒鼓里有碳粉。硒鼓较贵，激光打印机使用成本相对高昂。激光打印机有打印速度快、成像质量高等优点，办公部门一般都使用激光打印机。

热敏打印机结构类似于针式打印机，但打印原理不同。其打印头上有加热元件，耗材是热敏纸，热敏纸是一种专用纸张，涂有一层热敏涂料。当打印机接收到计算机传来的打印信号后，加热打印头，打印头接触热敏纸，纸遇热产生化学反应，生成相应的图形文字。通俗一点就是烧出来的。热敏打印机在电子付款机（POS）终端系统、超市、银行系统得到广泛应用。

传统打印机都是在平面纸上打印字符、图形等文档资料。3D 打印机又称三维打印机，可以打印立体的物品。物品先在计算机中设计成型，再将其切分成数字切片，这些数字切片送到 3D 打印机上；运用特殊蜡材、粉末状金属或塑料等可黏合材料，通过打印一层层的黏合材料来制造三维的物体。

3D 打印机与传统打印机的最大区别是耗材的不同，3D 打印机的耗材是实实在在的原材料。可用于 3D 打印的耗材可以是塑料类、陶瓷类、金属类和橡胶类等物质。3D 打印机可以打印出的物品种类很多，如房子、汽车、衣服、骨骼和机器人等。3D 打印带来了世界性制造业革命，无需机械加工或模具，任何复杂形状的设计均可以通过 3D 打印机来实现。

图 2-30 显示了世界首例原位 3D 打印的双层示范建筑。把建筑四周搭建的金属框架视作“打印机”的机体。喷吐混凝土的“打印头”就相当于一般打印机的喷头。打印头通过一圈一圈连续喷吐宽 5 cm、厚 2.5 cm 的打印材料，经过层层堆积建造墙面。打印头喷出的“油墨”却不是一般的混凝土，而是需要特别配制的。在施工前，地下预埋了钢筋笼，这就相当于“打印纸”。

图 2-30　世界首例原位 3D 打印的双层示范建筑

本章小结

本章围绕冯·诺依曼结构计算机的存储程序工作方式，结合现代计算机系统的硬件组成，叙述了计算机各组成部件的功能、特点、工作原理、相互连接关系以及性能指标等，展示了常规的硬件部件。

一个完整的计算机系统包括计算机硬件和计算机软件两大部分，计算机硬件和软件之间的连接界面就是计算机的指令系统。从软件的角度，指令系统展现了计算机硬件的功能；从硬件的角度，指令系统提供了一种硬件能理解的问题表达规则。

由指令组成的程序描述了应用要解决的问题，计算机所有功能都是通过执行程序完成。在计算机内部，指令和数据都用二进制表示，两者在形式上没有区别，都是“0”和“1”的序列，它们都存放在存储器中。CPU 从内存中逐条取出指令和相应的数据，按指令操作码的规定，对数据进行运算处理，直至程序执行结束。

计算机内部设置有多种类型的存储器，构建了层次化的存储器系统。按照速度由快到慢、容量由小到大、价格由贵到便宜、与 CPU 连接距离由近到远的顺序，依次为寄存器、Cache、主存储器、硬盘、磁盘阵列。

外设通过电缆接插到设备接口，与 I/O 控制器连接起来，I/O 控制器再连接到系统总线，总线之间通过 I/O 桥与 CPU 和主存储器相连。在 PC 中，主板提供了 CPU 芯片、内存条以及各接插件、设备互连的一个通用平台。

习　题

一、单项选择题

1. 任何计算机系统都是由　　　　　　　　　　　　　　　　【　　】

　A. 计算机和 Windows 组成

B. 计算机硬件和计算机软件组成

C. 主机箱、鼠标、键盘和显示器组成

D. CPU、存储器、外部设备、I/O 控制器和总线组成

2. 下列叙述中，错误的是 【 】

A. 机器指令是一串“0”“1”序列

B. 一条机器指令包括操作码和地址码

C. 现代计算机都使用相同的指令系统

D. 用助记符表示的机器指令称为汇编指令

3. 假设某台计算机的主存储器的地址编号为 0000H～FFFFH，且按字节编址，则该存储器的容量为 【 】

A. 16 bit　　B. 16 B　　C. 64 Kbit　　D. 64 KB

4. 下列存储器中，速度最快的是 【 】

A. Cache　　B. 主存储器　　C. 磁盘　　D. 固态硬盘

5. 下列存储器中，通常容量最大的是 【 】

A. Cache　　B. 主存储器　　C. 磁盘　　D. U 盘

6. 计算机断电后，下列存储器中，信息会丢失的是 【 】

A. RAM　　B. 光盘　　C. 磁盘　　D. U 盘

7. 下列存储器中，不属于半导体存储器的是 【 】

A. 主存　　B. 固态硬盘　　C. 磁盘　　D. U 盘

8. 某计算机的 CPU 为 Core i3，其为 64 位处理器。下列叙述中，错误的是 【 】

A. 该计算机的机器字长为 64 位

B. 该计算机中，一个字的宽度为 64 位

C. 该 CPU 中通用寄存器的宽度为 64 位

D. 该 CPU 中一次整数加法运算的结果有 64 位

9. 输入上档字符或转换英文大小写字母时，需要用到的按键是 【 】

A. <F3>　　B. <Shift>　　C. <Insert>　　D. <Ctrl>

10. 下列关于 USB 接口的叙述，错误的是 【 】

A. USB 接口属于高速的串行接口

B. 1 个 USB 接口只能连接 1 个设备

C. 通过 USB 接口可以向外设提供电源

D. 可以带电插拔连接 USB 接口的设备

二、填空题

1. 一个完整的计算机系统包括计算机________和计算机________两大部分。

2. PC 中，显示器通过________连接到 I/O 总线。

3. 银行等单位通常使用________打印机打印多联票据。

4. 在 PC 中，________提供 CPU 芯片、内存条以及各接插件、设备互连的一个通用平台。

5. 计算机中具有记忆功能的部件是________。

三、简答题

1. 计算机中为什么要构建具备层次结构的存储器系统。

2. 某彩色显示器的 R、G、B 三基色分别使用 5 个二进制位表示，它可以显示的不同颜色数有多少？

3. 某 CPU 的主频为 2GHz，其时钟周期为多少？

4. 图 2-31 为某主板提供的部分设备接口，请分别说明这些接口的名称。

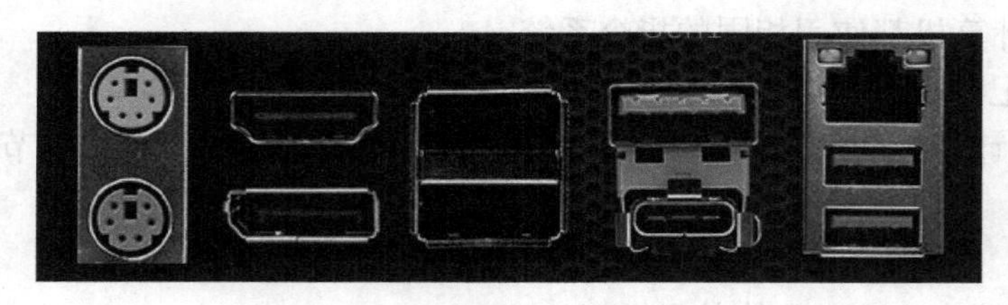

图 2-31　某主板提供的部分设备接口

第三章　计算思维和计算机软件基础

学习目标：

1. 理解思维、科学思维、计算思维之间的联系。
2. 理解计算的含义，掌握计算思维的本质和特征。
3. 理解算法的基本知识，掌握算法的基本表示方法。
4. 理解计算机求解问题的基本方法、典型问题的求解策略。
5. 掌握程序、程序设计语言的概念，了解从源程序到可执行目标程序的转换过程。
6. 了解程序设计的一般步骤，理解常用程序设计语言的特点、应用领域。
7. 理解软件的概念、分类、特性和知识产权保护的相关知识。
8. 理解通用应用软件的分类和功能。

第一节　计算思维概述

一、计算思维的基本概念

思维是人类在实践活动中，人脑对客观现实世界的认知或智力活动。思维具有概括性、间接性和能动性的特点。思维的概括性是指在人的感知基础上，能将一类事物的共同的、本质的特征和规律抽取出来。例如，通过感知，看到太阳每天从东方升起，又从西方落下。通过思维，则能揭示这种现象是由于地球自转的结果。思维的间接性是指人们借助于一定的媒介和知识经验对客观事物进行间接认识，从而揭示事物的本质和规律。例如，医生可以通过体温、脉搏跳动、血液检验等去诊断病情。

思维的能动性是一个重要的特征，它不仅能认识和反映客观世界，而且还能对客观世界进行改造。例如，某病毒流行期间，研发单位根据分离出的病毒毒株，研制了病毒检测试剂、疫苗和药物，为保护人类生命健康起到了重要作用。

思维有多种类型，在人类科学活动中所使用的思维方式属于科学思维。科学思维形成并运用于科学认识活动，具有严谨性与科学性。科学思维可分为理论思维、实验思维和计算思维3种。这3种思维模式各有特点，相辅相成，共同组成了人类认识世界和改造世界的基本科学思维内容。

理论思维又称为逻辑思维，是指以科学的原理、概念为基础来解决问题的思维活动，具有推理和演绎的特征。例如，由“两点之间线段最短”可以推导出“平面中三角形的两边之和大于第三边”，这也就是日常生活中看到远处的目标，总是径直奔过去的原因。

实验思维是通过观察、实验和归纳自然（包括人类社会活动）规律的思维活动，把观察、归纳和推理完美地结合起来。例如，牛顿通过苹果落地现象发现了地心引力。

计算思维是运用计算机科学的基础概念进行问题求解、系统设计以及人类行为理解等涵盖计算机科学之广度的一系列思维活动。这是美国卡内基·梅隆大学周以真教授于2006年

3 月在 *Communications of the ACM* 上给出的计算思维定义。2010 年，周以真教授又指出计算思维是与形式化问题及其解决方案相关的思维过程，其解决问题的表示形式应该能有效地被信息处理代理执行。计算思维是与人类思维活动同步发展的思维模式，但是计算思维概念的明确和建立却经历了较长的时期。计算机科学的发展极大促进了计算思维的研究和应用，并且在计算机科学的研究和工程应用中得到广泛的认同。

二、计算思维的本质和特征

计算思维本质上还是研究计算的，主要研究在解决问题过程中，哪些是可计算的，以及如何计算。计算是汉语词语，有两层含义：一是指根据已知量算出未知量，即运算的意思；二是指考虑、谋虑的意思。这里主要是指前者。

表示运算的最常见的方法是写一个表达式，其中包含运算符和操作数。表达式中的运算符仅是加、减、乘、除这样的算术运算符时，就构成算术表达式，执行的就是人们熟知的四则运算。如“1+2×(3-4)”就是一个算术表达式，得到的结果是数值。

逻辑运算符的表达式是逻辑表达式，其中的操作数是逻辑值，既可以是表示“真”或“假”的字符，也可以是一个命题，得到的计算结果是“真”或“假”。逻辑运算符包含逻辑与、逻辑或及逻辑非，可以分别用符号“∧”“∨”“¬”来表示。例如，真∧假=假，真∨假=真。

【例 3-1】 如果 P 表示命题“今天不下雨”，Q 表示命题“今天去爬山”，那么“P∧Q”表示“今天不下雨，且去爬山了”。若今天下雨，则 P∧Q 的结果是什么？

解： 逻辑与和日常会话中，“与”“并且”的含义相近，两个操作数都是“真”时，表达式的结果才为“真”，即如果不下雨而且真的去爬山了，结果就是“真”。如果今天下雨，或者没有去爬山，则“今天不下雨，且去爬山了”的结果就是“假”。P∧Q 的 4 种情况见表 3-1。若今天下雨，则 P∧Q 的结果是假。

表 3-1　P∧Q 的 4 种情况

实际情况		命题 P 的值	命题 Q 的值	命题 P∧Q 的值
今天不下雨	今天去爬山了	真	真	真
今天下雨	今天去爬山了	假	真	假
今天不下雨	今天没有去爬山	真	假	假
今天下雨	今天没有去爬山	假	假	假

参加运算的操作数还可以是集合，此时的运算是集合运算，有“并”“交”“差”等，分别使用符号“∪”“∩”“-”等来表示。集合运算的结果仍是集合，两个集合“并”的结果是由两个集合所有元素组成的集合，两个集合“交”的结果是由两个集合中公共元素组成的集合。假设有集合 A、B 和 C，则“(A∩B)∪C=(A∪C)∩(B∪C)”。

还有一类计算不能简单地使用表达式来表示，这些计算可能要用一个算法来描述。比如，对 n 个数据进行排序，需要使用一个排序算法。这个算法的输入是 n 个初始数据，输出是 n 个数据的有序排列。能用算法描述的问题，就可以通过编程，让计算机来实现这一计算。相对于人而言，计算机能处理的数据规模要大得多。

还有一些比较复杂的问题，原本不可计算，但因为引入了计算机和算法，也变得可计算了。模式识别就是一个例子。人互相认识，是因为看到对方时能认出对方是谁。“认出”这个操作，在计算机介入这个领域之前是“不可计算”的，但现在开发了很多的数学模型及算法，让计算机也能“计算”出所识别的结果。由此可见，随着计算机应用的领域越来越广，“可计算”的问题也越来越多。

就目前的技术而言，仍有很多问题是“不可计算”的。图灵 1936 年在其发表的论文中，给出了“可计算性”的定义，并阐明仍有一些问题是“不可计算”的。关于这些内容，已经超出了本书的范畴，感兴趣的读者可以阅读相关参考文献和教材。

很多看似不可计算的东西，如果能用严谨的数学符号或式子去描述解决过程的时候都能变得可计算。人负责把实际问题转化为可计算问题，并设计算法、编制程序，让计算机去执行，计算机负责具体的运算任务。所以计算思维的重要特征是抽象化、自动化和普适性。

1. 抽象化

计算思维的一个重要部分就是找到适当的计算过程模型，用以界定问题并得出解决方案。抽象化是建立计算过程模型的重要手段。具有计算思维的人可以把一个大型复杂系统抽象化，建立抽象层次和各层次之间的关系，选择合适的数学语言刻画系统的行为，或者是选择合适的方式对系统相关方面建模使其易于处理。这就是用计算化方法求解问题、设计系统的第一步。

在德国东普鲁士有一个名为哥尼斯堡的小城镇，它曾经是普鲁士公国的首都。哥尼斯堡市中心有条 Pregel 河，河中心有两座小岛，在当时有 7 座桥把两个小岛与河的两岸连接起来，如图 3-1a 所示。当地人有一项有趣的消遣活动，试图一次走过所有 7 座桥，每座桥只能经过一次，而且起点与终点必须是同一地点。

1736 年数学家欧拉访问小城，欧拉证明了这种走法是不可能的。欧拉把七桥问题抽象为图 3-1b 所示的图，把 4 块陆地分别标记为 A、B、C 和 D 的 4 个顶点，7 座桥对应 4 个顶点之间的边。于是哥尼斯堡七桥问题可以描述为：在图 3-1b 所示的图中，从任何一顶点出发，能否通过每条边一次且仅一次回到出发点。哥尼斯堡七桥问题就相似于中国古代的“一笔画问题”，即要求用笔连续移动，不离开纸面且不重复地完整画出图形。

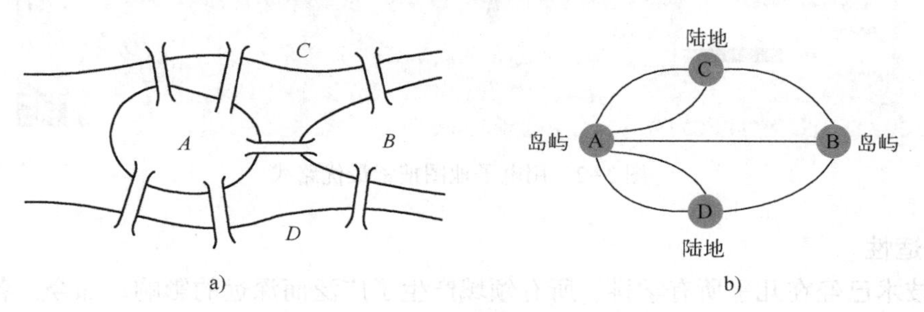

图 3-1　七桥问题

a）哥尼斯堡镇的七桥问题　b）七桥的逻辑图

假设每座桥都恰好走过一次，并能回到原出发点，那么对于 A、B、C、D 中的每一个顶点，需要从某条边进入（或离开），同时从另一条边离开（或进入），进入和离开顶点的次数是相同的，每个顶点相连的边需要成对出现，即每个顶点相连边的数量必须是偶数。图 3-1b 中，每个顶点相连边的数量都为奇数。因此，无法实现在这个图中从一个顶点出发到每条边各一次的遍历。

欧拉非常巧妙地把一个实际问题抽象成一个合适的数学模型，七桥问题的抽象和论证思想，开创了一个新的学科：图论（Graph）。图论是计算机科学中数据结构和算法中最重要的基础之一，也是信息、交通、经济乃至社会科学的众多问题都可以应用的基础科学。

可计算性理论是计算机科学最核心的基础理论之一。对于应用问题，并不总是能找到合适的计算过程模型，这时的计算思维则变成了一项研究活动。云计算就是创新计算思维的典型代表，是面向复杂分布式系统的并行计算模型，是当前研究的重要课题。

2. 自动化

计算思维表达结论的方式必须是一种有限的形式，数学中表示一个极限经常用一种无穷大的方式，这种方式在计算思维中是不允许的；计算思维中的语义必须是确定的，在理解上不会出现因人而异、因环境而异的歧义性；计算思维又必须是一种机械的方式，可以通过机械的步骤来实现。所以用抽象化建立的计算过程模型能被有效自动执行，利用计算机的高速性和精确性，去真实解决实际问题。

例如，想要规划从 A 点到 B 点的最优路线时，仅根据经验进行判断，常常很难有足够的时间或精力寻找到最优解。当用电子地图来搜索最优路线时，导航软件把搜索最优路线问题转化为地图上 A 点到 B 点的各种路径组合的长度（或时间等）问题，在服务器端进行高达千万甚至上亿次的运算，在秒级别的时间内给出多种可选择的路线方案，如图 3-2 所示。这种效率是人类无法达到的。

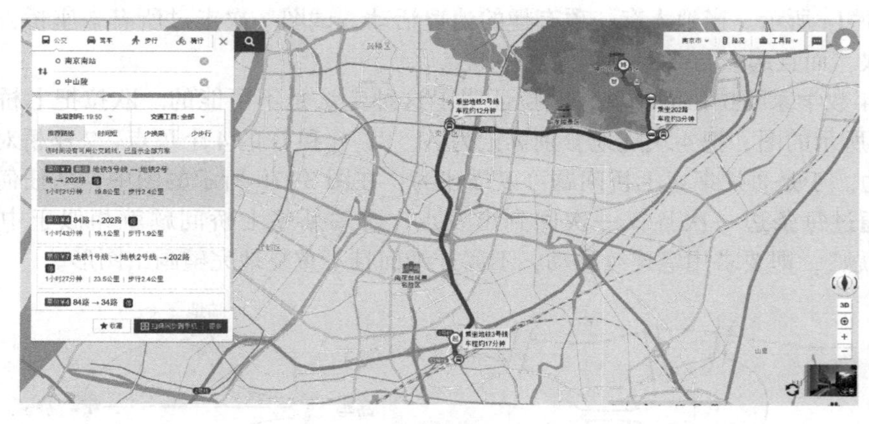

图 3-2　用电子地图搜索最优路线

3. 普适性

信息技术已经在几乎所有学科、所有领域产生了广泛而深远的影响。如今，各个学科普遍通过计算科学探索可用的计算模型。

计算生物学在不断寻找有关脱氧核糖核酸（DNA）的计算模型、蛋白质结构预测等，在海量序列数据中搜索寻找模式规律，运用计算机的思维解决生物问题，用计算机的语言和数学的逻辑构建和描述并模拟出生物世界。

计算博弈理论正改变着经济学家的思考方式。例如，解决交通拥堵问题不是通过修建更多道路、收取道路行驶费、燃油附加费等措施能有效改变的，而是需要结合计算机科学、经济学、数学、博弈论、社会科学等领域知识，应用计算手段对经济行为进行分析，以设计解决交通拥堵的最优策略。

计算神经学使用数学分析和计算机模拟的方法研究神经系统，研究神经系统信息处理中的计算过程。纳米计算改变着化学家的思考方式。量子计算改变着物理学家的思考方式。计算机艺术借助计算机以定性和定量的方法对艺术作品进行分析研究，使用计算机辅助艺术创作。计算社会学将计算机及算法工具应用于关于人类行为的大规模数据分析，通过先进的信息技术研究人类行为和社会过程的模式。计算思维在计算中药学、电子、土木、航空航天、地质等领域都有广泛应用。

当今最受欢迎的应用程序都具有超出一般算法的计算功能，如面部识别、语音转录、无人驾驶汽车和工业机器人，背后普遍有海量数据作为支撑。大数据、人工智能正在改变着人们对智能的理解，计算思维也渗透到人们的生活之中。计算机、大数据、人工智能等促进了计算思维的传播，计算思维成为每个人需要掌握的基本技能。

第二节　解决问题的常用算法

一、算法概述

算法比计算机出现得更早，例如，欧几里得算法是最早的著名算法。这里只讨论计算机范畴内的算法。要使用计算机解决某个问题，首先需要找到解决问题的方法与步骤，然后再基于程序设计语言编写程序，最后交给计算机执行。通俗地说，算法就是解决问题的方法与步骤。

例如，有3枚外观一样的硬币A、B和C，其中一枚是假币，两枚是重量相同的真币，假币在重量上与真币有差异。现提供一架天平秤，如何找出假币？只要按照图3-3所示的步骤，两两比较它们重量，就可以找出假币了。

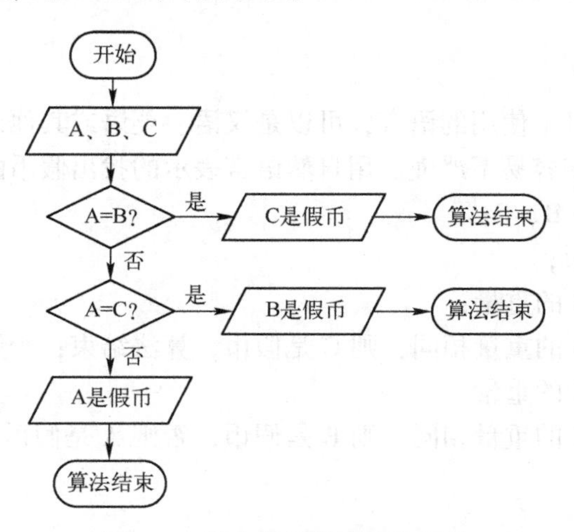

图3-3　找出假币的算法流程图

在计算机学科中，算法是指用于完成某个信息处理任务的有序而明确的，可以由计算机执行的一组操作（或指令），它能在有限时间内执行结束并产生结果。算法代表了用系统的方法来描述解决问题的一种策略机制。算法具有下列特征。

1）有0个或多个输入。一个算法可以没有输入数据，也可以有多个输入数据，输入数据刻画了算法的初始状态。

2）有1个或多个输出。一个算法至少有一个输出，也可以有多个输出，算法的输出反映完成某个信息处理任务的结果。没有输出的算法是无意义的。

3）确定性。算法中的每一步操作必须有明确的含义，不能有二义性。

4）有穷性。一个算法必须在执行了有限步的操作后终止。

5）可行性。算法中有待实现的操作都是计算机可执行的，即在计算机能力范围内，能在有限的时间内执行完成。

算法是为解决某一类问题而设计的，对于那些符合输入类型的任意输入数据，都能根据算法进行问题求解，并得到相应的计算结果。对一些简单问题，设计了很多通用的基础算法。例如，从 n 个数据中找出最大值或最小值的算法，对 n 个数据进行排序的算法。

对于一些复杂的问题，则需要将其分解为一系列简单问题，为每一个简单问题找到可行、有效的算法去解决。由于计算机速度快、存储容量大，因而计算机能执行非常复杂的算法，解决各种复杂的问题。

但是，存在一些问题，对这些问题找不到有效的算法。例如，无法用一个算法找出所有的偶数，因为偶数有无穷个，而一个算法需要满足有穷性。找不到有效算法的问题就无法用计算机去处理解决了。

研究和设计解决实际问题的算法是计算机软件开发的核心内容。关于算法，需要理解算法的表示方法、算法的设计要求及复杂性分析，以及了解解决问题的常用算法。

二、算法的表示方法

算法的表示有多种形式，常用的算法表示方法有自然语言、流程图、伪代码和程序设计语言等。

1. 自然语言

自然语言就是人们日常使用的语言，可以是汉语、英语或其他语言，用自然语言表示的算法通俗易懂，但是文字容易不严谨。用自然语言表示的找出假币的算法如下所示。

算法输入：硬币 A、B、C；

算法输出：找出假币；

步骤 1. 比较 A 和 B 的重量；

步骤 2. 如果 A 和 B 的重量相同，则 C 是假币，算法结束；否则执行步骤 3；

步骤 3. 比较 A 和 C 的重量；

步骤 4. 如果 A 和 C 的重量相同，则 B 是假币，否则 A 是假币；

算法结束。

2. 流程图

流程图是算法的图形化表示方法，用图的形式表示算法的各种操作，具有直观、清晰、容易理解的特点。用圆角矩形框▭表示算法的开始和结束，用平行四边形框▱表示输入输出，用菱形框◇表示判断，用矩形框▭表示处理，各框之间用带箭头的线连接。图 3-3 显示用流程图表示的找出假币算法。

3. 伪代码

伪代码是介于自然语言和计算机语言之间的，用文字和符号来描述算法的一种语言形式。用伪代码描述算法时没有严格的语法规则限制，书写方便、格式紧凑、容易读懂，也便于向计算机程序转换。用伪代码表示的找出假币的算法如下所示。

```
input A、B、C
if A=B then output C 是假币
else
  if A=C then output B 是假币
  else   output A 是假币
end
```

4. 程序设计语言

可以用计算机程序设计语言编写的程序来表示一个算法，但是用计算机语言描述算法时，必须严格遵守所用语言的语法规则，常常要编写很多与算法无关的又十分烦琐的语句，如变量说明、输入输出格式说明等。用C语言编写的找出假币的程序代码如下所示。

```
#include "stdio.h"
int main(int argc,char * * argv)
{
  int i;
  printf("please input the result of A and B on Balance scales\n");
  scanf("%d",&i);                    //"1"表示 A=B
  if (i==1)
    printf("C is false");
  else
   { printf("please input the result of A and C on Balance scales\n");
    scanf("%d",&i);                  //"1"表示 A=C
    if (i==1)
       printf("B is false");
    else
       printf("A is false");
   }
  return 0;
}
```

从上述4种方法描述的算法实例中能看出各种方法的特点，习惯上，采用类似于自然语言的伪代码来描述算法，也便于转换为计算机语言书写的程序。

三、算法的设计要求

解决同一个问题一般存在多种算法，要想从这些算法中选择一个适合的算法作为解决方案，就需要有对算法进行度量和评价的方法。例如，从A到达B的方式可以选择公共交通，也可以选择骑车，也可以选择乘坐出租车，在保证是一条正确的到达路线外，还会要求时间最短、不堵车、费用便宜等。

一个好的算法应该达到以下目标。

1）正确性。算法应能满足具体问题的需求，能得到预想的结果。

2）易读性。算法应方便人们阅读、理解和交流，也便于后续的修改和功能扩充。

3）健壮性。算法可能面临各种各样的数据，当接收到不适合算法处理的数据时，算法能适当地进行处理，不会产生预料不到的运行结果。如果算法能发现异常数据，并做出报警等处理，则算法的健壮性好。

4）高效性。评价一个算法优劣的重要依据是分析该算法在执行时所需占用的计算机资源的多少。两个重要指标为算法的时间复杂度和算法的空间复杂度。

算法的时间复杂度和空间复杂度并不需要精确计算，可以根据问题的规模，基于算法中的语句，估算时间和空间呈现的规律。一个算法的时间复杂度和空间复杂度往往是相互影响的。当追求较好的时间复杂度时，可能会使空间复杂度的性能变差，即可能导致占用较多的存储空间；反之，当追求较好的空间复杂度时，可能会使时间复杂度的性能变差，即可能导致占用较长的运行时间。因此，当评价一个算法时，要综合考虑算法的各项性能。

四、解决问题的常用算法

计算机解决问题的常用算法有很多，这里列举了穷举法、贪心法、分治法、递归法、回溯法和动态规划法。

1. 穷举法

穷举法是指在一个有限的解集合中，对所有可能的情况逐一验证题目给定的约束条件，若满足条件，则其为该问题的一个解；若全部情况验证后都不符合题目的条件，则本题无解。穷举法充分利用计算机运算速度快、精确度高的特点，通过牺牲时间来换取答案的全面性。穷举法又称为枚举法。

例如，n 是否为素数？素数是指在大于 1 的自然数中，除了 1 和它本身以外不再有其他因数的自然数。为了判断 n 是否为素数，在 2~n-1 的自然数中，逐一判断其是否为 n 的因数。若存在某一个数是 n 的因数，则 n 不是素数，否则 n 是素数。

2. 贪心法

贪心法是一个寻找最优解问题的常用方法，在对问题求解时，不从整体最优上加以考虑，总是做出在当前看来是最好的选择，得到的是在某种意义上的局部最优解。一个问题的整体最优解可通过一系列局部的最优解的选择达到，并且每次的选择可以依赖以前做出的选择，但不依赖于后面要做出的选择。

例如，假设钱柜里的货币只有 5 角、1 角、5 分和 1 分 4 种硬币，如果要找给客户 6 角 6 分的硬币，如何才能找给客户的钱既正确且硬币的个数又最少？

采用贪心法的思路是：能找 5 角硬币的时候，不找 1 角硬币；能找 1 角硬币的时候，不找 5 分的硬币，能找 5 分硬币的时候，不找 1 分的硬币。所以 6 角 6 分可以分成 1 个 5 角、1 个 1 角、1 个 5 分、1 个 1 分，共 4 枚硬币。

贪心法不能保证最后求得的解是最优的，其结果有时是最优解的近似，或者是满足某些约束条件的可行解。

3. 分治法

分治法是“分而治之”的方法，其基本思想就是将一个大问题分成若干个同类的小问题，小问题的解构造出大问题的解。把大问题分成小问题称为“分”，从小问题的解构造大问题的解称为“治”。分治法是很多高效算法的基础。

快速排序方法是典型的分治法。例如，有 8 个待排序的数据：40、60、89、10、70、20、45 和 12，如图 3-4 中的①所示，对 8 个数据的快速排序方法：先从数据序列中选择一个基准数，将数据序列中所有比基准数小的数据放在基准数的左侧，比基准数大的数据放在基准数的右侧，基准数就在数据序列中定位了；再对基准数左右两侧的数据序列分别用上述方法处理，直到每一个待排序的数据定位为止。该数据序列的快速排序过程如图 3-4 所示，经过 8 轮，每一个数据都定位。

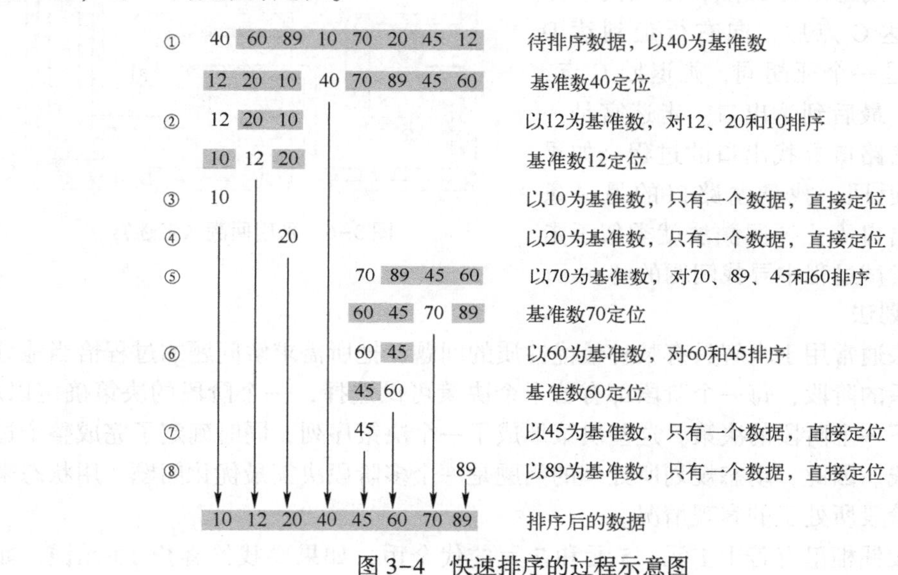

图 3-4　快速排序的过程示意图

4. 递归法

在计算机科学中，递归法是指一种通过重复将问题分解为同类的子问题而解决问题的方法。递归的思路是将问题拆解成规模更小的子问题来计算，子问题再拆解成子子问题，直到被拆解的子问题可以直接求解。最小的子问题得到解后，那么它的上一层子问题也就可计算；上一层的子问题得到解后，上上层子问题自然也就可计算，直到原问题可计算。

例如，为了求阶乘 n!，可以写作 n!=n(n−1)!=n×(n−1)×(n−2)!=…=n×(n−1)×(n−2)×…×2×1!，也就是，为了计算 n!，需要先计算出(n−1)!；为了计算(n−1)!，需要先计算出(n−2)!；依此类推，直到得到 1!=1。有了 1!=1，就可以逐个计算出 2!、3!、…、(n−2)!、(n−1)!，最后计算得到 n!。当 n=5 时，用递归方法求 5! 的过程如图 3-5 所示，“→”方向是逐步分解的过程，“←”方向是逐步回归计算的过程。

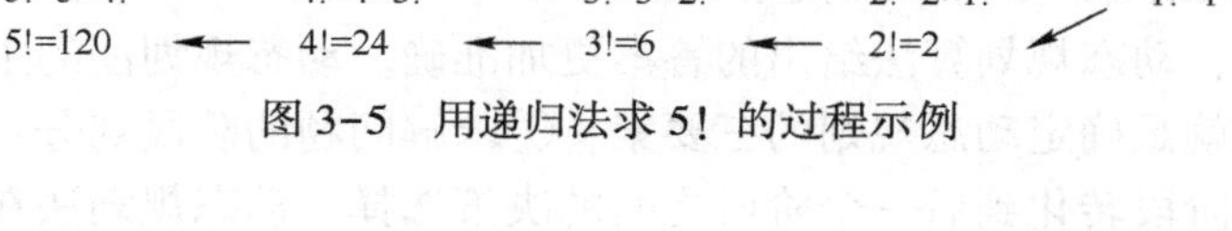

5!=5×4! → 4!=4×3! → 3!=3×2! → 2!=2×1! → 1!=1

5!=120 ← 4!=24 ← 3!=6 ← 2!=2 ↙

图 3-5　用递归法求 5! 的过程示例

绝大多数编程语言支持函数的自调用，在这些语言中，一个过程或函数在其定义或说明中有直接或间接调用自己，就称为递归调用。递归是一种思想，在程序中，就是依靠函数的递归调用这个特性来实现。

5. 回溯法

回溯法是一种类似枚举的搜索方法，按照解决问题的线索向前搜索，以达到目标。当探索到某一步时，发现当前选择并不是最优或达不到目标，就退回一步重新选择，这种走不通就退回再走的技术称为回溯法。

例如，图 3-6 显示了一个迷宫。从入口进入后，如果沿着 A 点到达了 B 点，发现 B 是一个死胡同，则退回到 A 点，继续向下方行走。如果到达 C 点后，向右行走到达 D 点，发现 D 也是一个死胡同，则退回 C 点，选择向上行走。最后到达出口。走迷宫是一个选择不同的岔路口寻找出口的过程。如果走错了路，则返回，找到岔路口的另一条路，直到找到出口为止。回溯法就类似于走迷宫，在搜索尝试过程中寻找问题的解。

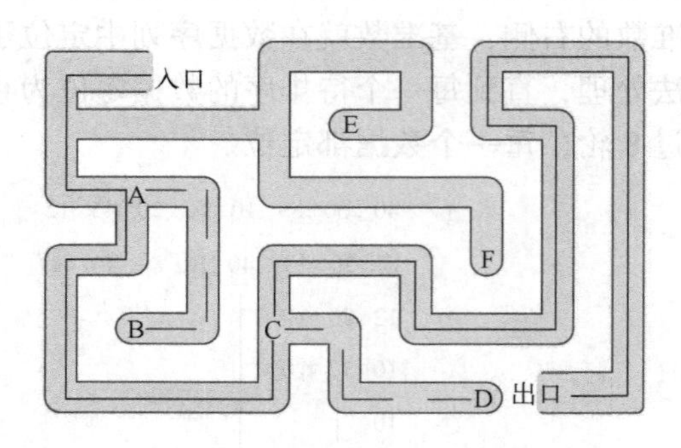

图 3-6　采用回溯法走迷宫

6. 动态规划法

动态规划法通常用于求解具有某种最优性质的问题，把所需求解问题的过程恰当地分成若干个相互联系的阶段，每一个阶段都有若干个决策可供选择，一个阶段的决策确定以后，常常会影响到下一个阶段的决策。这些决策形成了一个决策序列，同时确定了完成整个过程的一条活动路线。因此，动态规划所处理的问题是一个多阶段决策最优化问题，用状态来描述问题在各个阶段所处于的客观情况。

例如，假设钱柜里有若干 1 元、5 元和 7 元的代金币，如果要找给客户 10 元钱，如何才能让找给客户的钱既正确且代金币数量又最少？

很容易想到贪心法，先拿出 7 元代金币，因为它与 10 元最接近，10-7=3，需要再拿 3 个 1 元代金币，共 4 个代金币。这个答案是否正确呢？

图 3-7 显示了这个问题的一个多阶段决策过程。每个阶段拿出一个代金币；每个圈表示决策过程中的一个状态，圈中数字表示当前找给客户的钱数；状态之间连线上的数字表示这次决策拿出的代金币，对应着 7 元、5 元或 1 元的面值。

初始状态 A 为 0 元。对于第一阶段，拿出的第一个代金币有 3 种情况，分别是 7 元、5 元和 1 元的面值，故第一阶段结束的状态 B_1、B_2和 B_3分别是 7 元、5 元和 1 元。对于第二阶段，状态 B_1已经有 7 元钱，故只能再找给 1 元，状态 C_1为 8 元。状态 B_2已经有 5 元，可以再找给 1 元或 5 元，故状态 C_2和 C_3分别是 6 元和 10 元。同理，状态 B_3已经有 1 元，可以再找给 7 元、5 元或 1 元，对应状态是 C_1、C_2和 C_4。状态 C_3达到 10 元，实现目标任务，$A-B_2-C_3$的决策序列只需要找给客户 2 个 5 元代金币。

相比于贪心法，动态规划算法给出的答案更加准确。动态规划法的主要难点在于理论上的设计，最重要的就是确定动态规划的三要素：①求解问题的阶段划分；②每个阶段的状态确定；③从前一个阶段转化到后一个阶段之间的决策选择。动态规划法在经济管理、生产调

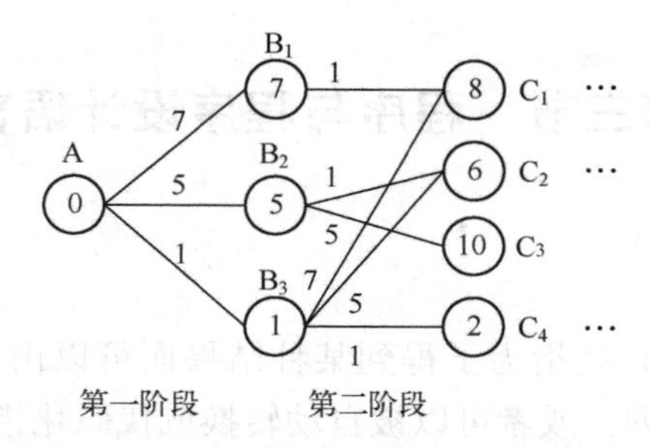

图 3-7 动态规划法的多阶段决策过程示例

度、工程技术和最优控制等方面得到了广泛的应用。

不同的算法之间也是有相互联系的。分治法、递归法和动态规划法的思路都是将大的问题分解为同类的小问题来解决。递归法中有回溯过程，分治法和回溯法常常采用递归调用实现。这些算法也有各自的特点，结合具体问题选择适合的算法。

【例 3-2】 某张单据上有一个 4 位数的编码 No. 5 * * 8，其中百位数与十位数处看不清楚，但是知道这个 4 位数是 56 的倍数。现要找出所有满足条件的 4 位数，请问可以采用哪一种算法思路来求解这个问题?

解：百位数与十位数可能组合为 00～99，共 100 种可能。可采用穷举法，依次检测 5008、5018、5028、5038、…、5998 的 100 个数是否为 56 的倍数，如果能被 56 整除，就输出这个数。

这个问题还可以有另一种方法求解。5008÷56=89 余 24，5998÷56=107 余 6，可采用穷举法，依次检测 90～107 的 18 个数据与 56 相乘的结果，若结果符合 5 * * 8 特征，则输出这个数。相比于前一种方法，这种方法需要穷举的数据量小，算法的效率更高。

【例 3-3】 甲排在一个队列的末尾，想知道他前面有多少人。甲想：他知道乙的位数就知道他前面有多少人了，就问他前面的乙：你是第几位？乙也不知道自己是第几位，就问自己前面的丙：你是第几位？同理，丙又问他前面的丁：你是第几位？以此一直向前一位问下去，直到第 1 位回答：我是第 1 位。第 2 位接着向后回答：我是第 2 位。第 3 位向后回答：我是第 3 位。以此继续，丁告诉丙：我是第 23 位。丙告诉乙：我是第 24 位。乙告诉甲：我是第 25 位，甲就知道他前面有 25 个人。至此，队列中每一位都知道自己前面有多少人了，这种方法体现了哪一种算法的思路?

解：把上述询问和回答的流程可用图 3-8 表示，这种方法体现了递归法的思路。

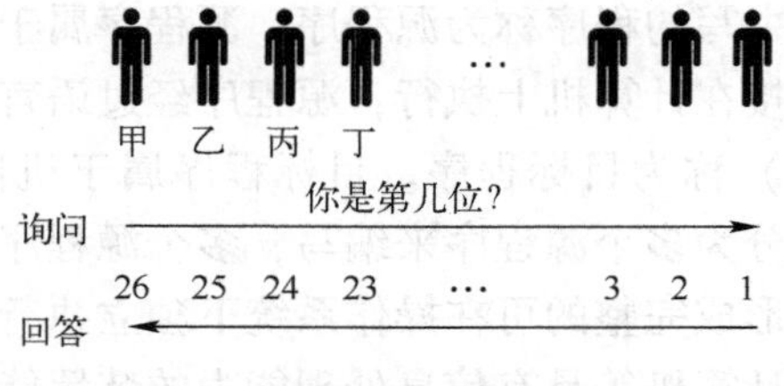

图 3-8 询问和回答的流程示意图

第三节　程序与程序设计语言

一、程序概述

计算机程序（简称程序）是指为了得到某种结果而可以由计算机等具有信息处理能力的装置执行的代码化指令序列，或者可以被自动转换成代码化指令序列的符号化指令序列或者符号化语句序列。解决问题的算法转换为程序后，就可运行于计算机上。

程序设计语言是人与计算机交流的语言，程序设计语言包含一组用来定义计算机程序的语法规则和语义，按照给定的规则编写计算机程序，可以使计算机自动进行各种操作处理。程序设计语言通常分为机器语言、汇编语言和高级语言 3 类。

机器语言是与计算机硬件功能紧密相关的一种语言，由二进制 0、1 表示的代码指令构成。用机器语言书写的程序称为机器语言程序。计算机只能识别和执行机器语言程序，但机器语言程序难编写、难修改、难维护。因此，通常不会使用机器语言来编写程序。

汇编语言是对机器语言的符号化表示，用一些容易理解和记忆的缩写单词来表示特定的含义。例如，用“ADD”表示加法操作，用“SUB”表示减法操作，用“MOV”表示数据传送等。但计算机的硬件无法直接识别用“ADD”等符号书写的程序，需要将汇编语言书写的程序转换为机器语言程序，计算机才能执行。

高级语言是面向用户的、基本独立于计算机种类和结构的语言，形式上接近于算术语言和自然语言。常用的高级语言有 C 语言、Java 语言、Python 语言等。高级语言易学易用、通用性强、应用广泛。用高级语言书写的程序，计算机硬件也无法直接识别和执行，需要将用高级语言书写的程序翻译为机器语言程序，计算机才能执行。

例如，为了计算 3+4，C 语言、x86 汇编语言和 x86 机器语言的程序片段分别如下所示。

C 语言	汇编语言	机器语言(十六进制表示)
x=3;	mov dword ptr[ebp-4], 3	C7 45 FC 03 00 00 00
y=4;	mov dword ptr[ebp-8], 4	C7 45 F8 04 00 00 00
z=x+y;	mov eax, dword ptr[ebp-4]	8B 45 FC
	add eax, dword ptr[ebp-8]	03 45 F8
	mov dword ptr[ebp-0ch], eax	89 45 F4

用高级语言或汇编语言书写的程序称为源程序。源程序属于符号化的语句序列或符号化的指令序列，源程序不能直接在计算机上执行，源程序经过语言处理系统翻译后所得到的代码化指令序列（二进制代码）称为目标程序。目标程序属于机器语言程序，但还是不能运行。因为一个大的程序常常分为多个源程序来编写，多个源程序对应的目标程序需要组合在一起，并且与库函数链接，形成完整的可在操作系统下独立执行的程序，称为可执行目标程序。可执行目标程序才是由计算机等具有信息处理能力的装置能执行的代码化指令序列。

语言处理系统属于系统软件，系统软件的概念参见第四节内容。语言处理系统的一个重要作用就是把用汇编语言或高级语言编写的程序翻译为机器语言程序，以便计算机能够运行。通常语言处理系统会提供一个语言编程的环境，包括程序编辑、翻译、调试、链接、装入运行等功能。例如，Visual Studio C/C++是一个可以开发 C/C++应用程序的集成开发环境。任何一个语言处理系统都包含一个翻译程序，按照不同的翻译处理方法，翻译程序可分为 3 类。

1）编译程序是将高级语言源程序转换为汇编语言源程序（或目标程序）的翻译程序。

2）汇编程序是将汇编语言源程序转换为目标程序的翻译程序。

3）解释程序是按源程序中语句的执行顺序，逐条翻译并立即执行相应功能的处理程序。这种翻译方式不形成机器语言形式的目标程序。

图 3-9 给出了从源程序到可执行目标程序的转换过程示例。假设一个大的程序被分成了 n 个源程序来编写，经过编译程序或者汇编程序处理后的目标程序也有 n 个，与库函数链接后的可执行目标程序只有一个。库函数是语言处理系统提供的、常用功能的目标程序。

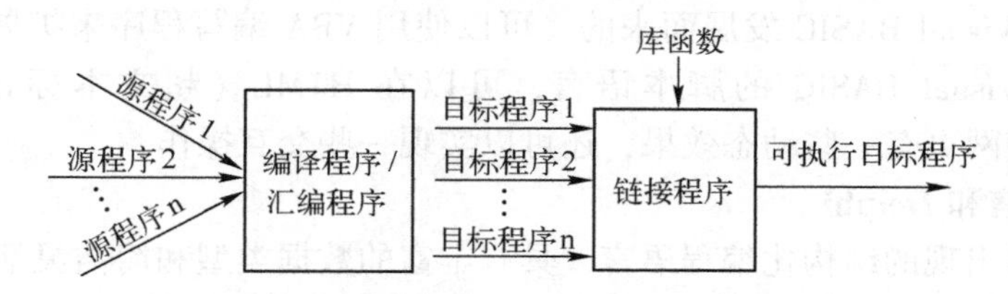

图 3-9　从源程序到可执行目标程序的转换过程示例

二、程序设计的一般步骤

程序设计是指设计、编制、调试程序的方法和过程，它是目标明确的智力活动。程序是软件的本体，软件的质量主要通过程序的质量来体现。因此程序设计是软件构造活动中的重要组成部分。程序设计的一般步骤如下。

1）分析问题。首先要明确求解问题的已知条件、数据，以及要求达到的目标，对求解问题进行详细分析。

2）确定数学模型。将求解问题直接或间接地转化为数学问题，用形式化的方法描述问题。

3）设计算法。给出解决问题的方法和步骤，并选择一种算法的表示方法，清晰地描述出算法。

4）编制程序。选择一种程序设计语言，并编写出算法对应的程序，对源程序进行编辑、翻译和链接等操作，生成可执行目标程序。

5）运行和调试程序。运行可执行目标程序，对运行得到的结果进行分析，发现和排除程序中的错误。

6）编写程序文档和维护程序。整理和编写程序文档，以便程序的使用和维护。程序文档有多种类型，例如，向用户提供的程序说明书，说明书内容应包括程序名称、程序功能、运行环境、程序的装入和启动方法、需要输入的数据，以及使用注意事项等。

三、常用的程序设计语言

自 20 世纪 60 年代以来，世界上公布的程序设计语言已经有上千种之多，但是只有很小的一部分得到了广泛的应用，下面介绍一些常用的程序设计语言。

1. FORTRAN 语言

FORTRAN 是 Formula Translation 的简称，含义是“公式翻译”，是最早出现的一种适用于数值计算的面向过程的高级程序设计语言。FORTRAN 语言的特点是接近于数学公式的自然描述，简单易用，具有很高的执行效率。FORTRAN 语言广泛应用于科学和工程计算领域，长期以来作为科学计算的主流程序设计语言。

2. BASIC 语言

在简化 FORTRAN 语言的基础上，研究人员研制出一种“初学者通用符号指令代码”(Beginner's All-purpose Symbolic Instruction Code)，简称为 BASIC。BASIC 简单易学，早期作为初学者学习计算机程序设计的首选语言。标准 BASIC 是一种使用解释程序的编程语言。BASIC 语言发展了很多版本，如 True BASIC、Quick BASIC、Visual BASIC（简称 VB）等。

VBA 是基于 Visual BASIC 发展而来的，可以使用 VBA 编写程序来扩展 Office 软件的功能。VBScript 是 Visual BASIC 的脚本语言，可以在 HTML（超文本标记语言）中插入 VBScript 脚本，使网页有一些动态效果，还可以实现一些交互操作。

3. Pascal 语言和 Delphi

Pascal 是最早出现的结构化编程语言，具有丰富的数据类型和简洁灵活的操作语句，运行效率高，查错能力强，可以方便地用于描述各种算法与数据结构，编写出高质量的程序。Pascal 语言语法严谨，对于程序设计的初学者来说，Pascal 语言有益于培养良好的程序设计风格和习惯。

Delphi 是 Windows 平台下的一种可视化的集成开发环境，使用的是由传统 Pascal 语言发展而来的 Object Pascal 语言。这是在传统 Pascal 语言的基础上，扩充了面向对象的功能，并加入了可视化开发手段，用于开发 Windows 环境下的应用程序。

4. C 语言、C++语言和 C#语言

C 语言是 1972 年在美国的 AT&T 贝尔实验室诞生的。C 语言简洁紧凑、灵活方便；包含丰富的运算符和多样的数据类型，具备很强的数据处理能力；通过指针类型可对内存直接寻址以及对硬件进行直接操作。因此，C 语言既具有高级程序设计语言的功能，又具有汇编语言的特点。C 语言生成的目标程序质量高，程序执行效率高，可移植性好。

C 语言的应用范围广泛，可用于开发系统软件，包括编写操作系统和编译程序等软件，著名的 UNIX 操作系统是第一个用 C 语言编写的操作系统；也可用于开发应用软件，目前在工业控制、智能装备、物联网等相关领域普遍使用 C 语言；各类科研活动也常常用 C 语言来编写实验程序。C 语言是当代最优秀的、面向过程的程序设计语言之一。

C++语言是在 C 语言的基础上发展起来的，既支持面向过程的程序设计，又支持面向对象的程序设计。C++语言支持面向对象的编程机制，如封装函数、抽象数据类型、继承、多态、函数重载、运算符重载等。C++语言还保持与 C 语言兼容，使得大量的 C 语言程序可以在 C++语言环境中运行。因而 C++语言十分流行，也一直是面向对象程序设计的主流语言。

C#是一种由 C 和 C++衍生出来的面向对象的、运行于 .NET Framework 和 .NET Core（完全开源，跨平台）之上的高级程序设计语言。C#在继承 C 和 C++强大功能的同时，去掉了一些它们的复杂特性；综合了 VB 简单的可视化操作和 C++的高运行效率；与 Java 类似，C#源程序被编译成为中间代码，然后通过 .NET Framework 的虚拟机执行。使用 C#开发的程序可运行在不同的计算机平台上，具有跨平台运行的特性。

5. Java 语言

Java 语言是一种面向对象的、适合网络环境的程序设计语言。Java 语言的特点很多，如简单性、跨平台性、面向对象、安全性、多线程性、分布性、可移植性、高性能和动态性等。Java 语言具有跨平台的特性，Java 的跨平台特性是由 Java 虚拟机支持的。首先 Java 源程序需要通过编译器转化为与平台无关的 Java 字节码文件（.class），Java 字节码文件是中间代码，不是目标机器程序；其次通过 Java 虚拟机解释执行字节码文件，从而做到与平台无关。Java 采用的是编译和解释混合的模式。解释过程影响执行速度，为了提高执行速度，引入了即时编译（JIT）技术，Java 虚拟机会将运行频繁的代码块编译成机器码，并进行优化和缓存，以备下次直接运行。华为的方舟编译器改变编译+解释的运行机制，直接将 Java 源程序编译成机器码，消除虚拟机解释的额外开销，提升了手机运行效率。

Java 语言支持 Internet 应用的开发，提供了用于网络应用编程的类库，是目前使用最为广泛的网络编程语言之一。Java 语言可以编写桌面应用程序、Web 应用程序、分布式系统和嵌入式系统应用程序等。下面列举一些 Java 语言的应用。

1）安卓（Android）应用。Android 手机中运行的应用程序大多是用 Java 语言编写的。

2）在金融业的应用。由于 Java 的安全性，大型跨国投资银行常常用 Java 语言来编写前台和后台的电子交易系统、结算和确认系统、数据处理项目以及其他项目。

3）网站的应用。Java 语言在电子商务领域以及网站开发领域占有一席之地。例如医疗救护、保险、教育、国防以及其他不同部门的网站，通常都是以 Java 语言为基础来开发的。

4）在大数据技术领域的应用。Hadoop 是用 Java 语言实现的开源软件框架，是开发和运行处理大规模数据的软件平台，在 Hadoop 平台上开发的大数据处理程序通常使用 Java 语言。Java 语言是大数据开发人员的常用工具。

6. Python 语言

Python 语言是一种面向对象的解释型程序设计语言。Python 解释器将源代码转换成为字节码的中间形式，可以直接翻译运行。Python 是开源的，即所有用户都可以看到 Python 源代码。开源体现在两方面：①程序员使用 Python 编写的代码是开源的；②Python 解释器和模块是开源的。同时，Python 也是免费的，即用户进行开发或者发布自己的程序，不需要支付任何费用，也不用担心版权问题，即使作为商业用途，Python 也是免费的。

Python 的特点还有很多，简单易用，Python 标准库和第三方工具库众多，功能强大。Python 语言的应用广泛，既可以开发小工具，也可以开发企业级应用。下面列举一些 Python 语言的应用。

1）网站开发。Python 语言经常被用于 Web 网站开发，例如，搜索引擎 Google 在其网络搜索系统中就广泛使用 Python 语言。

2）游戏开发。很多游戏使用 C++语言编写图形显示等高性能模块，而使用 Python 语言编写游戏的逻辑。例如，游戏 Sid Meier's Civilization（席德·梅尔的文明）就是使用 Python 语言实现的。

3）科学计算。Python 在数据分析、可视化方面有着相当完善和优秀的库，可以满足 Python 程序员编写科学计算程序。例如，自 1997 年，美国国家航空航天局（NASA）就大量使用 Python 语言编写各种复杂的科学运算代码。

4）网络爬虫。Python 提供很多编写网络爬虫的工具，还提供了网络爬虫框架。Google

等搜索引擎公司大量地使用 Python 语言编写网络爬虫。

5）人工智能领域。目前世界上优秀的人工智能学习框架大都是用 Python 实现的。

第四节　软件的特性和常用软件

一、计算机软件的基本组成

计算机软件是计算机运行所需要的程序、数据和有关文档的总和。程序是计算任务的处理对象和处理规则的描述；数据是程序处理的对象，例如文档、图像、视频、音频等；在程序编制、运行过程中的有关资料属于文档，如开发技术资料、用户使用手册、系统维护及升级资料等。通常软件以程序文件和文档文件的形式保存在磁盘或光盘等介质上，通过操作计算机才能体现出它的功能和作用。例如，微软的 Office 是一组软件，它包括一系列互相关联的文件，其中的 WINWORD. exe、EXCEL. exe 属于程序文件。

根据软件的作用，计算机软件可划分为系统软件和应用软件。

1. 系统软件

系统软件是为了有效使用计算机系统、提高计算机资源的使用效率、协调计算机各部件之间工作的一类软件。其主要功能是调度、监控和维护计算机系统；负责管理计算机系统中各种独立的硬件，使得它们可以协调工作。常用的系统软件有操作系统、数据库管理系统、语言处理系统和各种服务软件等。语言处理系统在第三节已经叙述，这里不再重复讲解。

（1）操作系统

操作系统是计算机软件中最重要且最基本的系统软件，也是最底层的软件。它控制计算机运行的所有程序并管理整个计算机系统的资源，是计算机硬件与应用程序及用户之间的桥梁。在微机上常见的操作系统有 Windows、Linux、MacOS 等操作系统，手机上常见的移动操作系统有安卓（Android）和苹果手机的 iOS。

（2）数据库管理系统

数据库是一个长期存储在计算机内的、有组织的、可共享的、统一管理的大量数据的集合。数据库管理系统是一种操纵和管理数据库的软件，具有数据定义、数据操作、数据存储与管理、数据维护、通信等功能，对数据库进行统一的管理和控制，以保证数据库的安全性和完整性。常用的关系型数据库管理系统有 Microsoft Access、Oracle、MySQL 和 Microsoft SQL Server 等。国内的数据库管理系统也很成熟，例如，PingCAP 公司的 TiDB、华为的开源关系型数据库管理系统 openGauss 和华为云数据库 GaussDB、蚂蚁集团的 OceanBase、武汉达梦的达梦数据库管理系统 DM8 等。

图 3-10 是数据库系统的示意图。某图书馆有几万本书籍，每本书有作者、书名、出版社、出版年月等信息，把每一本书的这些信息组织起来，放在一个数据库中，保存在计算机内。用户通过图书查询程序检索这个图书数据库，可以知晓图书的信息。数据库管理系统介于图书数据库和图书查询程序之间，数据库管理系统是创建和管理图书数据库的软件，图书查询程序通过数据库管理系统访问图书数据库。

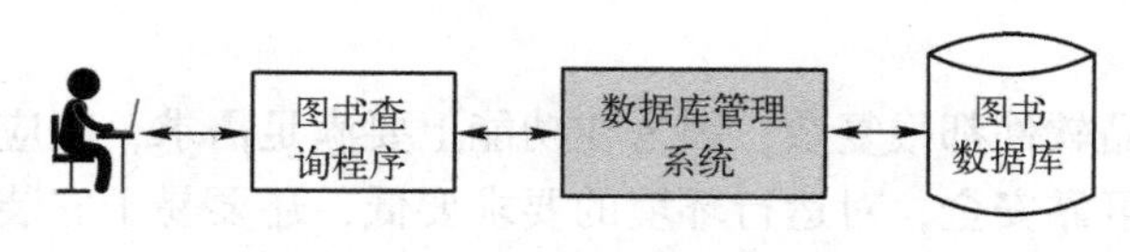

图 3-10　数据库系统示意图

（3）服务软件

服务软件也称为实用工具软件，一般包括诊断程序、调试程序等，例如磁盘碎片整理程序。

2. 应用软件

应用软件是为满足用户不同领域、不同问题的应用需求而开发的那些软件或程序。应用软件具有很强的实用性和针对性，应用软件数量巨大、种类繁多、功能强大。根据应用软件的开发方法和适用范围，应用软件可分为通用应用软件和定制应用软件。在普及计算机应用的进程中，应用软件起到了很大的作用。

1）通用应用软件是面向大规模普遍存在的共性需求而开发的成品软件。常用的办公类软件 Microsoft Office、WPS Office；图形图像处理软件 Photoshop；绘图软件 AutoCAD；即时通信软件微信、QQ；影音视频播放软件 PotPlay 等，都属于通用应用软件。

2）定制应用软件是根据某一单位或某一行业的业务需求定制开发的软件，例如图书管理系统、学校的教务系统、财务系统、医院挂号计费系统、酒店客房管理系统等。定制应用软件满足单位或行业的个性化需求，更容易匹配现有的业务流程，能够解决企业的管理痛点，优化管理。但在定制应用软件时，也需要关注版本的稳定性、后期的升级维护及成本等因素。

二、计算机软件的特性

在计算机系统中，硬件是有形的物理实体，软件是无形的，软件具有许多与硬件不同的特性。

1. 不可见性

软件不能被人们直接观察和触摸。程序和数据以二进位编码表示并通过电、磁或光的形式进行存储和传输，人们看到的只是它的物理载体，而不是软件本身。

2. 适用性

一个成功的软件往往是能满足一类问题的需要。例如，微软公司的文字处理软件 Word，可以用来编辑书稿、论文等各类文档，可以处理中文、英文等多国文字。

3. 依附性

软件不能独立存在，需要依附一定的环境。在某台 PC 上能正常运行的某个软件，在平板电脑或手机上不能直接安装运行，也未必能在另一台计算机上运行。例如，微信下载安装时需要选择 Windows 版、MacOS 版、Android 版、iOS 版等。

4. 无磨损性

软件在使用过程中不像其他物理产品会有损耗或者产生物理老化现象，理论上，只要软件所依赖的硬件和软件环境不改变，它的功能和性能就不会发生变化。当然，硬件技术在进步，用户需求不断提高，软件使用周期也是有限的。

5. 复杂性

现在任何一种商品软件都很复杂，因为在功能上要满足需求，响应速度要快，操作使用要灵活方便，工作要可靠安全，对运行环境的要求要低，还要易于安装、维护、升级和卸载等，这些都使得软件规模越来越大，结构越来越复杂，开发成本也越来越高。

6. 有限责任

由于软件的正确性无法采用数学方法证明，软件又具有复杂性，因此不能保证软件在任何情况下稳定运行。软件厂商一般要求软件运行的风险由用户自己承担。

7. 脆弱性

一方面操作系统和其他系统软件可能存在一定的漏洞，另一方面随着互联网的普及，计算机之间的通信和资源共享，都会给系统的安全和软件的可靠运行带来危险因素。软件又容易被篡改和破坏，因而使得违法和犯罪行为有机可乘。

8. 易复制性

软件可以非常容易且无失真地进行复制，使得软件的知识产权保护显得很重要。

三、计算机软件的保护

软件往往以产品的形式出现，软件产品可以是向用户直接提供的计算机软件，也可以是设备中嵌入的软件，或在提供计算机信息系统集成、应用服务等技术服务时提供的计算机软件。软件产品通常以硬件（光盘、磁盘、闪存盘等）作为载体，也可以是免费的或经过授权后从网上下载。

软件产品的生产主要是研制，软件的研制工作需要投入大量的、复杂的、高强度的脑力劳动，软件是智力活动的成果。对于软件产品，可以采用多种知识产权保护形式，具体包括著作权法、专利法、商标法和商业秘密。

软件作为知识作品，与文学作品、音乐、戏剧、美术、摄影作品等一样，受到著作权法的保护。软件的著作权保护依据是《中华人民共和国著作权法》《计算机软件保护条例》和《计算机软件著作权登记办法》。受到著作权法保护的软件作品表现形式为计算机程序代码及其相关说明文档。购买一个软件后，用户仅仅获得该软件的使用权，随意进行软件复制和分发都是违法行为。

软件的技术构思，如技术方案（包含软件流程图）、图形用户界面等，也属于核心知识产权保护的范围，其保护的依据是《中华人民共和国专利法》。通常技术方案可以申请发明专利进行保护，图形用户界面可以申请外观设计专利进行保护。

计算机软件也是商品，可以为软件注册商标，通过《中华人民共和国商标法》进行保护。计算机程序具有存在形式和交易过程不可见的特性，其可以刻录在光盘、软盘等有形载体上，但更多的是通过网络传送给用户。当存在有形载体时，可以在有形载体上标注软件商标；计算机软件商标还可以标注在软件操作手册、宣传资料、销售网页上；计算机软件商标还可以嵌入到软件程序界面中，这样当计算机运行软件程序时，用户可以看到图形用户界面中显示的商标。

对计算机软件可以依照《中华人民共和国反不正当竞争法》中保护商业秘密的法律规定予以保护，法律所保护的商业秘密可以是技术秘密，也可以是经营秘密，保护的是无形的信息，而不是有形的载体。例如，体现在程序和文档中的开发软件的“思想、处理过程、操作方法或者数学概念等”。越来越多的计算机软件服务采用远程“云端”提供服务的模式，与之配套的后台管理、操控软件、数据库部分往往是软件的核心，属于企业的核心保密资产，该种核心资产具备商业秘密的秘密性属性。人工智能算法、大数据等核心软件或计算机程序的技术方案，也是有关软件价值的核心。通过商业秘密路径予以软件的保护会更加全面。

对软件产品的知识产权保护的目的是确保脑力劳动受到奖励并鼓励发明创造，鼓励计算机软件的开发与应用，促进软件产业和国民经济信息化的发展。对计算机软件领域的知识产权维权难度相对较大，关键在于侵权特征的比对。

四、通用应用软件

在人们的学习、工作、生活等活动中，经常需要阅读、书写、通信、娱乐、查找信息等，所有这些活动都有相应的软件使人们能更方便、更有效地进行。通用应用软件开发水平较高，易学易用，维护成本低、种类繁多。

按功能分类，通用应用软件主要包括文字处理软件、电子表格处理软件、演示软件、社交软件、电子邮件软件、图形图像处理软件、媒体播放软件等，表 3-2 列举了常用的通用应用软件。许多软件的功能都很强大，软件的功能分类是一个相对分类。例如，QQ 属于社交软件，但 QQ 也可以实现在线办公、在线教学功能。

表 3-2　常用的通用应用软件

类　别	主要功能	软件举例
文字处理软件	文本编辑、文字处理、桌面排版、文本阅读	WPS、Microsoft Word、Adobe Acrobat
电子表格软件	表格设计、数值计算、制表绘图	Microsoft Excel、Google 表格、Libre Office Calc
演示软件	幻灯片制作与播放	Microsoft Powerpoint、Libre Office Impress
视频会议软件	远程音视频会议、在线教学	钉钉、腾讯会议、ZOOM、腾讯课堂
社交软件	聊天、通话交流、文件传递	微信、QQ、Facebook
电子邮件软件	收发电子邮件	Outlook Express、Foxmail
图形图像处理软件	图像处理、几何图形绘制、动画制作	Photoshop、AutoCAD、Microsoft Paintbrush、Microsoft Visio、Adobe illustrator
媒体播放软件	播放各种数字音频和视频文件	Microsoft Media Player、网易云音乐、酷狗音乐
屏幕录像软件	影像录屏、视频编辑	TechSmith Camtasia、EV 录屏
浏览器	Web 服务（因特网中检索信息）	Microsoft Edge、Google Chrome、Mozilla Firefox、360 浏览器、搜狗浏览器、百度浏览器、UC 浏览器、Safari 浏览器
下载软件	帮助快速从因特网下载数据	迅雷、BitTorrent
压缩/解压缩软件	文件压缩管理工具	WinRAR、7-Zip
防病毒软件	防火墙、查杀病毒	Kaspersky（卡巴斯基）、McAfee（迈克菲）、norton（诺顿）、金山毒霸、瑞星杀毒软件、360 安全卫士

通用应用软件属于应用软件，都需要在系统软件的基础上开发和运行。系统软件具有多样性，例如，操作系统有PC版的Windows、Linux、MacOS等，有手机版的Android、iOS。有的通用应用软件能提供在不同操作系统上运行的版本。例如，在微信官网上，提供了对多种操作系统的下载入口，它们分别在不同的系统上运行，实现相同的应用功能。有的通用应用软件只适合安装在某些机型上。例如，UC是专为智能手机研发的浏览器，适用于Android、iOS操作系统；Safari浏览器只适合安装在各类苹果设备上，如Mac、iPhone、iPad、iPod Touch。

本章小结

本章阐述了计算思维的概念、本质和特征。基于计算思维的方法，求解复杂问题时，先建立计算过程模型，描述求解问题的计算化方法，通过编制程序，让计算机来实现这一计算问题。围绕算法、程序和软件讲解了计算机软件的基础知识。

算法是解决问题的方法与步骤，计算机解决问题的常用算法有很多，通过生活中的例子示例了穷举法、贪心法、分治法、递归法、回溯法和动态规划法的思路和特点。解决一个问题的方法常常有好多种，理解算法的度量和评价方法，寻找最合适的算法策略。

程序设计语言分为机器语言、汇编语言和高级语言。用高级语言或汇编语言书写的源程序，需要通过语言处理系统的翻译、链接等步骤，转换为可执行目标程序，才能在计算机上执行。C语言、Java语言和Python语言等是目前广泛使用的程序设计语言，介绍了这些语言的特点和应用领域。

计算机软件划分为系统软件和应用软件。常用的系统软件有操作系统、语言处理系统、数据库管理系统和各种服务软件等。通用应用软件主要包括文字处理软件、电子表格处理软件、演示软件、社交软件、电子邮件软件、图形图像处理软件、媒体播放软件等。熟悉各类软件的功能，在工作和生活中，合理使用各类软件。

习　　题

一、单项选择题

1. 计算思维的本质是 【　】
   A. 计算　B. 算法　C. 程序　D. 软件
2. 下列选项中，不可计算的是 【　】
   A. n个数据的排序　B. n个数据的求和
   C. 自然数的平均值　D. 最小的自然数
3. 下列关于算法和程序的叙述中，错误的是 【　】
   A. 程序是算法的实现　B. 程序都必须满足有穷性
   C. 可以用程序来表示一个算法　D. 解决同一个问题存在多种算法
4. 一个完整的计算机系统的两个基本组成部分是 【　】
   A. 硬件与软件　B. 算法与程序
   C. 硬件与操作系统　D. 系统软件与应用软件

5. 下列软件属于系统软件的是 【 】

A. WPS B. 微信

C. Microsoft Office D. 操作系统

6. 下列叙述中，错误的是 【 】

A. 计算机软件可申请商标保护

B. 企业的数据库可申请商业秘密保护

C. 计算机程序代码可申请著作权保护

D. 软件的技术方案可申请外观设计专利保护

7. 下列程序设计语言中，最适合用于科学计算的是 【 】

A. FORTRAN B. Java C. BASIC D. C#

8. 使用 C 语言编写的程序称为 【 】

A. 源程序 B. 目标程序 C. 编译程序 D. 可执行目标程序

9. 下列软件中，不属于文字处理软件的是 【 】

A. QQ B. Microsoft Word

C. WPS D. Adobe Acrobat

10. 下列程序中，可在计算机上直接执行的是 【 】

A. 源程序 B. 目标程序 C. 库函数 D. 可执行目标程序

11. 小张购买了一个“天空”牌移动硬盘，该移动硬盘申请有一项实用新型专利。那么，小张享有 【 】

A. “天空”商标专有权 B. 该移动硬盘的所属权

C. 该盘的实用新型专利权 D. 前三项权利之全部

二、填空题

1. 科学思维包括理论思维、实验思维和________。

2. “∧”表示逻辑与运算，真∧假= ________。

3. 计算思维的重要特征是抽象化、自动化和________。

4. 计算机解决问题的常用算法有很多。假设一个门锁密码是一个 4 位十进制数字，该密码共有 10000 种组合，为了破解该密码，最多需要尝试 9999 次就能找到真正的密码。这种破解密码的算法属于________。

5. 对于软件产品，可以采用多种知识产权保护形式，具体包括著作权法、专利法、商标法和________。

6. 算法的表示有多种形式，介于自然语言和计算机语言之间、用文字和符号来描述算法的一种语言形式称为________。

7. 程序设计语言通常分为机器语言、汇编语言和________。

8. 在某台 PC 上能正常运行的 QQ 软件，在平板电脑或手机上不能直接安装其软件包。这体现了软件的________性。

9. 为某单位专门开发的工资管理系统，按软件的分类划分，它属于 ________。

10. 按功能分类，WinRAR 和 7-Zip 都属于________软件。

三、简答题

1. 与计算机硬件相比，计算机软件有哪些特点？

2. 程序=软件，这个关系成立吗？简述软件与程序的关系。

四、综合应用题

1. 选择一种算法的表示方法，给出“判断n是否为素数”的算法表示。

2. 某开发人员未经企业有关部门的同意，擅自将其参与的企业开发设计的应用软件的核心程序设计技巧和算法通过论文向社会发表，为此企业对其追责。该开发人员的行为侵犯了哪条法律，说明理由。

3. 在计算机科学中，抽象是一种被广泛使用的计算思维方法。举例说明抽象运用的案例。

第四章 Windows 10 操作系统

学习目标：

1. 理解操作系统的作用和功能。
2. 认识常用操作系统的类型和名称。
3. 掌握Windows 10操作系统的安装方法，认识Windows 10操作系统的特性。
4. 理解Windows 10图形用户界面的主要组成元素和常用术语，掌握键盘、鼠标和剪贴板的基本操作。
5. 掌握文件资源管理器的使用，掌握文件和文件夹的基本操作。
6. 掌握设备管理器、控制面板、任务管理器的使用。
7. 掌握安装和卸载应用软件的方法。

第一节 操作系统的基础知识

一、操作系统概述

裸机是指没有安装任何软件的计算机。在裸机上开发和运行应用程序难度大、效率低，甚至难以实现。计算机安装操作系统后，呈现给用户和其他程序的是一台虚拟计算机，如图4-1所示。

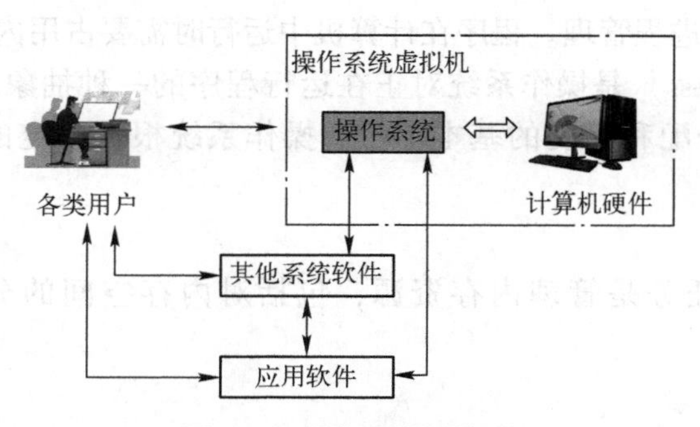

图4-1 操作系统的作用

1. 操作系统的作用

操作系统（Operating System，OS）是计算机系统中最重要的一种系统软件，控制和管理计算机中所有的软、硬件资源，合理安排整个计算机的工作流程，为计算机系统高效率运行提供了基础。操作系统的重要作用体现在以下几个方面。

（1）为计算机中运行的程序管理和分配各种软硬件资源

计算机系统中的所有硬件部件，如CPU、存储器、I/O设备、网络通信设备，称为硬件资源，程序和数据等称为软件资源。通常计算机系统中同时有多个程序在运行，例如，在使用 Word 编辑文档时，还播放着音乐，杀毒软件正在扫描计算机中的文件，QQ 在接收各种聊天信息。这些程序运行时都需要使用计算机系统中的资源，例如，需要占用 CPU 以执行其代码，需要访问存储器等。此时，操作系统就承担着资源的调度和分配任务，以避免冲突，保证程序正常有序地执行。

（2）为用户提供友善的人机界面

人机界面也称为用户界面，是指计算机系统和用户之间进行交互和信息交换的媒介。操作系统提供的用户界面有字符用户界面和图形用户界面两种形式。字符用户界面是通过键盘输入文本或字符命令来完成例行任务，例如，DOS 系统使用的是字符用户界面。

图形用户界面是指采用图形方式显示的计算机操作用户界面，采用图标来形象地表示系统中的文件、程序、设备等各种对象，用户通过鼠标器或触摸屏控制屏幕光标的移动，并通过点击图标的方式向系统发出启动某个操作的命令，甚至可以采用拖拽的方式执行一些需要的操作。目前，几乎所有的操作系统都向用户提供图形用户界面，使用户能够直观、灵活、方便、高效地使用计算机。

（3）为其他系统软件及各种应用软件的开发和运行提供一个高效率的平台

操作系统屏蔽了物理设备的技术细节，以系统调用、库函数等简单、规范、高效的方式为其他程序提供支持，从而为开发和运行其他系统软件及各种应用软件提供了一个平台。

除了上述 3 个方面的作用外，操作系统还具有处理软硬件错误、监控系统性能、保护系统安全等许多作用。有了操作系统的计算机才能成为一个高效、可靠、通用的信息处理系统。

2. 操作系统的主要功能

操作系统的主要功能包括处理器管理、存储管理、设备管理、文件管理和作业管理。

（1）处理器管理

处理器管理又称为进程管理。程序在计算机中运行时需要占用内存资源，也需要分配处理器时间，进程（Process）是操作系统对正在运行程序的一种抽象，是应用程序的执行实例，是系统进行资源分配和调度的基本单位。操作系统根据一定的算法将处理器分配给进程。

（2）存储管理

存储管理的主要任务是管理内存资源，包括对内存空间的分配、回收、共享和保护等。

（3）设备管理

设备管理是指操作系统要管理接入计算机的所有输入设备和输出设备。操作系统不直接管理和控制输入设备和输出设备，而是通过设备驱动程序间接管控设备。Windows 操作系统自带有常规外设的驱动程序，例如，鼠标接入计算机就可以立即使用。但有一些设备，如打印机，需要安装设备驱动程序才能工作。

（4）文件管理

计算机的内存空间有限，并且断电后信息要丢失，因此，计算机中大量程序和数据以文件的形式存放在外存中，需要时再将它们调入内存。现代操作系统都是通过文件系统来管理在外存上的文件，文件管理包括文件存储空间的管理、目录管理、文件操作管理、文件保护等。

(5) 作业管理

作业是指用户在一次计算过程中或者事务处理过程中，要求计算机所做工作的集合。作业管理是操作系统面向用户的部分，为用户提供一个使用计算机的界面，使用户方便地提交自己的作业、查看作业运行，操作系统对进入系统的用户作业进行管理、调度和控制。

二、常用的操作系统

操作系统从20世纪60年代出现以来，技术不断进步，功能不断完善，产品类型也越来越丰富。根据功能划分，操作系统可分为批处理操作系统、分时操作系统和实时操作系统。

批处理操作系统是早期的一种操作系统，可以对用户作业成批处理，期间无需用户干预，批处理操作系统目前已经没有了，但批处理技术仍然存在。

分时操作系统中，把计算机的系统资源（尤其是 CPU 时间）进行时间上的分割，每个时间段称为一个时间片，按时间片轮转把系统资源分配给各联机作业使用。例如，图 4-2 显示了 3 个作业轮流使用 CPU 时间的示意图，t_1和 t_4时间片分配给作业 1，t_2和 t_5时间片分配给作业 2，t_3和 t_6时间片分配给作业 3，从一个长的时间段来看，多个作业并行工作；从某个时刻来看，只有一个作业在运行。分时操作系统可实现多个用户分时使用同一台主机的资源，目前常用的 Windows 和 Linux 操作系统都属于分时操作系统。

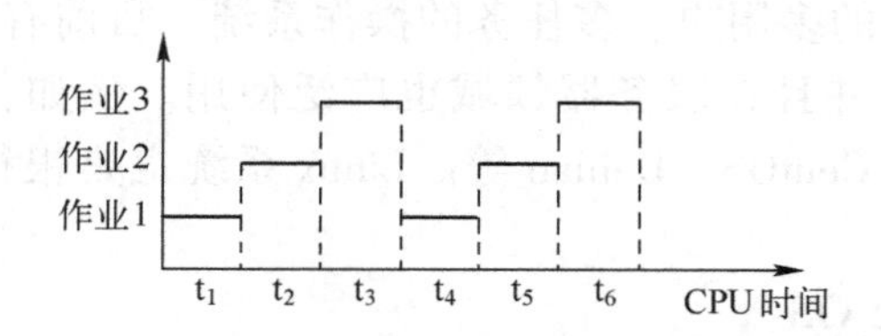

图 4-2　3 个作业轮流使用 CPU 时间的示意图

实时操作系统是能对随机发生的外部事件做出及时的响应，并对其进行处理的操作系统。实时操作系统用于专业领域，通常嵌入在需要实时响应的设备中。典型的实时操作系统有 VxWorks、RT-Thread、uClOS、FreeRTOS 等。

根据运行的环境，操作系统可分为个人计算机操作系统、网络操作系统、分布式操作系统和嵌入式操作系统。个人计算机操作系统运行在个人计算机上，主要为个人使用。

网络操作系统的主要功能是面向网络中的计算机提供网络通信和网络服务，具有网络管理、安全控制、数据共享、硬件共享和各种网络应用功能。

分布式操作系统是以计算机网络为基础，它的基本特征是处理上的分布，即功能和任务的分布，所有系统任务可在系统中任何处理器上运行，自动实现全系统范围内的任务分配并自动调度各处理器的工作负载。例如，在云计算中，可以将一个大数据文件分块后存储在网络中的多台计算机中，也可以将一个超大的计算任务分解后调度到网络中的多台计算机同时运算。

嵌入式操作系统是运行在嵌入式智能芯片环境中，对整个智能芯片以及它所操作、控制的各种部件装置等资源进行统一协调、调度、指挥和控制的系统软件。

根据同一时间内使用计算机用户的多少，操作系统可分为单用户操作系统和多用户操作系统。根据用户在同一时间内可以运行应用程序（任务）的多少，操作系统可以分为单任务操作系统和多任务操作系统。操作系统提供的使用界面可分为图形用户界面和命令行界面。下面介绍目前常用的7种操作系统。

1. Windows 操作系统

Windows 是美国微软公司以图形用户界面为基础研发的操作系统。按处理器类型的不同，Windows 操作系统有 PC 版本、服务器版本、嵌入式版本和手机版本等子系列。1995 年微软推出了图形化操作系统 Windows 95，取代字符用户界面的 MS DOS，Windows 成了 PC 中最主要的操作系统软件。微软公司每隔几年就会推出新版本的操作系统，随后推出的 PC 版本有 Windows 98、Windows Me、Windows 2000、Windows XP、Windows Vista、Windows 7、Windows 8、Windows 10 和 Windows 11。

2. UNIX 操作系统

UNIX 操作系统是美国贝尔实验室开发的一种通用的多用户分时操作系统，主要特点是结构简练、功能强大、可移植性好、可伸缩性和互操作性强、网络通信功能丰富、安全可靠。UNIX 操作系统目前主要运行在大型计算机系统或专用工作站上。例如，UNIX 系统是银行计算机中最常用的操作系统之一。

3. Linux 操作系统

Linux 是一套免费使用和自由传播的类 UNIX 操作系统，继承 UNIX 以网络为核心的设计思想，是一个性能稳定的多用户、多任务的操作系统。目前有多种 Linux 发行版，从嵌入式设备到超级计算机，并且在服务器领域也广泛使用。例如，目前市面上较知名的发行版有 Ubuntu、RedHat、CentOS、Debian 等。Linux 系统也是银行计算机中最常用的操作系统之一。

4. 苹果操作系统 Mac OS

Mac OS 是由苹果公司开发的专门运行于 Macintosh 系列计算机上的操作系统，全屏幕窗口是 Mac OS 的重要特点，一切应用程序均可以在全屏模式下运行，这种用户界面简化了计算机的使用。Mac OS 操作系统的封闭性使其较少受到病毒的危害。Mac OS 也是一种类 UNIX 操作系统，具有高性能的网络通信功能。

5. iOS 操作系统

iOS 是由 Mac OS 经修改而成的，专门用于苹果公司的 iPhone 手机、iPad 平板电脑的移动操作系统。iOS 的用户界面采用多点触控直接操作，用户通过手指在触摸屏上滑动、轻按等动作与系统互动，控制手机或平板电脑操作。iOS 操作系统内置了苹果公司自行开发的许多常用应用程序，例如，Safari 浏览器、音乐、视频、日历、照片、相机等。App Store 是苹果公司为 iOS 操作系统所创建和维护的应用程序发布平台，所有为 iOS 操作系统开发的第三方软件必须通过 App Store 发行，iOS 仅支持从 App Store 用官方的方法下载和安装软件。

6. Android 操作系统

Android（安卓）是应用于移动设备的操作系统，由 Google 公司和开放手机联盟领导及开发。目前多数智能手机和平板电脑均使用 Android 操作系统。Android 是一种基于 Linux 的自由及开放源代码的操作系统。任何厂商都可以不经过 Google 公司和开放手机联盟的授权而免费使用Android操作系统。Android系统的开放性，使其拥有更多的开发者、更多的应用程序和更多的用户，带来了更大的市场份额。

7. Harmony OS（鸿蒙）操作系统

Harmony OS（鸿蒙）是华为公司自主研发的分布式操作系统。鸿蒙系统基于Linux开发，并对Linux进行大量优化，底层整合华为自研的超级文件系统和方舟编译器，所以鸿蒙操作系统具有低时延的特性。鸿蒙操作系统有三层架构，第一层是内核，第二层是基础服务，第三层是程序框架，实现模块化耦合，对应不同设备可弹性部署。鸿蒙操作系统适用于手机、平板电脑、计算机、智能汽车、可穿戴设备等多种终端设备，适应当下的5G和物联网时代。

第二节　Windows 10基础知识

一、概述

Windows 10是微软公司于2015年发行的跨平台操作系统，可在台式机、笔记本计算机、平板电脑运行。Windows 10的主要特性如下。

1. 易学易用

Windows操作系统是图形用户界面，通过使用键盘和鼠标可以完成各类操作。Windows 10屏幕左下方的按钮提供了便捷的操作，如图4-3所示。例如，单击“搜索”按钮后，可以在弹出的搜索框中直接输入搜索关键词，进行本地或在线内容的全局搜索；任务视图是在Windows 10中首次引入的任务切换器和虚拟桌面系统，单击“任务视图”按钮，当前或近期执行的任务排列在桌面上，可方便在不同任务之间切换。

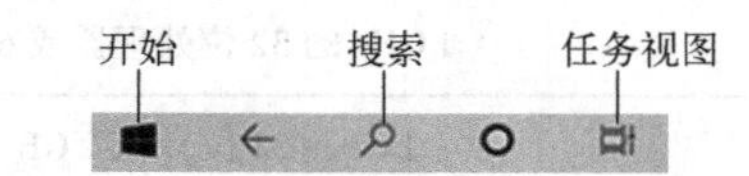

图4-3　Windows 10屏幕左下方的按钮

2. 多用户多任务

Windows 10允许每个使用计算机的用户建立自己的用户账户，并设置密码。每个用户账户登录后可以对系统进行自定义设置，使用同一台计算机的各个用户之间不会相互干扰。多任务是指用户可以在同一时间内运行多个应用程序，每个应用程序被称作一个任务，Windows 10操作系统支持多任务运行。在屏幕底部的任务栏上可查看到当前执行的任务。将任务窗口拖到屏幕的边缘或角落，窗口会自动调整大小以形成并排排列。

3. 即插即用

即插即用是指设备连接到计算机后，不需要手动进行驱动程序的安装，也不需要对设备参数进行复杂的设置，计算机系统能自动识别所连接的设备。即插即用需要硬件和软件两方面的支持，Windows 10支持即插即用，带有常规硬件的驱动程序，能在连接的设备和它的驱动程序之间建立通信信道，方便常规硬件的安装。例如，鼠标通过USB接口接插到计算机后就可以立即使用。

4. 多媒体功能

Windows Media Player 是 Windows 10 操作系统自带的一款多媒体软件，可以观看电视、录制直播电视、观看电影、欣赏音乐、观看照片的幻灯片，以及播放和刻录 CD 或者 DVD 等，功能非常强大。

5. 高安全性

Windows 10 提供了一系列工具来帮助保护计算机免受病毒和其他恶意软件等威胁的侵害，其中最重要的 3 个安全工具是用户账户控制、Windows Defender 和 Windows 防火墙。Windows 用户账户控制是当试图更改计算机系统设置时，该工具会发出警告，这有助于保护计算机免遭意外更改或恶意软件更改设置。Windows Defender 是操作系统中包含的防病毒软件，它可以对系统进行实时监控，扫描计算机中的恶意软件，同时还要检查用户打开的每个文件或程序。Windows 防火墙可防止来自外部的未经授权的访问进入用户的计算机，保护计算机和网络安全。

二、Windows 10 的安装

操作系统安装时需要将操作系统的相关文件复制到计算机的硬盘中，同时对计算机的硬件进行自动检测，并分配相应的系统资源，安装相应的驱动程序。Windows 10 的安装包括升级安装 Windows 10、更新安装 Windows 10 或新安装 Windows 10。

升级安装 Windows 10 是指原来 PC 安装有 Windows 7、Windows 8，现在要安装 Windows 10。升级安装和新安装 Windows 10 都要检查计算机是否满足 Windows 10 的硬件配置。微软官方发布的 Windows 10 硬件配置的具体要求见表 4-1。

表 4-1　Windows 10 硬件配置

处　理　器	1 GHz 的 32 位处理器或 64 位处理器或更高
内存	1 GB（32 位）或 2 GB（64 位）或更高
硬盘	16 GB（32 位）或 32 GB（64 位）或更高
显卡	支持 DirectX 9 或更高版本（包含 WDDM 1.0 驱动程序）
显示器	分辨率在 800×600 像素及以上

更新安装 Windows 10 是指在已成功激活了 Windows 10 的计算机上重新安装 Windows 10，此时无须购买 Windows 10 许可，使用原来的数字许可会自动激活。

不管哪一种安装方式，都建议从微软的官网下载软件并安装。打开安装网页[⊖]，如图 4-4 所示，该网页有两个重要按钮："立即更新"和"立即下载工具"。"立即更新"按钮完成更新安装 Windows 10。"立即下载工具"按钮完成升级安装 Windows 10，或创建 Windows 10 的安装介质，并使用该介质完成 Windows 10 的新安装。

⊖ https://www.microsoft.com/zh-cn/software-download/windows10，图 4-4 所示的 Windows 10 安装网页的文字内容会随着时间而变化。

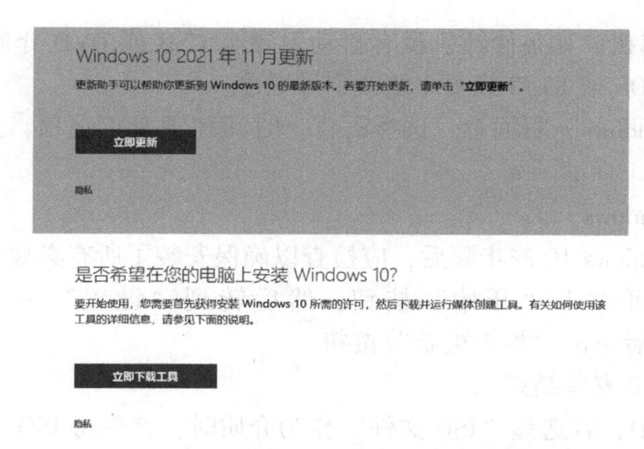

图 4-4　微软官网下载 Windows 10 的部分网页内容

1. 升级安装 Windows 10 的步骤

1）单击“立即下载工具”按钮，然后双击运行下载的文件。需要成为管理员才能运行此工具。

2）在许可条款页面上，如果接受许可条款，单击“接受”按钮。

3）在“你想要执行什么操作?”页面上，选择“立即升级这台电脑”，然后单击“下一步”按钮。

4）该工具将指导如何在计算机上设置 Windows 10。

5）在准备好升级安装或更新安装 Windows 10 时，系统将显示所选内容以及在升级过程中要保留的内容的概要信息。选择“更改要保留的内容”，以设置在升级过程中，是要“保留个人文件和应用”“仅保留个人文件”，还是“选择不保留任何内容”。

6）保存并关闭可能在运行的任何打开应用和文件，在做好准备后，单击“安装”按钮。

7）安装 Windows 10 可能需要一些时间，计算机将会重启几次。确保不要关闭正在安装操作系统的计算机。

2. 新安装 Windows 10 的步骤

1）准备工作。检查 Internet 连接是否正常，检查硬盘、U 盘或 DVD 盘是否有足够的可用数据存储空间。

2）查看要安装计算机的系统配置。确保计算机满足 Windows 10 的系统要求。

3）创建可用于安装 Windows 10 的安装介质。

① 单击“立即下载工具”按钮，然后双击运行下载的文件。需要成为管理员才能运行此工具。

② 如果同意许可条款，单击“接受”按钮。

③ 在“你想要执行什么操作?”页面上，选择“为另一台电脑创建安装介质”，然后单击“下一步”按钮。

④ 选择 Windows 10 的语言、版本和体系结构（64 位或 32 位）。

⑤ 选择要使用哪种介质：U 盘或 ISO 文件。

4）在要安装 Windows 10 的计算机上插入 U 盘或 DVD 盘。

5）重新启动计算机。如果计算机没有自动引导至USB或DVD介质，可能需要打开引导菜单或在计算机BIOS或UEFI设置中更改引导顺序。

6）在“安装Windows”页面上，选择语言、时间和键盘首选项，然后单击“下一步”按钮。

7）选择安装Windows。

8）完成安装Windows 10的步骤后，应检查以确保安装了所有必要的设备驱动程序。若要立即检查更新，可单击“开始”按钮，然后转到“设置”→“更新和安全”→“Windows更新”，然后单击“检查更新”按钮。

到此，Windows 10安装结束。

在步骤3）的⑤中，若选择“ISO文件”作为介质时，首先将ISO文件下载并保存在硬盘上。之后有两种处理方法：一种方法是使用ISO文件创建安装DVD盘，在步骤4）时将该DVD盘插入光盘驱动器以执行安装；另一种方法是直接使用ISO文件安装Windows 10，此时上述步骤中的4)~7）更改为如下步骤。

4）转到ISO文件的保存位置，右键单击ISO文件，然后选择“属性”。

5）在“常规”选项卡上，单击“更改”按钮，并在Windows资源管理器中选择要用来打开ISO文件的程序，然后单击“应用”按钮。

6）双击ISO文件以查看其中的文件。双击“setup. exe”以启动Windows 10安装程序。

第三节　Windows 10图形用户界面

Windows操作系统提供的图形用户界面因具有简单易用、美观友好、界面风格一致等特点而得到普及应用。在Windows操作系统中，图形用户界面基本由桌面、窗口和对话框构成；用户使用键盘、鼠标等输入设备输入信息或操纵屏幕上的图标、菜单选项等，以选择命令、调用文件、启动程序或执行其他任务。

一、桌面

在Windows系列操作系统中，桌面是一个重要概念。桌面是指启动并登录Windows操作系统后，显示屏上显示的整个屏幕区域。“桌面”形象地比喻为平时工作的办公桌，用户可以在上面开始工作。Windows 10是适用于计算机和平板电脑的操作系统，Windows 10的桌面有两种模式：传统桌面模式和平板模式。图4-5所示是平板模式的桌面，开始菜单和应用都将以全屏模式运行。桌面上的主要元素有图标、开始按钮、开始菜单、任务栏和桌面背景等。

1. 图标

图标是指具有指代意义的图形符号，具有快捷传达信息、便于记忆的特性。在Windows操作系统中，所有的文件、文件夹及程序都用相应的图标表示，不同形状的图标代表不同的含义。启动某个应用程序或打开某个文档，往往是通过点击相应图标来完成。

图标分为两类：系统图标和快捷方式图标。系统图标是Windows操作系统或应用程序自带的、具有特殊含义的图标。例如，文件夹、设置、回收站、网络、Word应用程序等。快捷方式图标是左下角带有箭头的一种图标，可以在安装应用程序时产生，也可以是用户自主创建，实质是一个扩展名为 .lnk 的文件。双击快捷方式图标可以快速启动指向的应用程序。例如，▣为 Word 应用程序的快捷方式图标，双击该图标启动 Word 应用程序。

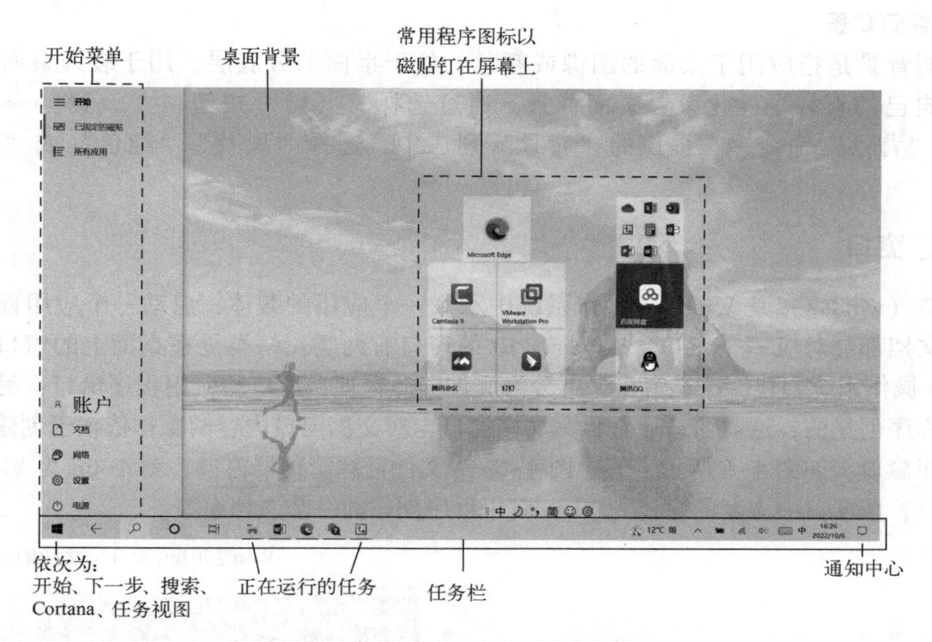

图 4-5　Windows 10 平板模式的桌面

2. 开始按钮

在 Windows 10 中，“开始”按钮是在屏幕左下角（任务栏左端）的一个按钮，用▣图标表示，单击“开始”按钮可打开“开始”菜单。

3. 开始菜单

“开始”菜单是用户使用 Windows 操作系统的一个入口，包含计算机的所有应用、设置和文件。执行下列操作之一，可打开“开始”菜单。

1）单击“开始”按钮▣。

2）按键盘上的 Windows 徽标键▣。

3）按下快捷组合键<Ctrl+Esc>。

可以对“开始”菜单的外观进行更改，通过选择“开始”按钮→“设置”→“个性化”→“开始”，更改“开始”菜单上显示的应用和文件夹。

4. 任务栏

任务栏是位于桌面最下方的水平长条，如图 4-4 所示。任务栏主要由“开始”按钮、快速启动区、任务按钮区、通知区等组成。

在 Windows 10 中，快速启动区有“下一步”“搜索”“Cortana”和“任务视图”按钮，用户也可将常用任务的图标固定到任务栏，便于快速启动任务。

任务按钮区放置了用户当前正在运行的任务图标，包括正在运行的程序和所有打开的窗口，单击这些图标可实现任务之间的切换。

通知区通过各种图标显示计算机软硬件的重要信息，用户可以单击这些图标进行查看或设置。例如，显示当前日期时间，电量是否充满，声音设备是否正常，快捷调节电脑音量、快速切换输入法。“通知中心”按钮可显示来自不同应用的消息，并提供一些系统功能的快捷操作。

5. 桌面背景

桌面背景是指应用于桌面的图像或颜色，处于桌面的最底层，用于装饰桌面。用户可根据自己的喜好个性化设置桌面背景，通过选择“开始”按钮→“设置”→“个性化”→“背景”命令，在提供的“背景”列表中，选择“图片”“纯色”或“幻灯片放映”。

二、窗口

窗口（window）是 Windows 操作系统中承载一个应用的载体，启动一个应用程序或打开一个文档都会对应一个窗口。Windows 10 的窗口有两类：一类是在桌面上的窗口，它由 Windows 操作系统创建，这类窗口又可分为文件资源管理器窗口和应用程序窗口；另一类是由应用程序创建的，这类窗口通常称为文档窗口，对文档窗口内容的操作依赖于创建它们的应用程序窗口。如图 4-6 所示，其中图 4-6a 为文件资源管理器窗口，图 4-6b 为 Visio 应用程序窗口，该窗口中嵌套的窗口为 Visio 应用程序创建的一个文档窗口。

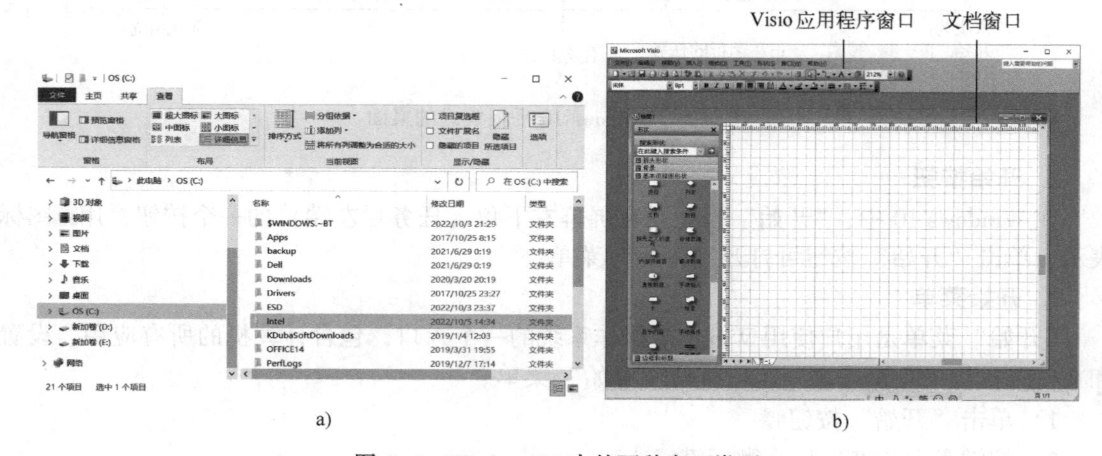

图 4-6 Windows 10 中的两种窗口类型

a）文件资源管理器窗口 b）Visio 应用程序窗口和文档窗口

不同软件的窗口风格差异很大，软件的窗口风格与软件的功能密切相关。但 Windows 操作系统创建的窗口有相似的基本组成，一般由标题栏、菜单、选项卡、功能区、地址栏、搜索框、用户操作区、滚动条、导航窗格和状态栏组成。图 4-7 所示为文件资源管理器窗口的基本组成。

1. 标题栏

窗口最上面一行是标题栏。标题栏左侧有当前应用程序的图标、名称等，用于显示窗口的名称。单击应用程序的图标，会弹出菜单，包括还原、移动、大小、最大化、最小化和关闭命令。

标题栏右侧有 3 个按钮，如 所示，分别对应最小化、最大化（还原）和关闭命令。单击“最小化”按钮▬，使窗口以图标形式缩放到任务栏中，应用程序将被转入后台执行；单击“最大化”按钮☐，使窗口设为整个屏幕大小；当窗口处于最大化时，“最大化”按钮变为“还原”按钮，单击“还原”按钮，可以将窗口还原为原始大小；单击“关闭”按钮☒，关闭该窗口。

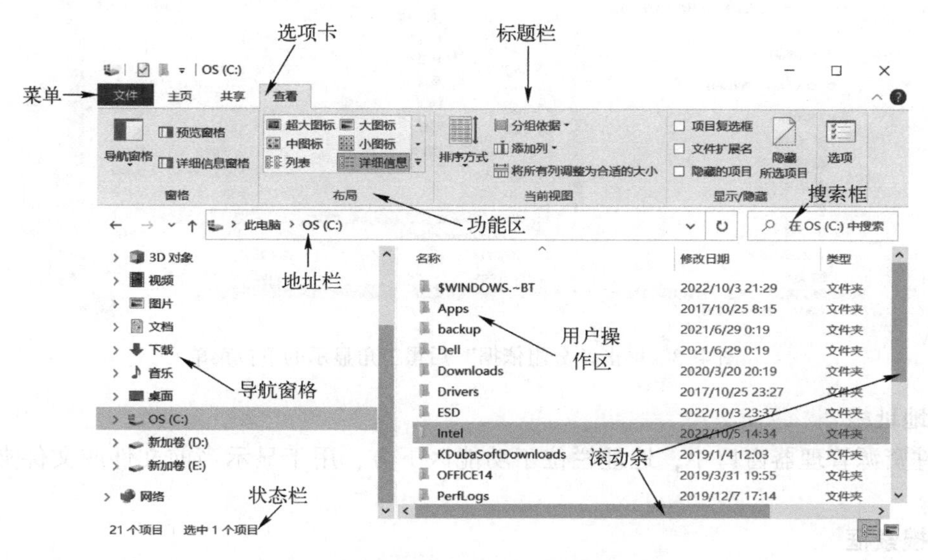

图 4-7　文件资源管理器窗口的基本组成

将鼠标指针放在标题栏处，并按住左键移动鼠标，可以拖动窗口在桌面移动。

2. 菜单

菜单用于显示当前应用程序的操作命令。Windows 10 窗口中的菜单主要分为下拉菜单和快捷菜单两类。通常用鼠标左键单击某个对象，打开系列供选择的操作命令选项，称为下拉菜单。图 4-7 所示的文件夹窗口中，单击“文件”按钮打开的是下拉菜单。还有就是带有黑三角的命令选项，如 排序方式、 分组依据▾，单击命令选项打开其下拉菜单。通常用鼠标右键单击某个对象或空白处，会弹出系列操作命令选项，这称为快捷菜单。尝试在文件夹窗口的不同位置，用鼠标右键单击，观察弹出的快捷菜单。

3. 选项卡和功能区

标题栏下方为选项卡，如图 4-7 中的“主页”“共享”“查看”。选项卡区分了不同命令功能的区域，使用选项卡可节约窗口的空间。在 Windows 10 之前的版本，选项卡处是菜单栏，单击菜单栏，打开其下拉菜单。Windows 10 把菜单栏更新为选项卡，单击选项卡，显示该选项卡包含的各种操作命令的图标，并把这些命令按功能划分为多个组，每一个组就是一个功能区，每个功能区有一个名字对应。如图 4-7 中有“窗格”“布局”“当前视图”“显示/隐藏”和“选项”5 个功能区，功能区之间用竖线分隔。

若功能区包含较多的命令，则只会显示部分命令，通过单击指示的符号或图标，展开显示全部命令，或打开下拉菜单，或打开对话框。例如，单击“分组依据”后面的黑三角，打开一个下拉菜单供用户选择，如图 4-8 所示。

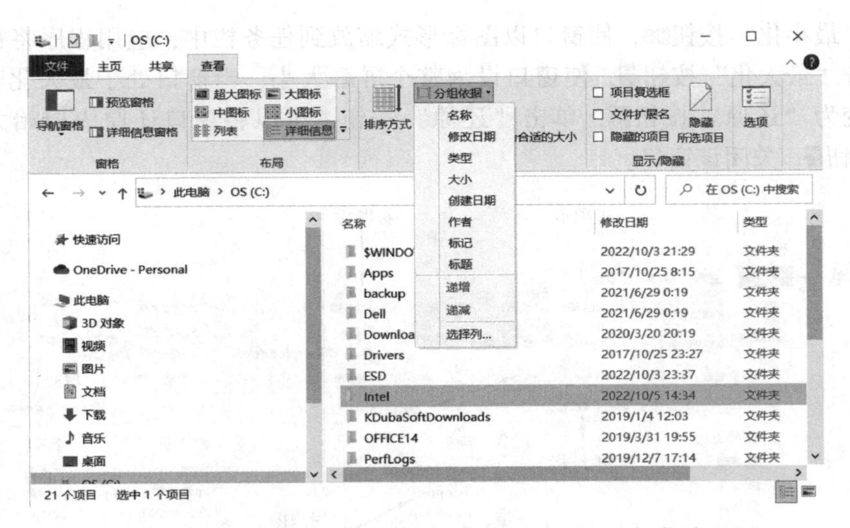

图 4-8　单击“分组依据”后黑三角显示的下拉菜单

4. 地址栏

文件资源管理器窗口中，地址栏位于功能区下方，用于显示当前文件或文件夹所在的路径。

5. 搜索框

对于文件资源管理器窗口，用户将检索的名字输入搜索框中，系统可在当前文件夹下搜索包含该名字的文件或文件夹。

6. 用户操作区

用户操作区也称为用户工作区或工作区。利用鼠标或键盘等工具，用户可以在工作区中进行各种操作，例如，查看本地磁盘属性、打开文件夹、新建文件、复制文件等。

7. 滚动条

当窗口工作区中内容的高度或宽度超过窗口的高度或宽度时，因无法显示整个工作区，在右侧或底部出现滚动条。滚动条分为水平滚动条和垂直滚动条。将鼠标指针放在滚动条处，并按住左键移动鼠标，可以显示超出窗口边界的内容。

8. 导航窗格

导航窗格通常位于窗口的左侧，具有目录或索引的作用，是一种在较小空间中展示工作区内容整体结构的显示模式。

9. 状态栏

状态栏是窗口最底部的一个水平长条，主要作用是根据用户所处位置及操作，展示系统的当前状态，并给出提示信息。例如，图 4-7 中，提示 C:盘根目录下的文件夹或文件数量有 21 个。

Windows 10 是多任务操作系统，可以同时运行多个任务，在有多个打开的窗口时，只有一个窗口是活动窗口，其他窗口都是非活动窗口。活动窗口是指该窗口可以接收用户通过鼠标或键盘的输入操作。活动窗口不一定是位于最前端的窗口，因为有的应用程序可以设置窗口始终位于最前端，例如，QQ 的窗口通常总是位于最前端。

对窗口的操作主要有打开窗口、关闭窗口、拖拽窗口、缩放窗口、切换窗口和排列窗口等。任务结束后建议及时关闭窗口，以释放内存空间。关闭窗口的方法有多种，例如：

方法 1：单击窗口标题栏右侧的关闭按钮☒。

方法 2：单击窗口标题栏左侧图标，在弹出的快捷菜单中选择“关闭”命令。

方法 3：鼠标指针移到窗口标题栏空白处，单击鼠标右键，在弹出的快捷菜单中选择“关闭”命令。

方法 4：同时按<Alt+F4>键，关闭当前活动窗口。

方法 5：鼠标指针移到任务栏中窗口对应的图标上，单击鼠标右键，在弹出的快捷菜单中选择“关闭”命令。

三、对话框

对话框（dialog box）是 Windows 操作系统中人机对话的基本工具，向用户显示警告、提示等信息，或者是请求用户输入信息，完成某些选项设置或输入数据。例如，在图 4-7 窗口中单击“选项”按钮，打开如图 4-9 所示的对话框，其用于更改文件夹或搜索等方面的选项设置。对话框包含的基本元素主要有标题栏、选项卡、命令按钮、单选框、复选框、文本框、列表框、组合框、消息框、超链接等。

图 4-9　文件资源管理器窗口中“查看”→“选项”对话框

1. 标题栏

标题栏位于对话框的第一行，用于显示当前对话框的名称。

2. 选项卡

标题栏下方通常为选项卡，用多个选项卡区分不同选项功能的区域。图 4-9 的对话框中有“常规”“查看”“搜索”3 个选项卡。

3. 命令按钮

命令按钮是可以响应鼠标单击的小矩形区域，也是使用户通过简单的敲击按钮来执行操作的一种工作方式。当用户选中、单击按钮时，不仅会执行相应操作，还会使该按钮看上去像被按下并释放一样。图 4-9 中“确定”“取消”“应用”“清除”“还原默认值”都是命令按钮，其中“应用”按钮为灰色，表示当前该按钮无效，不可操作。

4. 单选框

对话框中展示一组选项，但只允许用户选择一个项目，通常使用单选框。单选框放置在选项的左边，单击单选框以选择选项，或取消选择选项，◉表示选中，○表示未选中。

5. 复选框

当同一组选项中允许用户选择多个项目时使用复选框，同一组选项中用户选中复选框的个数没有限制。通常复选框放置在选项的左边，单击复选框以选择选项，或取消选择选项，☑表示选中，☐表示未选中。

6. 文本框

文本框提供给用户直接输入信息，例如，图 4-10 中“输入页号”选项为文本框类型。

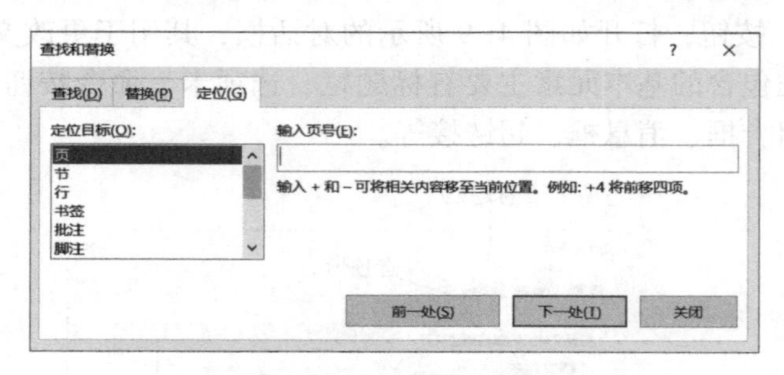

图 4-10　文本框示意图

7. 列表框

列表框外观类似于文本框，但用户不可以直接输入信息，而是单击右侧提供的箭头或黑三角，会弹出一系列选项，用户只能选择其中之一进行设置。如图 4-11 所示，单击“快速访问”右侧的箭头弹出下拉列表，供用户选择。

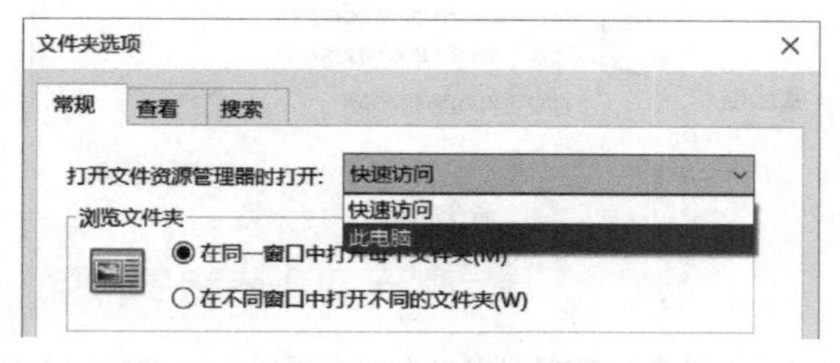

图 4-11　列表框示意图

8. 组合框

组合框是文本框和列表框的综合，既允许用户直接输入内容，又提供一系列选项允许用户选择。图 4-12 中，“文件名”选项属于组合框，“保存类型”选项属于列表框。

9. 消息框

消息框是一种特殊的对话框，通常包含提示信息、“是”“否”“确定”或“关闭”等命令按钮，用来为一个操作提供警告和简单的确认，也可能包括程序终止或崩溃的提示，以及对用户有意或无意的关闭动作的提醒。图 4-13 为删除文件夹时弹出的消息框。

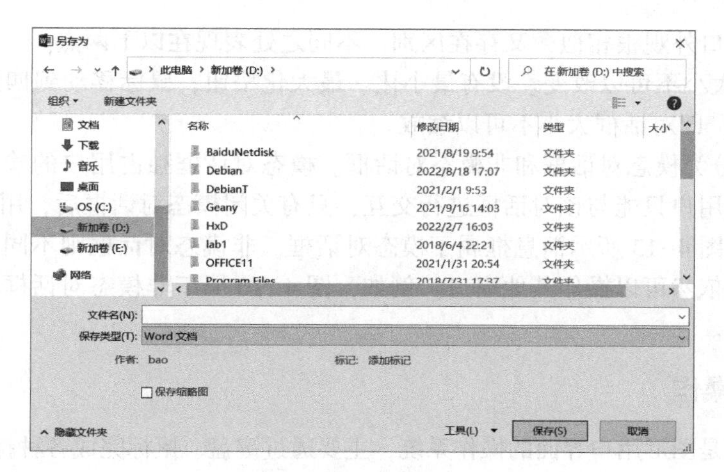

图 4-12　组合框示意图

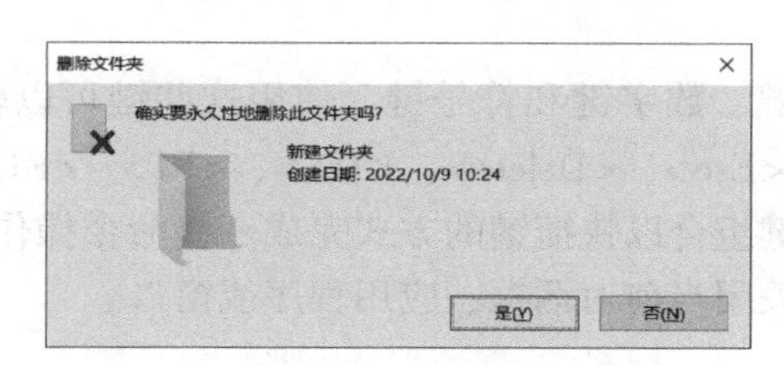

图 4-13　删除文件夹时弹出的消息框

10. 超链接

在对话框中的超链接是指从一个对话框指向另一个对话框的连接关系。例如，图 4-14a 中，单击“更改排序方法”超链接，打开另一个对话框，如图 4-14b 所示。

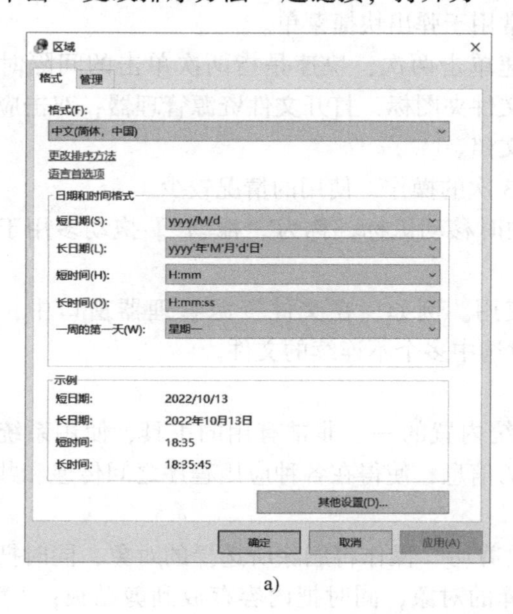

a)

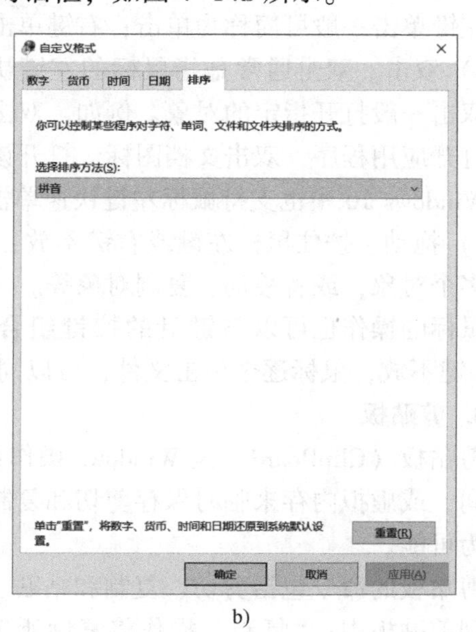

b)

图 4-14　对话框中的超链接示例

a）“区域”对话框　b）单击超链接打开另一对话框

对话框与窗口外观很相似，又存在区别，不同之处表现在以下两点。

1）对话框大小不可以改变。没有最小化、最大化按钮，鼠标移动到四周边框处不会出现 ⇔ 或 ⇕ 符号，即对话框大小不可以缩放。

2）对话框分为模态对话框和非模态对话框。模态对话框独占用户的输入，当一个模态对话框打开时，用户只能与该对话框进行交互，只有关闭模态对话框后，用户才可以操作其他窗口。例如，图 4-13 所示消息框属于模态对话框。非模态对话框则不同，当用户打开非模态对话框时，依然可以操作其他窗口。例如，图 4-10 属于非模态对话框。而窗口之间是可以随意切换的。

四、基本操作

Windows 10 是图形用户界面的操作系统，主要通过键盘、鼠标完成各种操作，Windows 10 还提供了剪贴板的内置工具，来帮助实现信息内容的移动和复制。

1. 键盘

键盘上有常用的字母键、数字键和符号键，使用这些键可以输入各种信息。键盘上有<Ctrl>、<Shift>、<Alt>、<Esc>、<Delete>、<Tab>、<F1>~<F12>等功能键，Windows 10 中，把这些功能键与其他键组合以快捷键的方式完成一些命令操作。例如，组合键<Alt+F4>可以关闭当前活动项，即关闭当前对话框、应用程序或窗口。

2. 鼠标

鼠标是目前图形用户界面中最常用的输入设备。鼠标一般有两个键，称为左键和右键。鼠标还有一个滚轮，移动滚轮常常起到移动滚动条的作用。鼠标的基本操作通常有 4 类。

1）移动。移动鼠标，使得鼠标指针指向某个对象。

2）单击。单击又分为左键单击和右键单击。左键单击一般用于选定对象或按动按钮等，左键单击一般可简称为单击；右键单击常用于弹出快捷菜单。

3）双击。双击通常是指鼠标的左键快速单击两次，快速是指两次单击的间隔时间较短。双击一般打开指定的对象。例如，双击文件夹图标，打开文件资源管理器；双击应用图标，打开应用程序；双击文档图标，打开该文档。

Windows 10 中也支持鼠标左键快速单击 3 次的操作，使用的情况较少。

4）拖动。按住鼠标左键或右键不放，同时移动鼠标，称为“拖动”。拖动多用于连续选择多个对象，或者移动、复制对象等。

鼠标的操作也可以与键盘的按键组合使用。例如，在文件资源管理器窗口中，按住<Ctrl>键不放，鼠标逐个单击文件，可以同时选中多个不连续的文件。

3. 剪贴板

剪贴板（ClipBoard）是 Windows 操作系统内置的一个非常有用的工具，使用系统的内存空间，或虚拟内存来临时保存剪切和复制的信息，使得在各种应用程序之间传递和共享信息成为可能。

剪贴板的命令包括剪切、复制和粘贴。“剪切”操作将删除所选择的对象，同时把内容存放到剪贴板中；“复制”操作将复制所选择的对象，同时把内容存放到剪贴板；“粘贴”则是从剪贴板中提取内容，放在用户当前指定的位置处。使用剪切、复制和粘贴命令的常规使用方法有 3 种。

1）应用程序窗口或文件资源管理器窗口的功能区通常都提供剪切、复制和粘贴按钮。图 4-15 中，“主页”选项卡中有一个“剪切板”功能区，提供剪切、复制和粘贴按钮。

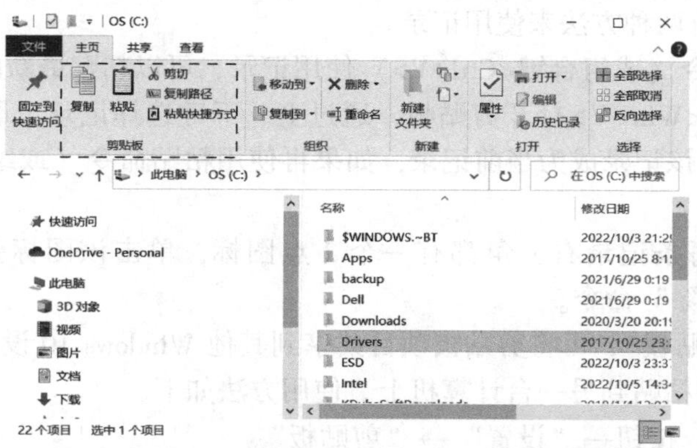

图 4-15　文件资源管理器窗口中的剪切、复制和粘贴按钮

2）使用快捷键<Ctrl+X>、<Ctrl+C>、<Ctrl+V>来分别完成剪切、复制和粘贴命令。

3）选中对象后（或在需要粘贴的地方），右键单击，在弹出的快捷菜单中选择剪切、复制和粘贴命令。

另外，在 Windows 10 中，按下快捷键<PrintScreen>可将当前屏幕中的内容以图像形式复制到剪贴板中；按下组合键<Alt+PrintScreen>将当前活动窗口的内容以图像形式复制到剪贴板中；单击任务栏“通知中心”，在打开的快捷操作面板中，选择“屏幕截图”命令，提供矩形截图、任意形状截图、窗口截图、屏幕截图 4 种截图操作选项，用户可选取屏幕中任何一块区域的内容以图像形式复制到剪贴板中。

早期 Windows 操作系统提供的剪贴板只有简单的复制、粘贴功能，Windows 10 增加了剪贴板的新特性。

1）引入“剪贴板历史记录”，它能保留最新 25 次复制的内容。使用方法如下。

① 打开剪贴板。可以通过组合键<Win+V>打开剪贴板，图 4-16a 所示为没有添加任何记录的剪贴板。

a）

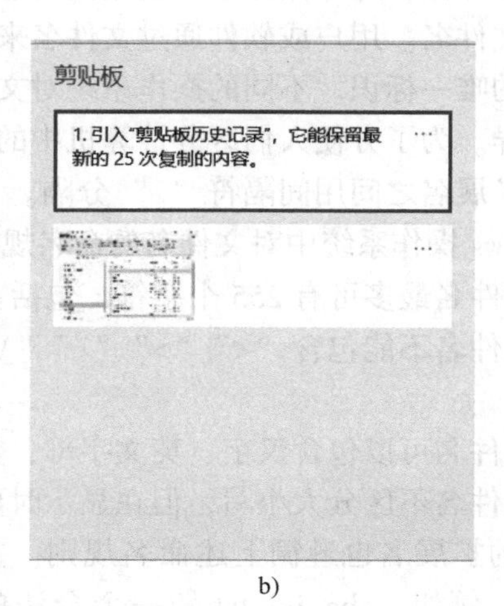

b）

图 4-16　剪贴板

a）内容为空的剪贴板　b）有两条记录的剪贴板

② 增加记录。可以通过复制、剪切和屏幕截图等方式添加记录到剪贴板，如图 4-14b 所示。

③ 使用记录。有两种方法来使用记录。

a）通过粘贴命令（或组合键<Ctrl+V>）使用记录，可以粘贴最新的一条记录。

b）按下组合键<Win+V>打开剪贴板，通过上、下键选择记录，最后按下<Enter>键即可粘贴选择的记录。该记录成为当前记录，如果再使用粘贴命令（或组合键<Ctrl+V>），则粘贴该条记录。

④ 删除记录。每条记录右上角都有一个 3 点图标，单击该图标弹出菜单，可以选择“删除”或“全部清除”命令。

2）引入“云剪贴板”，可将剪贴板项目共享到其他 Windows 10 设备，能从一台计算机上复制图像和文本并粘贴到另一台计算机上。使用方法如下。

① 选择“开始”按钮→“设置”→“剪贴板”。

② 在“跨设备同步”下，选择“打开”。使用同步功能需要与 Microsoft 账户或工作账户绑定，并且在所有设备上使用相同的登录信息。

第四节　Windows 10 的文件管理

一、文件资源管理器

计算机中的程序、数据、文档都以文件的形式存放在外存中，文件是操作系统管理数据的基本单位。计算机中有数以千万计的文件，为了方便查找和使用文件，需要把文件分门别类地组织在若干文件目录中，Windows 操作系统中文件目录也称为文件夹。文件管理是 Windows 10 的重要功能之一，可以利用桌面上的“此电脑”或“文件资源管理器”来管理文件、文件夹、硬盘或其他资源。

1. 文件

文件是存储在外存储器中一组相关信息的集合，为了便于区别，每个文件都有自己的名字，称为文件名。用户或软件通过文件名来存取文件，文件名也是 Windows 操作系统识别并管理文件的唯一标识。不同的操作系统对文件命名的规则略有不同，即文件名的格式和长度因系统而异。为了方便人们区分计算机中的不同文件，文件名由主文件名和扩展名组成，主文件名和扩展名之间用间隔符“.”分隔。

Windows 操作系统中对文件名的命名规则如下。

1）文件名最多可有 255 个字符，包括主文件名、间隔符和扩展名。

2）文件名不能包含“<”“>”“/”“\”“|”“:”“*”“"”和“?”（英文输入法状态）。

3）文件名可以包含汉字、英文字母、数字以及除 2）提到的符号外的大多数字符。

4）文件名不区分大小写，但在显示时可以保留大小写格式。

文件的扩展名也遵循上述命名规则。文件名中允许使用“.”，故可以使用多间隔符的扩展名。例如，abc. ini. txt 是一个合法的文件名，其文件类型由最后一个扩展名 . txt 决定。

文件的扩展名用来表示文件的类型，操作系统通过文件的扩展名确定使用哪一个应用软件打开文件。表 4-2 列举了常用文件扩展名及其含义。

表 4-2　常用文件扩展名及其含义

扩 展 名	文 件 类 型	扩 展 名	文 件 类 型
.txt	文本文件	.mpg、.mpeg、.avi、.rm、.rmvb	视频文件
.doc、.docx	Word 文档	.mp3、.wma、.rm、.wav、.mid	音频文件
.xls、.xlsx	Excel 表格文件	.jpg、.png、.gif	图像文件
.ppt、.pptx	PowerPoint 演示文稿	.zip、.rar	压缩文件
.htm、.html	网页文件	.exe、.com	可执行文件
.bmp	位图文件	.sys	系统文件

2. 文件夹

计算机系统中有成千上万的文件，为了分门别类地有序存放文件，操作系统把文件组织在若干文件目录中。Windows 操作系统中把文件目录称为文件夹，图标为▇。Windows、UNIX、Linux 和 DOS 等操作系统都采用多级目录结构。在多级目录结构中，每一个磁盘有一个根文件夹，它可以包含若干文件和文件夹。文件夹不但可以包含文件，还可以包含下一级文件夹，这样类推下去形成多级文件夹结构。从根文件夹开始，所有层次的文件夹形成了一个树形结构。

在文件资源管理器窗口的导航窗格中可以查看这种多级文件夹结构。例如，图 4-17 中左侧的导航窗格中显示了 C 盘中部分文件夹结构，其中 Custom 文件夹背景为蓝色，说明选中该文件夹，右侧用户操作区显示当前文件夹中的文件或文件夹。多级文件夹结构既帮助了用户将不同类型和功能的文件分类储存，又方便文件查找，还允许不同文件夹中的文件拥有相同的文件名。

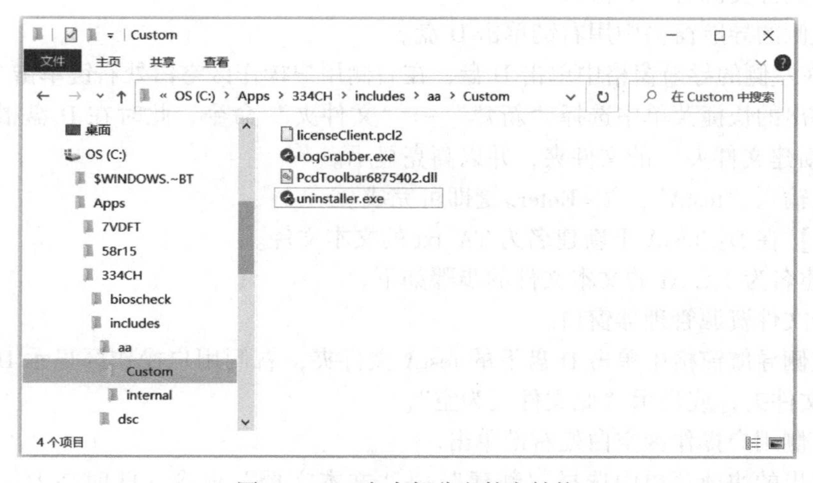

图 4-17　C 盘中部分文件夹结构

在磁盘上寻找文件时，所历经的文件夹线路构成文件的路径。路径分为绝对路径和相对路径。绝对路径是从根文件夹开始的路径，以“/”作为开始；相对路径是从当前文件夹开始的路径。例如，图 4-17 中，从导航窗格中的多级文件夹结构或地址栏，都可以确认 uninstaller. exe 文件的绝对路径为 C:/Apps/334CH/includes/aa/Custom/uninstaller. exe。若当前文件夹为 C:/Apps/334CH，则 uninstaller. exe 文件的相对路径为 ./includes/aa/Custom/uninstaller. exe，其中，“./”表示当前文件夹。

3. 文件资源管理器

文件资源管理器（图标为▬）是 Windows 10 操作系统组织和管理文件和文件夹的重要工具。图 4-6 就是文件资源管理器窗口，该窗口的主要元素在第二节中叙述过。对计算机中所有文件和文件夹的创建、浏览、打开、复制、移动、删除、重命名以及搜索操作，都可以通过文件资源管理器来实现。打开文件资源管理器窗口的方法有多种。

方法 1：在“开始”菜单、桌面、任务栏上，若有图标▬，则可单击此图标。

方法 2：在桌面上，若有文件夹图标▮，则可单击此图标。

方法 3：在“开始”菜单上，若有文档图标□，则可单击此图标。

方法 4：在“开始”按钮上单击鼠标右键，在弹出的快捷菜单中选择“文件资源管理器”。

方法 5：在非平板模式下的桌面有“此电脑”，图标为▬，单击“此电脑”图标，也弹出文件资源管理器窗口。

二、文件的基本操作

1. 新建文件和文件夹

新建文件夹只能在文件资源管理器中完成。新建文件可以在文件资源管理器中操作，也可以在相应的应用程序中完成。

【例 4-1】 在 D 盘创建名为 testA 的文件夹。

解： 新建 testA 文件夹的步骤如下。

1）打开文件资源管理器窗口。

2）在左侧的导航窗格中用右键单击 D 盘。

或者，在左侧的导航窗格中单击 D 盘，在右侧用户操作区空白处右键单击。

3）在弹出的快捷菜单中选择“新建”→“文件夹”命令。此时在 D 盘根目录下新建一个名为“新建文件夹”的文件夹，并以高亮显示。

4）直接输入“testA”，按<Enter>键即可完成。

【例 4-2】 在 D:/testA 下新建名为 TA. txt 的文本文件。

解： 新建名为 TA. txt 的文本文件的步骤如下。

1）打开文件资源管理器窗口。

2）在左侧导航窗格中单击 D 盘下的 testA 文件夹，右侧用户操作区显示 D:/testA 中包含的文件或文件夹，或显示“此文件夹为空”。

3）在右侧用户操作区空白处右键单击。

4）在弹出的快捷菜单中选择“新建”→“文本文档”命令。此时在 D:/testA 下新建一个名为“新建文本文档”的新文件，并以高亮显示。

5）直接输入“TA”，按<Enter>键即可完成。

2. 选中文件和文件夹

在文件资源管理器窗口中，若文件或文件夹的背景变为蓝色，则称该文件或文件夹被选中。在执行文件和文件夹的复制、移动、删除等操作前先要选中该文件或文件夹。选中文件或文件夹的需求不同，操作方法也不一样。

1）选中单个文件或文件夹。左键单击要选定的文件或文件夹。

2）选中多个连续的文件或文件夹。用鼠标选定第一个文件或文件夹，按住<Shift>键不放，单击要选择的最后一个文件或文件夹，则之间的所有文件或文件夹被选中。

3）选中多个不连续的文件或文件夹。按住<Ctrl>键不放，逐个单击要选择的文件或文件夹。

4）选中当前窗口的所有文件或文件夹。同时按<Ctrl+A>键即可。

5）取消选中。在文件或文件夹图标以外的任何位置单击鼠标即可取消选中。

3. 复制文件和文件夹

复制文件或文件夹就是创建文件或文件夹的副本，原文件或文件夹依旧存在。常用的方法有以下两类。

方法1：使用剪贴板。选中要复制的原文件或文件夹，选择“复制”命令（或<Ctrl+C>键）；在目的地文件夹中，选择“粘贴”命令（或<Ctrl+V>键）。

方法2：使用拖拽的方法。选中要复制的原文件或文件夹，按住<Ctrl>键，同时用鼠标将选中的文件或文件夹拖拽至目的地文件夹中。

4. 移动文件和文件夹

移动文件或文件夹是将原文件或文件夹搬运至目的地位置，在源位置处，该文件或文件夹已经不存在。类似于复制，常用方法有以下两类。

方法1：使用剪贴板。选中要移动的原文件或文件夹，选择“剪切”命令（或<Ctrl+X>键）；在目的地文件夹中，选择“粘贴”命令（或<Ctrl+V>键）。

方法2：使用拖拽的方法。选中要移动的原文件或文件夹，按住<Shift>键，同时用鼠标将选中的文件或文件夹拖拽至目的地文件夹中。

5. 删除或还原文件和文件夹

Windows 操作系统提供了回收站，回收站其实是一个系统文件夹，用来存放用户临时删除的文档资料，存放在回收站的文件可以恢复，目的是防止用户误删除文件的操作。所以删除文件或文件夹的操作分为移到回收站删除和直接删除两类。

（1）移到回收站删除

选中要删除的文件或文件夹后，执行下列操作之一，将文件或文件夹移到回收站。

方法1：按<Delete>键。

方法2：按<Ctrl+D>键。

方法3：选择“主页”选项卡→“删除”→“回收”命令。

方法4：右键单击，在弹出的快捷菜单中选择“删除”命令。

（2）直接删除

选中要删除的文件或文件夹后，执行下列操作之一，彻底删除文件或文件夹。

方法1：按<Shift+Delete>键。

方法 2：选择“主页”→“删除”→“永久删除”命令。

方法 3：右键单击，在弹出的快捷菜单后，按住<Shift>键，同时选择“删除”命令。

双击回收站图标，在右侧工作区显示回收站中的文件，选中文件后右键单击，在快捷菜单中有“还原”“删除”等命令，可将移到回收站的文件还原至原文件夹中，或者直接删除。

6. 重命名文件和文件夹

重命名文件和文件夹是指更改文件名或文件夹名。选中要改名的文件或文件夹，执行下列操作之一，可实现文件或文件夹更名。

方法 1：右键单击，在弹出的快捷菜单中选择“重命名”命令，输入新的名字。

方法 2：选择“主页”选项卡→“重命名”命令，输入新的名字。

第五节　Windows 10 的软硬件管理

一、设备管理器

设备管理器是一种 Windows 管理工具，可以查看计算机硬件状态、更改设备属性、检查或更新设备驱动程序等。

打开“设备管理器”的方式有多种。简单的方法是右键单击“开始”按钮，在弹出的快捷菜单里选择“设备管理器”，打开“设备管理器”窗口，如图 4-18 所示。

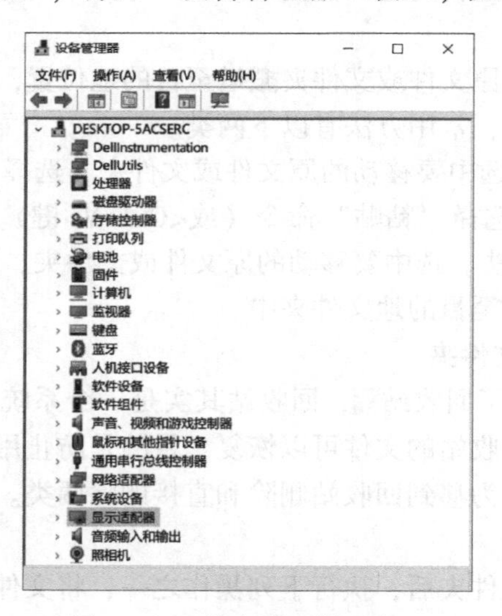

图 4-18　“设备管理器”窗口

“设备管理器”窗口显示了计算机中安装的各个硬件设备，如处理器、磁盘驱动器、监视器、键盘、网络适配器等。双击设备名称，或单击设备图标前面的箭头›，可展开显示该设备的具体部件。

例如，若要查看显卡信息，双击“显示适配器”，则列出该计算机的显卡名称。在某显卡上右键单击，弹出快捷菜单，如图 4-19 所示，包括更新设备驱动程序、禁用设备（或启用设备)、卸载设备、查看属性等命令。

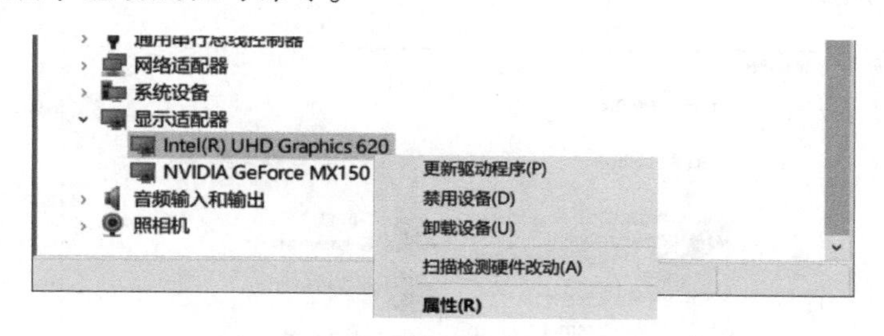

图 4-19　查看显卡信息

Windows 10 自带常规硬件的设备驱动程序，能自动识别硬件，并自动安装设备驱动程序。有些硬件的驱动程序需要用户插入相应的驱动程序盘来安装。当原有驱动程序不能工作，或者设备生产商发布了新的驱动程序时，需要更新设备驱动程序。在使用计算机过程中，如果某硬件设备暂时不需要，或者该设备同其他设备产生冲突，则可以在系统中卸载。硬件卸载后就不能使用了，要想再次使用该设备，需要重新安装相应的驱动程序。对硬件的这些操作都要小心，不要随意执行。

在弹出的快捷菜单中选择“属性”命令，会弹出一个对话框，在“常规”选项卡中，可以查看部件的名称、制造商、设备状态等信息（如图 4-20a 所示），在“驱动程序”选项卡可查看驱动程序提供商、版本、日期等信息，如图 4-20b 所示。

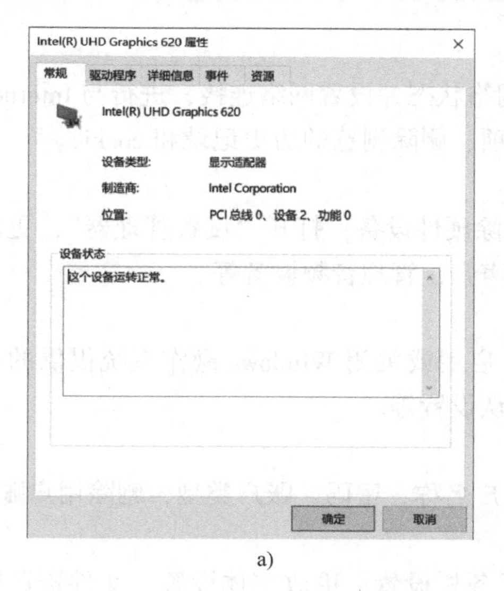

a)

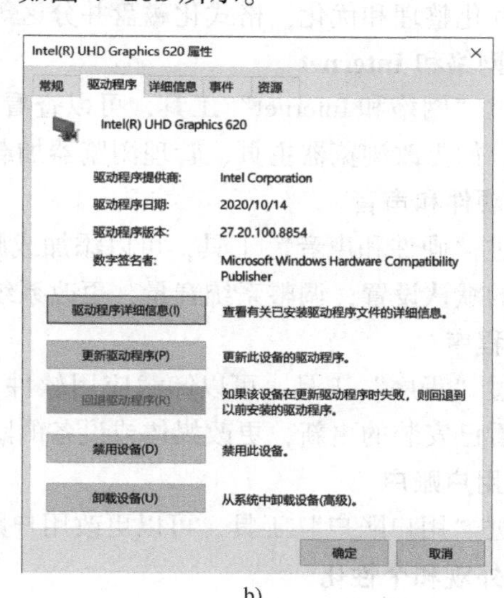

b)

图 4-20　显卡属性对话框

a）“常规”选项卡　b）“驱动程序”选项卡

二、控制面板

控制面板是 Windows 10 的一组实用工具的集合，用户使用这些工具可以配置 Windows、应用程序和应用环境，用户也可以进行系统设置来调整 Windows 的操作环境。单击“开始”按钮，在“开始”菜单的“Windows 系统”目录中选择“控制面板”，打开“控制面板”

窗口，如图 4-21 所示。

图 4-21 “控制面板”窗口

1. 系统和安全

通过“系统和安全”工具，可以查看计算机状态，并解决可能出现的问题；可以检查防火墙的状态，并进行防火墙的启用设置等；可以查看处理器的型号、操作系统的版本、存储器的容量；更改电池设置、电源按钮的功能、计算机睡眠时间；备份还原文件；对驱动器进行碎片化整理和优化，格式化磁盘并分区等。

2. 网络和 Internet

通过“网络和 Internet”工具，可以查看网络状态并设置网络连接，进行与 Internet 相关的操作，如更改浏览器主页、管理浏览器加载项、删除浏览的历史记录和 cookie。

3. 硬件和声音

通过“硬件和声音”工具，可以添加或删除硬件设备，打开“设备管理器”，更改媒体或设备的默认设置，调整系统音量，更改系统声音，管理音频设备等。

4. 程序

通过“程序”工具，可以卸载应用软件，启用或关闭 Windows 操作系统提供的一些功能，查看已安装的更新，更改媒体或设备的默认设置等。

5. 用户账户

通过“用户账户”工具，可以更改用户账户名称、密码、账户类型，删除用户账户等。

6. 外观和个性化

通过“外观和个性化”工具，可以进行任务栏设置、更改字体设置、文件资源管理器选项设置等。

7. 时钟和区域

通过“时钟和区域”工具，可以设置计算机的时间、日期，更改区域，添加不同区域的时钟等。

8. 轻松使用

通过“轻松使用”工具，可以优化视觉显示，更改鼠标、键盘的工作方式，启动语音识别，设置送话器等。

三、任务管理器

任务管理器是 Windows 操作系统提供的一种监视计算机性能的管理工具。任务管理器监视正在运行的应用程序和计算机进程，提供这些程序和进程运行时的相关信息。

启动“任务管理器”的常用方法有以下 3 种。

方法 1：同时按<Ctrl+Shift+Esc>键，直接打开“任务管理器”窗口。

方法 2：同时按<Ctrl+Alt+Delete>键，在弹出的菜单中，选择“任务管理器”命令。

方法 3：右键单击“开始”按钮，在弹出的快捷菜单上选择“任务管理器”命令。

打开的“任务管理器”窗口如图 4-22 所示，有“进程”“性能”“应用历史记录”“启动”“用户”“详细信息”和“服务”选项卡。

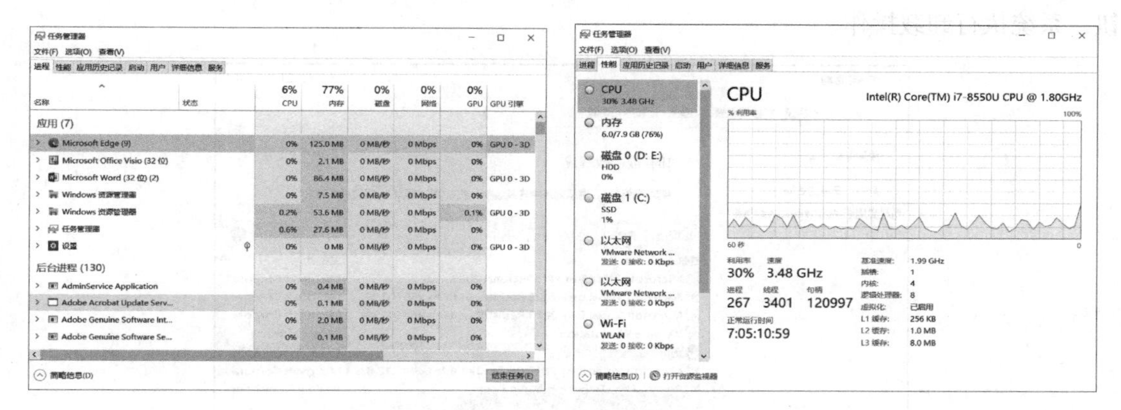

图 4-22 “任务管理器”窗口

在“进程”选项卡中，左侧显示了正在运行的应用、后台进程和 Windows 进程，右侧显示这些应用或进程占用系统资源的情况。如果某个应用程序出错，很久没有响应，用户可以在该窗口中关闭应用程序。在应用列表中选中该程序，右键单击，在弹出的快捷菜单中选择“结束任务”命令。同样方法，用户也可以关闭不需要的进程。

在“性能”选项卡中，可以分别查看当前 CPU、内存、磁盘、网络、GPU（图形处理器）的运行状态。

在“用户”选项卡中，显示了当前用户的应用程序占用系统资源的情况。

四、安装和卸载应用软件

要使用某个软件，必须要将这个软件安装在计算机中。只有在完成软件的安装后，才能打开它，并进行相关的操作。在 Windows 操作系统中软件的安装步骤大致相同。首先选择软件厂商的官方网站，获得正版的软件安装介质。找到运行软件的安装程序。安装程序是一个可执行文件，安装程序的常见主文件名有 setup、install、installer 等，扩展名通常为 .exe，安装程序可以自动将软件安装到计算机中。执行安装程序，按照系统弹出的对话框设置系列选项，例如，设置软件安装的路径。安装完成后，一些软件需要重启系统才能正确使用。软件安装成功后，在“开始”菜单的“所有应用”里能找到软件图标，通常在“开始”菜单和桌面上会自动添加软件程序的快捷打开方式。

如果用户不想用某个软件，可以将其卸载。软件卸载是指从硬盘删除程序文件和文件夹以及从注册表删除相关数据的操作，释放原来占用的磁盘空间并使软件不再存在于系统中。卸载软件的途径也有多种。

1）有些软件会提供卸载程序，协助将软件从计算机中卸载。例如，在“开始”菜单的“所有应用”中打开 QQ、迅雷等的文件目录，如图 4-23 所示，有启动执行的程序，还有卸载程序。

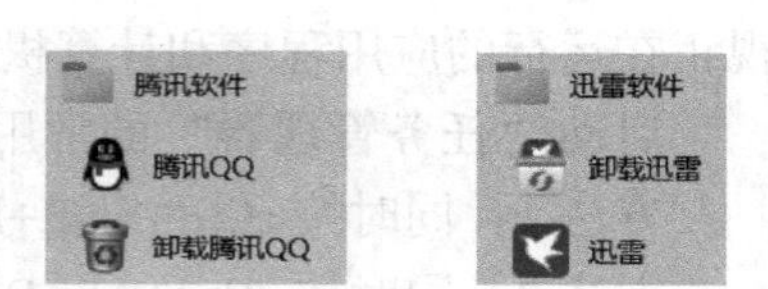

图 4-23　软件提供的卸载程序

2）Windows 操作系统提供了卸载软件的方法。选择“控制面板”→“程序”命令，单击“卸载程序”选项，打开“程序和功能”对话框，如图 4-24 所示，选中要卸载的程序，单击“卸载”按钮，在弹出的对话框中单击“是”按钮，系统执行卸载操作。

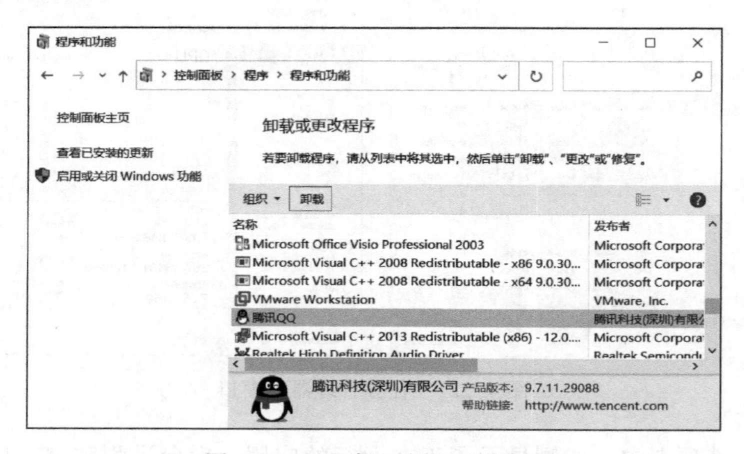

图 4-24　“程序和功能”对话框

Windows 10 提供了快捷打开“程序和功能”对话框的方法。在“开始”菜单中，右键单击要卸载的软件，在弹出的快捷菜单中选择“卸载”，直接打开如图 4-24 所示的“程序和功能”对话框。

3）使用其他软件工具来卸载软件，例如，360 安全卫士。

删除文件或文件夹与卸载软件不是一回事。删除文件或文件夹，只是将现有安装路径下存在的文件全部删除，其他盘符或路径下可能还存在该软件的部分程序没有删除，例如，安装时写入注册表中的信息，这就会在系统中遗留该软件的垃圾文件和信息，这不仅会占用磁盘空间，甚至有可能影响到同类软件的二次安装和系统的正常运行。

实验操作

实验一　文件和文件夹的管理

1. 实验目的

1）掌握文件、文件夹的创建方法。

2）掌握文件的复制、重命名、移动和删除的基本方法。
3）掌握文件资源管理器的基本使用方法。

2. 实验内容

根据要求，在“文件资源管理器”中完成下列任务，并写出步骤。
1）在D盘创建名为testA和testB的两个文件夹。
2）在testA文件夹中创建名为A1. txt的文本文件。
3）将A1. txt复制到testB文件夹中。
4）将testA文件夹中的A1. txt重命名为B1. txt。
5）将testA文件夹中的B1. txt移动到testB文件夹中。
6）删除testA文件夹，并移到回收站。

实验二　查看计算机硬件设备信息

1. 实验目的

1）理解“设备管理器”的功能。
2）通过“设备管理器”去查看计算机硬件设备的配置、属性等信息。

2. 实验内容

根据要求，在“设备管理器”中完成下列任务，并写出步骤。
1）查看处理器型号、制造商。
2）查看监视器（显示器）的位置，理解监视器与计算机的连接。
3）查看有哪些显示适配器？

实验三　查看、管理计算机中正在运行的应用程序

1. 实验目的

1）理解“任务管理器”的功能。

2）通过“任务管理器”去查看计算机正在运行的应用程序状态，并学会终止正在运行的应用程序。

2. 实验内容

根据要求，在“任务管理器”中完成下列任务，并写出步骤。

1）在“任务管理器”窗口中查看有哪些正在运行的应用，并对照桌面的任务栏中的应用图标，两者是否一致。

2）先打开“文件资源管理器”窗口，然后在“任务管理器”窗口中，关闭“文件资源管理器”窗口。

实验四　查看计算机软硬件环境

1. 实验目的

1）理解“控制面板”的功能。
2）通过“控制面板”去查看计算机工作的软硬件环境，并学会设置和调整日期格式。

2. 实验内容

根据要求，在“控制面板”中完成下列任务，并写出步骤。

1）查看处理器型号。

2）观察桌面任务栏中日期、时间的格式。

3）将显示的日期格式修改为“yy. M. d”形式。再次观察桌面任务栏中日期的格式。

实验五　安装和卸载应用软件

1. 实验目的

1）掌握常用应用软件的安装。

2）掌握常用应用软件的卸载。

2. 实验内容

先安装“腾讯会议”应用软件，再卸载“腾讯会议”应用软件。

实验六　理解快捷菜单

1. 实验目的

1）理解快捷菜单中的命令与右键单击的对象相关。

2）认识“文件资源管理器”窗口中不同对象的快捷菜单的常用功能。

2. 实验内容

在“文件资源管理器”中，对C盘、文件夹、文件、在用户操作区的空白处，用鼠标右键单击，观察弹出的快捷菜单中的功能。

本章小结

操作系统是计算机系统中不可或缺的组成部分，是一种管理计算机软硬件资源、提供人机交互界面、为其他软件提供支持平台的系统软件。Windows 10是目前个人计算机中普及使用的操作系统。本章介绍了操作系统的作用和功能，详细讲解了Windows 10的基础知识、安装方法、图形用户界面的基本组成元素、基本操作和常用管理工具等。

Windows操作系统提供的是图形用户界面，图形用户界面具有界面风格一致的特点。熟悉桌面、窗口、对话框以及它们的基本组成元素、相关术语，熟悉键盘的快捷键，熟练使用鼠标的移动、单击、双击、拖动基本操作，熟练使用剪贴板的各项功能，这是掌握Windows操作系统的基础，也为使用和开发应用程序奠定基础。

文件资源管理器是Windows操作系统提供的资源管理工具，提供了树形的文件系统结构，有效管理计算机中保存的程序、数据、文档、图片、视频等各种类型的文件。文件和文件夹的创建、浏览、打开、复制、移动、删除等基本操作是使用计算机的基础。安装操作系统、安装和卸载应用软件也是使用计算机的基本技能之一。

Windows操作系统提供了多种实用工具，其中设备管理器、控制面板、任务管理器是了解计算机软硬件配置、设置参数、更新驱动程序、查看程序或进程运行状态、观察系统运行性能的常用工具，学会使用这些工具，有助于维护好计算机使其高效运行。

本章具有实践性强的特点，设计了6个实验，涵盖了Windows操作系统的主要知识点。建议：一边学习一边操作，通过操作来理解概念、步骤、命令、选项等内容。习题也都可以通过操作来帮助理解题意、得到答案。实验操作题都配套有实验步骤，学生可自行下载学习。

习 题

一、单项选择题

1. Windows 10 是一种 【 】
   A. 单用户单任务操作系统　B. 单用户多任务操作系统
   C. 多用户单任务操作系统　D. 多用户多任务操作系统
2. 按下列快捷键，能直接打开“任务管理器”窗口的是 【 】
   A. <Ctrl+Shift+Esc>　B. <Ctrl+Alt+Delete>
   C. <Alt+Shift+Esc>　D. <Ctrl+Shift+Delete>
3. 在 Windows 10 剪贴板中，“复制”操作的快捷键是 【 】
   A. <Ctrl+X>　B. <Ctrl+C>
   C. <Ctrl+V>　D. <Ctrl+Z>
4. Windows 10 桌面的任务栏中，任务视图的图标是 【 】
   A. 　B. 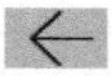　C.　D.
5. 一个应用程序窗口被最小化后，该应用程序将 【 】
   A. 暂停执行　B. 被转入后台执行
   C. 被终止执行　D. 继续在前台执行
6. 根据文件的命名规则，下列字符串属于合法文件名的是 【 】
   A. Abc * . txt　B. Abc!. txt　C. abc@ . txt　D. abc?. txt
7. Windows 10 中，用来识别文件类型的是 【 】
   A. 文件的图标　B. 主文件名　C. 文件扩展名　D. 文件的属性
8. 文件扩展名为 . jpg 的文件属于 【 】
   A. 文本文件　B. 位图文件　C. 图像文件　D. 视频文件
9. Windows 10 是一种 【 】
   A. 文字处理软件　B. 应用软件
   C. 数据库管理系统　D. 系统软件
10. 若要选中多个不连续的文件，则在逐个单击文件前要先按下的键是 【 】
    A. <Ctrl>　B. <Shift>　C. <Alt>　D. <Tab>
11. Windows 文件系统的组织形式属于 【 】
    A. 树形结构　B. 关系型结构　C. 网状结构　D. 星形结构
12. Windows 10 属于 【 】
    A. 桌面操作系统　B. 嵌入式操作系统
    C. 服务器操作系统　D. 网络操作系统

二、填空题

1. 为安装 64 位的 Windows 10，硬盘的基本要求是________以上可用空间。
2. 在对话框中，若某命令选项当前不可用，即当前不可操作，则该命令选项会呈现为________色。
3. 在 Windows 操作系统中，把文件目录称为________。

4. 剪切、复制、粘贴的快捷键分别是________、________、________。

5. 用于存放被删除的文件和文件夹的系统文件夹是________。

6. Windows 10 中，任务栏左下角的图标表示“________”。

7. 启动并登录 Windows 操作系统后，首先看到的屏幕称为________。

8. 软件卸载是指从硬盘删除程序文件和文件夹以及从________删除相关数据的操作，释放原来占用的磁盘空间并使其软件不再存在于系统中。

9. 在“控制面板”主窗口中，通过“________”工具，可以卸载应用软件。

10. 单击“开始”菜单中的图标，打开________窗口。

三、简答题

1. 操作系统的主要作用是什么？主要功能有哪些？

2. 根据运行的环境，常用操作系统有哪些分类？

3. 以“文件资源管理器”窗口为例，简述窗口的基本组成元素。

4. 简述计算机中“即插即用”的含义。

5. 图 4-25 所示的对话框中，用户可以操作的选项有哪些类型？

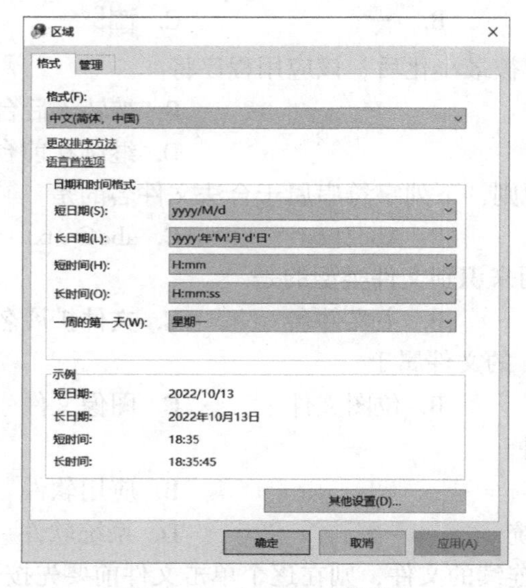

图 4-25 “区域”对话框

第五章　Word 文字处理

学习目标：

1. 熟悉 Word 2019 的主要功能，并能编辑和排版满足基本要求的文档。

2. 熟悉 Word 2019 窗口界面特征，能熟练操作 Word 2019 窗口中的主要命令工具，熟悉各种快捷操作方式，熟练使用常用对话框的选项设置。

3. 掌握 Word 2019 文档的基本操作，包括文档建立、保存、关闭、打印等。

4. 掌握 Word 2019 文档中对文本的基本编辑和排版操作，包括文本输入、移动、复制、删除，对文本内容的查找和替换，文本字体格式设置、段落格式排版，熟练使用格式刷工具。

5. 掌握 Word 2019 文档中表格的制作技术，包括多种类型表格的创建方法，表格内容的输入、排版，表格样式的编辑处理等。

6. 掌握 Word 2019 文档中图文混排的技术，包括熟悉 Word 2019 提供的插图类型，对图片格式的基本编辑处理。

第一节　Word 2019 概述

一、Word 2019 的主要功能

文字处理软件是使用广泛的办公软件之一，具有文本编辑、图文混排、文件存储和打印等功能。Windows 操作系统中的记事本、写字板属于小型文字处理软件，微软公司的 Microsoft Word、金山公司的 WPS 等属于中型的文字处理软件，还有更专业的高级排版系统，例如，Adobe InDesign。

Microsoft Office 2019 是微软公司 2018 年发布的一款办公套件，可在 Windows 10 和 Mac OS 上运行。作为 Microsoft Office 2019 套件之一的 Word 2019 是一款功能强大的文字处理软件，其主要功能有以下几点。

1. 文档编辑和排版

在 Word 文档中，可以输入中、英文字符，还可以插入图形、图像、声音、动画等数据，还可以插入来源不同的其他数据源信息。Word 软件还提供制作流程图、设计艺术字、编写数学公式等功能，满足用户的多方面的文档处理需求。

Word 软件能对文档中的各种元素进行编辑操作，如复制、移动、删除、查找与替换等，也可以对文档进行字体、字号、颜色设置，段落之间的间距、版式等设置，还可以设置边框与底纹等操作。

2. 表格处理

Word 软件可以自动制表，也可以完成手动制表，并对这些表格进行编辑、格式化、数据计算等处理，还可以实现表格与文字、表格与图表之间的转换等。

3. 文件管理

Word 软件提供丰富的文件格式模板，方便创建各种具有专业水平的信函、备忘录、报告、公文等文件。

4. 拼写和语法检查

Word 软件提供了拼写和语法检查功能，提高了文档编辑的正确性。如果发现语法错误或拼写错误，Word 软件还提供修正的建议。

5. 版式设计和打印

对编辑好的文档，Word 软件可以进行页面设置、页码设置、分栏排版、页眉和页脚设置等处理。Word 软件具备打印预览功能，提供对打印机参数的强大支持性和配置性，支持多种格式的文档，有很强的兼容性。

Word 2019 增加了以下处理文档的全新方式。

1）自带翻译功能。阅读其他语种的文章，可以直接在 Word 里翻译。打开翻译功能的方式为“审阅”选项卡→“翻译”。

2）支持 3D 模型。可拖动 3D 模型旋转 360°，Word 文档可以呈现三维演示效果。

3）改善阅读体验。以前 Word 提供的是垂直翻页模式，Word 2019 新增“横式翻页”模式，模拟翻阅纸质书的阅读体验。可以在“视图”选项卡→“页面移动”中切换两种模式。

4）增加语音朗读功能。可以将文档中的文字转为语音朗读，开启语音朗读的方法为“审阅”→“语音”→“朗读”。

5）增加学习模式。开启学习模式的方法为“视图”选项卡→“沉浸式”→“学习工具”。进入学习模式后，在 Word 2019 窗口界面中出现“沉浸式”→“学习工具”选项卡，该选项卡提供调整列宽、页面颜色、文字间距和开启语音朗读等功能，这些操作都不会影响 Word 的原内容格式。在“学习工具”中，也可以开启语音朗读功能。想结束阅读时，单击关闭学习工具就可以退出学习模式。

6）增加可定制的便携式触控笔（和铅笔）。可使用触控笔在文档中书写，突出显示重要内容、绘图、将墨迹转换为形状，或进行数学运算等。

二、Word 2019 窗口界面

启动 Word 2019 后的窗口如图 5-1 所示，Word 2019 窗口主要包含标题栏、菜单、选项卡、功能组、导航窗格、编辑区、状态栏等。

1. 标题栏

Word 2019 中，标题栏包含 3 部分，左侧是快速访问工具栏，中间显示正在处理的文档名称，右侧是窗口控制按钮。

快速访问工具栏放置常用命令图标，用户可以根据自己喜好进行自定义设置。是“保存”按钮，用于将编辑的文档保存到存储器。、、分别是“撤销”“恢复”“重复”按钮。“撤销”“恢复”和“重复”是大部分软件都提供的功能，尤其在 Microsoft Office 2019 套件中是通用的操作，把最近所做的操作记录下来，通过撤销、恢复、重复命令来返回之前的操作或重做一次操作。

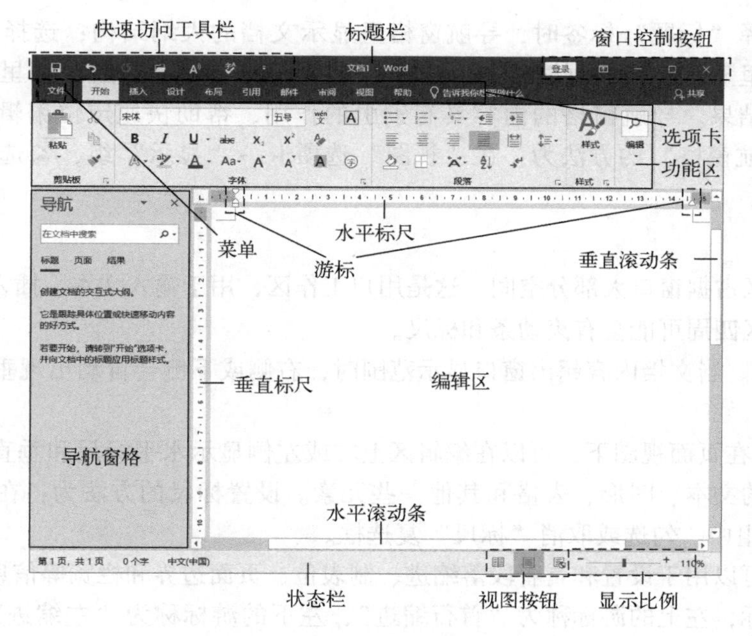

图 5-1 Word 2019 窗口

“撤销”就是执行取消上一次的操作。例如，输入文字“大”后，按按钮，则取消“大”的输入。“恢复”是相对撤销而言的反操作，“撤销”是取消最近的一次操作，而“恢复”则重新把撤销过的操作再执行一次。例如，接着上面操作，再按按钮，则“大”字重新出现在文档中。“重复”是再次执行上一次操作，例如，输入文字“大”后，按按钮，则再自动输入一个“大”字。

窗口控制按钮包含登录按钮、功能区显示选项按钮，还包含窗口“最小化”、“最大化”、“还原”及“关闭”按钮。

2. 菜单

单击“文件”打开一个下拉菜单，菜单提供了对文档的基本操作命令，以及 Word 2019 的账户信息和选项设置。文档的基本操作命令包括新建、打开、保存、另存为、打印、关闭等。

3. 选项卡和功能组

Word 2019 窗口中常用选项卡有“开始”“插入”“设计”“布局”“应用”“邮件”“审阅”“视图”“帮助”。选项卡项目会根据操作对象的不同而动态变化，例如，对表格操作时，会出现“表格工具”，其包含“设计”和“布局”选项卡。

每个选项卡包含很多命令，为方便使用，把命令按功能划分为若干功能组。例如，“开始”选项卡划分为剪贴板、字体、段落、样式、编辑 5 个功能组，功能组之间用竖线分隔，如图 5-1 所示。一个功能组的右下方若有图标，则可单击该图标，打开该功能组的对话框，对话框中包含了该功能组的所有命令选项。

4. 导航窗格

导航窗格有搜索框和标题、页面、结果 3 个标签。搜索框中可输入关键词，用于查找文本内容。选择“标题”标签时，导航窗格里显示文档的大纲结构；选择“页面”标签时，导航窗格里显示文档的页缩略图；选择“结果”标签时，导航窗格里显示搜索框中关键词的搜索结果。导航窗格的内容具有索引的作用，帮助快速定位编辑区中内容。开启或关闭“导航窗格”的方法为：在“视图”选项卡→“显示”组，勾选或取消“导航窗格”复选框。

5. 编辑区

文档编辑区占据窗口大部分空间，这是用户工作区，用于输入文本、插入图片和表格的区域。在编辑区四周可能会有滚动条和标尺。

1）滚动条。当文档内容超出窗口显示范围时，右侧或下侧会自动出现垂直滚动条或水平滚动条。

2）标尺。在页面视图下，可以在编辑区上方或左侧显示水平标尺和垂直标尺。标尺用于对齐文档中的文本、图形、表格和其他一些元素。设置标尺的方法为：在“视图”选项卡→“显示”组中，勾选或取消“标尺”复选框。

水平标尺可以用于设置和查看段落缩进、制表位、页面边界和栏宽等信息，水平标尺的左右有 3 个游标，左上的游标称为“首行缩进”，左下的游标称为“左缩进”，右边的游标称为“右缩进”。拖动水平标尺上的 3 个游标，可以快速地设置选中的、或是光标所在段落的首行缩进、左缩进和右缩进。双击水平标尺上的任意一个游标，可快速打开“段落”对话框。

拖动水平标尺和垂直标尺的边界，可以方便地设置页边距，双击 Word 标尺的数字区域，可快速打开“页面设置”对话框。

6. 状态栏

状态栏位于窗口最下面一行。Word 窗口的状态栏左侧显示文档页数、当前页码、文档字数等，右侧有视图按钮和调整文档显示比例的滑条。

视图是指 Word 文档在 Word 2019 窗口中的显示方式。Word 2019 提供了阅读视图、页面视图、Web 版式视图、大纲视图和草稿视图。用户可以在“视图”选项卡的“视图”功能组中选择所需要的视图方式，也可以在状态栏切换视图。在文档编辑、排版中灵活切换视图，可以帮助用户更好地编辑文档、预览文档效果。

1）阅读视图。阅读视图是阅读文档的最佳方式，窗口中的“文件”按钮、各种选项卡都被隐藏起来，此时在标题栏有文件、工具和视图 3 个菜单，“工具”菜单提供了多种工具供用户选择。

2）页面视图。页面视图中文档的屏幕布局与打印输出的外观完全一致。Word 2019 的默认视图方式为页面视图，页面视图的特点是上下左右都留有适当的页边距，文档分页显示，文档中还可以包括页眉、页脚、图形对象、分栏设置等元素。这是编辑、排版 Word 文档最常用的视图方式。

3）Web 版式视图。Web 版式视图模拟了文档在 Web 浏览器上显示的效果。这种视图的特点是上下左右不留空白，窗口中显示尽可能多的内容，看上去显得非常充实。

4）大纲视图。大纲视图是以大纲的形式显示文档内容，适合设置了大纲的文档，可折叠或展开各层次文档内容。

5）草稿视图。草稿视图中只显示文档的文本内容，不显示页眉、页脚、页边距、图形等内容，适合用于文档的快捷输入和编辑。

三、Word 2019 文档的建立、保存与关闭

1. 新建文件

Word 2019 文档的默认文件扩展名为 . docx。新建 Word 2019 文件的常用方法如下。

方法 1：在 Word 2019 窗口，单击“文件”菜单→“新建”命令，用户可以选择空白文档，或者 Word 2019 提供的文档模板。

方法 2：在 Word 2019 窗口，按<Ctrl+N>快捷键，新建一个空白文档。

方法 3：在文件资源管理器窗口用户操作区的空白处，右键单击，在弹出的快捷菜单中选择“新建”→“Microsoft Word 文档”命令，新建一个空白文件。

方法 4：在文件资源管理器窗口中，单击“主页”→“新建项目”→“Microsoft Word 文档”命令，新建一个空白文件。

2. 打开文件

打开文件是指打开一个已经存在的 Word 文档。“打开”操作实际是把 Word 文件从外存调入内存的过程，以便用户对文档进行编辑、排版等处理。打开 Word 文件的常用方法如下。

方法 1：在 Word 2019 窗口，单击“文件”菜单→“打开”命令，在“打开”界面中，选择“这台电脑”或者“浏览”命令，在“打开”对话框中选择文件，单击“打开”按钮。

方法 2：在文件资源管理器中找到文件，双击该文件即可。

3. 保存文件

保存文件是指将 Word 文档以文件的形式存储到指定的外存中。“保存”操作实际是把 Word 文档从内存存储到外存的过程，以便长久保存文档内容。保存文件有多种类型。

1）新文件第一次保存。

步骤 1：执行下述任何一种方式，都会跳转到“另存为”界面。

➢ 单击“文件”→“保存”（或“另存为”）命令。

➢ 按<Ctrl+S>快捷键。

➢ 单击“快速访问工具栏”中的“保存”按钮。

步骤 2：在“另存为”界面中，选择“这台电脑”或“浏览”，打开“另存为”对话框，如图 5-2 所示。

步骤 3：“另存为”对话框设置。

a）在“保存类型”列表中，选择所需的文件格式。可以保存为 . docx 文件，也可以保存为 . txt、. rtf、. pdf、. html 等文件类型。

b）在“文件名”组合框中，键入文件的主文件名。

c）在地址栏可修改文件保存的路径。

d）单击“保存”按钮。

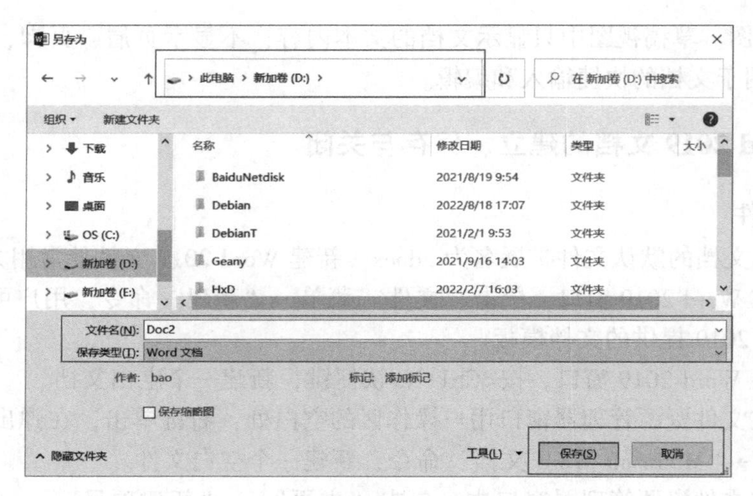

图 5-2 “另存为”对话框

2）已存在的文件修改后再保存，并且不改变文件保存的路径和文件名。

可执行下述方式之一，此时，不弹出“另存为”对话框。

➢ 单击“文件”→“保存”命令。

➢ 单击“快速访问工具栏”中的“保存”按钮。

3）将文档保存为另一个副本。

单击“文件”→“另存为”命令，跳转到“另存为”界面，后续操作参考 1）的步骤 2 和步骤 3。

4）系统自动保存。

Word 2019 提供了文件自动保存功能，目的是防止突然停电、死机等意外情况。Word 2019 应用程序默认每隔 10 min 自动保存一次文档。用户可以修改自动保存时间间隔，方法为：单击“文件”→“选项”命令，打开“Word 选项”对话框，在“保存”选项卡中设置。

4. 打印文档

打印文档是指将 Word 文档在打印机上输出。在打印输出前，可以进行打印设置和打印内容预览，操作方法为：单击“文件”→“打印”命令。

5. 关闭文件

关闭文件是指将已打开的 Word 文档退出编辑状态。关闭文件的方法为：单击“文件”→“关闭”命令。如果文档修改后尚未执行过保存文件的操作，则系统首先提示用户保存文件，然后关闭文档。这里的“关闭”命令仅关闭 Word 文档，不关闭 Word 应用系统。

第二节　文本编辑

一、文本的输入

1. 文本的输入位置和输入状态

窗口编辑区有一条闪烁的竖线，指示了当前光标所在位置，这是文本输入的位置。在输入位置处可以输入汉字、英文字符、标点符号、特殊字符、图片、公式等。移动鼠标，在文档的任意位置单击鼠标，可以确定新的光标位置。单击键盘上的↑、↓、←和→按键，可控制光标位置的上、下、左、右移动。

Word 提供了“插入”和“改写”两种输入状态。按<Insert>键，实现两种状态之间的切换。在“插入”状态，键入的字符插入在当前光标位置，光标后面的字符按序后移。在“改写”状态，键入的字符把光标后的字符按序覆盖。

2. 输入法切换

在任务栏上方可能有一个浮动的输入法工具栏 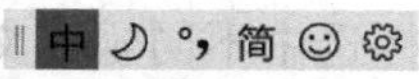 中 ☽ °, 简 ☺ ⚙，从左至右的按钮分别表示中/英文、全角/半角、标点符号、简体/繁体、表情符号和设置。

1）中/英文切换。文本输入时经常需要在中/英文之间切换，单击输入法工具栏中的“中/英文”按钮，或单击任务栏语言模式按钮，或按<Shift>键，或按<Ctrl+Space（空格）>键都可以实现中/英文切换。

2）全角/半角切换。对于英文字母和数字有全角和半角的区别。全角状态下，英文字母或数字符号在屏幕中显示时，字符之间的距离变得非常大，且每个英文字母或数字符号在存储时需占用 2 B。半角状态下，每个英文字母或数字符号在存储时占用 1 B。例如，“～”是全角状态下输入的符号，“~”是半角状态下输入的符号。

全角/半角状态切换可以单击输入法工具栏中的“全角/半角”按钮，或者按<Shift+Space>键。

3）标点符号。在中文输入状态下，可以选择中文标点符号或英文标点符号，单击输入法工具栏中的“标点符号”按钮进行切换。在英文输入状态下，只可以英文标点符号。

4）设置。单击输入法工具栏中的“设置”按钮，打开一个下拉菜单，提供对“输入法工具栏”的各种设置。

5）显示/隐藏输入法工具栏。在桌面的任务栏右侧有一个语言模式按钮，左键单击实现中/英文切换；右键单击，则弹出快捷菜单，提供多种命令选项。例如，可以实现全角/半角切换；选择“按键设置”，打开图 5-3 所示的按键设置界面，这里可以查看或设置切换的快捷键方式；“显示/隐藏输入法工具栏”用来确定输入法工具栏 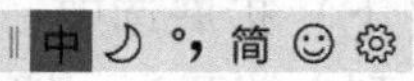 中 ☽ °, 简 ☺ ⚙ 是否出现在屏幕上。

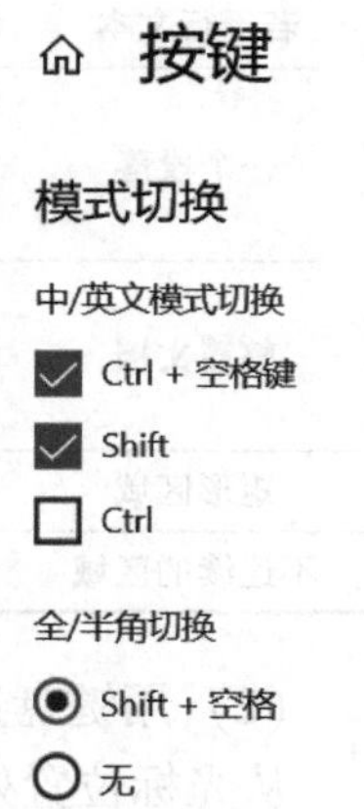

图 5-3 “按键设置”部分界面

3. 特殊符号输入

单击“插入”选项卡→“符号”→“符号”命令，在打开的下拉菜单中选择“其他符号”，这里有很多键盘上没有的特殊符号，如←、→、α、β 等。

4. 数学公式输入

单击“插入”选项卡→“符号”→“公式”命令，可在打开的下拉菜单中选择给定的内置公式，或创建新公式。选中一个数学公式后，选项卡中会出现“公式工具”→“设计”选项卡，提供书写公式的各种命令按钮，方便编辑公式。

二、文本内容的修改

1. 选中文本

对于一块区域内的文本需要删除、移动或复制时，需先选中该区域的文本内容，再执行删除、移动或复制相关命令。Word 应用程序会将选中的文本加灰色背景以突出显示。单击编辑窗口任意位置可撤销选中的文本。

（1）用鼠标选中文本

表 5-1 显示了用鼠标选中不同规模文本的操作方法。

表 5-1　鼠标选中对象及其操作方法

选中对象	操作方法
小块文本	把光标定位到需选中文本的开始位置处，按住鼠标左键，拖动鼠标至终止位置处，释放鼠标，光标扫过的文本被选中。这种方法适合选中小块的、不跨页的文本
大块文本	把光标定位到需选中文本的开始位置处，按住<Shift>键不放，再单击需选中文本的终止位置，开始位置与终止位置之间的文本被选中
一句文本	按<Ctrl>键，同时单击句子中任何位置处，句号前的一句被选中
一行文本	将鼠标移至行的最左侧，鼠标指针变为向右的箭头⊿，单击鼠标
若干行文本	将鼠标移至行的最左侧，鼠标指针变为向右的箭头⊿，拖动鼠标至终止行处
一个段落	段落是指 Word 文档中，两次回车（<Enter>键）之间的所有文字 方法 1：将鼠标移至段落的最左侧，鼠标指针变为向右的箭头⊿，双击鼠标选中所在的段落 方法 2：光标置于段落内某处，快速三击鼠标左键
整篇文档	方法 1：按<Ctrl+A>键 方法 2：选择“开始”→“编辑”→“选择”命令，在打开的下拉菜单中选择“全选” 方法 3：将鼠标移至文档的最左侧，鼠标指针变为向右的箭头⊿，快速三击鼠标左键
矩形区域	把光标定位到需选中文本的开始位置处，按住<Alt>键不放，拖动鼠标拉出一个矩形区域
不连续的区域	按住<Ctrl>键不放，同时用鼠标选中不同文本区域

（2）用键盘选中文本

从光标位置处向左（右）扩展选中字符：按<Shift+←(→)>键。

从光标位置处向上（下）扩展选中一行：按<Shift+↑(↓)>键。

从光标位置扩展选中到文档开头：按<Ctrl+Shift+Home>键。

从光标位置扩展选中到文档结尾：按<Ctrl+Shift+end>键。

2. 删除文本

（1）未选中文本

按<Backspace>键删除光标前的字符。按<Delete>键删除光标后的字符。

（2）已选中文本

执行下列操作之一，可将已经选中的文本内容删除。

方法 1：按<Delete>键，或<Backspace>键。

方法 2：使用剪切命令（或<Ctrl+X>快捷键）。

3. 移动文本

移动文本是指将选中的文本在原始位置处删除，添加到目标位置处。

（1）使用鼠标拖拽移动文本。

1）选中要移动的文本。

2）将鼠标指针移到选中文本上方，鼠标指针变为向左的箭头，按住鼠标左键不放，鼠标指针尾部出现虚线方框，指针前出现一条竖线。

3）拖拽鼠标到目标位置，即指针竖线指向的位置，松开鼠标左键即可。

（2）使用剪贴板移动文本

1）选中要移动的文本，使用“剪切”命令（或<Ctrl+X>快捷键），将文本放置到剪贴板中。

2）将鼠标指针移到目标位置，使用“粘贴”命令（或<Ctrl>+V 快捷键）即可。

4. 复制文本

复制文本是指将选中的文本在目标位置处复制一份。

（1）使用鼠标拖拽复制文本

1）选中要复制的文本。

2）将鼠标指针移到选中文本上方，鼠标指针变为向左的箭头，按住<Ctrl>键同时按住鼠标左键不放，鼠标指针尾部出现带虚线方框和“+”号方框，指针前出现一条竖线。

3）拖拽鼠标到目标位置，即指针竖线指向的位置，松开鼠标左键即可。

（2）使用剪贴板复制文本

1）选中要复制的文本，使用“复制”命令（或<Ctrl+C>快捷键），将文本放置到剪贴板中。

2）将鼠标指针移到目标位置，使用“粘贴”命令即可。

5. 查找和替换

使用“查找”和“替换”命令可以快速定位指定的内容，以及批量修改文本。例如，如果想要知道文档中哪里有“计算机”三字，可以使用“查找”命令快速定位；如果想要将文档中部分或所有“电脑”修改为“计算机”，可以使用“替换”命令批量修改。

（1）查找文本

1）基本查找。使用“导航窗格”搜索内容。在导航窗格的搜索框中输入关键词，例如“计算机”，在导航窗格中关键词或包含关键词内容的标题将高亮显示，在编辑区中，关键词也以高亮显示。

2）高级查找。使用“查找和替换”对话框，可以使用更多选项来搜索内容。选择“开始”选项卡→“编辑”→“查找”→“高级查找”命令，打开“查找和替换”对话框，选择“查找”选项卡，在“查找内容”中输入欲查找的关键词，单击“查找下一处”即可。

（2）替换文本

选择“开始”选项卡→“编辑”→“替换”命令，打开“查找和替换”对话框，如图 5-4 所示。

选择“替换”选项卡，在“查找内容”中输入要修改的内容。在“替换为”中输入用来替换的内容。可以使用“更多”按钮，设置更多的搜索选项；单击“查找下一处”按钮，逐一显示搜索到的文本；单击“替换”按钮，仅替换当前显示的文本；单击“全部替换”按钮，替换所有查找到的文本。

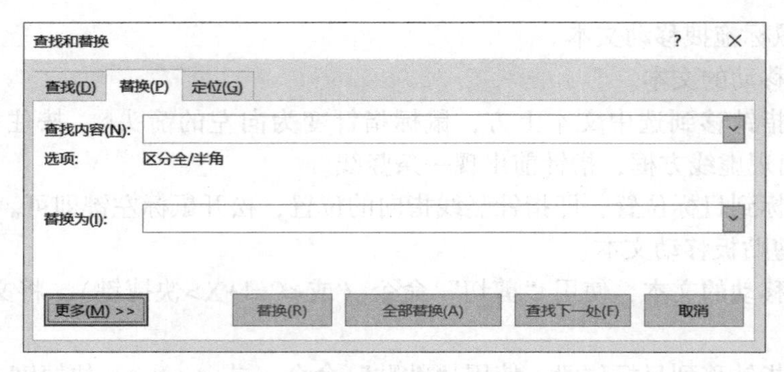

图 5-4 “查找和替换”对话框

例如，需要将文档中所有“电脑”都替换为“计算机”，则在“查找内容”中输入“电脑”，在“替换为”中输入“计算机”，单击“全部替换”按钮即可，避免了手动改写浪费时间且容易遗漏。

第三节 文本排版

Word 文档排版是指在 Word 文档中调整文字、表格、图形、图片等信息元素在版面布局上的位置、大小、颜色等，以使版面达到美观的视觉效果。

一、设置字体格式

Word 2019 提供了丰富的字体格式。文本的字体格式包括字体、字号、字形、效果、颜色、下划线线型和颜色、着重号、字符的一些特殊效果，也包括字符之间的间距设置等。通常有两种设置字体的方法。

方法 1：对于已经输入的文本，先选中文本，再设置字体格式。

方法 2：先确定光标位置，再设置字体格式，光标后输入的文本将应用设置的字体格式。

Word 2019 提供了多种设置字体格式的工具。

1. 悬浮工具栏

选中文本时会弹出悬浮工具栏，如图 5-5 所示，悬浮工具栏提供了常用字体设置选项。

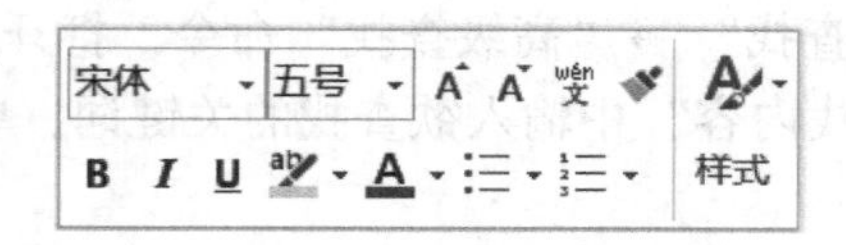

图 5-5 悬浮工具栏

2. “字体”功能组

在“开始”选项卡→“字体”功能组中，有设置字体、字号、字形、效果、颜色等的列表框、按钮和菜单，如图 5-6 所示。

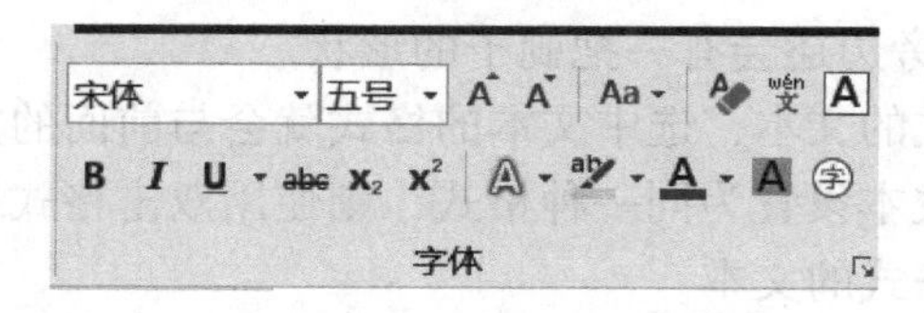

图 5-6 “开始”选项卡→“字体”功能组

3. “字体”对话框

单击“开始”选项卡→“字体”功能组右下角的图标，打开“字体”设置的对话框，如图 5-7 所示。“字体”对话框中有“字体”和“高级”两个选项卡。例如，中文字体可以设置为宋体、仿宋体、楷体、黑体等；英文字体通常设置为 Times New Roman；对需要醒目突出的字体可以设置为加粗；标题和正文可以设置为不同的字号；在表达式中字母符号会需要设置为斜体、上标或下标。这些设置都可在“字体”选项卡中完成。“高级”选项卡主要用于设置字符间距等格式。

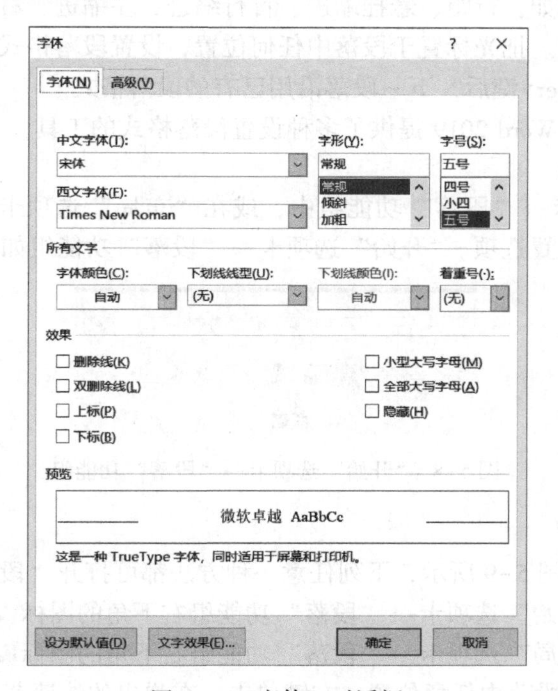

图 5-7 “字体”对话框

选中文本后，右键单击，在弹出的快捷菜单中选择“字体”，也可打开“字体”对话框。

4. 格式刷

如果 Word 文档中存在多处文本使用相同的字体格式，那么可以使用“格式刷”。格式刷能将一种文本对象的格式复制到其他文本对象上。有单击格式刷和双击格式刷两种使用方法。

1）如果仅仅需要使用一次格式复制功能，则使用单击格式刷方法。

a）先选中需要复制格式的文本。

b）单击悬浮工具栏中“格式刷”，或单击“开始”选项卡→“剪贴板”→“格式刷”

命令。鼠标变成工字形，旁边还会有一把刷子的形状。

c）选中需要粘贴格式的文本，选中文本的格式就会与前面的文本格式一致。

2）如果需要将多处文本设置为同一种格式，则使用双击格式刷方法。

a）先选中需要复制格式的文本。

b）双击悬浮工具栏中“格式刷”，或双击“开始”选项卡→“剪贴板”→“格式刷”命令。鼠标变成工字形，旁边还会有一把刷子的形状。

c）逐一选中需要粘贴格式的文本，选中文本的格式就会与前面的文本格式一致。

d）结束时，单击“开始”选项卡→“剪贴板”→“格式刷”命令，以退出“格式刷”使用状态。

二、设置段落格式

在 Word 文档中，两次回车（<Enter>键）之间的字符构成一个段落。Word 对段落提供多种格式设置选项，例如，行距、悬挂缩进、首行缩进、左缩进、右缩进、段前间距、段后间距、段落对齐方式等。把光标置于段落中任何位置，设置段落格式后，光标所在的段落应用设置的格式。按<Enter>键后，下一段落沿用已有的段落格式。

相似于字体设置，Word 2019 提供了多种设置段落格式的工具。

1.“段落”功能组

在“开始”选项卡→“段落”功能组中，或在“布局”选项卡→“段落”功能组中，都提供了常用的段落设置选项。“开始”选项卡→“段落”功能组如图 5-8 所示。

图 5-8 “开始”选项卡→“段落”功能组

2.“段落”对话框

“段落”对话框如图 5-9 所示，下列任意一种方法都可打开“段落”对话框。

方法 1：单击“开始”选项卡→“段落”功能组右下角的图标。

方法 2：单击“布局”选项卡→“段落”功能组右下角的图标。

方法 3：光标置于段落中任意位置，右键单击，在弹出的快捷菜单中选择“段落”。

常用的段落设置选项：

1）对齐方式。可以设置段落的左对齐、居中、右对齐、两端对齐、分散对齐。

2）缩进。可设置段落左、右边距缩进的量，设置首行缩进或悬挂缩进的特殊格式及缩进值。

3）间距。可以在段落前、后设置一定的空白距离，段落中行与行之间设置行距。

3. 格式刷

格式刷可以将指定段落的格式复制到其他段落。先选中要复制格式的段落，单击或双击格式刷，再选中要粘贴格式的段落，后选中的段落将会复制前面的段落格式。若采用的是双击格式刷，则格式复制结束时需要再单击“开始”选项卡→“剪贴板”→“格式刷”命令，以退出“格式刷”使用状态。

图 5-9 “段落”对话框

三、其他排版方式

1. 项目符号和编号

项目符号是放在文本前的字符、符号或者图片，常用于设置一些并列型文本格式，起到强调作用。图 5-10a 显示了用项目符号组织的文本格式。合理使用项目编号，可以使文档的层次结构清晰、有条理。

在“开始”选项卡→“段落”功能组中，单击“项目符号”按钮右侧黑三角，打开“项目符号库”，如图 5-10b 所示，可以选择合适的项目符号，也可以定义具有个性化的项目符号。

➢ 字体格式

➢ 段落格式

➢ 其他格式

a)

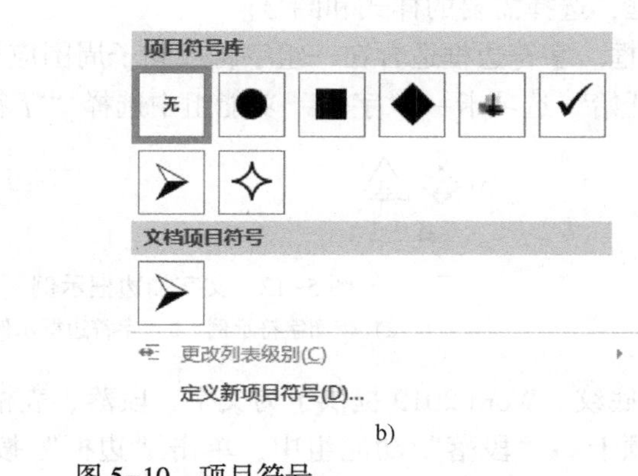

b)

图 5-10 项目符号

a）项目符号示例 b）项目符号库

可根据内容的层次选择编号的格式（如图 5-11a 所示）。在“开始”选项卡→“段落”功能组中，单击“编号”按钮右侧黑三角，打开“编号库”，在 Word 2019 的编号库中内置有多种编号，如图 5-11b 所示。也可以自定义新的编号格式。

1)　字体格式

2)　段落格式

3)　其他格式

a)

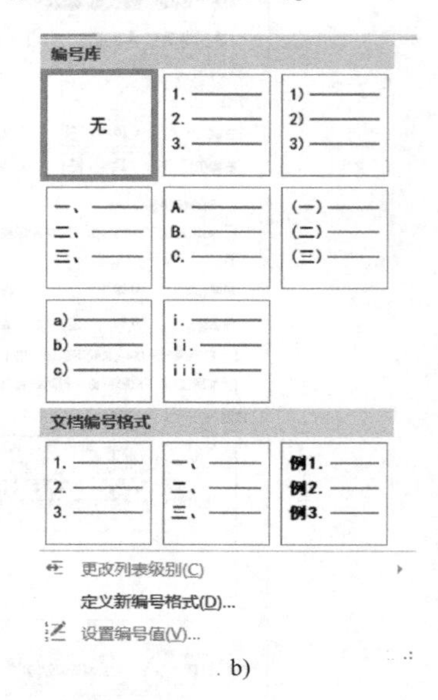

b)

图 5-11　项目编号

a）编号示例　b）编号库

项目符号或编号的使用方法：将光标置于要插入项目符号或编号的文本的任意位置，在“项目符号库”或“编号库”中选择合适的符号或编号，在文本的前面就会出现选择的符号或编号。

2. 边框和底纹

为了让文字、段落、表格或页面重要内容突出显示出来，可以为这些内容设置边框效果。Word 2019 提供了多种类型的边框。

1）带圈字符。带圈字符是指在字符周围放置圆圈或边框加以强调，如图 5-12a 所示。选中字符后，在“开始”选项卡→“字体”功能组中选择“带圈字符”按钮，打开“带圈字符”对话框，选择需要的样式和圈号。

2）字符边框。字符边框适合在一组字符或句子周围应用边框，如图 5-12b 所示。选中文本后，在“开始”选项卡→“字体”功能组中选择“字符边框”按钮。

a)　　b)

图 5-12　文字加边框示例

a）带圈字符示例　b）字符边框示例

3）边框和底纹。Word 2019 提供了为文字、段落、表格或页面添加边框和底纹的功能。在“开始”选项卡→“段落”功能组中，单击“边框”按钮右侧黑三角，打开下拉菜单。可以直接应用下拉菜单中提供的命令设置边框线，也可以单击“边框和底纹”命令打开“边框和底纹”对话框，如图 5-13 所示。对话框中有 3 个选项卡，分别是“边框”“页面边框”和“底纹”。

“边框”选项卡中，“设置”提供边框模板，“应用于”列表框中可选择边框对象是文字或段落，“样式”“颜色”“宽度”分别设置边框的线型、颜色和粗细，“预览”中单击 4 个按钮，可分别选择上、下、左、右 4 条框线。

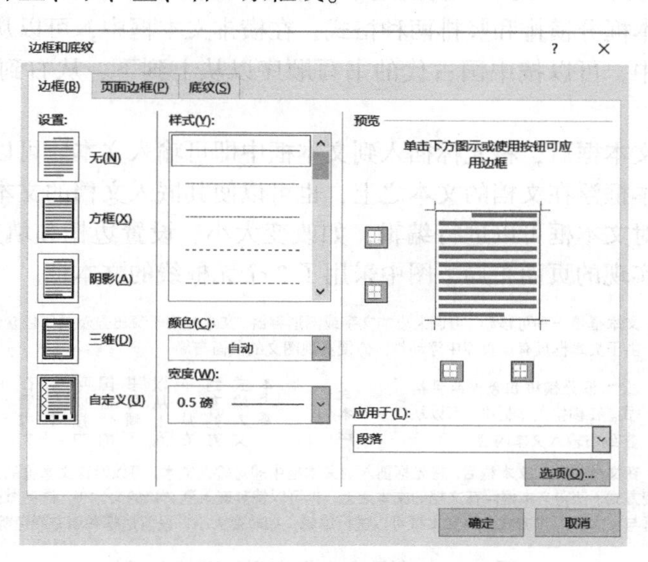

图 5-13 “边框和底纹”对话框

“页面边框”选项卡用于为整篇文档或节设置边框。例如，图 5-14a 显示了为整篇文档添加边框的选项设置，边框线选用宽度“1.0 磅”、主题颜色“蓝色、个性色 1、淡色 40%”的线条。单击“颜色”列表框右侧箭头，弹出颜色菜单，选择所需色彩，如图 5-14b 所示。

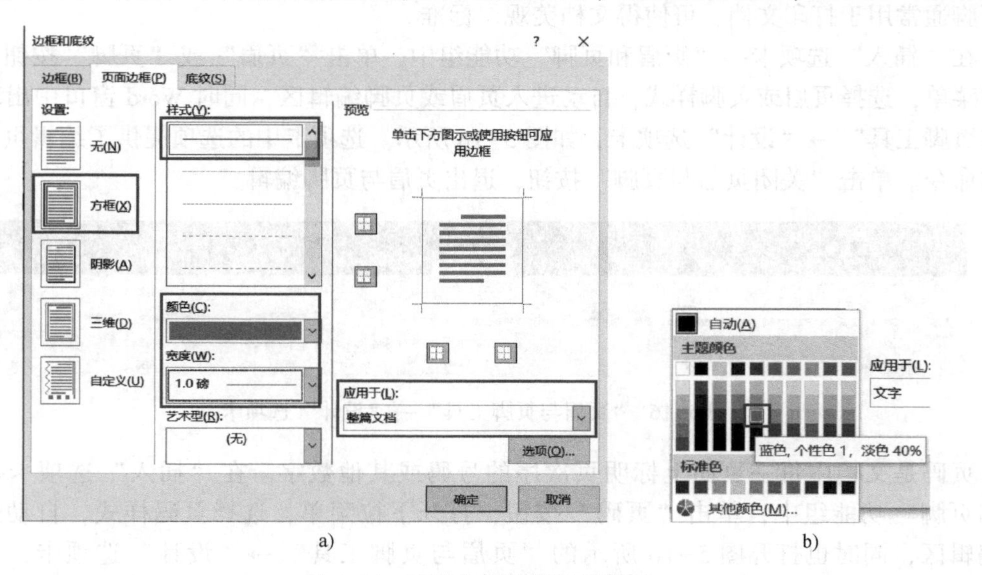

图 5-14 页面边框选项设置案例

a）“页面边框”选项卡 b）“颜色”列表框弹出菜单

“底纹”选项卡用于为文字或段落添加背景色。

3. 文本框

文本框是一种可移动、可调大小的文字或图形容器。文本框用于突出显示其所包含的内容，由于文本框具有在页面中的浮动性，方便实现图文的页面布局。

在“插入”选项卡→“文本”功能组中，单击“文本框”按钮打开下拉菜单，提供多种文本框模板。文本框分横排和竖排两种格式，在横排文本框中，可以从左到右输入文本内容；在竖排文本框中，可以按中国古代的书写顺序以从上到下、从右到左的方式输入文本内容。

在文档中插入文本框后，将光标插入到文本框中即可输入文本。可以设置文本框的文字环绕方式，使得文本框浮在文档的文本之上，也可以使其嵌入文档的文本中，实现文本框与文本的混排方式。对文本框可以进行编辑，如改变大小、设置边框和填充颜色等。图 5-15 显示了利用文本框实现的页面布局，图中采用了 3 个无框线的文本框。

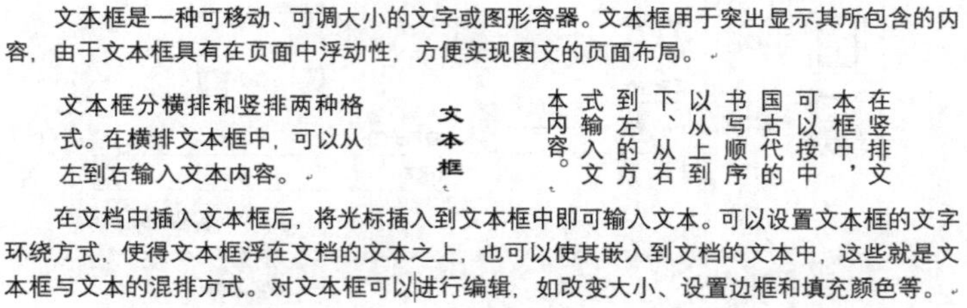

文本框是一种可移动、可调大小的文字或图形容器。文本框用于突出显示其所包含的内容，由于文本框具有在页面中浮动性，方便实现图文的页面布局。

文本框分横排和竖排两种格式。在横排文本框中，可以从左到右输入文本内容。

文本框

在竖排文本框中，可以按中国古代的书写顺序以从上到下、从右到左的方式输入文本内容。

在文档中插入文本框后，将光标插入到文本框中即可输入文本。可以设置文本框的文字环绕方式，使得文本框浮在文档的文本之上，也可以使其嵌入到文档的文本中，这些就是文本框与文本的混排方式。对文本框可以进行编辑，如改变大小、设置边框和填充颜色等。

图 5-15　利用文本框实现的页面布局

4. 页眉、页脚和页码

页眉和页脚分别是 Word 文档中每个页面的顶部区域和底部区域，常用于显示文档的附加信息，可以插入文档标题、时间、页码、公司徽标、文件名或作者名等文字或图形。页眉或页脚通常用于打印文档，可使得文档美观、标准。

在“插入”选项卡→“页眉和页脚”功能组中，单击“页眉”或“页脚”按钮，打开下拉菜单，选择页眉或页脚样式，自动进入页眉或页脚编辑区，同时 Word 窗口中出现“页眉与页脚工具”→“设计”选项卡，如图 5-16 所示。选项卡中的选项提供了编辑页眉或页脚的命令。单击“关闭页眉与页脚”按钮，退出页眉与页脚编辑。

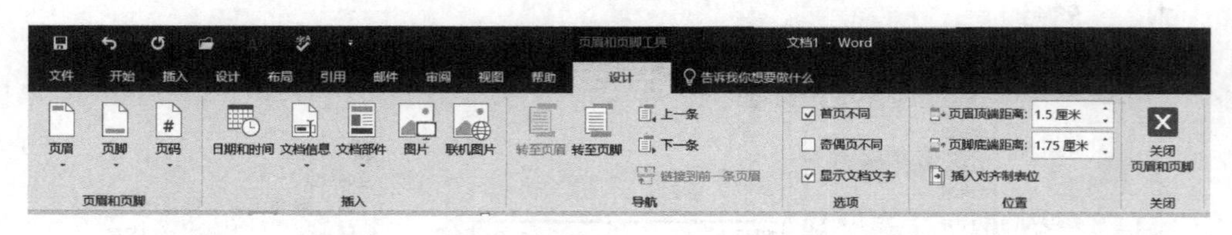

图 5-16　“页眉与页脚工具”→“设计”选项卡

页码是文档中每一页面上标明页次序的号码或其他数字。在“插入”选项卡→“页眉和页脚”功能组中，单击“页码”按钮，打开下拉菜单，选择页码样式，自动进入页码编辑区，同时也打开图 5-16 所示的“页眉与页脚工具”→“设计”选项卡，可编辑页码位置、编码格式、起始页码等参数。最后单击“关闭页眉与页脚”按钮，退出页码编辑。

页眉、页脚、页码常常是一起编辑的，编辑的方法相似。取消已经设置的页眉、页脚、页码的方法为：在“插入”选项卡→“页眉和页脚”功能组中（或“页眉与页脚工具”→“设计”选项卡→“页眉和页脚”功能组），单击“页眉”，或“页脚”，或“页码”按钮，打开下拉菜单，单击“删除页眉”，或“删除页脚”，或“删除页码”按钮。

5. 样式和模板

Word 样式是可应用于文本的可重用格式设置集。当文档里面多个内容使用同一个格式时，套用样式，可减少重复化的排版操作。例如，假设希望文档中的标题以粗体、特定颜色和字号显示，虽然可以手动设置每个标题的每个格式选项，但应用所有这些选项的样式可以提高工作效率。

可以从“开始”选项卡→“样式”功能组中应用系统提供的特定样式，也可以通过添加新样式或其他常用样式并删除不需要的样式来管理样式库的内容。

使用“文件”→“新建”命令新建 Word 文档时，右侧屏幕会显示一个空白文档和多个带有格式的 Word 模板。每个 Word 文档都是通过模板构建的，模板的目的是存储 Word 文档的样式。空白文档是基于 normal. dot 模板，这个模板默认采用 5 号等线字体等格式，用户可以根据需要修改为自己的样式。带有格式的模板是包含了文件样式和页面布局的特殊文档，例如，有简历模板、求职信模板、日历模板等，这些模板为用户提供了一种最终文档外观的样式框架，用户只需在这个框架中添加内容。

用户可以自行创建新模板，也可以通过组合其他模板和文档中的样式来创建新模板。

第四节　制 作 表 格

一、创建表格

绘制表格是 Word 的一个重要功能，在“插入”选项卡→“表格”功能组中，单击“表格”按钮，打开“插入表格”下拉菜单，如图 5-17 所示。Word 2019 提供了 6 种创建表格的方式。

图 5-17　“插入表格”下拉菜单

1）表格的行列数较少。可以直接使用鼠标绘制表格，将鼠标定位到展开的小格子上面，并移动鼠标，格子上方显示出 n×m 表格，同步在 Word 文档中绘制出 m 行 n 列的表格，如图 5-18 所示。确定是需要的表格行列数目后，单击鼠标左键即可。

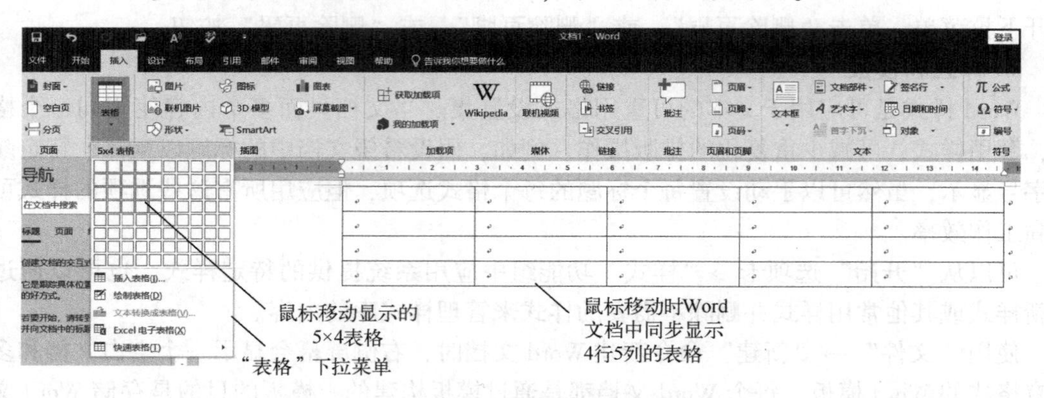

图 5-18　Word 文档中插入表格

2）表格行列数较大。在“插入表格”下拉列表中，选择“插入表格”命令，打开“插入表格”对话框，如图 5-19 所示，在对话框中设置选项，单击“确定”按钮即可。

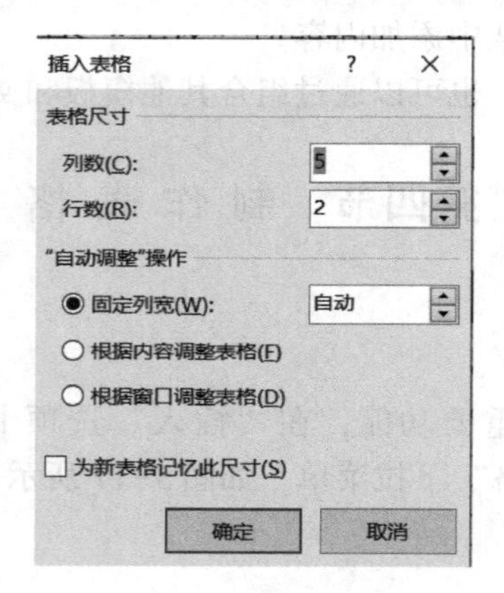

图 5-19　“插入表格”对话框

3）不规则的表格。若表格是不规则的，则在“插入表格”下拉列表中，选择“绘制表格”，鼠标指针变成笔形，可以利用笔形鼠标绘制表格边框。通常先绘制规则的表格，再使用笔形鼠标修改表格边框的样式。

4）文本转换成表格。如果已经有规整的文本信息，如图 5-20a 所示的单位职工信息，则文本格式可转换为表格形式。在“插入表格”下拉列表中，“文本转换成表格”选项为灰色，表示当前不可用。选中文本后，该选项转为黑色，选择“文本转换成表格”选项，出现图 5-20b 所示对话框，在对话框中设置选项，单击“确定”按钮后，原文本格式转换为表格形式，如图 5-20c 所示。

5）Excel 电子表格。在“插入表格”下拉列表中，选择“Excel 电子表格”选项，插入 Word 文档中的是 Excel 表格。在表格中双击鼠标，打开 Excel 编辑窗口来处理表格内容。

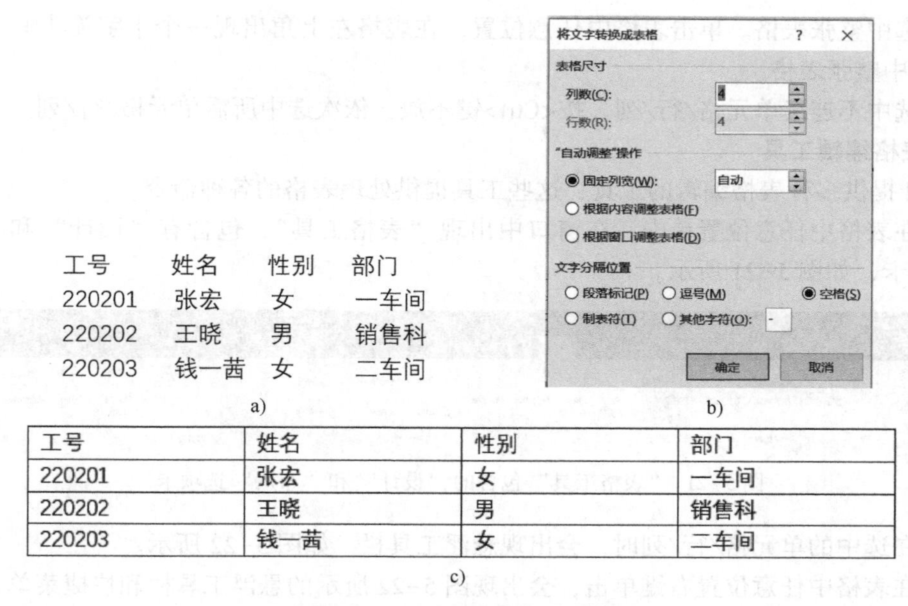

工号	姓名	性别	部门
220201	张宏	女	一车间
220202	王晓	男	销售科
220203	钱一茜	女	二车间

c)

图 5-20 将规整文本转换成表格

a）单位职工信息 b）“将文字转换成表格”对话框 c）文本格式转换为表格形式

6）使用内置的表格样式。在“插入表格”下拉列表中，鼠标指针移到“快速表格”选项，弹出下拉菜单，有多种内置的表格样式供选择，单击合适的样式即可。

二、编辑表格

单元格是 Microsoft Office 表格中常用术语，单元格用于指称表格中行与列的交叉部分，是组成表格的最小单位。单个数据的输入和修改都是在单元格中进行。

1. 输入内容

将鼠标指针移至单元格中，单击鼠标，单元格中有一条闪烁的竖线，指示了当前光标所在位置，此时可输入汉字、英文字符、标点符号、特殊字符、图片和公式等。

2. 选中表格

对表格某区域执行操作前，需要先选中该区域，再执行删除、移动或复制等相关命令。Word 应用程序会将选中的区域加灰色背景以突出显示。单击表格任意位置可撤销选中的区域。

1）选中一个或多个连续的单元格。

方法 1：将鼠标指针移到单元格内部的左侧，指针变成向右的黑色箭头◢，单击鼠标，选中一个单元格；再拖动鼠标可以选中多个单元格。

方法 2：将鼠标指针移到单元格，按下左键不放，指针变成“I”形，拖动鼠标，鼠标扫过的单元格即被选中。

2）选中行。将鼠标指针移到行外面的左侧，指针变成向右的白色箭头◿，单击鼠标，选中表格的一行；再拖动鼠标可以选中连续多行。

3）选中列。将鼠标指针移到列顶部，指针变成向下的黑色箭头⬇，单击鼠标，选中表格的一列；再拖动鼠标可以选中连续多列。

4）选中整张表格。单击表格中任意位置，在表格左上角出现一个十字箭头⊞，单击十字箭头选中整张表格。

5）选中不连续单元格/行/列。按<Ctrl>键不放，依次选中所需单元格/行/列。

3. 表格编辑工具

Word 提供多种表格编辑的工具，这些工具提供处理表格的各种命令。

1）在表格中任意位置单击，在窗口中出现“表格工具”，包含有“设计”和“布局”两个选项卡，如图 5-21 所示。

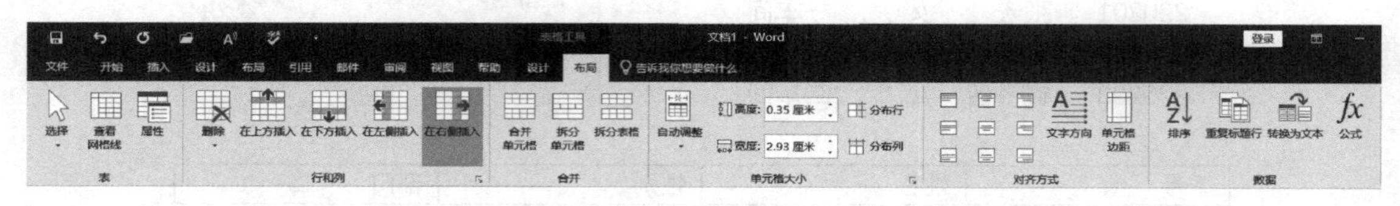

图 5-21 “表格工具”包含的“设计”和“布局”选项卡

2）在选中的单元格/行/列时，会出现悬浮工具栏，如图 5-22 所示。

3）在表格中任意位置右键单击，会出现图 5-22 所示的悬浮工具栏和快捷菜单。

4. 表格常用编辑功能

1）插入、删除行或列。把光标置于要插入、删除的行或列中，选择“表格工具”→“布局”→“行和列”功能组，或悬浮工具栏，或右键单击弹出的快捷菜单中的插入、删除命令。

2）拆分单元格、合并单元格。拆分单元格是指将当前单元格拆分成多个单元格。先选中要拆分的单元格，在“表格工具”→“布局”→“合并”功能组中（或打开快捷菜单），单击“拆分单元格”按钮，打开图 5-23 所示对话框，设置需要拆分的单元格行数和列数，按“确定”按钮即可。

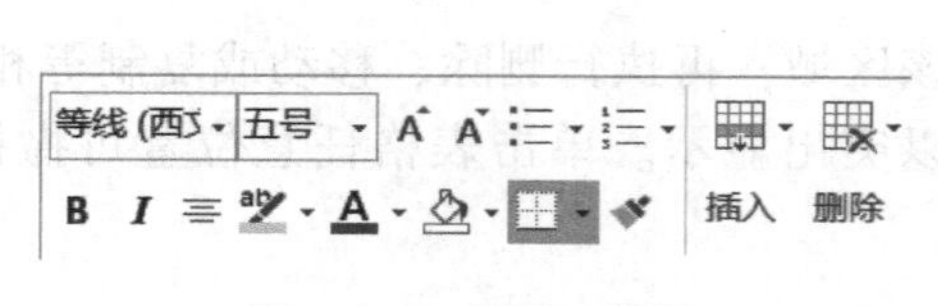

图 5-22 悬浮工具栏

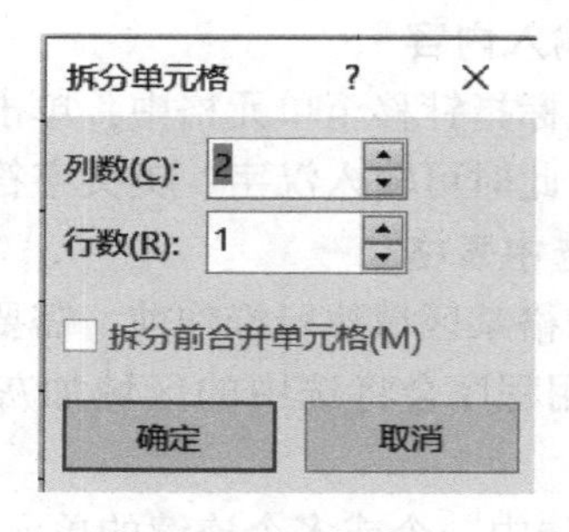

图 5-23 拆分单元格

合并单元格是指将所选单元格合并成一个单元格。先选中要合并的多个单元格，在“表格工具”→“布局”→“合并”功能组中（或打开快捷菜单），单击“合并单元格”按钮即可。

3）更改单元格大小。更改单元格高度和宽度，调整所选行之间平均分布高度、所选列之间平均分布宽度等。可通过“表格工具”→“布局”→“单元格大小”功能组来设置。

4）设置对齐方式。设置文字在单元格中的对齐方式，使表格美观。可通过“表格工具”→“布局”→“对齐方式”功能组来设置。

5）表格计算和排序。Word 2019 提供公式计算功能。选中单元格，单击“表格工具”→“布局”→“数据”→“公式”，打开“公式”对话框，可根据需要输入或选择公式。

Word 2019 表格可以基于某一列或多列排序，排序方式包括升序和降序。单击“表格工具”→“布局”→“数据”→“排序”，打开“排序”对话框，在对话框中设置排序依据。

6）绘制边框和底纹。Word 2019 提供绘制单元格/行/列边框的命令和工具，可以在单元格中绘制对角线，更改表格边框的外观，设计有特色的表格。可通过“表格工具”→“设计”→“边框”功能组，或者悬浮工具栏，或者打开“边框和底纹”对话框来设置。

7）设计表格样式。在“表格工具”→“设计”→“表格样式”中，提供了多种表格样式，用户也可以新建表格样式。

第五节　图 文 混 排

图文混排是指将文字与图片混合排列，图片可嵌入在文字中间、衬于文字下方、浮于文字上方等。图文混排可以丰富版面效果，增强版面美观性。

一、插图类型

Word 2019 提供多种插图类型。文档中需要插图时，先把光标定位在要插图的位置，再选择“插入”→“插图”命令。根据插图的类型，在窗口中，会出现相应的工具选项卡，提供相应的编辑命令。

1）本地图片。计算机中有很多从网络、数码相机、扫描仪等途径获取的图片文件，把这些图片文件插入文档中，可选择“插图”功能组中“图片”命令。选中图片时，窗口中会出现“图片工具”→“格式”选项卡。

2）联机图片。若计算机连接在互联网中，则可从联机来源中查找和插入图片。可选择“插图”功能组中“联机图片”命令。选中图片时，窗口中会出现“图片工具”→“格式”选项卡。

3）流程图。流程图是用特定的一些图形符号来表示算法流程、业务流程、企业管理流程、数据流程等的图形方式。例如，第三章中图 3-3 是一个算法流程图。单击“插图”功能组中“形状”命令，打开各种形状的图形符号，可选用这些符号制作流程图或其他框图。选中图形符号时，窗口中会出现“绘图工具”→“格式”选项卡。

4）图标。Word 2019 中提供了多种类型的图标，在计算机连接互联网的情况下，可直接插入 Word 提供的在线图标。单击“插图”功能组中“图标”命令，打开各种形状的图标。选中图标时，窗口中会出现“图形工具”→“格式”选项卡。

5）3D 模型。Word 2019 的新增功能之一就是支持 3D 模型，使得 Word 文档可以呈现三维演示效果。单击“插图”功能组中“3D 模型”命令，通过该功能，可以在文档中插入 Filmbox 格式（. fbx）、对象格式（. obj）、3D 制作格式（. 3mf）、多边形格式（. ply）、StereoLithography 格式（. stl）和二进制 GL 传输格式（. glb）等文件。Word 2019 中为 3D 模型提供了多种 3D 模型视图、平移与缩放功能等，可拖动旋转 3D 模型。

6）SmartArt 图形。SmartArt 图形可将信息和观点用某种图解的方式表示。单击“插图”功能组中“SmartArt”命令，打开各种形式的 SmartArt 图形。选中 SmartArt 图形时，窗口中会出现“SmartArt 工具”，包含“设计”和“格式”两个选项卡。

7）数据图表。数据图表是一种数据可视化的形式，把表格中数据以条形图、面积图、折线图等形式展现出来，突出数据随时间或类别变化的模式或趋势。单击“插图”功能组中“图表”命令，打开“插入图表”对话框。在“插入图表”对话框中选择需要的图表类型后，会打开数据编辑窗，同时窗口中出现“图表工具”→“设计”和“图表工具”→“格式”两个选项卡。

8）屏幕截图。Windows 10 操作系统提供多种屏幕截图方法，Word 应用程序也提供获取屏幕的快照，并添加到文档中。单击“插图”功能组中“获取屏幕截图”命令，可以直接选取已打开窗口的快照，也可以自由截取任意形状的区域。

二、编辑图片

由于插图的类型与编辑的命令有相关性，这里仅叙述图片编辑处理的相关命令。编辑图片前，先要单击图片以选中对象，选中图片的周围会出现 8 个圆圈，圆圈被称为图片的控点。

1. 常用图片编辑工具

1）选中图片时，窗口会出现“图片工具”→“格式”选项卡，如图 5-24 所示。

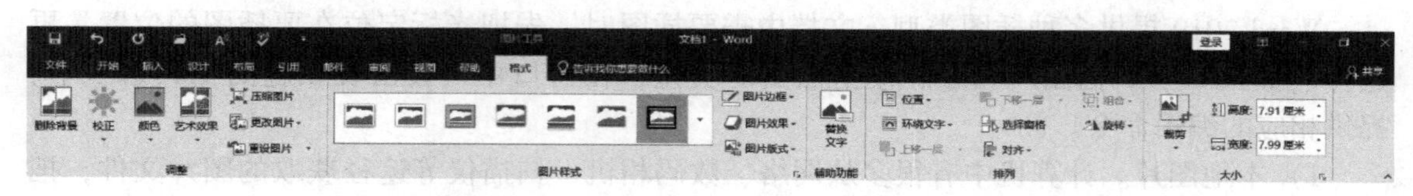

图 5-24 “图片工具”→“格式”选项卡

2）右键单击图片，出现悬浮工具栏和快捷菜单。

2. 图片的环绕方式

图片的环绕方式是指文本与图片之间的位置关系。Word 2019 提供了 7 种图片的环绕方式，分别为嵌入型、四周型、紧密型、穿越型、上下型、衬于文字下方、浮于文字上方，如图 5-25 中图标示例。嵌入型图片只能放置到文本输入点位置，图片与其他对象不可组合。其余环绕方式的图片可放置在文档的任意位置，并允许图片与其他对象组合。衬于文字下方、浮于文字上方时，图片与文字可以重叠。Word 2019 提供多种途径设置图片的环绕方式。

方法 1：选中图片，单击“图片工具”→“格式”→“排列”→“环绕方式”命令，打开下拉菜单，选择环绕方式即可。

方法 2：选中图片，单击“图片工具”→“格式”→“排列”→“位置”→“其他布局选项”命令，打开“布局”对话框，如图 5-25 所示，单击“环绕方式”选项卡，选择环绕方式，单击“确定”按钮即可。

方法 3：右键单击图片，在弹出的快捷菜单中，选择“大小和位置”命令，也弹出图 5-25 所示的“布局”对话框，再同方法 2 操作。

图 5-25 “布局”对话框

3. 调整图片的大小

方法 1：拖拽方式。选中图片后，鼠标指针移到图片的控点，鼠标指针变成双向箭头，按下鼠标左键不放，拖动鼠标就可随意改变图片大小。

方法 2：精确设置。选中图片后，在选项中直接输入图片高度和宽度的绝对值，精确设置图片大小，常用方法如下。

➢ 在“图片工具”→“格式”→“大小”组中，在“宽度”和“高度”组合框中设置绝对值。

➢ 在图 5-25 所示的“布局”对话框中，选择“大小”选项卡，设置图片大小。

4. 移动图片

方法 1：拖拽方式。选中图片后，鼠标指针移到图片上，鼠标指针变成十字箭头，按下左键不放，拖动鼠标就可随意移动图片。

方法 2：利用剪贴板，使用“剪切”“粘贴”命令的方法实现图片的移动。

方法 3：精确设置。对于非嵌入型图片，选中图片后，在图 5-25 的“布局”对话框中，选择“位置”选项卡，可输入图片的绝对位置。

方法 4：键盘按键。对于非嵌入型图片，可以使用键盘来微调图片的位置。选中图片后，按<→>、<↓>、<↑>、<←>键，或者<Ctrl+→（或↓、↑、←）>键。

5. 复制图片

方法 1：拖拽方式。选中图片后，鼠标指针移到图片上，鼠标指针变成十字箭头；按<Ctrl>键，同时按鼠标左键并拖动鼠标，可将图片复制到鼠标移动位置处。

方法 2：利用剪贴板，使用“复制”“粘贴”命令的方法实现图片的复制。

6. 删除图片

选中图片以后，按<Backspace>、<Delete>键，或使用“剪切”命令即可删除图片。

7. 裁剪图片

裁剪图片可以删除图片四周不需要的区域，也是调整图片大小的一种方式。Word 2019 提供了裁剪命令，图标为⊄。打开“裁剪”命令的常用方法如下。

方法1：选中图片后，单击“图片工具”→“格式”→“大小”→“裁剪”命令。

方法2：右键单击图片，在弹出的悬浮工具栏中选择“裁剪”按钮。

裁剪图片的基本步骤如下。

1）选择“裁剪”命令后，图片8个控点处均出现黑色边框，如图5-26所示。

2）鼠标指针移到任意一个黑色边框上，当光标形状类似于黑色边框时拖动鼠标，裁去不需要的区域。

3）可以依次对8个控点处执行2）操作。

4）完成图片裁剪后，鼠标在图片外任意位置单击即可退出裁剪模式。

图5-26　图片8个控点处的黑色边框

8. 组合图片

组合图片能将选中的多个图片合并成一个图片，组合操作只能对非嵌入式图片进行。组合图片的基本步骤如下。

1）按<shift>键，依次单击要组合的图片。

2）单击“图片工具”→“格式”→“排列”→“组合”命令，在下拉列表中选择“组合”。

对组合的图片可以取消组合，单击“图片工具”→“格式”→“排列”→“组合”命令，在下拉列表中选择“取消组合”。

第六节　文档打印

Word 2019在页面视图下，窗口中的页面与实际打印的页面是一致的。单击“文件”→“打印”命令，打开打印设置和打印预览界面，如图5-27所示。左侧窗格用于打印设置，右侧窗格用于文档打印预览。

一、打印机

打印文档前，计算机要与打印机连接，并且还要确认已安装打印驱动程序。计算机也有可能安装有多台打印机的驱动程序。“打印机”设置就是用于确认或选择打印机。

打印时也可以不是输出到物理打印机，而是保存为其他格式的文件。单击“打印机”列表框，打开下拉菜单，如图5-28所示。例如，若选择“Microsoft Print to PDF”命令，则将文档输出保存为PDF文件。

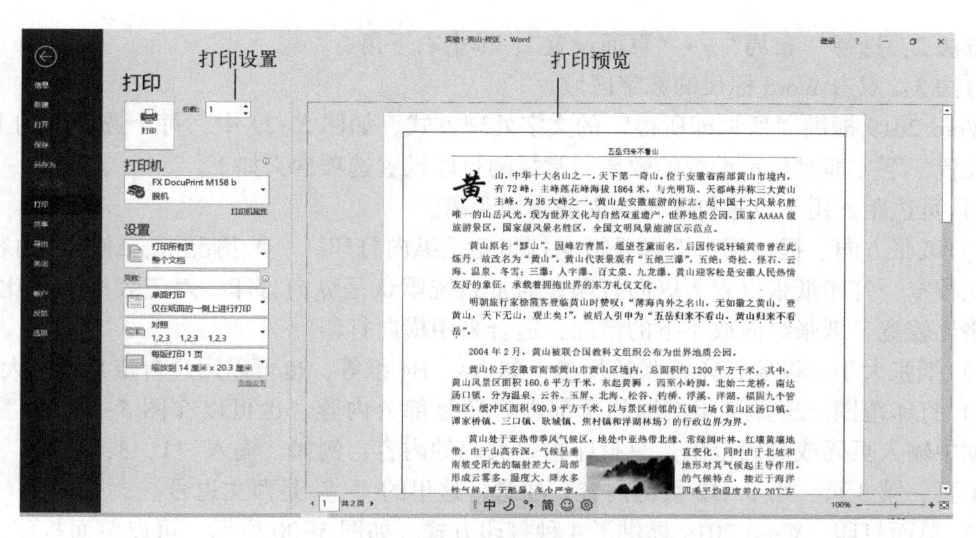

图 5-27　打印设置和打印预览界面

二、页面设置

图 5-27 所示的左侧窗格仅提供了常规的打印设置。“页面设置”对话框提供了更多打印设置参数，如图 5-29 所示，包括页边距、纸张大小、纸张方向、每页打印的行数、每行打印的字符数等。Word 2019 提供多种“页面设置”对话框的打开方式。

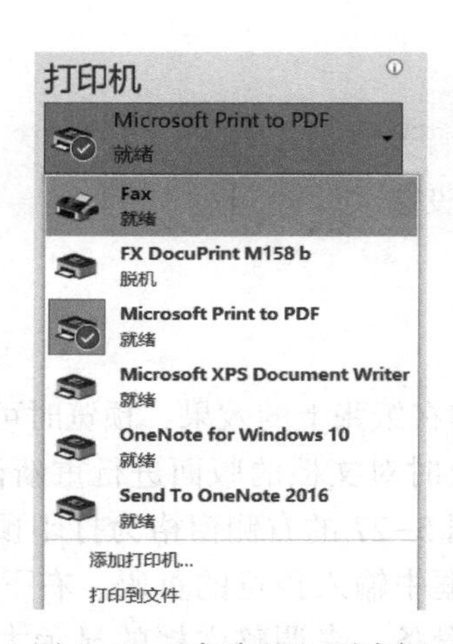

图 5-28　“打印机”列表框弹出的下拉菜单示例

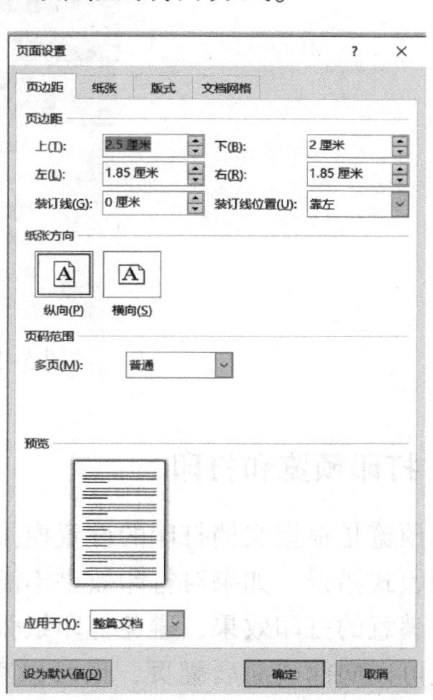

图 5-29　“页面设置”对话框

方法 1：选择“文件”→“打印”→“页面设置”，即单击图 5-27 下方的“页面设置”按钮。

方法 2：选择“布局”→“页面设置”，单击右下角。

方法 3：双击 Word 标尺的数字区域。

Word 2019 提供“所见即所得”的文字处理方式，如图 5-29 中，每个选项卡的上方是打印设置，下方即时显示设置的效果。常规的打印设置选项含义如下。

1）页边距。用于设置打印页四周的空白距离。

2）纸张方向。提供用户选择是横向打印还是纵向打印。一般情况下，纯文字内容或者表格比较窄，打印纸张设置为纵向打印。通常系统默认是纵向打印。对于表格列数比较多，或表格比较宽，纸张纵向放不下的情况，适合采用横向打印。

3）纸张大小。设置打印纸张的规格，如 A4、B4 纸等，也可以用户自定义纸张大小。

4）打印范围。选择打印文档的全部内容还是部分内容。也可以在图 5-27 的“页数”文本框中输入页码或页码范围，只打印指定页码的内容，例如，输入“1，3，5-12”，则打印第 1 页、第 3 页、第 5~12 页的内容，注意，这里的“，”是西文逗号。

5）单面打印。Word 2019 提供了 4 种打印方式，如图 5-30 所示，可以单面打印，也可以双面打印。文档打印后，常常需要进行装订，如果沿 A4 纸的长边进行装订，则称为长边装订。如果打印出来的文档要进行长边装订，则选择“从长边翻转页面”，此时是沿长边进行翻页。如果沿 A4 纸的短边进行装订，则称为短边装订。采用横向打印时通常是短边装订。如果打印出来的文档要进行短边装订，则选择“从短边翻转页面”，此时是沿短边进行翻页。

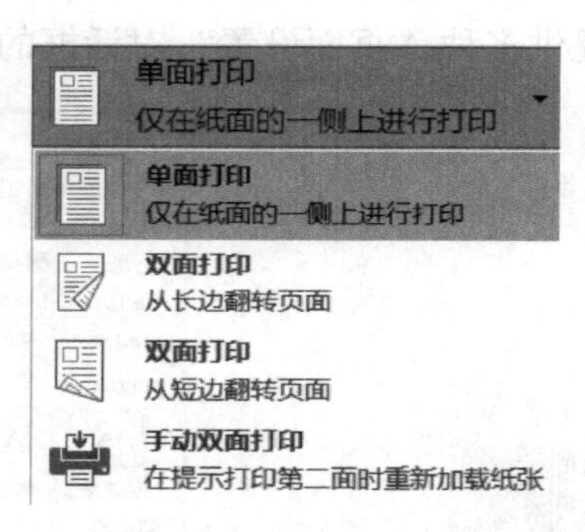

图 5-30　打印方式设置

三、打印预览和打印

打印预览是根据文档打印的设置模拟文档被打印在纸张上的效果，预览时可以及时发现文档中的版式错误。如果对打印效果不满意，可以及时对文档的版面进行重新设置和调整，以便获得满意的打印效果，避免打印纸张的浪费。图 5-27 的右侧窗格为打印预览，左下侧箭头按钮可以向前或向后翻页，也可以直接在文本框中输入预览的页码。右下侧是“显示比例”滑条，并用数字标注显示比例。用鼠标拖动滑条，来调整文档的显示大小，可以在界面中预览一页，或者同时预览多页。

对打印效果满意后就可以打印文档，在“份数”增量框内设置打印数量，单击“打印”按钮即可。

实验操作

实验一　Word 文档的编辑和排版

1. 实验目的

1）掌握 Word 文档的页面设置方法。

2）掌握 Word 文档的字体格式、段落格式的基本排版方法。

3）掌握页眉、页脚、页码的基本设置方法。

4）掌握图文混排的基本方法。

2. 实验内容

根据以下要求，参照样张完成“黄山 . docx”（配套资源“实验素材-步骤-样张”文件夹下）的编排，样张如图 5-31 所示。

五岳归来不看山

黄山，中华十大名山之一，天下第一奇山。位于安徽省南部黄山市境内，有 72 峰，主峰莲花峰海拔 1864 米，与光明顶、天都峰并称三大黄山主峰，为 36 大峰之一。黄山是安徽旅游的标志，是中国十大风景名胜唯一的山岳风光。现为世界文化与自然双重遗产，世界地质公园，国家 AAAAA 级旅游景区，国家级风景名胜区，全国文明风景旅游区示范点。

黄山原名“黟山”，因峰岩青黑，遥望苍黛而名。后因传说轩辕黄帝曾在此炼丹，故改名为“黄山”。黄山代表景观有“五绝三瀑”，五绝：奇松、怪石、云海、温泉、冬雪；三瀑：人字瀑、百丈泉、九龙瀑。黄山迎客松是安徽人民热情友好的象征，承载着拥抱世界的东方礼仪文化。

明朝旅行家徐霞客登临黄山时赞叹：“薄海内外之名山，无如徽之黄山。登黄山，天下无山，观止矣!”，被后人引申为“五岳归来不看山，黄山归来不看岳”。

2004 年 2 月，黄山被联合国教科文组织公布为世界地质公园。

黄山位于安徽省南部黄山市黄山区境内，总面积约 1200 平方千米，其中，黄山风景区面积 160.6 平方千米，东起黄狮，西至小岭脚，北始二龙桥，南达汤口镇，分为温泉、云谷、玉屏、北海、松谷、钓桥、浮溪、洋湖、福固九个管理区。缓冲区面积 490.9 平方千米，以与景区相邻的五镇一场（黄山区汤口镇、谭家桥镇、三口镇、耿城镇、焦村镇和洋湖林场）的行政边界为界。

黄山处于亚热带季风气候区，地处中亚热带北缘、常绿阔叶林、红壤黄壤地带。由于山高谷深，气候呈垂直变化。同时由于北坡和南坡受阳光的辐射差大，局部地形对其气候起主导作用，形成云雾多、湿度大、降水多的气候特点，接近于海洋性气候，夏无酷暑，冬少严寒，四季平均温度差仅 20℃左右。夏季最高气温 27℃，冬季最低气温－22℃，年均气温 7.8℃，夏季平均温度为 25℃，冬季平均温度为 0℃以上。年平均降雨日数 183 天，多集中于 4 至 6 月，山上全年降水量为 2395 毫米，西南风、西北风频率较大，年平均降雪日数 49 天。

黄山经历了漫长的造山运动和地壳抬升，以及冰川和自然风化作用，才形成其特有的峰林结构。黄山群峰林立，有七十二峰素有“三十六大峰，三十六小峰”之称，主峰莲花峰海拔高达 1864.8 米。

黄山山体主要由燕山期花岗岩构成，垂直节理发育，侵蚀切割强烈，断裂和裂隙纵横交错，长期受水溶蚀，形成瑰丽多姿的花岗岩洞穴与孔道，使之重岭峡谷，关口处处，全山有岭 30 处、岩 22 处、洞 7 处、关 2 处。

黄山的第四纪冰川遗迹主要分布在前山的东南部，典型的冰川地貌有：苦竹溪、逍遥溪为冰川移动刨蚀而成的“U”形谷；眉毛峰、鲫鱼背等处是两条“V”形谷和侧蚀蚀残留的刃脊；天都峰顶是三面冰斗侧蚀遗留下来的角峰；百丈泉、人字瀑为冰川谷和冰川支谷相汇成的冰川悬谷；逍遥溪到汤口、乌泥关、黄狮垱等河床阶地中，分布着冰川搬运堆积的冰碛石；传为轩辕黄帝炼丹用的“丹井”、

1

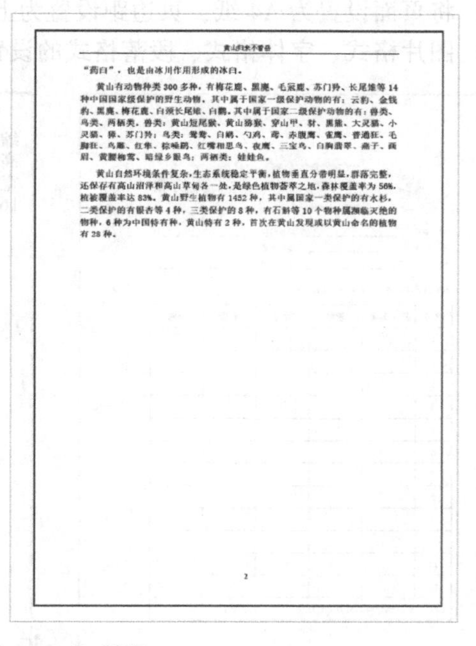

黄山归来不看岳

“药臼”，也是由冰川作用形成的冰臼。

黄山有动物种类 300 多种，有梅花鹿、黑麂、毛冠鹿、苏门羚、长尾雉等 14 种中国国家级保护的野生动物，其中属于国家一级保护动物的有：云豹、金钱豹、黑麂、梅花鹿、白颈长尾雉、白鹳。其中属于国家二级保护动物的有：兽类、鸟类、两栖类。兽类：黄山短尾猴、黄山猕猴、穿山甲、豺、黑熊、大灵猫、小灵猫、獐、苏门羚；鸟类：鸳鸯、白鹇、勺鸡、鸢、赤腹鹰、雀鹰、普通鵟、毛脚鵟、鸟雕、红隼、棕噪鹛、红嘴相思鸟、夜鹰、三宝鸟、白胸翡翠、燕子、画眉、黄腰柳莺、暗绿乡眼鸟；两栖类：娃娃鱼。

黄山自然环境条件复杂，生态系统稳定平衡，植物垂直分带明显，群落完整，还保存有高山沼泽和高山草甸各一处，是绿色植物荟萃之地，森林覆盖率为 56%，植被覆盖率达 83%。黄山野生植物有 1452 种，其中属国家一类保护的有水杉，二类保护的有银杏等 4 种，三类保护的 8 种，有石斛等 10 个物种属濒临灭绝的物种，6 种为中国特有种，黄山特有 2 种，首次在黄山发现或以黄山命名的植物有 28 种。

2

图 5-31　“黄山 . docx”样张

1）将页面设置为 A4 纸，上、下页边距为 2.5 厘米，左、右页边距为 3 厘米，每页 42 行，每行 39 个字符。

2）设置正文第 1 段首字下沉 3 行，距正文 0.2 厘米，首字字体为华文行楷。

3）设置正文第 2 段开始的各段为首行缩进，段前 2 磅。

4）设置“五岳归来不看山，黄山归来不看岳”字体的字形为加粗，主题颜色设置为“蓝色、个性色 1、深色 25%”，加着重号。

5）将第 6 段中所有的“摄氏度”修改为“℃”。

6）参考样张，在正文适当位置插入图片“黄山 . jpg”，设置图片高度、宽度缩放比例

为 12%，环绕方式设为四周型。

7）设置奇数页页眉为“五岳归来不看山”，偶数页页眉为“黄山归来不看岳”，均居中显示。在所有页的页面底端插入页码，页码样式为普通数字 2。

8）给页面添加 1.5 磅、标准色为蓝色的边框。

9）文档保存为“黄山 . docx”。

实验二　Word 表格的制作和排版

1. 实验目的

1）掌握 Word 中表格的制作方法。

2）掌握表格编辑工具的使用。

3）掌握图、文、表格的混排方法。

2. 实验内容

根据图 5-32a 所示样张和要求，完成某公司报价单的编制。

1）将页面设置为 A4 纸，页边距设置为上 3.2 厘米、下 2.5 厘米。

2）图片格式、字体格式、段落格式的设置如图 5-32b 所示，未说明的都是默认值。

a)

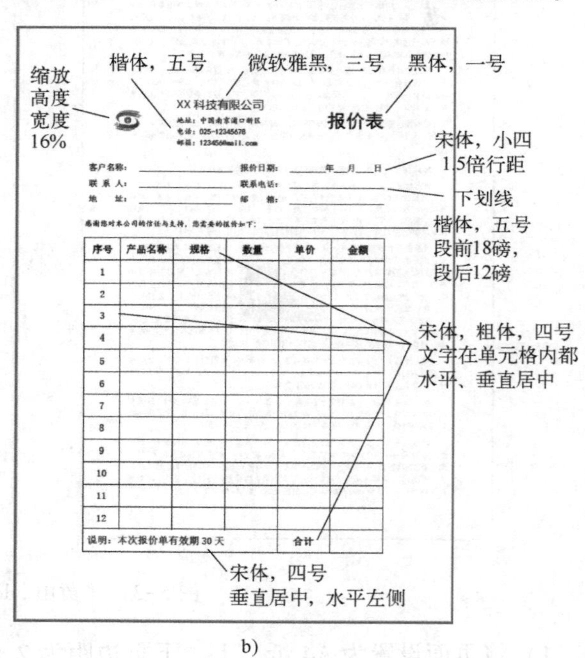

b)

图 5-32　样张和格式说明

a）样张　b）样张格式说明

本 章 小 结

文字处理软件是智能化时代学习、工作和生活中不可或缺的常用软件，例如，个人简历、毕业论文、试卷、书籍文字排版等都需要使用文字处理软件。熟悉文字处理软件功能和熟练使用文字处理软件也成了当今人们应该掌握的基本技能之一。Word 2019 是目前个人计算机中常用的文字处理软件。本章介绍了 Word 2019 的基本功能，详细讲解了 Word 2019 窗口的基本构成、常用命令工具和快捷操作方式，叙述了文档文件的基本操作步骤和相关命令，以及文档中文本、表格、图片的编辑和排版操作的基本方法和相关命令。

Word 2019 提供多种命令工具和快捷操作方式用于文档处理。窗口中的“文件”按钮打开的是下拉菜单，提供文档创建、打开、保存、关闭、打印等命令，以及用于 Word 2019 设置的“选项”命令。窗口中固定有多种选项卡，包括“开始”“插入”“设计”“布局”“引用”“邮件”“审阅”“视图”和“帮助”，每个选项卡按功能划分，提供了文档处理的各种命令选项。根据当前处理对象的特征，窗口还会动态弹出相关工具选项卡，例如，处理图片时会有“图片工具”→“格式”选项卡。窗口中的按钮和选项卡是 Word 2019 提供的最全、最系统的命令工具。为了方便操作，Word 2019 提供了浮动工具栏、快捷菜单和命令的快捷键方式。熟悉并熟练使用命令工具和快捷操作方式是高效应用 Word 2019 的基础。

一篇文档的最基本内容包括文本、表格和插图。通过输入或插入操作产生这些对象，对象的基本操作还包括选中、复制、移动、删除等。Word 中的文本包括中文、英文、数字、标点符号、特殊符号等，Word 为文本提供了丰富的字体格式、段落格式、边框底纹、项目符号、文本框等基本排版处理方法；为表格提供了拆分单元格、合并单元格、更改单元格高度和宽度、单元格中内容对齐方式等基本处理方法；为图片提供了环绕方式、裁剪、组合图片、更改图片大小等基本处理方法。

Word 文档排版时需要考虑文字、表格、图形、图片等信息元素在版面布局上的位置、大小、颜色等，以使版面达到美观的视觉效果。Word 提供了很多样式或模板，套用样式，使用模板，可简化排版操作。用户也可以自己通过设置字体格式、段落格式、分栏、文本框、图片环绕方式等建立个性化的文档风格。

Word 2019 的实用内容非常丰富，教材部分仅讲解了最基础的知识和方法，实验操作部分强调操作技能，并且通过举一反三的思考强化 Word 2019 的应用技能。本章共设计两个实验；每个实验操作都配套有实验素材、实验步骤，学生可自行下载学习。

习题

一、单项选择题

1. 通过下列操作，能新建一个 Word 2019 文档的是【　　】

   A. 按<Ctrl+A>键　　B. <Ctrl+N>键

   C. 按<Ctrl+S>键　　D. <Ctrl+V>键

2. 用 Word 2019 编辑文本时，下列操作不能选中一个段落的是【　　】

   A. 在段落中双击鼠标　　B. 在段落中三击鼠标

   C. 在段落的最左侧，双击鼠标　　D. 先单击段落首，按住<Ctrl>键单击段落尾

3. 在 Word 2019 中，要使某段落的第一行左边空出两个汉字，可以对该段落进行【　　】

   A. 左缩进　　B. 右缩进

   C. 首行缩进　　D. 悬挂缩进

4. 在Word 2019编辑状态下，要删除光标前面的字符，可以按 【　】

A. <Backspace>　B. <Delete>

C. <Enter>　D. <Insert>

5. 可以关闭Word 2019应用程序的快捷键是 【　】

A. <Alt+F4>　B. <Ctrl+F4>

C. <Esc+F4>　D. <Shift+F4>

6. 在Word 2019中，可以同时显示水平标尺和垂直标尺的视图方式是 【　】

A. 阅读视图　B. 大纲视图

C. Web视图　D. 页面视图

7. 在Word 2019中，默认的文件扩展名是 【　】

A. . doc　B. . docx　C. . rtf　D. . txt

8. 在编辑Word文档时，按<Enter>键，其结果是产生一个 【　】

A. 段落结束符　B. 行结束符　C. 分页符　D. 分节符

9. 在Word 2019编辑状态下，绘制一个文本框，应使用的选项卡是 【　】

A. 开始　B. 插入　C. 设计　D. 布局

10. 在Word 2019编辑状态下，对于选定的文字不能进行的设置是 【　】

A. 加下划线　B. 加着重号　C. 动态效果　D. 双删除线

二、填空题

1. Word表格由若干行、列组成，行和列交叉的地方称为________。

2. 若要选定多个不连续的单元格，首先选中其中的一个单元格，按住<________>键，再依次选中其他单元格。

3. 在Word 2019中，要设置行距，可通过“________”或“布局”选项卡的“段落”组中的命令实现。

4. 在Word 2019中，选中一个表格时，在窗口中出现“________”，包含有“设计”和“布局”两个选项卡。

5. 用Word 2019编辑文档过程中，想把文本中所有出现的“电脑”都删除，最简单的方法是使用“开始”选项卡中“编辑”组的________命令。

6. 在Word 2019中，页边距、纸张大小可以在“________”对话框中设置。

7. 若需要将某种文本对象的格式复制到其他文本对象上，可以使用“开始”→“剪贴板”中的________。

8. Word 2019中，设置图片环绕方式时，________型图片只能放置到文本输入点位置，且图片与其他对象不可组合。

9. 打印设置中，“纸张方向”提供用户选择是________打印还是________打印。

10. 对文档中某对象执行移动、复制、删除等操作前，需要先________该对象。

三、简答题

1. 简述标尺的设置方法和作用。

2. 简述Word 2019提供了哪些插图类型。

3. 图5-33是文本编辑时的悬浮工具栏，简述工具栏中有哪些命令选项。

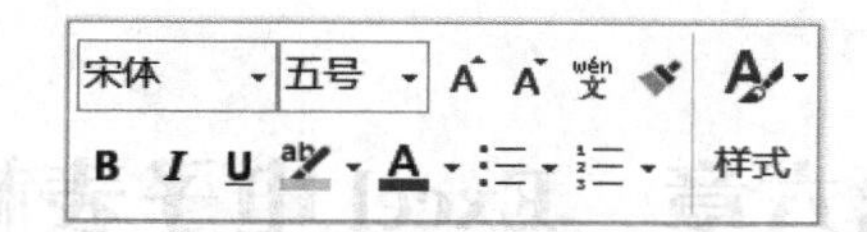

图 5-33　悬浮工具栏

四、操作题

写出将下列文本转换成表格表示的步骤。

学号	姓名	性别	系科
220101	李明	男	计算机
220102	周田田	女	计算机
220201	单小刚	男	数学

第六章　Excel 电子表格

学习目标：

1. 熟悉 Excel 2019 的主要功能，掌握工作簿的创建、保存和打印的方法。

2. 熟悉 Excel 2019 窗口界面特征，掌握工作簿、工作表、单元格、单元格区域等概念及使用。

3. 掌握工作表中数据的输入方法及基本格式化方法。

4. 掌握利用公式进行计算的方法，理解相对地址和绝对地址的引用方法。

5. 熟悉常用函数，并掌握利用函数进行统计的方法。

6. 理解工作表中数据的图形化表示方法，掌握图表的创建及编辑的操作方法。

7. 掌握对数据进行排序、筛选和分类汇总的操作方法。

第一节　Excel 2019 概述

一、Excel 2019 的主要功能

电子表格软件用来处理由行和列组成的各类表格，电子表格可以存放数据，利用公式或函数对数据进行运算和统计分析，可以将数据转换为直观明了的图表。Word 软件提供简单的电子表格编辑处理；LOTUS 1-2-3 是早期一款电子表格软件；Google 表格适合在网络和手机使用；Calc 属于 Libre Office 软件包的一个电子表格应用程序，适合各种平台。

Excel 2019 是微软公司的办公软件 Microsoft Office 2019 的套件之一，具有强大的电子表格处理能力，在 Excel 中通过图形化的命令方式就可以对工作表中的数据实现检索、分类、排序、筛选、汇总等功能，这使得 Excel 成为最流行的个人计算机数据处理软件，也广泛应用于管理、财务、统计和数据分析等领域。Excel 2019 的主要功能如下。

1. 数据存储

在一个 Excel 文件中，利用行列式表格高效地存储数据。例如，单位的职工信息、考勤表、学生的考试成绩等都可以以表格形式存储为 Excel 文件。

2. 数据计算

Excel 内置了强大的函数库，使计算功能成为 Excel 软件的最大特点。例如，数学和三角函数、日期与时间函数、工程函数、财务函数、信息函数、逻辑函数、查找和引用函数、统计函数、文本函数、数据库函数等。应用这些函数可以执行常规的计算，例如，核对当月的考勤情况、核算当月的工资、计算销售数据、统计成绩等。

3. 数据分析

Excel 软件能对数据进行分析并提取信息。应用 Excel 内置函数能执行各种复杂的计算，实现对数据的排序、筛选、检索、数据验证、条件格式等操作。此外，Excel 提供了数据透视表，从数据表格能快速生成各种信息报表。

4. 数据展示

Excel 可以帮助用户迅速创建各类数据图表，将数据以更加直观的方式展现出来。例如，想要查看一组数据的变化过程，可以使用折线图或曲线图；想要查看多个数据的占比情况，可以使用扇形图；想比较一系列数据并关注其变化过程，可以使用柱形图。在各类报表和说明性文件中，用直观的图表展现数据，显得简洁、客观，更具说服力。

5. 数据处理自动化

Excel 软件内置了 VBA 编程语言，允许用户定制 Excel 的功能，开发出适合自己的自动化解决方案。还可以使用宏语言将经常要执行的操作过程记录下来，并将此过程用一个快捷键保存起来，在下一次进行相同的操作时，只需按下所定义的宏功能的相应快捷键即可，而不必重复整个过程。

从早期 Excel 版本升级至 Excel 2019，功能更加强大，包括新增函数、新增图表、增强视觉效果、改进墨迹、增强数据透视表功能、更佳的辅助功能等。例如，图表中新增加地图图表和漏斗图。当数据中含有地理区域时，可使用地图图表来比较数值和跨地理区域显示类别。漏斗图可显示流程中多个阶段的值。例如，可以使用漏斗图来显示销售管道中每个阶段的销售潜在客户数，通常情况下，数值逐渐减小，从而使条形图呈现出漏斗形状。

二、Excel 2019 窗口界面

启动 Excel 2019 后的窗口如图 6-1 所示，Excel 2019 窗口与 Word 2019 窗口有类似之处，例如，标题栏、文件菜单、选项卡、功能区、状态栏等。下面主要介绍 Excel 与 Word 不同的部分。

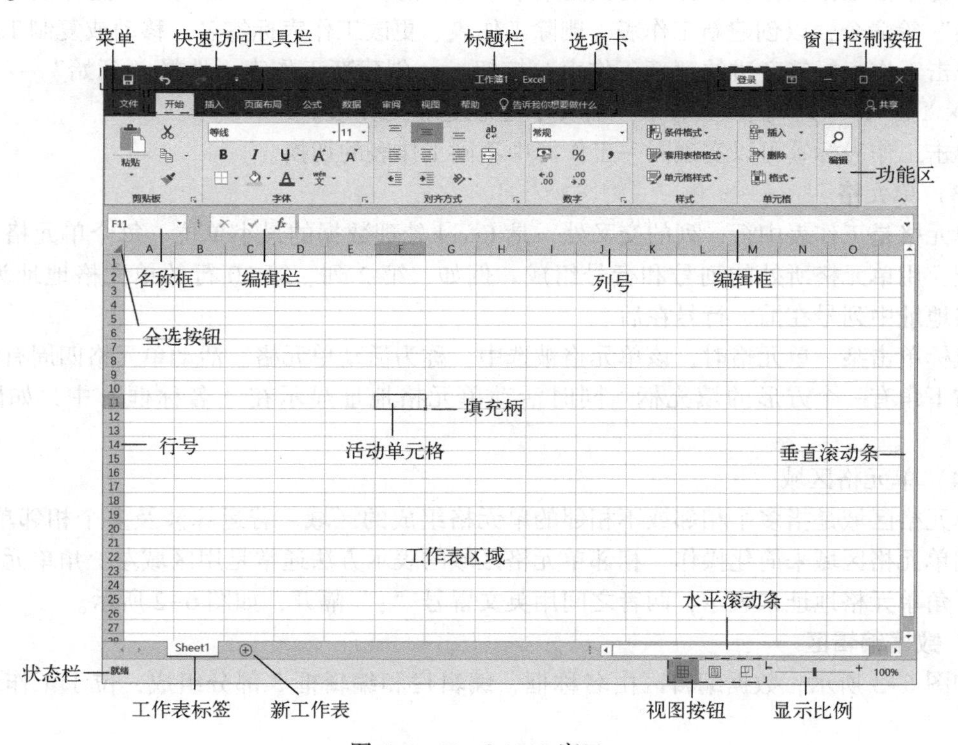

图 6-1　Excel 2019 窗口

1. 工作表区域

启动 Excel 2019 时，在窗口新建了一个名为“工作簿 1”的 Excel 文件，如图 6-1 中的标题栏所示，同时在“工作簿 1”文件中默认新建一个名为“sheet1”的工作表，如图 6-1 中的状态栏上方所示。窗口中呈现的工作表的区域称为工作表区域。理解工作簿、工作表、单元格和单元格区域等相关概念，才能熟练地对其进行操作。

（1）工作簿

工作簿是 Excel 软件处理和存储数据的文件，工作簿都有一个文件名，Excel 2019 的文件扩展名为 . xlsx，默认主文件名为工作簿 1、工作簿 2、…，在保存工作簿时可以给工作簿重新命名。

每个工作簿中可以包含多张工作表，Excel 2019 中新建工作簿时默认包含一张工作表，可以在“文件”→“选项”→“常规”→“新建工作簿时”中设置默认新建工作簿时包含的工作表数量。

单击“文件”菜单，在打开的下拉菜单中有工作簿的新建、打开、保存、另存为、关闭等命令。

（2）工作表

工作表是由行、列组成的二维表，每张工作表最多有 16384（2^{14}）列和 1048576（2^{20}）行。列号用 A、B、C、D、…表示，行号用 1、2、3、4、…表示。每张工作表都有一个名称，称为工作表标签。新建工作簿时工作表的初始标签名为 sheet1，如图 6-1 所示。再创建新工作表时，工作表标签名为“sheetX”（X=2、3、…）。

右键单击工作表标签，弹出的快捷菜单中可以选择“插入”“删除”“重命名”“移动或复制”等命令，以创建新工作表、删除工作表、更改工作表标签名、移动或复制工作表。

单击工作表标签旁边的“新工作表”按钮⊕，创建新工作表。选择“开始”→“单元格”→“插入”→“插入工作表”命令，也创建新工作表。

单击工作表标签可以实现同一工作簿中不同工作表的切换。

（3）单元格

单元格是工作表中行、列的交叉处，是 Excel 处理数据的最小单位。每个单元格都有一个地址，用单元格所处的列号和行号组成。例如，第 2 列、第 30 行的单元格地址为 B30，单元格地址中列号在前、行号在后。

鼠标单击某一单元格时，该单元格被选中，称为活动单元格。活动单元格四周有绿色边框，右下角有一个方形的填充柄。同时活动单元格地址显示在“名称框”中，如图 6-1 所示。

（4）单元格区域

单元格区域是指多个相邻或不相邻的单元格组成的区域。若运算涉及多个相邻单元格，可以用单元格区域来简化操作。相邻单元格区域的表示方法通常是用区域左上角单元格地址和右下角单元格地址来表示，两者之间用英文冒号“:”隔开，如图 6-2 所示。

2. 数据编辑区

如图 6-3 所示，数据编辑区由名称框、编辑栏和编辑框 3 部分组成，位于工作表区域上方。

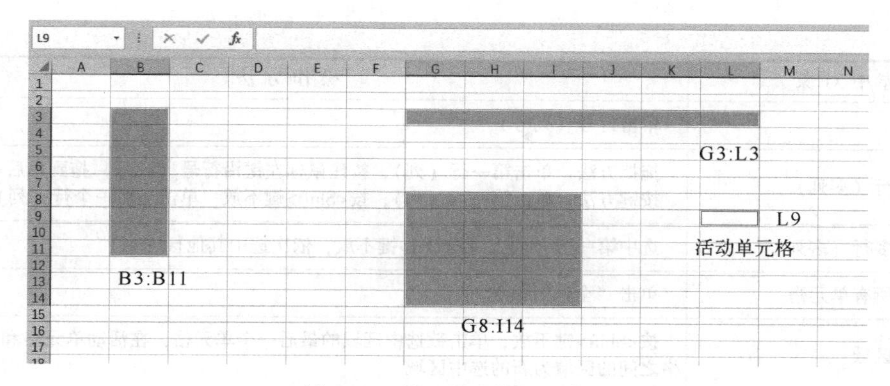

图 6-2　单元格区域的示例

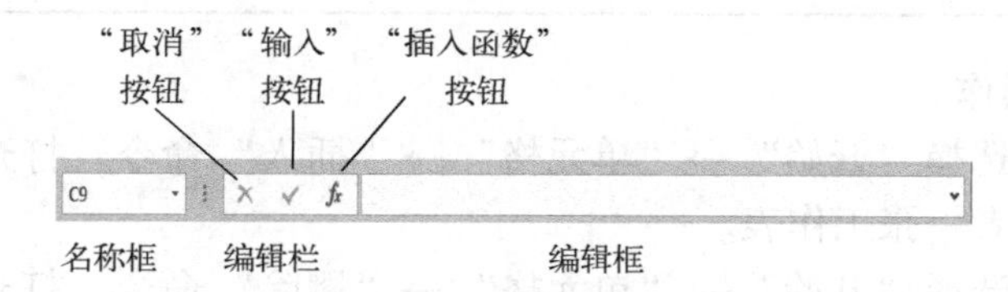

图 6-3　数据编辑区

1）名称框。当选中某个单元格或单元格区域时，名称框将显示当前活动单元格或单元格区域的位置。在名称框中可以直接输入单元格地址，此时，该地址的单元格成为活动单元格。

2）编辑栏。编辑栏中有 3 个按钮，从左至右分别是“取消”“输入”“插入函数”。

“取消”按钮：取消当前编辑的数据，恢复到活动单元格输入之前的内容。

“输入”按钮：确认当前输入或编辑的数据为当前活动单元格中的内容。

“插入函数”按钮：单击该按钮，打开“插入函数”对话框，选择需要的函数。

3）编辑框。用于显示和编辑活动单元格中的数据和公式。选中某个单元格后，既可以在编辑框中输入或编辑数据，也可以直接在单元格中输入或编辑数据。

三、基本操作

1. 选中操作

表 6-1 显示了选中单元格、单元格区域、行、列、工作表中所有单元格，以及单元格中文本的操作。

表 6-1　选中对象及其操作

选 中 对 象	操 作 方 法
一个单元格	单击单元格
相邻单元格区域	拖拽方法：单击选中该区域的第一个单元格，按住鼠标左键拖动到选中区域的最后一个单元格 按键方法：单击选中该区域的第一个单元格，按<Shift>键不放，单击选中该区域的最后一个单元格
不相邻多个单元格或不相邻多个单元格区域	选中第一个单元格或单元格区域，按<Ctrl>键不放，依次选中其他单元格或单元格区域

（续）

选中对象	操作方法
一行（列）	单击行号（列号）
相邻的多行（多列）	拖拽方法：单击第一行（列），按住鼠标左键沿行号（列号）拖到最后一行（列） 按键方法：单击第一行（列），按<Shift>键不放，单击最后一个行（列）
不相邻的多行（多列）	选中第一行（列），按<Ctrl>键不放，依次选中其他行（列）
工作表的所有单元格	单击“全选”按钮
调整选中区域	按<Shift>键不放，单击欲选中区域的最后一个单元格，在活动单元格和单击的单元格之间的区域为新的选中区域
单元格中的文本	双击单元格，光标在单元格中为闪烁的竖线，再选中文本

2. 插入和删除操作

先选中对象，再选择“开始”→“单元格”→“插入”命令，打开下拉菜单，可插入单元格、行、列，或者一张工作表。

先选中对象，再选择“开始”→“单元格”→“删除”命令，打开下拉菜单，可删除单元格、行、列，或者一张工作表。

插入单元格或删除单元格时，会弹出“插入”对话框或“删除”对话框，如图 6-4 所示。这就好像一个队列中插入一个元素时，其他元素要按序后移；删除一个元素时，其他元素要按序前移。

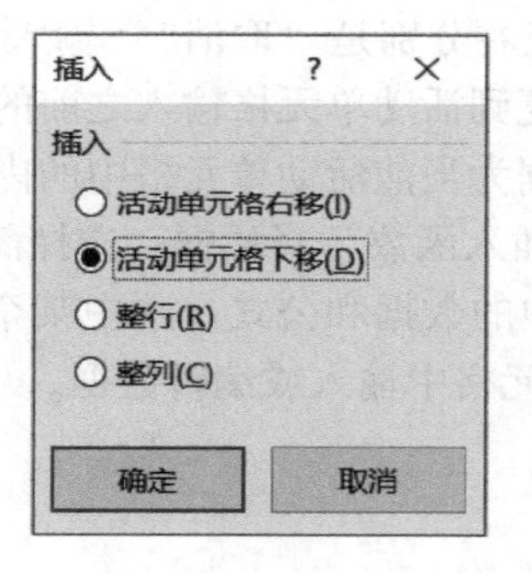

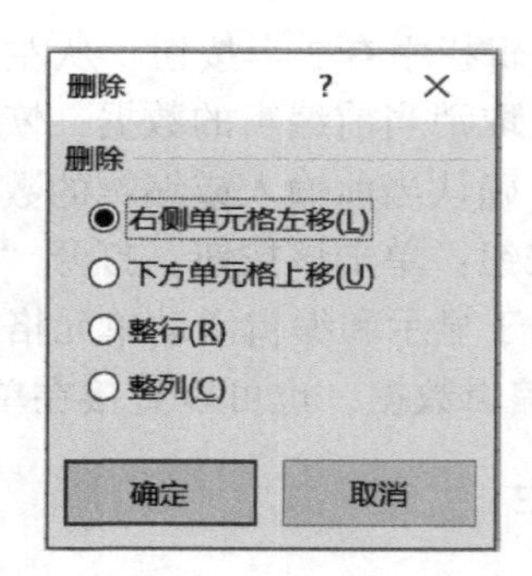

图 6-4 “插入”对话框和“删除”对话框

第二节 数据编辑

一、支持的数据类型

Excel 单元格中可以输入多种数据类型，包括文本（字符、文字）、数值、日期和时间等，还可以输入公式与函数。右键单击单元格，在弹出的快捷菜单中选择“设置单元格格式”，打开“设置单元格格式”对话框，如图 6-5 所示。选择“数字”选项卡，“分类”中给出了单元格支持的数据类型，选中每一种数据类型时，右侧有相关的设置选项和示例。例如，对于数值类型数据，可以设置小数点位数、千位分隔符、负数的输入方法。

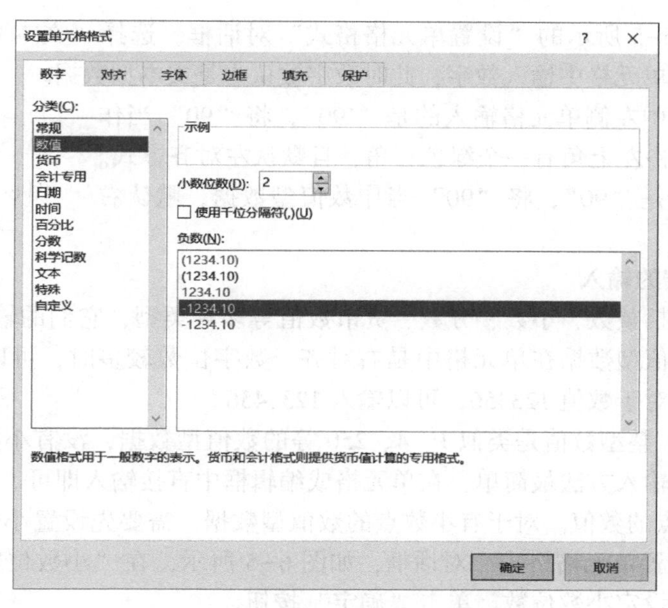

图 6-5 “设置单元格格式”对话框

二、数据基本输入方法

向单元格中输入信息的方法很多，可以在编辑框或单元格中输入数据。为加快数据的输入，Excel 提供了一些快速输入工作表中数据的方法。输入数据时，系统自动判断数据类型，并进行适当的处理。对不同的数据类型，输入时也有很多特殊的要求或注意事项。

1. 单元格中数据的输入方法

方法 1：在编辑框中输入。先单击要输入的单元格，再将光标定位到编辑框中，直接输入或修改数据。输入结束时按<Enter>键，或者单击编辑栏中的“输入”按钮，或者单击任意单元格。

方法 2：在单元格中输入。

双击要输入的单元格，光标定位在单元格中，直接输入或修改数据。

单击要输入的单元格，直接输入数据。输入过程中光标定位在单元格中，输入数据覆盖原有数据。这种方法只适合新输入数据或替换全部原有数据，不适合修改部分数据。

输入结束时按<Enter>键，或者单击编辑栏中的“输入”按钮，或者单击任意单元格，或者按键盘的方向键。

2. 文本型数据的输入

文本是由汉字、字母、数字、空格或其他符号组成的字符串。在默认状态下，所有文本型数据在单元格中是左对齐。

有些数据，例如，身份证、电话号码、学号等，以数字形式出现，但通常又作为文本型数据。数字当文本型数据输入时有两种处理方法。

方法 1：数字前加“'”。先输入一个西文半角字符“'”，再输入数字。例如，输入“'90”时将 90 作为文本类型。

方法 2：设为文本类型。选中单元格，右键单击，在弹出的快捷菜单中选择“设置单元格格式”，打开图 6-5 所示的“设置单元格格式”对话框，选择“文本”选项，单击“确定”按钮。再返回单元格中输入数字，此时数字被认为是文本型数据。

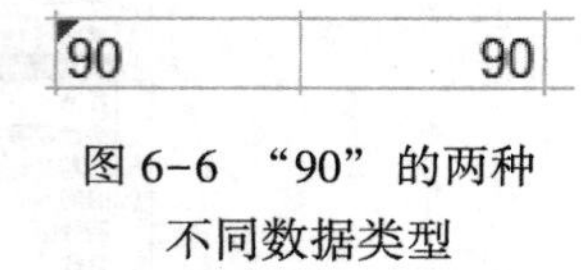

图 6-6 “90”的两种不同数据类型

例如，图 6-6 中左侧单元格输入的是“'90”，将“90”当作文本型数据，单元格左上角有一个绿色三角，且默认左对齐方式。右侧单元格输入的是“90”，将“90”当作数值型数据，默认右对齐方式。

3. 数值型数据的输入

数值型数据包括整数、小数、分数、货币数值等多种类型，它们的输入方法是不同的。在默认状态下，数值型数据在单元格中是右对齐。数字位数较多时，可以用千分位号“,”隔开输入。例如，对于数值 123456，可以输入 123,456。

1）整型数值。整型数值是类似 1、4、250 等的数值型数据，没有小数点，可以有正负符号。整型数值的输入方法最简单，在单元格或编辑框中直接输入即可。

2）带有小数点的数值。对于有小数点的数值型数据，需要先设置小数点的位数。选中单元格，打开“设置单元格格式”对话框，如图 6-5 所示，在“小数位数”数值框中输入或者使用微调按钮设定小数位数，单击“确定”按钮。

3）分数。输入分数时，应在分数前输入“0”和一个空格。例如，对于分数 2/3，应输入“0 2/3”。对于分数 5/2，可以输入“0 5/2”，按<Enter>键后显示“2 1/2”，也可以直接输入“2 1/2”。

4）货币型数值。货币型数值需要在数字前添加货币符号，这就要求在输入前设置货币类型。选中单元格，打开“设置单元格格式”对话框，选择“数字”选项卡→“分类”→“货币”，在“货币符号”中选择货币类型，单击“确定”按钮，如图 6-7 所示。此时在该单元格中输入“1000”，按<Enter>键，系统会自动更改为“￥1,000.00”的形式。

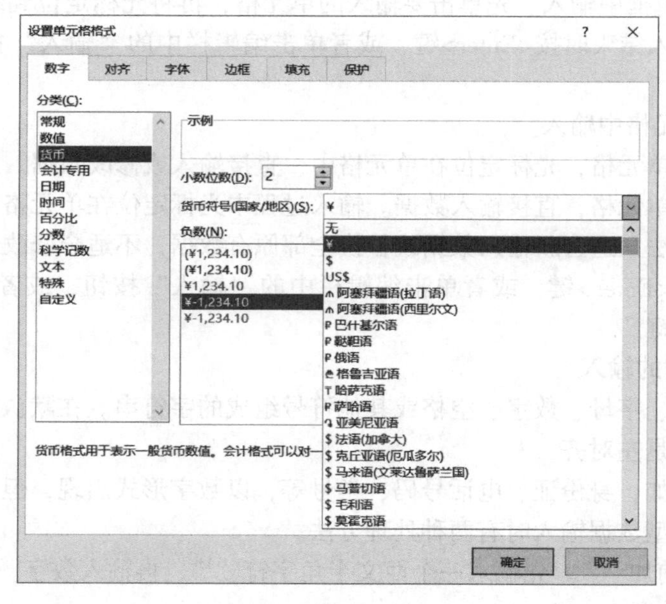

图 6-7 “货币符号”设置

4. 日期和时间的输入

日期的输入形式比较多，通常使用“/”和“-”对年、月、日进行间隔。例如，输入“2022/11/3”“2022-11-3”均表示 2022 年 11 月 3 日。可以在“设置单元格格式”→“数字”→“分类”→“日期”或“自定义”中设定日期格式。

时间的输入形式也很多，可在“设置单元格格式”→“数字”→“分类”→“时间”或“自定义”中设定时间格式，时、分、秒数值之间用“:”间隔。

日期与时间可以分开在不同单元格中输入，也可以输入在同一个单元格中，此时日期和时间之间用空格间隔。例如，输入“2022-11-3 17:30”表示 2022 年 11 月 3 日 17 点 30 分。若在单元格中输入“=now()”，则显示当前的日期和时间。

三、数据快速输入方法

1. 使用快捷键快速输入相同数据

这种方法适合对单元格区域输入相同的数据。先选定单元格区域，然后输入数据，最后按<Ctrl+Enter>键，则所有选定的单元格区域都输入了相同数据。

2. 使用“填充柄”快速输入数据

当输入的数据存在一定规律性的时候，可以使用“填充柄”来完成数据的自动填充。例如，学生的学号可能是连续编号。使用填充柄快速输入数据的步骤如下。

1）在单元格中输入序列数据中的第一个数据。例如，输入“1”。

2）选中该单元格，光标形状为空心十字✚，如图 6-8a 所示。

3）移动光标至右下角填充柄位置，光标为实心十字时拖动填充柄，如图 6-8b 所示。到最后一个需填充的单元格处松开鼠标。

4）单元格区域右下角显示“自动填充选项”图标。单击图标，在其下拉菜单中选择填充方式，如图 6-8c、d 所示。

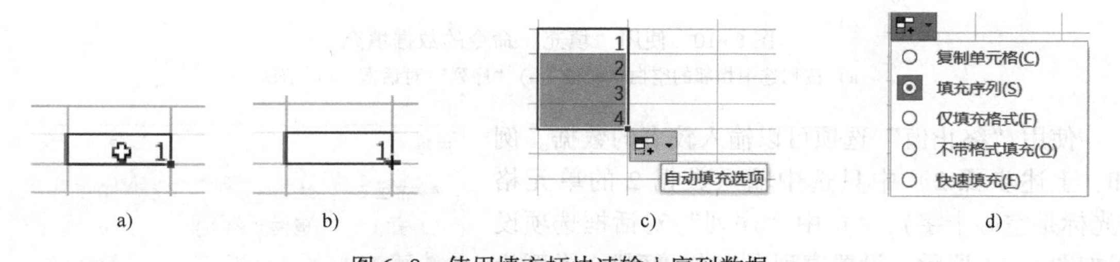

图 6-8 使用填充柄快速输入序列数据

a）空心十字 b）实心十字 c）“自动填充选项”图标 d）下拉菜单

自动填充时默认步长值是 1。如果希望得到步长值为 n 的数据序列，则可以在第一个单元格中输入数据 t，第二个单元格中输入数据 $t+n$，选中这两个单元格，拖动填充柄，则可自动填充步长值为 n 的数据序列。例如，图 6-9 中，先分别输入数据 2、6，选中这两个单元格，光标为空心十字；移动鼠标到填充柄，光标形状为实心十字，拖动填充柄，自动生成步长值为 4 的序列。

3. 使用“填充”命令快速输入序列数据

Excel 提供的“填充”命令能快速输入更丰富的序列数据，基本步骤如下。

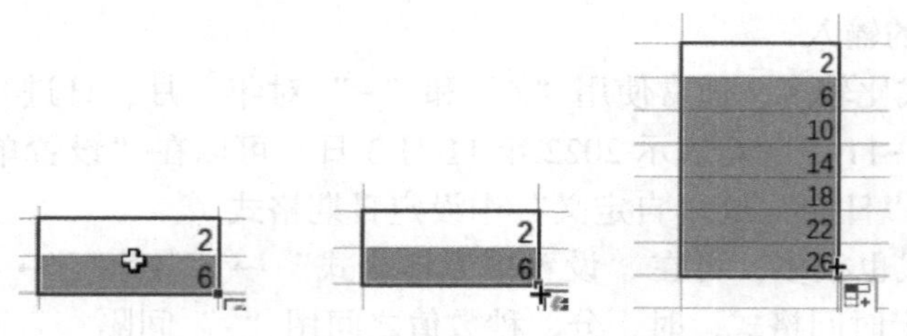

图 6-9　自动填充步长值为 4 的数据序列

1）在单元格中输入序列的第一个数据。例如，输入“2”。

2）按行或列，选中该单元格或相邻的空白单元格，如图 6-10a 所示。

3）选择“开始”→“编辑”→“填充”命令，打开“序列”对话框，如图 6-10b 所示。

4）在“序列”对话框中根据需求设置选项。例如，设置序列产生在“列”，类型为“等差序列”，步长值为“4”，按“确定”按钮，得到的序列数据如图 6-10c 所示，与图 6-9 效果一样。

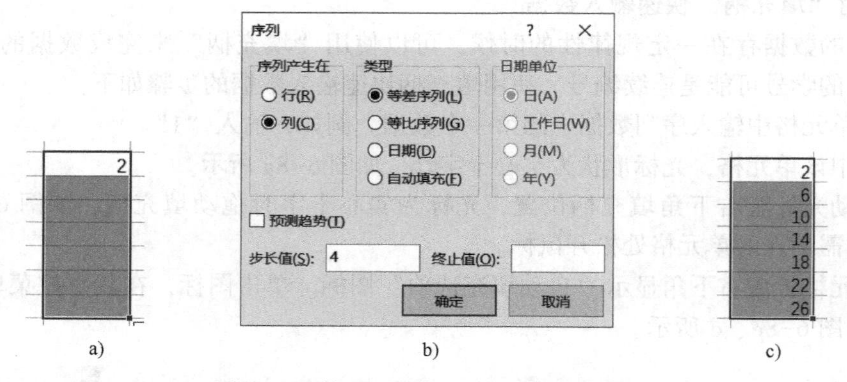

图 6-10　使用“填充”命令的数据填充

a）按列选中相邻的空白单元格　b）“序列”对话框　c）结果

使用“终止值”选项可以输入较多的数据。例如，上述步骤 2）中只选中输入数据 2 的单元格（光标是空心十字），4）中“序列”对话框选项设置如图 6-11 所示，设置序列产生在“列”，类型为“等差序列”，步长值为“4”，终止值为“1000”，单击“确定”按钮，可得到从 2 开始、终止值为 998 的 250 个数据的等差序列。

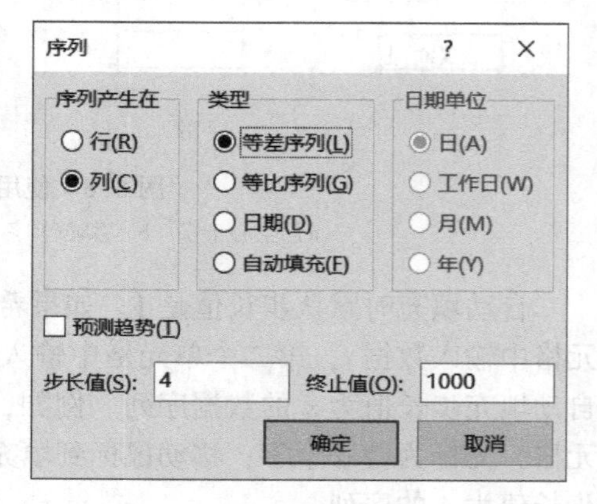

图 6-11　使用“终止值”选项

4. 使用“自定义序列”快速输入文本数据

Excel 还提供对日期、文本类型数据的快速输入。单击“文件”→“选项”命令，打开“Excel 选项”对话框，如图 6-12 所示。选择“高级”选项，拖动右侧滚动条，单击“编辑自定义列表”按钮，打开“自定义序列”对话框，如图 6-13 所示。

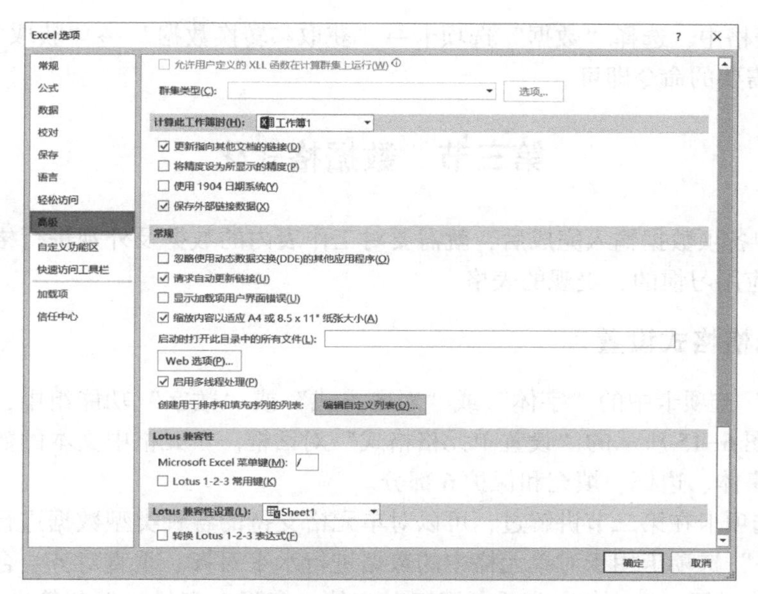

图 6-12 “Excel 选项”对话框

在“输入序列”文本框中输入自定义序列项，两项间以<Enter>键分隔，单击“添加”按钮，完成新序列的添加。例如，图 6-13 中，“输入序列”中输入“北京”“上海”“南京”3 个序列项，单击“添加”按钮后，在“自定义序列”中可查看到输入的新序列。

在单元格中输入自定义序列中的任何一个数据，例如，输入“上海”，拖动填充柄到达目标单元格后，松开鼠标，完成自定义序列的填充，如图 6-14 所示。

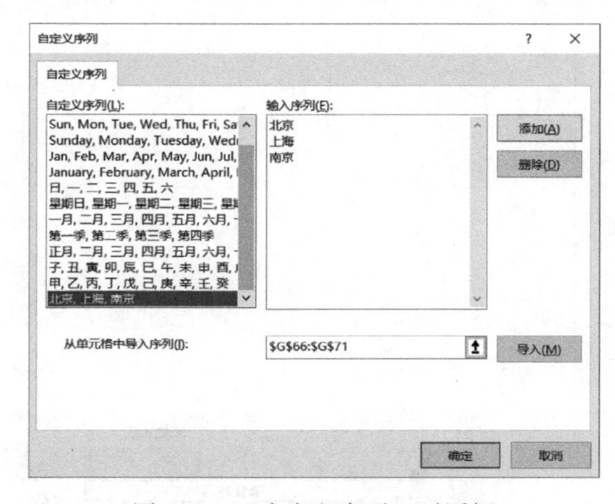

图 6-13 “自定义序列”对话框

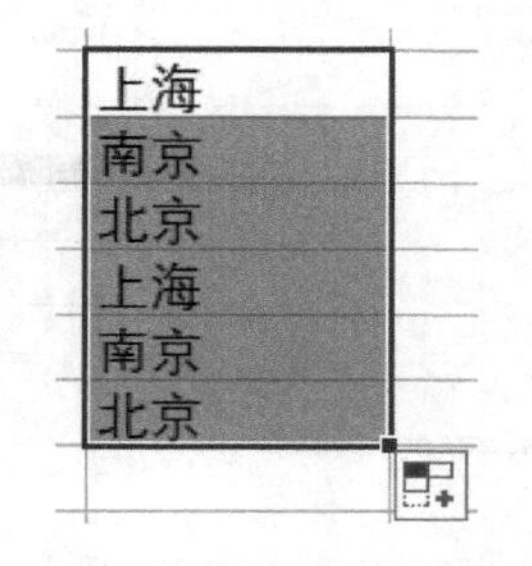

图 6-14 文本数据“自定义序列”填充

5. 将网页上的数据引入到 Excel 中

网页上表格形式的信息可以直接从浏览器上复制到 Excel 表格中，而且效果很好。

方法 1：使用剪贴板。选中网页信息并复制它；到 Excel 中，选择一个单元格并粘贴。

方法 2：鼠标拖拽。选中网页信息，并将其拖拽到 Excel 中。

6. 将计算机中数据文件导入到 Excel 中

计算机中的 . txt 文本文件、. pdf 文件、Word 文件、Access 文件等多种文件内容都可以导入到 Excel 表格中，选择“数据”选项卡→“获取和转换数据”→“获取数据”，打开下拉菜单，选择需要的命令即可。

第三节　数据格式化

对 Excel 中各项数据输入完成后，就需要对工作表内的数据及外观进行格式化处理，制作出符合日常应用习惯的、美观的表格。

一、单元格格式设置

在“开始”选项卡中的“字体”或“对齐方式”或“数字”功能组中，单击右下角的 ↘ 按钮，打开图 6-15 所示的“设置单元格格式”对话框。单元格中文本的数据格式化包括数字、对齐、字体、边框、填充和保护 6 部分。

“数字”选项卡在第二节讲解过，可以对单元格支持的各种类型数据进行相应的显示格式设置。“对齐”选项卡用于对单元格中的数据进行水平对齐、垂直对齐、合并单元格以及文本方向的格式设置。“字体”选项卡用于对字体、字形、字号、颜色等进行格式化定义。“边框”选项卡用于对单元格的边框样式和颜色进行格式化定义。“填充”选项卡用于对单元格底纹的颜色和图案进行定义。“保护”选项卡中可以对单元格进行保护设置。

先要选中单元格或单元格区域，再打开“设置单元格格式”对话框，进行格式设置。

为了表格美观，常常需要对多个单元格进行合并操作。例如，在图 6-16 中，“销售地区”单元格地址为 B1，但其占用 B1 ~ E1 单元格位置。以“销售地区”为例介绍合并单元格常用的 3 种方法。

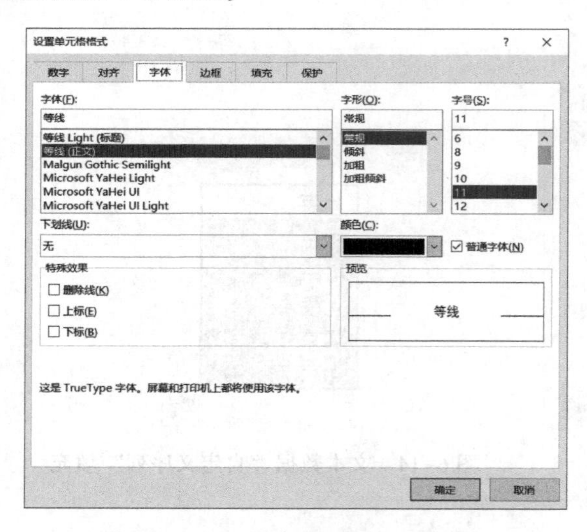

图 6-15 “设置单元格格式”对话框

	A	B	C	D	E	F
1	2021年	销售地区				总体
2		北方	江浙沪	南方	西南	
3	1月	¥21,016	¥27,400	¥4,528	¥39,074	¥92,018
4	2月	¥27,440	¥22,052	¥4,158	¥27,250	¥80,900

图 6-16　表格案例

方法 1：选中单元格区域 B1:E1，打开“设置单元格格式”对话框，选择“对齐”选项卡，勾选“合并单元格”选项。B1:E1 就合并为一个单元格，单元格地址为 B1。

方法 2：选中单元格区域 B1:E1，单击“开始”→“对齐方式”→“合并后居中”→“合并后居中”（或“合并单元格”）。

方法 3：选中单元格区域 B1:E1，按住<Alt>键的同时依次按下<H>、<M>、<C>（或<M>）键。

二、行高和列宽设置

在表格中，根据内容的不同，常常需要设置不同的行高或列宽。行高与列宽的设置方法是一致的，这里一起描述。调整行高（列宽）的方法有 4 种。

方法 1：拖拽方法。鼠标放到行号下边界（列号右边界）时，光标变成 （ ），沿箭头方向拖动鼠标。

方法 2：双击方法。双击行号下边界（列号右边界），行高（列宽）自动调整以适应行（列）内容。

方法 3：命令方法。选中相应的行（列），选择“开始”选项卡→“单元格”→“格式”命令，打开下拉菜单，如图 6-17a 所示，选择“行高”（“列宽”）命令，打开“行高”（“列宽”）对话框，如图 6-17b、图 6-17c 所示，设置行高（列宽）数据即可。或者在图 6-17a 所示下拉菜单中选择“自动调整行高”（“自动调整列宽”）命令。

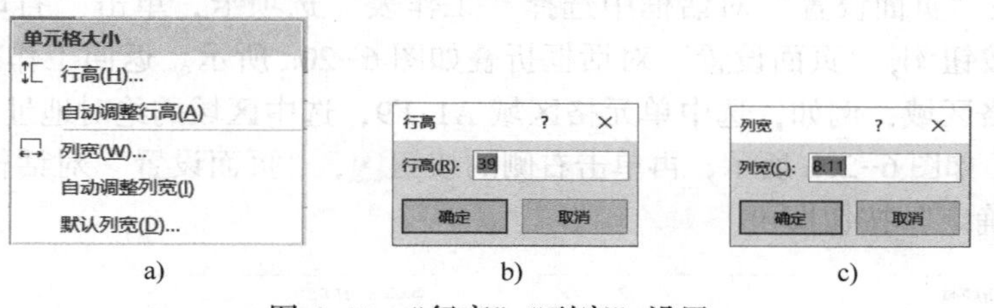

a)　　b)　　c)

图 6-17 “行高”“列宽”设置

a）下拉菜单　b）“行高”对话框　c）“列宽”对话框

方法 4：剪贴板方法。可以将某一行（列）的行高（列宽）复制粘贴到其他行（列）。选中相应的行，执行“复制”命令；选中目标行（列），右键单击，在下拉菜单的“粘贴选项”中选择“格式”命令。

三、工作表的页面设置

表格打印前需要进行页面设置。打开“页面设置”对话框的常用的方法如下。

方法 1：选择“文件”→“打印”，在“打印”设置界面的最下一行，单击“页面设置”选项。

方法 2：单击“页面布局”选项卡→“页面设置”右下角的按钮。

这两种方法都可以打开“页面设置”对话框，如图 6-18 所示。页边距、纸张大小、纸张方向、页眉/页脚等基本设置与 Word 中的设置相似，这里重点叙述 Excel 中的打印区域、打印标题设置。

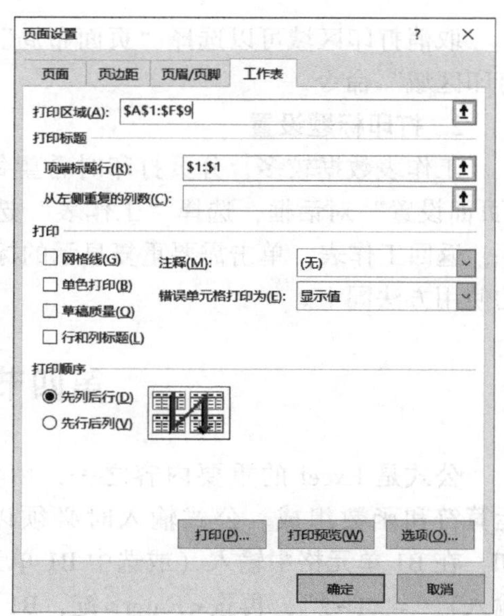

图 6-18 “页面设置”对话框

单击“页面设置”→“工作表”中的“打印预览”按钮，可以查看页面设置的效果。

1. 打印区域设置

工作表的数据较多，且只需要打印其中一部分连续区域的内容，此时可设置打印区域。设置打印区域常用方法如下。

方法1：先选中单元格区域，单击“页面布局”选项卡→“页面设置”→“打印区域”，打开下拉菜单。若第一次设置打印区域，则下拉菜单只有两个选项，如图6-19a所示。若已经设置过打印区域，则下拉菜单有3个选项，如图6-19b所示。根据需要选择“设置打印区域”或者“添加到打印区域”命令。

a)　　b)

图6-19　单击“打印区域”打开的不同下拉菜单

a）第一次设置打印区域　b）已经设置过打印区域

方法2：在“页面设置”对话框中选择“工作表”选项卡，单击“打印区域”选项右侧的区域选择按钮，“页面设置”对话框折叠如图6-20a所示。返回工作表中选中需要打印的连续单元格区域，例如，选中单元格区域A1:F9，选中区域的绝对地址显示在“页面设置”对话框中，如图6-20b所示，再单击右侧的按钮，“页面设置”对话框还原为图6-18所示。单击“确定”按钮即可。

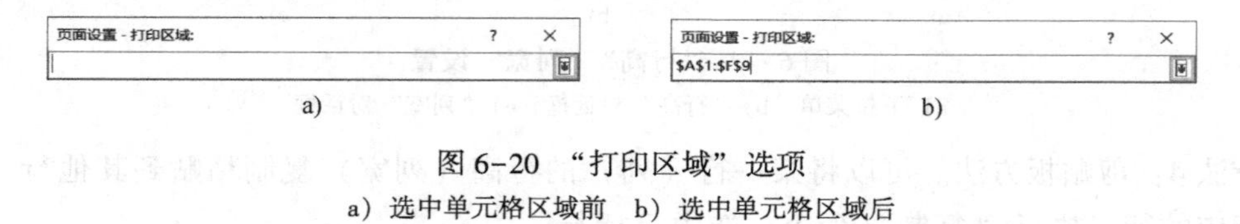

a)　　b)

图6-20　“打印区域”选项

a）选中单元格区域前　b）选中单元格区域后

取消打印区域可以选择“页面布局”选项卡→“页面设置”→“打印区域”→“取消打印区域”命令。

2. 打印标题设置

工作表数据较多，分页打印时希望每页都打印标题行，此时需要设置打印标题。打开“页面设置”对话框，选择“工作表”选项卡，单击“顶端标题行”右侧的区域选择按钮，返回工作表，单击需要重复显示的标题行行号即可。设置过程中，区域选择按钮、的使用方法同上。

第四节　数据计算

公式是Excel的重要内容之一，由参与运算的数据、运算符和函数组成。公式输入时必须以“=”开头。例如，在B1单元格中输入（或选中B1单元格，在编辑框中输入）“=A1+2”，再按<Enter>键，B1单元格的值为A1单元格的内容加2，如图6-21所示，此时编辑框显示选中

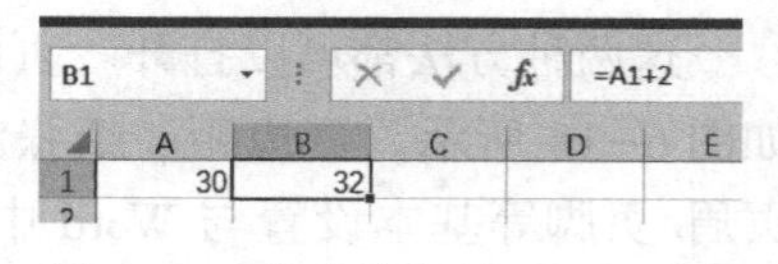

图6-21　公式输入以“=”开头

单元格的公式。

一、单元格的相对引用和绝对引用

Excel 公式中的数据常常来自于单元格或单元格区域。单元格引用是指对工作表中单元格或单元格区域的坐标位置的标识，指明公式中使用数据的位置。单元格引用分为相对引用和绝对引用。

1. 相对引用

相对引用是指公式中引用单元格或单元格区域的相对地址，采用单元格所在列号、行号表示其位置。例如，用 A1 表示 A 列第 1 行的单元格。对公式的复制粘贴，或者使用填充柄自动填充公式时，相对引用的单元格或单元格区域地址会随着改变。默认情况下，单元格引用是相对引用。

例如，在图 6-22a 中，对 D2 单元格采用公式“=B2+C2”计算总分，其中 B2 和 C2 单元格采用的就是相对引用。鼠标放在 D2 单元格的右下角，当鼠标指针变成黑色十字后，向下拖动填充柄，自动填充 D3、D4 单元格的公式，如图 6-22b 所示。用鼠标单击 D3 单元格，如图 6-22c 所示，从编辑框中看到 D3 单元格的公式为“=B3+C3”，类推 D4 单元格的公式为“=B4+C4”。

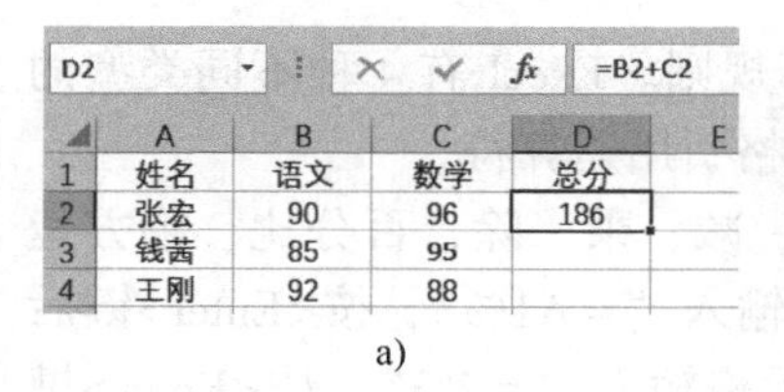

a)

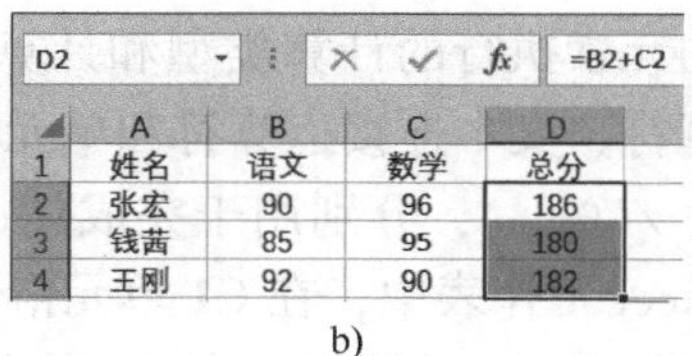

b)

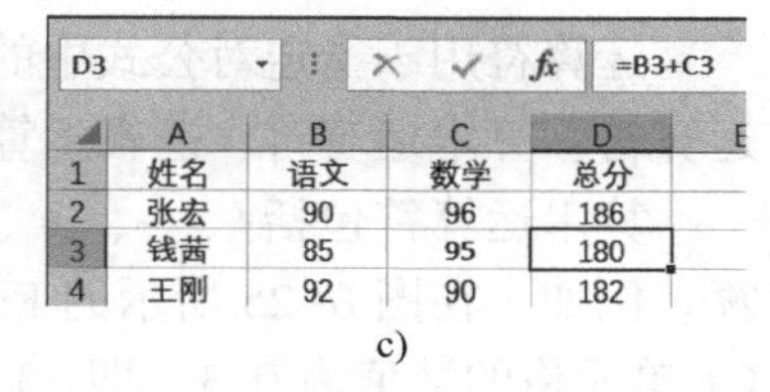

c)

图 6-22　单元格的相对引用

a）计算 D2 单元格的总分　b）使用填充柄填充公式　c）查看 D3 单元格的公式

2. 绝对引用

绝对引用是指公式中所引用的单元格或单元格区域地址为其工作表的确定地址。单元格的绝对引用是通过在行号和列号前加一个“$”符号来表示。例如，用“$A$1”来表示 A1 单元格。对公式的复制粘贴，或者使用填充柄自动填充公式时，绝对引用的单元格或单元格区域地址不会改变。

例如，在图 6-23 中，每种水果都采购了 5 斤，用公式“=B2 * E2”计算橘子的总价，如图 6-23a 所示。鼠标放在 C2 单元格的右下角，当鼠标指针变成黑色十字后，向下拖动填充柄，自动填充 C3、C4 单元格公式，如图 6-23b 所示，苹果、香蕉总价都为 0，错在哪里？用鼠标单击 C3 单元格，如图 6-23c 所示，从编辑框中看到 C3 单元格的公式为“=B3 * E3”，以此类推 C4 单元格的公式为“=B4 * E4”。由于公式中对单元格采用的是相对引用，使用填充柄自动填充公式时，苹果和香蕉的数量分别引用了 E3、E4 单元格，所以结果为 0。

正确的方法是对 E2 单元格使用绝对引用，即用公式“=B2 *$E$2”计算 C2 单元格的总价，如图 6-24a 所示。拖动填充柄自动填充 C3、C4 单元格的公式，C3 单元格的公式是“=B3 *$E$2”，类推 C4 单元格的公式是“=B4 *$E$2”，数量都保持对 E2 单元格的引用，如图 6-24b 所示。

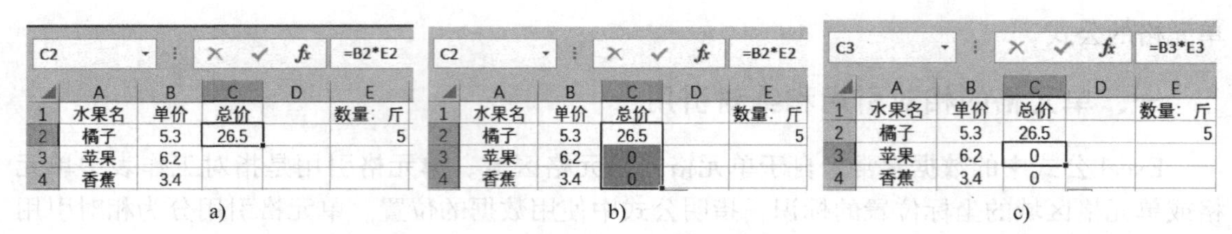

图 6-23　单元格的相对引用

a）计算 C2 的总价　b）使用填充柄填充公式　c）查看 C3 单元格公式

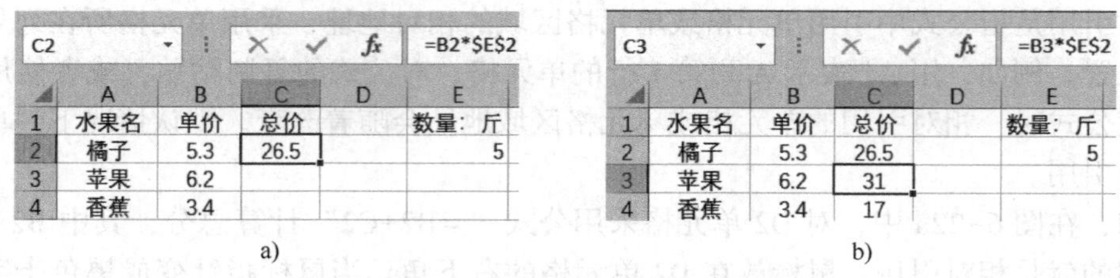

图 6-24　单元格的绝对引用

a）计算橘子总价　b）其他水果总价的计算公式

二、运算符及优先级

运算符用于指定对公式中的元素执行的计算类型和计算规则。Excel 有 4 种不同类型的运算符：算术运算符、逻辑运算符、文本连接运算符和单元格引用运算符。

算术运算符包括+、-、*、/、%、^，分别用于完成加、减、乘、除、百分比、乘方运算。例如，在图 6-25 所示的 Excel 工作表中，在 C1 单元格输入“=A1%”，按<Enter>键后 C1 单元格的数值为 0.3，即 30 除以 100 的结果；在 D1 单元格输入“=2^3”，按<Enter>键后 D1 单元格的数值为 8，即 2 的 3 次方的数值。

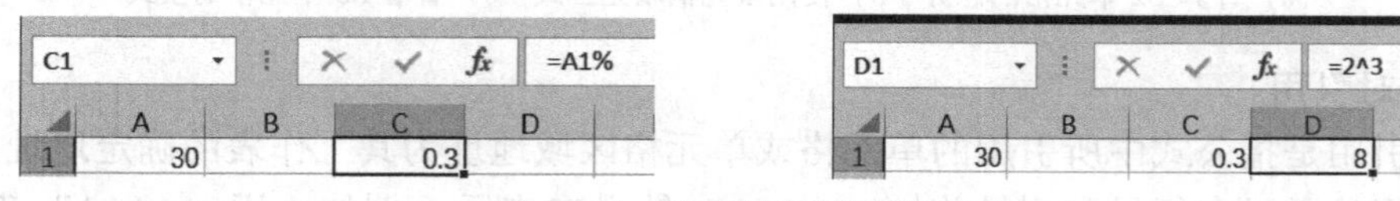

图 6-25　算术运算符示例

逻辑运算符包括=、>、<、<=、>=、<>，分别用于实现两个数据的等于、大于、小于、小于或等于、大于或等于、不等于比较运算，运算的结果是 FALSE 或 TRUE。例如，在图 6-26 所示的 Excel 工作表中，若在 C1 单元格输入“=A1>A2”，按<Enter>键后 C1 单元格的值为 TRUE。

文本连接运算符是&，用于将两个文本连接起来，生成一个连续的文本。例如，如图 6-27 所示，A1 和 B1 单元格中数据分别为“北”“风”，在 C1 单元格输入“=A1&B1”，按<Enter>键后，C1 单元格的内容为“北风”。

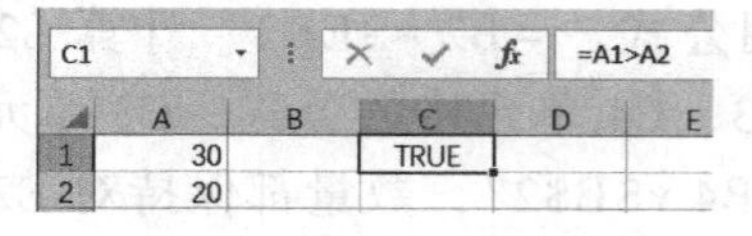

图 6-26　逻辑运算符示例

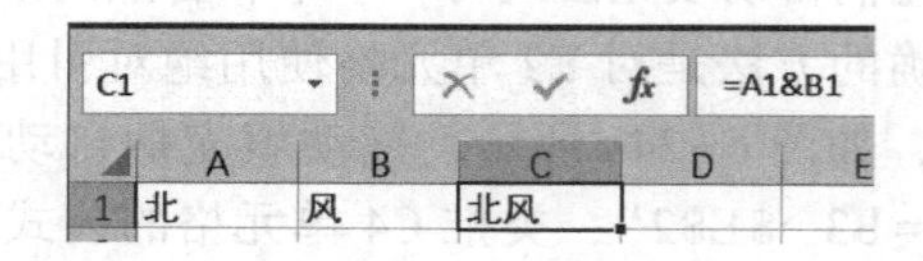

图 6-27　文本连接运算符示例

单元格引用运算符包括区域运算符（:）、联合运算符（,）和交集运算符（一空格）。区域运算符（:）用于表示两个引用之间的所有单元格构成的区域，例如，B5:B15 用于表示 B5 单元格到 B15 单元格之间的单元格区域。联合运算符（,）用于将多个引用合并为一个引用，例如，（B5:B15,C5:C15）等同于（B5:C15）。交集运算符（⎵）用于生成两个引用中共有单元格的引用，例如，如图 6-28 所示，（A1:D2 A2:B3）等同于（A2:B2）。

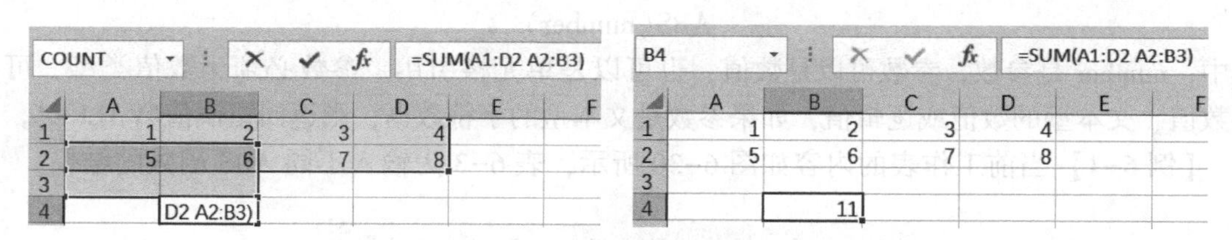

图 6-28　单元格引用运算符示例

如果公式中同时用到了多个运算符，Excel 将按优先级由高到低的次序进行运算，运算符的优先级见表 6-2。如果一个公式中的若干个运算符具有相同的优先级，Excel 将按从左到右的次序进行运算。

表 6-2　运算符的优先级

运　算　符	含　义	优　先　级	
:、,、⎵	单元格引用运算符	1	高
-	负号	2	
%	百分比	3	
^	乘方	4	
*、/	乘、除	5	
+、-	加、减	6	
&	文本连接运算符	7	
=、<、>、<=、>=、<>	逻辑运算符	8	低

三、Excel 常用的内置函数

Excel 提供了丰富的内置函数，用来对工作表中的数据进行各种加工处理。函数由函数名和参数组成，函数名表示函数的用途，参数根据函数的计算功能不同，可以是数值、文本、逻辑值和单元格引用等。函数可以有一个或多个参数，参数也可以嵌套使用。

单击"公式"选项卡，如图 6-29 所示，"函数库"组提供了大量的函数，包括财务、逻辑、文本、日期和时间、查找与引用、数学和三角函数，以及一些统计、工程等其他函数。

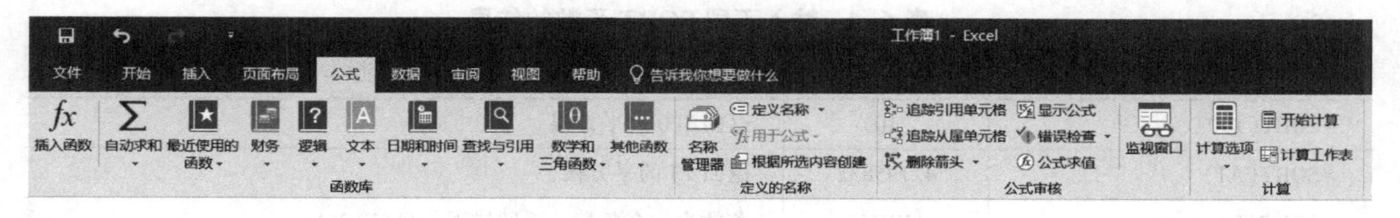

图 6-29　"公式"选项卡

使用函数时可以手工输入函数，也可以使用“插入函数”对话框。如果函数不能正确计算出结果，Excel 将显示错误信息。下面介绍一些常用函数。

1. 数学与三角函数

在 Excel 中，为数学运算和三角函数提供相关函数来实现。

1）ABS 函数返回给定数值的绝对值，即不带符号的数值，语法格式为

ABS(number)

其中，number 是参数，参数可以是数值，也可以是单元格引用。参数必须为数值类型，可以是数值、文本型的数值或逻辑值，如果参数是文本型的字符数据，则返回错误值#VALUE!。

【例 6-1】当前工作表的内容如图 6-30 所示，表 6-3 为输入不同 ABS 函数的结果。

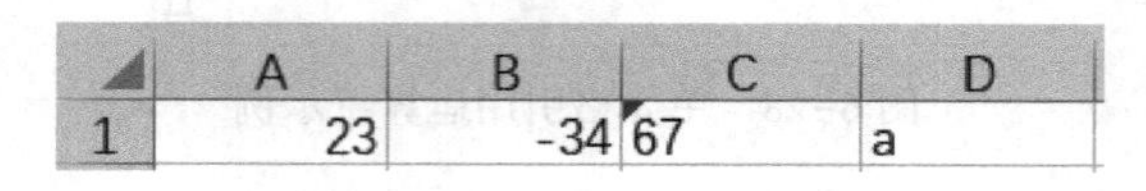

图 6-30 当前工作表的内容

表 6-3 输入不同 ABS 函数的结果

单元格输入的公式	结果	说明
=ABS(89)	89	返回 89 的绝对值
=ABS(-89)	89	返回-89 的绝对值
=ABS(0)	0	返回 0 的绝对值
=ABS(A1)	23	返回 A1 单元格中数值的绝对值
=ABS(B1)	34	返回 B1 单元格中数值的绝对值
=ABS(B1-A1)	57	计算 B1-A1 的值，返回其绝对值
=ABS(C1)	67	将文本型的数据 67 当作数值数据，返回其绝对值
=ABS(FALSE)	0	返回逻辑型数据 FALSE 的值 0
=ABS(TRUE)	1	返回逻辑型数据 TRUE 的值 1
=ABS(D1)	#VALUE!	参数为文本型的字符数据，返回错误值#VALUE!

2）SQRT 函数计算数值的平方根，语法格式为

SQRT(number)

其中，number 是参数，参数可以是数值，也可以是单元格引用。参数必须为数值类型，且不能是负数，否则会出现返回错误信息#VALUE！或#NUM！。

【例 6-2】当前工作表的内容如图 6-30 所示，表 6-4 为输入不同 SQRT 函数的结果。

表 6-4 输入不同 SQRT 函数的结果

单元格输入的公式	结果	说明
=SQRT(100)	10	返回 100 的平方根
=SQRT(A1)	4.795832	返回 23 的平方根
=SQRT(B1)	#NUM!	参数为一个负数，返回错误信息#NUM!

（续）

单元格输入的公式	结　果	说　明
=SQRT(C1)	8.185353	将文本型的数据 67 当作数值数据，返回其平方根
=SQRT(FALSE)	0	返回逻辑型数据 FALSE 的平方根 0
=SQRT(TRUE)	1	返回逻辑型数据 TRUE 的平方根 1
=SQRT(D1)	#VALUE!	参数为文本型的字符数据，返回错误值#VALUE!

3）SUM 函数是求和函数，语法格式为

SUM(number1,[number2],…)

其中，number1、number2 是需要求和的参数，至少有一个参数，最多可有 30 个参数。它们可以是数值、逻辑值，也可以是单元格引用，或者单元格区域。单元格中的文本将被忽略。

【例 6-3】当前工作表的内容如图 6-31 所示，表 6-5 为输入不同 SUM 函数的结果。

	A	B	C	D	E
1	1	2	3	4	
2	6	7	8	9	
3	10	11	12	13	
4	14	15	16	17	

图 6-31　当前工作表的内容

表 6-5　输入不同 SUM 函数的结果

单元格输入的公式	结　果	说　明
=SUM(1,3,5)	9	计算 1+3+5 的和
=SUM(A1:D1)	10	计算 A1:D1 单元格区域之和，其值等于公式"=A1+B1+C1+D1"
=SUM(A1:D4)	148	计算 A1:D4 单元格区域之和，其值等于公式"=A1+B1+C1+D1+A2+…+D4"
=SUM(A1:D1,10)	20	计算 A1:D1 单元格区域与 10 的和，其值等于公式"=A1+B1+C1+D1+10"
=SUM(A1:D1,D4)	27	计算 A1:D1 单元格区域与 D4 的和，其值等于公式"=A1+B1+C1+D1+D4"
=SUM(A1:D1,A3:D3)	56	计算 A1:D1 单元格区域与 A3：D3 单元格区域的和，其值等于公式"=A1+B1+C1+D1+A3+B3+C3+D3"

2. 统计函数

在 Excel 中，为数据统计提供相关函数来实现。

1）AVERAGE 函数是求平均值函数，语法格式为

AVERAGE(number1,[number2],…)

其中，number1、number2 是需要求平均数的参数，至少有一个参数。参数可以是数值、单元格引用，或者单元格区域，如果单元格引用或单元格区域参数包含文本、逻辑值或空单元格，则这些单元格将被忽略，但包含零值的单元格将被计算在内。

【例 6-4】当前工作表的内容如图 6-31 所示，表 6-6 为输入不同 AVERAGE 函数的结果。

表 6-6　输入不同 AVERAGE 函数的结果

单元格输入的公式	结　　果	说　　明
=AVERAGE(1,3,5)	3	计算(1+3+5)/3 的值
=AVERAGE(A1:D1)	2.5	计算 A1:D1 单元格区域平均值，其值等于公式“=(A1+B1+C1+D1)/4”
=AVERAGE(A1:E1)	2.5	计算 A1:D1 单元格区域平均值，其值等于公式“=(A1+B1+C1+D1)/4”。E1 内容为空，不纳入平均值计算

2）MAX 函数是求最大值函数，语法格式为

MAX(number1,[number2],…)

其中，number1、number2 是需要求最大值的参数，至少有一个参数。参数可以是数值、逻辑值、单元格引用，或者单元格区域。如果单元格引用或单元格区域参数包含逻辑值或其他内容，则 MAX 函数只计算其中的数值或通过公式计算的数值部分，不计算文本类内容。

【例 6-5】当前工作表的内容如图 6-32 所示，表 6-7 为输入不同 MAX 函数的结果。

	A	B	C	D	E	F
1	0.11	0.2	0.3	5x	TRUE	
2	6	7	8	9		

图 6-32　当前工作表的内容

表 6-7　输入不同 MAX 函数的结果

单元格输入的公式	结　　果	说　　明
=MAX(1,3,5)	5	计算 1、3、5 的最大值
=MAX(A2:D2)	9	计算 A2:D2 单元格区域最大值，其值等于公式“=MAX(A2,B2,C2,D2)”
=MAX(A1:E1)	0.3	计算 A1:E1 单元格区域最大值，其值等于公式“=MAX(A1,B1,C1)”，D1 和 E1 中为非数值数据，不计算它们的内容
=MAX(A1:E1,TRUE)	1	其值等于公式“=MAX(A1,B1,C1,TRUE)”，TRUE 是逻辑值，看作 1。D1 和 E1 中为非数值数据，不计算它们的内容

3. 字符串函数

字符串函数是文本处理的常用函数，可以计算字符串的长度，从给定的字符串中截取指定长度的字符等。

1）LEN 函数用于计算字符串的长度，语法格式为

LEN(text)

其中，text 是一个字符串。例如，公式“=LEN("good morning")”的结果为 12。公式“=LEN("早上好")”的结果是 3。

2）LEFT 函数用于从一个字符串的左边开始截取需要的字符，语法格式为

LEFT(text,num_chars)

其中，text 是一个字符串，num_chars 指定从 text 截取的字符数。例如，公式“=LEFT("good afternoon",4)”的结果为"good"。公式“=LEFT("早上好",2)”的结果是"早上"。

3）RIGHT 函数用于从一个字符串的右边开始截取需要的字符，语法格式为 RIGHT(text,num_chars)

其中，text 是一个字符串，num_chars 指定截取的字符数。例如，公式“=RIGHT("good

morning",7)" 的结果为"morning"。公式"=RIGHT("早上好",1)"的结果是"好"。

4）MID 函数用于从一个字符串中截取一部分字符，语法格式为

MID(text,start_num,num_chars)

其中，text 是一个字符串，start_num 指定要截取的第一个字符位置，num_chars 指定截取的字符数，从左边开始截取字符。例如，公式"=MID("good morning",6,4)"的结果为"morn"。公式"=MID("早上好",2,1)"的结果是"上"。

4. 日期函数

1）DATE 函数用于将指定的年、月、日组合起来，返回一个日期，语法格式为

DATE(year,month,day)

例如，公式"=DATE(2022,10,8)"的结果是 2022/10/8。

2）TODAY 函数用于返回系统当前的日期，语法格式为 TODAY()。

3）NOW 函数用于返回系统当前的日期和时间，语法格式为 NOW()。

四、公式的出错信息

公式不能正确计算时，Excel 会显示一个出错信息，出错信息提示了出错原因。常用的错误信息有以下 8 种。

######：单元格的列宽不够大，不足以显示数据，或单元格的日期时间公式产生了一个负值。例如，如图 6-33 所示，单元格中数字较多，而单元格的宽度较小，这是常见的情况，此时只要调整单元格宽度就可以解决问题。

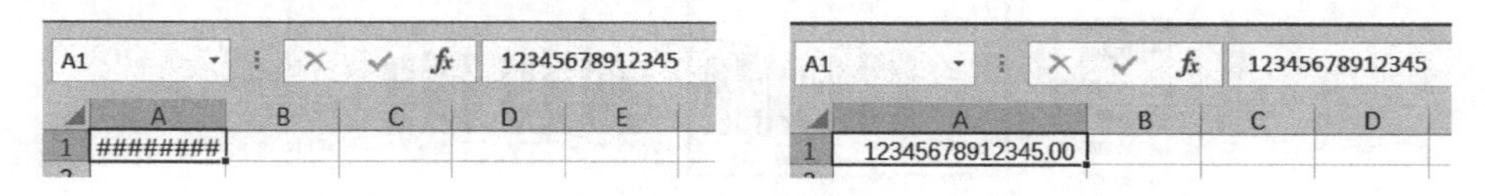

图 6-33 单元格中数据宽度比单元格的宽度大

#VALUE!：使用了错误的参数或运算符类型，或公式出错。例如，公式"="abc"+3"中将字符串与数值数据相加，会提示"#VALUE!"信息。

#DIV/0!：公式中出现除数为 0 的现象。例如，输入公式"=7/0"后，会提示"#DIV/0!"信息。

#NAME?：公式中应用了 Excel 不能识别的文本。例如，公式"=SUM(A1:DA)"中"DA"符号有误，会提示"#NAME?"信息。

#N/A：函数或公式中没有可用数值。例如，使用 Excel 查找功能的函数时，若找不到匹配的值，则会提示"#N/A"信息。

#REF!：单元格引用无效。例如，图 6-34 中，C3 单元格的公式为"=A1+B1"，此时，若执行删除 A1 单元格，则会提示"#REF!"信息。

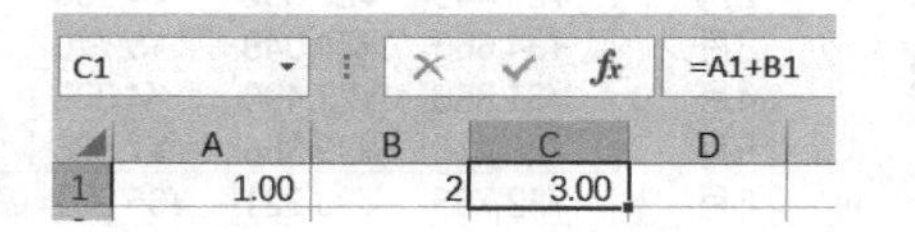

图 6-34 删除 A1 单元格后出现错误

#NUM!：公式或函数的某个数字有问题。例如，输入公式“=2^1024”后，会提示“#NUM!”信息，这是因为数据的结果超出了Excel中的最大数值，系统无法表示。

#NULL!：试图为两个并不相交的区域指定交叉点。例如，输入公式“=SUM(A1:D1 A2:D2)”后，会提示“#NULL!”信息，这是因为A1:D1与A2:D2没有共有的单元格或单元格区域。

第五节　数据可视化

一、图表概述

图表是Excel中最常见的对象之一，它是依据选定区域的数据按照一定的数据系列生成，是对工作表中数据的图形化表示方法。当数据发生变化时，图表中数据也会自动更新，把数据的发展趋势、所占比例等直接用图表的形式直观地展现出来。

Excel 2019提供了17种图表类型，如图6-35所示。在实际工作中，根据需要选择合适的图表类型，以达到最佳的表现效果。下面叙述常用的几种图表类型。

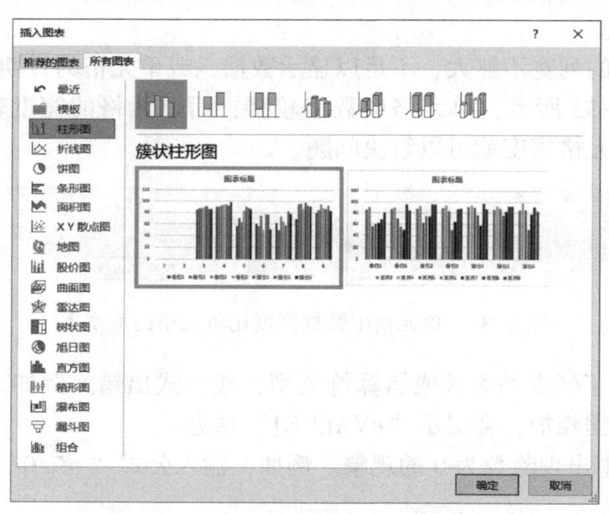

图6-35　Excel提供的图表类型

1. 柱形图和条形图

柱形图是最常见的图表之一。在柱形图中，每个数据都显示为一个垂直的柱体，其高度对应数据的值。柱形图适合于多个考察对象的多个数据对比，例如，多个同行业的季度或月度数据对比，或多个子公司的季度或月度数据对比。

把柱形图顺时针旋转90°就成为条形图。当项目比较长时，柱形图横坐标上没有足够的空间写名称，只能排成两行或倾斜放置，而条形图区有足够的空间可以利用。

例如，图6-36是某单位半年的销售数据，其柱形图和条形图分别如图6-37a、b所示。

2021年	北方	南方	西部	东部
1月	¥21,016	¥27,400	¥4,528	¥39,074
2月	¥27,440	¥22,052	¥4,158	¥27,250
3月	¥34,666	¥34,048	¥5,770	¥25,634
4月	¥31,866	¥23,490	¥4,338	¥22,546
5月	¥28,416	¥39,366	¥7,866	¥29,238
6月	¥32,765	¥30,821	¥65,231	¥30,987

图6-36　某单位半年的销售数据

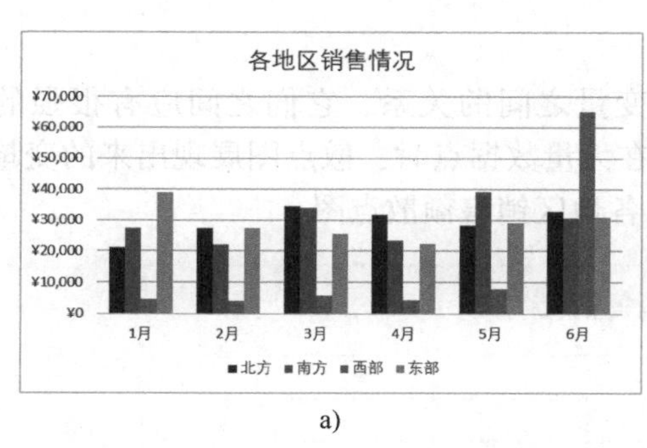

a)

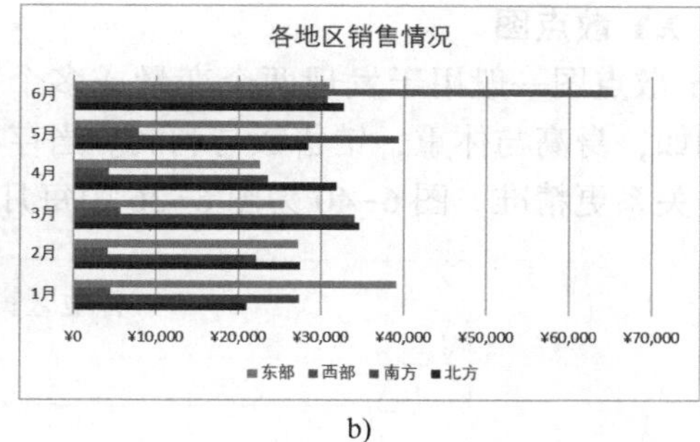

b)

图 6-37　柱形图和条形图

a）柱形图　b）条形图

2. 饼图

饼图适合于显示各个组成部分在整体中所占的比例。例如，全国各地区的销售额占比。为了便于阅读，饼图包含的项目数不宜太多，可以将一些不重要的项目，或占比小的项目合并为其他项，或者用条形图代替饼图。例如，图 6-38 为图 6-36 中 1 月份销售数据的饼图。

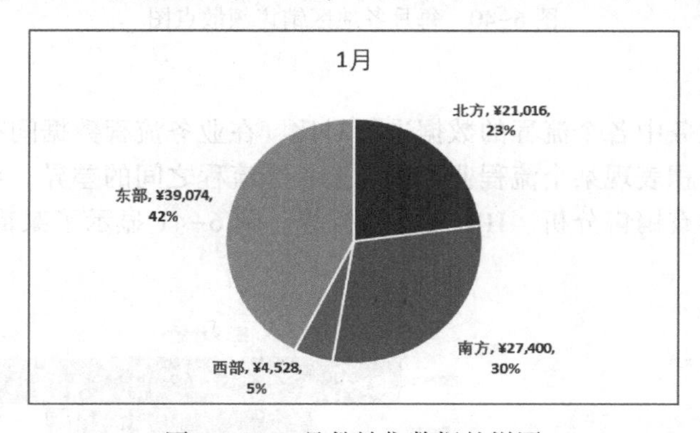

图 6-38　1 月份销售数据的饼图

3. 折线图

折线图通常用来展示数据随时间或有序类别的变化趋势。在折线图中，横坐标通常是时间刻度，纵坐标通常是数值的大小刻度，例如，图 6-39 为图 6-36 中每月各地区销售额折线图。

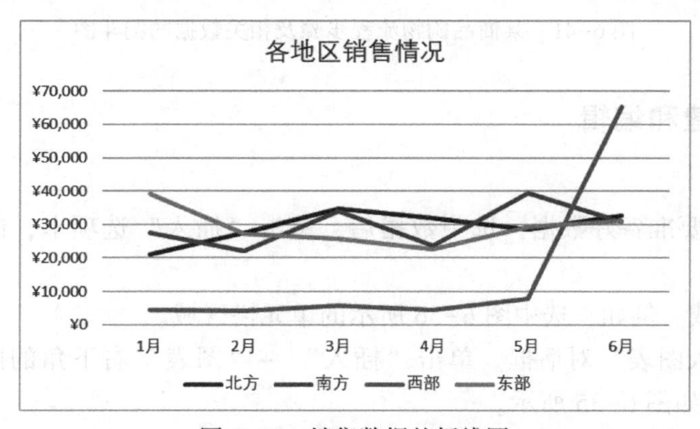

图 6-39　销售数据的折线图

4. XY 散点图

XY 散点图一般用于发现两个变量或多个变量之间的关系，它们之间应有很强的关联性，例如，身高与体重，销售额与利润。当存在大量数据点时，散点图展现出来的变量之间的相关关系更精准。图 6-40 为图 6-36 中每月各地区销售额散点图。

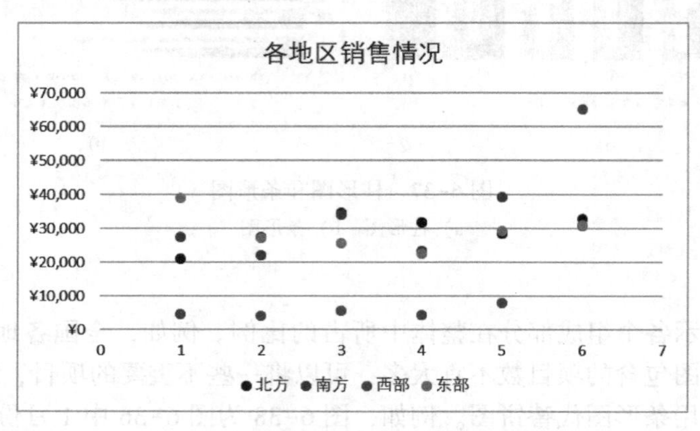

图 6-40　每月各地区销售额散点图

5. 漏斗图

漏斗图主要对业务中各个流程的数据进行对比，在业务流程数据间有逻辑关系且依次减少时适用。用矩形面积表现某个流程业务量与上一个流程之间的差异，可以直观地显示转化率和流失率。常见的有销售分析、HR 人力分析等。图 6-41 显示了某商品购物流程步骤及相关数据的漏斗图。

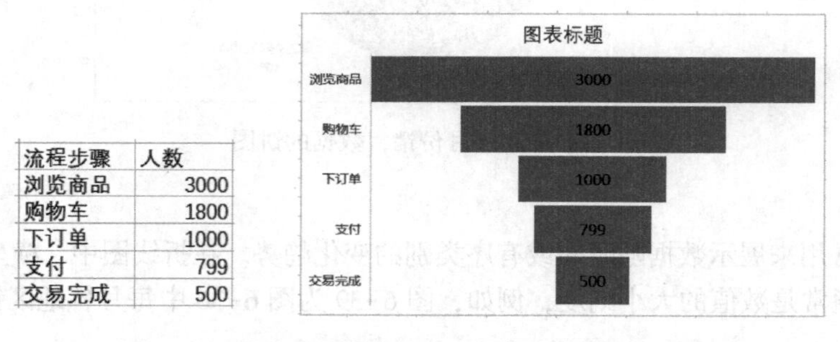

流程步骤	人数
浏览商品	3000
购物车	1800
下订单	1000
支付	799
交易完成	500

图 6-41　某商品购物流程步骤及相关数据的漏斗图

二、图表创建和编辑

1. 图表创建

制作图表前先要准备好数据，选中数据后，单击“插入”选项卡，制作图表。图表制作步骤如下。

1）选择数据域。例如，选中图 6-36 所示的单元格区域。

2）打开“插入图表”对话框。单击“插入”→“图表”右下角的图标，打开“插入图表”对话框，如图 6-35 所示。

3）选择图表类型。单击“所有图表”选项卡，在左侧菜单中选择所需图表类型。

4）选择图表类型的分类。每一种图表类型还有多种分类。例如，柱形图包括簇状柱形图、堆积柱形图、百分比堆积柱形图、三维簇状柱形图、三维堆积柱形图、三维百分比堆积柱形图、三维柱形图。选中图表类型后，在对话框的右侧上方显示这些分类，单击每一种分类，在右侧下方显示该分类的图表预览。

5）单击“确定”按钮，生成选中类型的图表。

6）根据需要编辑图表。

2. 图表编辑

单击图表，显示一个绿色十字按钮，单击该按钮，显示并可选择图表元素，如图 6-42a 所示。图表包含的基本元素有图表标题、垂直坐标轴、水平坐标轴、图例、系列数据和绘图区等，图例还包含多个图例项，如图 6-42b 所示。对图表中的每一个元素都可以进行编辑，使得图表更实用和美观。例如，可修改图表标题为“2021 年上半年 XX 部门月销售情况”，可增加数据标签使得数据更直观。

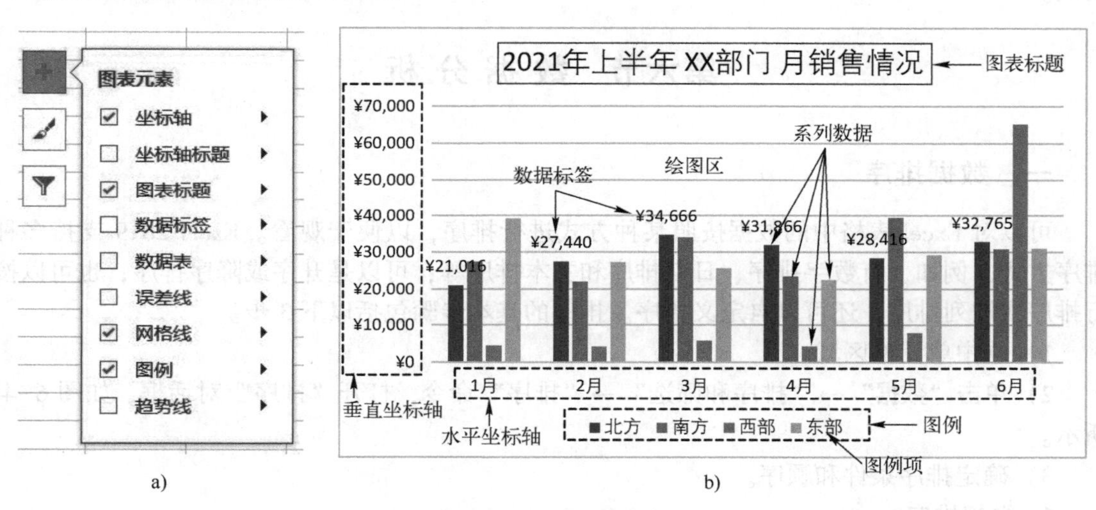

图 6-42　图表元素

a）图表元素菜单　b）图表元素示例

打开图表编辑命令的两种常用方法如下：

方法 1：选中图表，Excel 2019 窗口出现“图表工具”→“设计”和“格式”两个选项卡，从选项卡中选择所需命令。“图表工具”→“设计”选项卡包含“图表布局”“图表样式”“数据”“类型”“位置”功能组。通过“图表工具”→“设计”选项卡可以修改图表中的字体颜色等。

例如，为更改图表类型，可单击“图表工具”→“设计”→“类型”→“更改图表类型”命令，打开“更改图表类型”对话框，该对话框内容与“插入图表”对话框是一样的，从图表制作步骤 3）继续即可。

为选择图表存放的位置，可单击“图表工具”→“设计”→“位置”→“移动图表”命令，打开“移动图表”对话框，如图 6-43 所示，选择存放图表的位置。图表可以存放在现有的工作表中，也可以新建一个工作表存放图表

方法 2：右键单击图表元素，在快捷菜单中选择所需的命令。

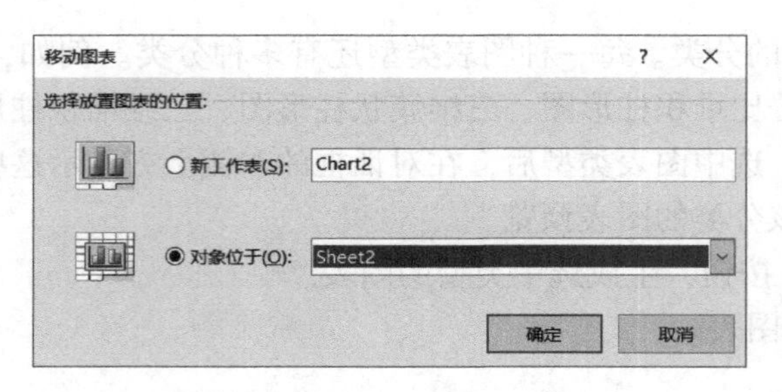

图 6-43　选择图表存放的位置

例如，可以为图表中系列数据添加数据标签或者数据标注。方法为：右键单击某一系列数据，在快捷菜单中选择“添加数据标签”→“添加数据标签”（或“添加数据标注”）命令。图 6-42b 添加了数据标签。右键单击添加的数据标签，可以进一步编辑数据标签的格式。

第六节　数 据 分 析

一、数据排序

可以对 Excel 表格中的数据按照某种方式进行排序，以便于观看。Excel 2019 支持多种排序方式，例如，有数字排序、日期排序和文本排序等；可以是升序或降序排序；也可以按行排序或按列排序；还可以自定义排序。排序的基本步骤包括以下 3 步。

1）选中单元格区域。

2）单击“数据”→“排序和筛选”→“排序”命令，打开“排序”对话框，如图 6-44 所示。

3）确定排序条件和顺序。

1. 常规排序

例如，图 6-45 为学生基本信息表。若要求按学号递增排序，则可在“排序”对话框中设置：主要关键字为“学号”，次序为“升序”，如图 6-44 所示，单击“确定”按钮即可。

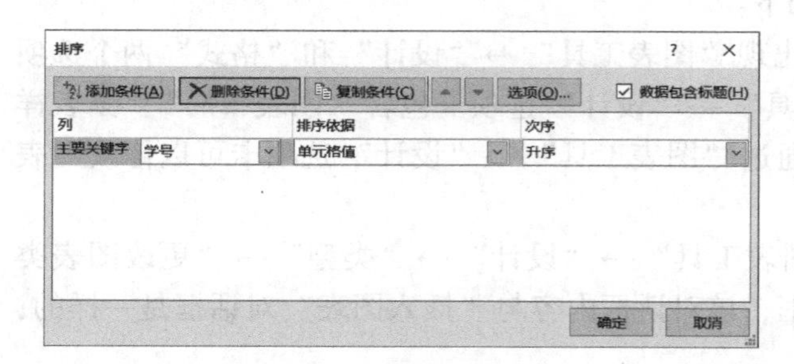

图 6-44　“排序”对话框

学号	姓名	性别	籍贯
220102	李杨	男	山东
220110	黎明华	男	陕西
220111	章慧	女	安徽
220101	杨雪娟	女	山西
220105	陈静	女	湖南
220107	施小强	男	安徽
220109	郑明	女	山东
220108	周阳	男	陕西

图 6-45　学生基本信息表

若要求按籍贯升序排列，相同籍贯的同学，女生排在男生前面，则可单击“添加条件”按钮，弹出“次要关键字”等选项，设置为：主要关键字为“籍贯”，次序为“升序”，次要关键字为“性别”，次序为“降序”，如图 6-46 所示，单击“确定”按钮即可。

Excel 中对字段的排序默认是按列、按字母排序，可以设置按行排序、按笔划排序。单击“排序”对话框中“选项”按钮，打开图 6-47 所示“排序选项”对话框，按需设置选项即可。

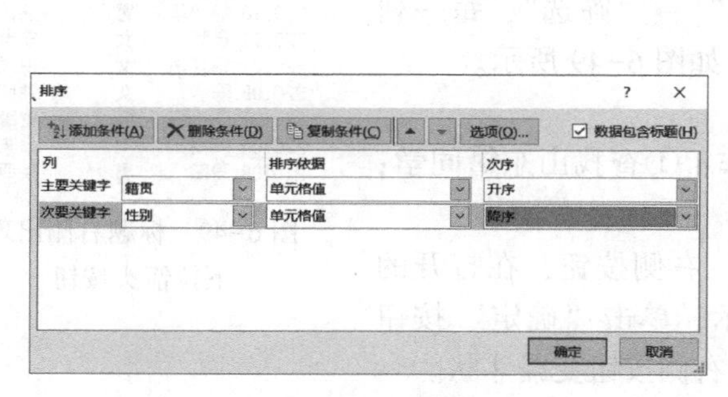

图 6-46　排序设置

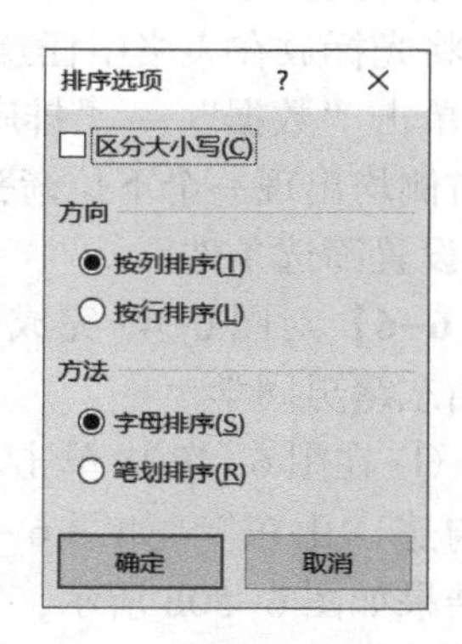

图 6-47　“排序选项”对话框

2. 自定义排序

Excel 2019 支持用户自定义排序序列。例如，如果要求籍贯按“陕西、湖南、山西、安徽、山东”顺序排列，这既不是字母顺序，又不是笔画顺序，则可以单击“排序”对话框中“次序”列表框，选择“自定义序列”，打开“自定义序列”对话框，如图 6-48a 所示。在“输入序列”中依次输入“陕西、湖南、山西、安徽、山东”，单击“添加”按钮，该序列显示在左侧“自定义序列”中。单击“确定”按钮。

此时“排序”对话框如图 6-48b 所示，单击“确定”按钮即可。

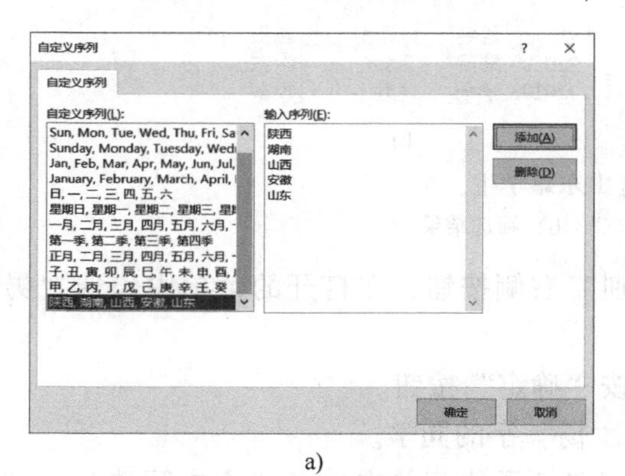

a)

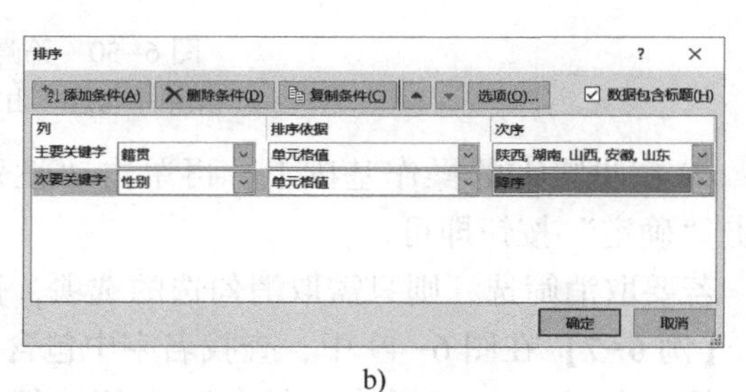

b)

图 6-48　自定义排序序列

a)“自定义序列”对话框　b)“排序”对话框

二、数据筛选

筛选就是按条件在 Excel 表中查找想要的数据记录。在输入筛选条件时，有两个通配符“?”和“＊”。“?”表示一个任意字符，“＊”表示 0 个或多个任意字符。

例如，姓氏为“杨”，这一条件可表示为“杨＊”；姓氏为“杨”的二字名字，这一条件可表示为“杨?”；名字中包含“杨”，这一条件可表示为“＊杨＊”。

1. 自动筛选

自动筛选可以查找满足一个或多个条件的数据记录，筛选结果在原有数据区域显示。自动筛选操作的基本步骤如下。

1）将光标放在表格中任意位置。

2）单击“数据”→“排序和筛选”→“筛选”，每一列的标题右侧均出现一个下拉箭头按钮，如图 6-49 所示。

3）设置筛选条件。

学号	姓名	性别	籍贯
220102	李杨	男	山东
220110	黎明华	男	陕西
220111	章慧	女	安徽
220101	杨雪娟	女	山西
220105	陈静	女	湖南
220107	施小强	男	安徽
220109	郑明	女	山东
220108	周阳	男	陕西

图 6-49　标题右侧出现下拉箭头按钮

【例 6-6】 对图 6-49 完成下列操作：①查找山东籍同学；②查找山东籍男同学。

解：① 在图 6-49 中单击“籍贯”右侧按钮，在打开的菜单中勾选“山东”，如图 6-50a 所示，单击“确定”按钮即可。结果如图 6-50b 所示，“籍贯”右侧按钮变漏斗状。

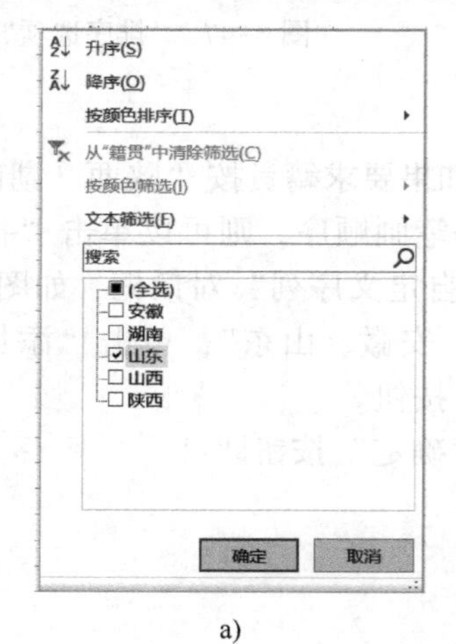

a)

学号	姓名	性别	籍贯
220109	郑明	女	山东
220102	李杨	男	山东

b)

图 6-50　筛选山东籍学生

a）菜单中勾选“山东”　b）筛选结果

② 在步骤①的操作基础上，再单击“性别”右侧按钮，在打开的菜单中勾选“男”，单击“确定”按钮即可。

若要取消筛选，则只需取消勾选的选项，按“确定”按钮。

【例 6-7】 在图 6-49 中，查找名字中包含“杨”字的同学。

解：在图 6-49 中单击“姓名”右侧按钮，在打开的菜单中单击“文本筛选”→“包含”命令，打开“自定义自动筛选方式”对话框，如图 6-51 所示。这里已经给出“包含”关系，故只需要直接输入“杨”，而不需要输入“＊杨＊”。单击“确定”按钮即可。

2. 高级筛选

Excel 2019 提供了高级筛选功能，既可以查找多个条件同时满足的数据，也能查找满足多个条件之一的数据，还可以将查找结果存放在指定的单元格区域。

光标放在数据表格中任意位置，单击“数据”→“排序和筛选”→“高级”命令，打开“高级筛选”对话框，如图 6-52 所示。“高级筛选”对话框中选项的说明如下。

1）“方式”选项。设置筛选结果是存放在原数据表格处，还是存放在其他单元格区域。

图 6-51 “自定义自动筛选方式”对话框

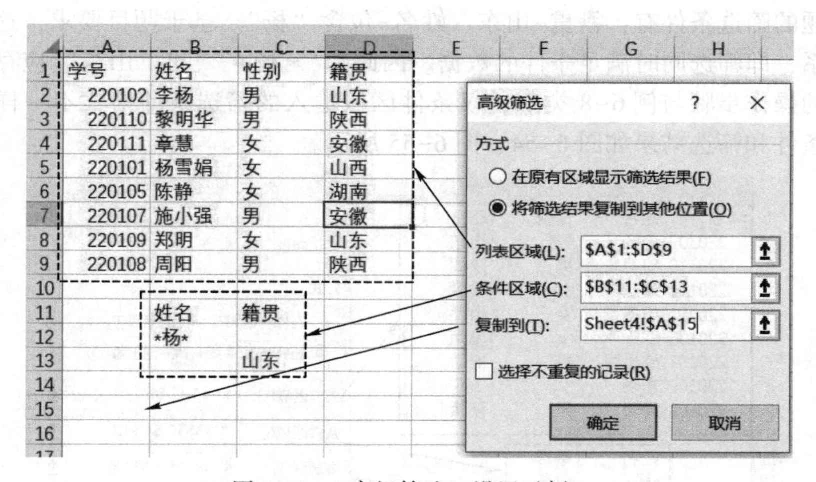

图 6-52 “高级筛选”设置示例 1

2）“列表区域”选项。列表区域是指数据表格所在的单元格区域。打开“高级筛选”对话框前，光标已经放在数据表格中，故“列表区域”选项通常会自动设置。

3）“条件区域”选项。条件区域用于存放筛选条件。输入筛选条件时，将筛选字段名放在同一行，如“姓名”“籍贯”，将筛选条件放在字段名下方同列单元格中。若多个条件要求同时满足（逻辑与），则多个条件应位于同一行；若多个条件只要求满足之一（逻辑或），则多个条件需存放在不同行。

设置“条件区域”选项时，先单击“条件区域”选项右侧按钮，再用鼠标去选中条件区域的单元格，单元格区域地址便自动填入“条件区域”中。

4）“复制到”选项。当选择“将筛选结果复制到其他位置”时，“复制到”选项可用，用于设置存放筛选结果的单元格区域起始地址。

设置“复制到”选项时，先单击“复制到”选项右侧按钮，再用鼠标去单击欲存放结果区域的左上角单元格，单元格地址便自动填入“复制到”中。

【例 6-8】 在图 6-45 中，查找山东籍贯，或者名字中包含“杨”字的同学，查找结果存放在起始地址为 A15 的单元格区域。

解：本题的筛选条件有：籍贯-山东、姓名-包含“杨”。基于题目要求，这两个条件是逻辑或的关系，即筛选出的数据只要求满足其中的一个条件。

1）输入筛选条件，如图 6-52 中所示，“＊杨＊”和“山东”错行存放。

2）将光标放在列表区域中任意位置。

3）单击“数据”→“排序和筛选”→“高级”命令，打开“高级筛选”对话框。

4）设置“方式”选项：选择“将筛选结果复制到其他位置”。

5）确认“列表区域”选项，设置“条件区域”选项和“复制到”选项。

6）单击“确认”按钮即可。筛选结果如图 6-53 所示。

学号	姓名	性别	籍贯
220102	李杨	男	山东
220101	杨雪娟	女	山西
220109	郑明	女	山东

图 6-53　筛选结果

【例 6-9】在图 6-45 中查找山东籍贯，并且名字中包含“杨”字的同学，查找结果存放在起始地址为 A15 的单元格区域。

解：本题的筛选条件有：籍贯-山东、姓名-包含“杨”。基于题目要求，这两个条件是逻辑与的关系，即筛选同时满足条件的数据。因此，“＊杨＊”和“山东”应存放在同一行中。本例题的操作步骤与例 6-8 类似，仅条件区域输入的筛选条件格式不一样。条件区域输入的筛选条件和筛选结果如图 6-54、图 6-55 所示。

	A	B	C	D
1	学号	姓名	性别	籍贯
2	220102	李杨	男	山东
3	220110	黎明华	男	陕西
4	220111	章慧	女	安徽
5	220101	杨雪娟	女	山西
6	220105	陈静	女	湖南
7	220107	施小强	男	安徽
8	220109	郑明	女	山东
9	220108	周阳	男	陕西
10				
11		姓名	籍贯	
12		*杨*	山东	

高级筛选

方式

○ 在原有区域显示筛选结果(F)

◉ 将筛选结果复制到其他位置(O)

列表区域(L): $A$1:$D$9

条件区域(C): :4!$B$11:$C$12

复制到(T): 4Sheet4!$A$15

☐ 选择不重复的记录(R)

确定　取消

图 6-54　“高级筛选”设置示例 2

【例 6-10】在图 6-45 中，假设学号是数值型数据，查找学号在 220105 和 220110 之间的同学。

	学号	姓名	性别	籍贯
15	学号	姓名	性别	籍贯
16	220102	李杨	男	山东

图 6-55　筛选结果

解：本题的筛选条件是：学号>=220105，同时学号<=220110。可以使用自动筛选方法，也可以使用高级筛选方法。

1）自动筛选。将光标放在表格中任意位置，单击“数据”→“排序和筛选”→“筛选”，单击“学号”右侧按钮，在打开的菜单中单击“数字筛选”→“大于或等于”，打开“自定义自动筛选方式”对话框，设置如图 6-56 所示，单击“确定”按钮即可。

图 6-56　“自定义自动筛选方式”对话框设置

2）高级筛选。步骤与例 6-8 类似，条件区域内容如图 6-57 所示。

学号	学号
>=220105	<=220110

图 6-57　条件区域内容

三、数据分类汇总

Excel 2019 的分类汇总是指在对数据字段分组的基础上进行数据的求和、计数、求平均数、求最大值、求最小值等汇总统计。分类汇总前，需对分组的字段进行排序。分类汇总的基本步骤如下。

1）选中数据所在的单元格区域，对要分组的字段进行排序。

2）单击“数据”→“分级显示”→“分类汇总”命令，打开“分类汇总”对话框，如图 6-58 所示。

3）设置在“分类汇总”对话框中的选项。

- “分类字段”是指汇总统计的分组依据。
- “汇总方式”是指汇总统计的方法，如对同一组中数据求和、求平均数、统计个数、求最大值、最小值等运算。
- “选定汇总项”指定数据运算的对象。

4）单击“确定”按钮。

以图 6-59 所示某课程成绩表为例，举例说明“分类汇总”对话框的选项设置方法。

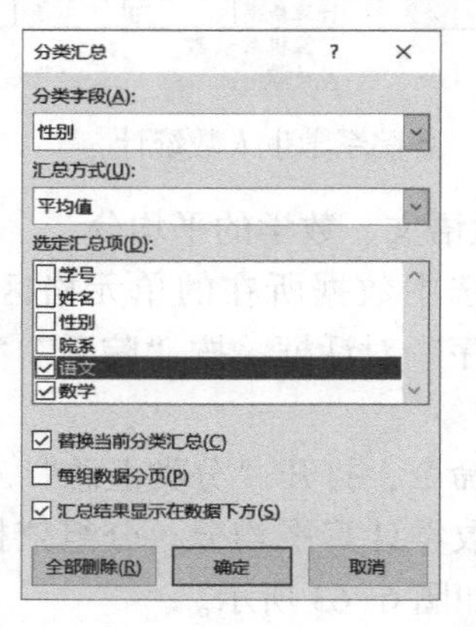

图 6-58　“分类汇总”对话框

	A	B	C	D	E	F
1	学号	姓名	性别	院系	语文	数学
2	220212	陈嘉嘉	男	电子系	76	93
3	220105	陈静	女	计算机系	76	84
4	220210	单晨浩	男	电子系	82	89
5	220110	黎明华	男	计算机系	72	85
6	220205	李静	女	电子系	85	77
7	220202	李莉莉	男	电子系	91	64
8	220102	李杨	男	计算机系	97	80
9	220215	林晓桐	男	电子系	79	85
10	220209	钱一明	女	电子系	94	68
11	220107	施小强	男	计算机系	88	87
12	220207	王强	男	电子系	82	94
13	220201	王晓红	女	电子系	74	74
14	220101	杨雪娟	女	计算机系	85	78
15	220211	张杨	女	电子系	68	87
16	220111	章慧	女	计算机系	85	99
17	220109	郑明	女	计算机系	79	91
18	220108	周阳	男	计算机系	63	75
19	220208	皱豪	男	电子系	88	85

图 6-59　某课程成绩表

【例 6-11】 根据图 6-59 的数据，统计各院系学生人数。

解： 1）按院系排序，相同院系的记录排在一起。选中数据所在的单元格区域，单击“数据”→“排序和筛选”→“排序”命令，打开“排序”对话框，按“院系”字段排序，如图 6-60 所示。单击“确定”按钮。

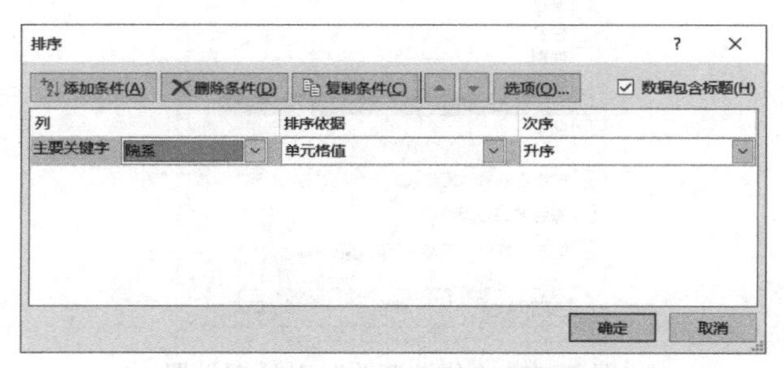

图 6-60　“排序”对话框设置

2）单击“数据”→“分级显示”→“分类汇总”命令，打开“分类汇总”对话框。

3）相同院系的分为一组，统计同院系中同学的人数。分组依据是院系，汇总统计方式是计数，计数对象可以是给定的任何一个字段，为防止字段数据缺失，比较合理的是选定“学号”或“姓名”作为计数的对象，设置如图 6-61 所示。

4）单击“确定”按钮。结果如图 6-62 所示。

分类汇总　?　×

分类字段(A):

院系

汇总方式(U):

计数

选定汇总项(D):

☑学号

☐姓名

☐性别

☐院系

☐语文

☐数学

☑替换当前分类汇总(C)

☐每组数据分页(P)

☑汇总结果显示在数据下方(S)

全部删除(R)　确定　取消

图 6-61 “分类汇总”对话框设置

	A	B	C	D	E	F	G
1	学号	姓名	性别	院系	语文	数学	总分
2	220212	陈嘉嘉	男	电子系	76	93	169
3	220210	单晨浩	男	电子系	82	89	171
4	220202	李莉莉	男	电子系	91	64	155
5	220215	林晓桐	男	电子系	79	85	164
6	220207	王强	男	电子系	82	94	176
7	220208	皱豪	男	电子系	88	85	173
8	220205	李静	女	电子系	85	77	162
9	220209	钱一明	女	电子系	94	68	162
10	220201	王晓红	女	电子系	74	74	148
11	220211	张杨	女	电子系	68	87	155
12	10			电子系 计数			10
13	220110	黎明华	男	计算机系	72	85	157
14	220102	李杨	男	计算机系	97	80	177
15	220107	施小强	男	计算机系	88	87	175
16	220108	周阳	男	计算机系	63	75	138
17	220105	陈静	女	计算机系	76	84	160
18	220101	杨雪娟	女	计算机系	85	78	163
19	220111	章慧	女	计算机系	85		85
20	220109	郑明	女	计算机系	79	91	170
21	8			计算机系 计数			8
22	18			总计数			18

图 6-62 各院系学生人数统计

【**例 6-12**】根据图 6-59 所示数据，统计各院系学生语文、数学的平均分。

解：1）按院系排序，相同院系的记录排在一起。选中数据所在的单元格区域，单击“数据”→“排序和筛选”→“排序”命令，打开“排序”对话框，按“院系”字段排序，如图 6-60 所示。单击“确定”按钮。

2）单击“数据”→“分级显示”→“分类汇总”命令，打开“分类汇总”对话框。

3）相同院系的分为一组，对同一院系中的语文、数学计算平均分。分组依据是院系，汇总方式是计算平均值，统计对象是语文和数学，设置如图 6-63 所示。

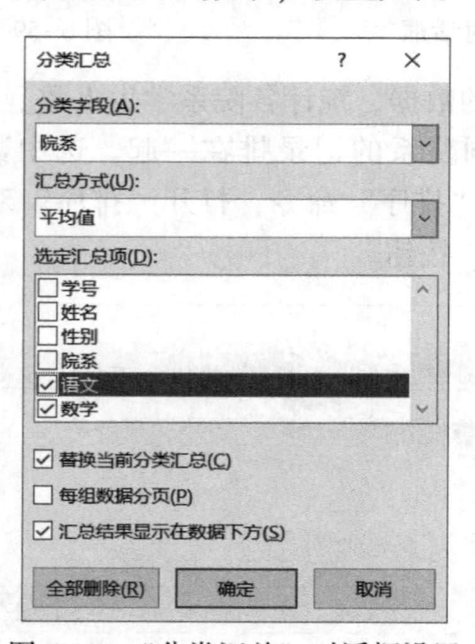

图 6-63 “分类汇总”对话框设置

4）单击“确定”按钮。结果如图 6-64 所示。

	A	B	C	D	E	F	G
1	学号	姓名	性别	院系	语文	数学	总分
2	220212	陈嘉嘉	男	电子系	76	93	169
3	220210	单晨浩	男	电子系	82	89	171
4	220202	李莉莉	男	电子系	91	64	155
5	220215	林晓桐	男	电子系	79	85	164
6	220207	王强	男	电子系	82	94	176
7	220208	皱豪	男	电子系	88	85	173
8	220205	李静	女	电子系	85	77	162
9	220209	钱一明	女	电子系	94	68	162
10	220201	王晓红	女	电子系	74	74	148
11	220211	张杨	女	电子系	68	87	155
12				电子系 平	81.9	81.6	
13	220110	黎明华	男	计算机系	72	85	157
14	220102	李杨	男	计算机系	97	80	177
15	220107	施小强	男	计算机系	88	87	175
16	220108	周阳	男	计算机系	63	75	138
17	220105	陈静	女	计算机系	76	84	160
18	220101	杨雪娟	女	计算机系	85	78	163
19	220111	章慧	女	计算机系	85		85
20	220109	郑明	女	计算机系	79	91	170
21				计算机系	80.625	82.85714	
22				总计平均(	81.33333	82.11765	

图 6-64　各院系学生语文、数学平均分统计结果

实 验 操 作

实验一　Excel 的数据输入

1. 实验目的

1）掌握工作簿的创建和保存方法、工作表标签重命名方法。

2）掌握单元格中各类数据输入方法，如数字输入、数字当文本型数据输入、文本输入，掌握日期格式设置、货币格式设置。

3）掌握使用填充柄的数据快速输入方法。

4）掌握从外部导入数据的方法。

2. 实验内容

根据样张（见图 6-65）和素材“部分职工名单 . txt”完成 Excel 数据输入，具体要求如下。

1）新建并保存工作簿“职工信息登记表 . xlsx”。

2）将 sheet1 工作表重命名为“职工信息”。

3）参照样张输入标题文字以及列标题文字。

4）使用填充柄完成“序号”列数据输入。

5）“工号”列数据为文本类型，使用填充柄完成“工号”列数据输入。

6）“出生日期”列的日期格式设置为：xxxx 年 xx 月 xx 日。

7）“工资”列设置为货币格式，数字前有人民币符号 ¥ 。

8）按照样张，在 C3:G4 单元格区域手工输入数据。

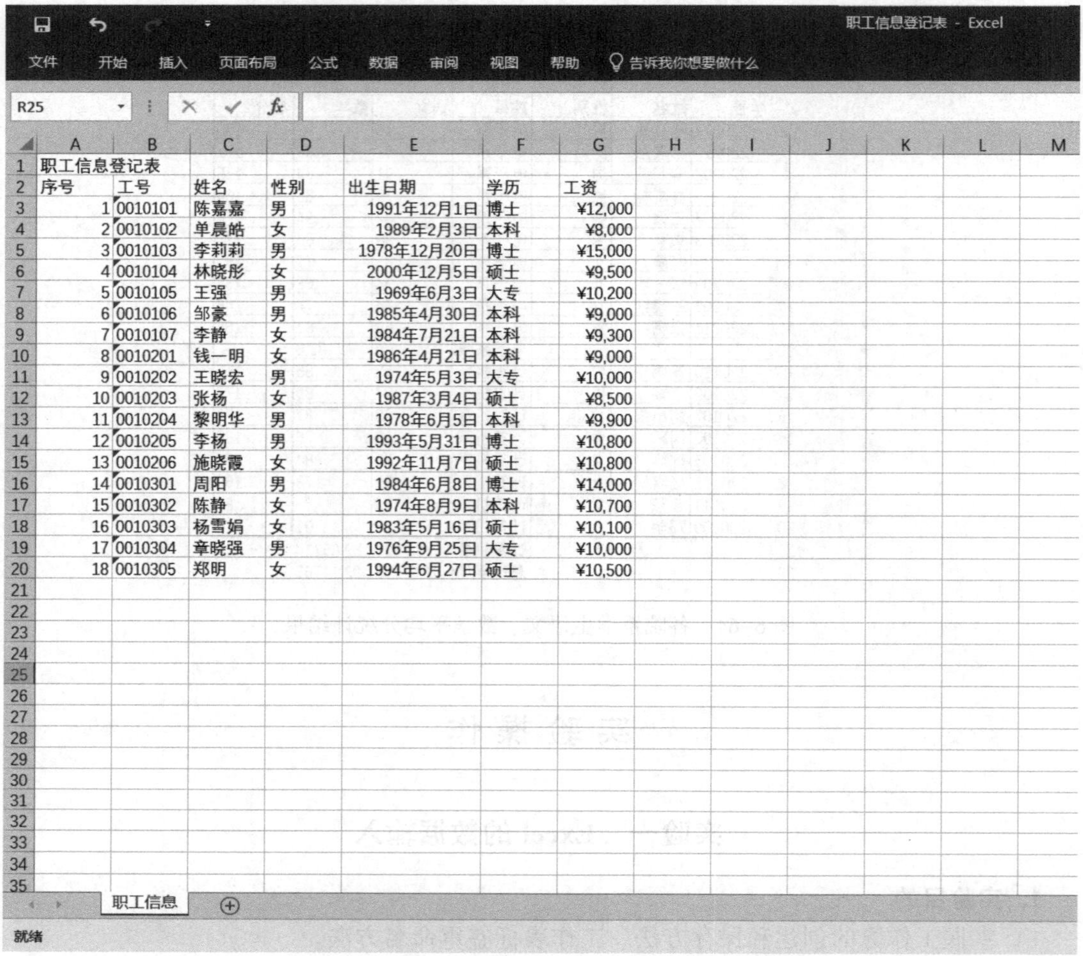

职工信息登记表 - Excel

文件 开始 插入 页面布局 公式 数据 审阅 视图 帮助 告诉我你想要做什么

R25

	A	B	C	D	E	F	G
1	职工信息登记表						
2	序号	工号	姓名	性别	出生日期	学历	工资
3	1	0010101	陈嘉嘉	男	1991年12月1日	博士	¥12,000
4	2	0010102	单晨皓	女	1989年2月3日	本科	¥8,000
5	3	0010103	李莉莉	男	1978年12月20日	博士	¥15,000
6	4	0010104	林晓彤	女	2000年12月5日	硕士	¥9,500
7	5	0010105	王强	男	1969年6月3日	大专	¥10,200
8	6	0010106	邹豪	男	1985年4月30日	本科	¥9,000
9	7	0010107	李静	女	1984年7月21日	本科	¥9,300
10	8	0010201	钱一明	女	1986年4月21日	本科	¥9,000
11	9	0010202	王晓宏	男	1974年5月3日	大专	¥10,000
12	10	0010203	张杨	女	1987年3月4日	硕士	¥8,500
13	11	0010204	黎明华	男	1978年6月5日	本科	¥9,900
14	12	0010205	李杨	男	1993年5月31日	博士	¥10,800
15	13	0010206	施晓霞	女	1992年11月7日	硕士	¥10,800
16	14	0010301	周阳	男	1984年6月8日	博士	¥14,000
17	15	0010302	陈静	女	1974年8月9日	本科	¥10,700
18	16	0010303	杨雪娟	女	1983年5月16日	硕士	¥10,100
19	17	0010304	章晓强	男	1976年9月25日	大专	¥10,000
20	18	0010305	郑明	女	1994年6月27日	硕士	¥10,500

职工信息

就绪

图 6-65　职工信息登记表

9）从素材“部分职工名单 . txt”中复制数据到 C5:G20。

10）保存工作簿“职工信息登记表 . xlsx”。

实验二　数据编辑和格式化

1. 实验目的

1）掌握工作簿的打开操作。

2）掌握单元格文本的格式设置方法。

3）掌握单元格行高、列宽的设置方法。

4）掌握表格框线的设置方法。

2. 实验内容

根据样张（见图 6-66），完成对“职工信息登记表 . xlsx”的数据编辑和格式化，具体要求如下。

1）打开工作簿“职工信息登记表 . xlsx”。

职工信息登记表 - Excel

文件 开始 插入 页面布局 公式 数据 审阅 视图 帮助 告诉我你想要做什么

I17

职工信息登记表

序号	工号	姓名	性别	出生日期	学历	工资
1	0010101	陈嘉嘉	男	1991年12月1日	博士	¥12,000
2	0010102	单晨皓	女	1989年2月3日	本科	¥8,000
3	0010103	李莉莉	男	1978年12月20日	博士	¥15,000
4	0010104	林晓彤	女	2000年12月5日	硕士	¥9,500
5	0010105	王强	男	1969年6月3日	大专	¥10,200
6	0010106	邹豪	男	1985年4月30日	本科	¥9,000
7	0010107	李静	女	1984年7月21日	本科	¥9,300
8	0010201	钱一明	女	1986年4月21日	本科	¥9,000
9	0010202	王晓宏	男	1974年5月3日	大专	¥10,000
10	0010203	张杨	女	1987年3月4日	硕士	¥8,500
11	0010204	黎明华	男	1978年6月5日	本科	¥9,900
12	0010205	李杨	男	1993年5月31日	博士	¥10,800
13	0010206	施晓霞	女	1992年11月7日	硕士	¥10,800
14	0010301	周阳	男	1984年6月8日	博士	¥14,000
15	0010302	陈静	女	1974年8月9日	本科	¥10,700
16	0010303	杨雪娟	女	1983年5月16日	硕士	¥10,100
17	0010304	章晓强	男	1976年9月25日	大专	¥10,000
18	0010305	郑明	女	1994年6月27日	硕士	¥10,500

职工信息

就绪

图 6-66 职工信息登记表

2）第一行标题在 A1:G1 区域合并后居中，其余数据均居中对齐方式。

3）第一行标题文字设置为黑体、20 号、加粗；第二行列标题文字设置为宋体、11 号、加粗；其余文字设置为宋体、11 号。

4）设置单元格区域 A2:G20 为粗线外框、最细线内框；列标题行 A2:G2 与第一条数据记录之间设置为蓝色、双线。

5）对单元格区域 A2:G2 填充“灰色”。

6）设置行高和列宽。行高：第一行标题为 35，第二行列标题为 25.1，其余数据行为 15。列宽：“序号”列为 5，“出生日期”列为 15，其余列为 12。

7）保存该文件。

实验三 数据计算

1. 实验目的

1）掌握利用公式进行计算的方法。

2）掌握利用常用函数进行统计的方法。

3）理解相对地址和绝对地址的引用方法。

2. 实验内容

根据样张（见图 6-67）和素材“学生成绩表 . xlsx”，完成对“学生成绩表 . xlsx”的数据计算，具体要求如下。

文件 开始 插入 页面布局 公式 数据 审阅 视图 帮助 告诉

I32

	A	B	C	D	E	F	G	H
1	学号	姓名	性别	院系	语文	数学	总分	
2	220212	陈嘉嘉	男	电子系	76	93	169	
3	220210	单晨浩	男	电子系	82	89	171	
4	220202	李莉莉	男	电子系	91	64	155	
5	220215	林晓桐	男	电子系	79	85	164	
6	220207	王强	男	电子系	82	94	176	
7	220208	邹豪	男	电子系	88	85	173	
8	220205	李静	女	电子系	85	77	162	
9	220209	钱一明	女	电子系	94	68	162	
10	220201	王晓红	女	电子系	74	74	148	
11	220211	张杨	女	电子系	68	87	155	
12	220110	黎明华	男	计算机系	72	85	157	
13	220102	李杨	男	计算机系	97	80	177	
14	220107	施小强	男	计算机系	88	87	175	
15	220108	周阳	男	计算机系	63	75	138	
16	220105	陈静	女	计算机系	76	84	160	
17	220101	杨雪娟	女	计算机系	85	78	163	
18	220111	章慧	女	计算机系	85		85	
19	220109	郑明	女	计算机系	79	91	170	
20								
21					语文	数学		
22				最高分	97	94		
23				最低分	63	64		
24				平均分	81.33	82.12		
25				考试人数	18	17		
26								

图 6-67　数据计算样张

1）计算 G2:G19 单元格的总分。总分为语文与数学成绩之和。

2）统计语文和数学课程的最高分、最低分、平均分，以及参加考试的人数。其中，平均分保留两位小数。

3）保存该文件。

实验四　数据图表的创建和编辑

1. 实验目的

掌握图表的创建与编辑方法。

2. 实验内容

根据样张（见图 6-68）和素材“学生成绩表 2. xlsx”，完成对学生成绩的图表创建和编辑，并保存为“学生成绩图表 . xlsx”文件。

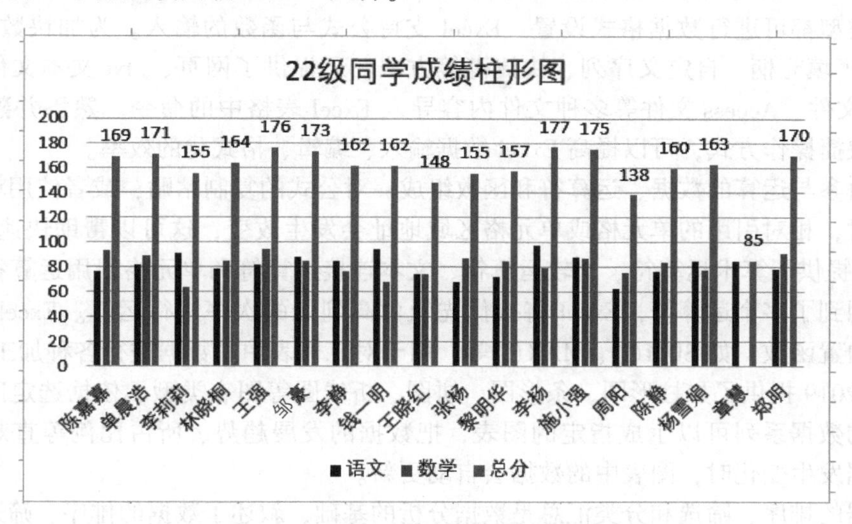

图 6-68　学生成绩表的柱形图样张

实验五　数 据 分 析

1. 实验目的

1）掌握工作表的复制方法。

2）掌握数据排序的方法。

3）掌握数据筛选的方法。

4）掌握数据分类汇总的方法。

2. 实验内容

请完成下列操作。

1）打开素材“学生成绩表 2. xlsx”，将“成绩”工作表复制 3 份，工作表标签分别为“排序”“筛选”和“分类汇总”。

2）在“排序”工作表中，完成对总分的降序排序，在总分相同的时候，按语文成绩的降序排序。

3）在“筛选”工作表中，查找语文或数学成绩大于或等于 90 分的同学。

4）在“分类汇总”工作表中，统计男生和女生的语文、数学、总分的平均值。

5）保存该文件。

本 章 小 结

Microsoft Excel 是适用于 Windows 和 Apple Macintosh 操作系统的一款电子表格软件，集表格计算、图形显示和数据管理功能于一体，广泛地应用于管理、统计财经、金融等众多领域，也是个人计算机数据处理的重要软件。本章介绍了 Excel 2019 的基本功能，详细讲解了工作簿、工作表、单元格、行、列等的概念及基本操作方法，叙述了数据计算、数据可视化和数据分析的基本操作步骤和相关命令。

Excel 2019 支持多种数据类型，包括文本（字符、文字）、数值、日期和时间等，对不同的数据类型都可进行数据格式设置。Excel 支持公式与函数的输入。为加快数据的输入，Excel 提供了填充柄、自定义序列、快捷键等方法，还提供了网页、.txt 文本文件、.pdf 文件、Word 文件、Access 文件等多种文件内容导入 Excel 表格中的命令。熟悉并熟练使用命令工具和快捷操作方式，可以提高 Excel 数据输入、编辑、格式化的效率。

公式由参与运算的数据、运算符和函数组成。对公式的复制粘贴，或者使用填充柄自动填充公式时，相对引用的单元格或单元格区域地址会发生改变，这可以帮助快速输入公式。Excel 2019 提供了算术运算符、比较运算符、文本连接运算符和单元格引用运算符，如果公式中同时用到了多个运算符，Excel 将按优先级由高到低的次序进行运算。Excel 2019 提供了丰富的内置函数，如 SUM( )、MAX( )等，用于对工作表中的数据进行各种加工处理。

Excel 2019 提供了如柱形图、条形图、饼图、折线图等图表类型。依据选定区域的数据按照一定的数据系列可以生成指定的图表，把数据的发展趋势、所占比例等直观地展现出来。当数据发生变化时，图表中的数据会自动更新。

对数据的排序、筛选和分类汇总是数据分析的基础，叙述了数据的排序、筛选和分类汇总的基本步骤，并通过多个例题来讲解选项设置的方法。

本章具有实践性强的特点，共设计了 5 个实验，涵盖了电子表格制作的主要知识点。建议：一边学习一边操作，通过操作来理解概念、步骤、命令、选项等内容。习题也都可以通过操作来帮助理解题意、得到答案。每个实验操作都配有实验素材、实验步骤，学生可自行下载学习。

习　　题

一、单项选择题

1. 在 Excel 中，新建工作簿时创建由行、列组成的二维表，称为　【　　】

A. 工作簿　　B. 工作表　　C. 单元格　　D. 编辑栏

2. 使用 Excel 2019 自动筛选功能时，不符合筛选条件的行　【　　】

A. 暂时隐藏　　B. 被删除

C. 放在剪贴板中　　D. 放入回收站中

3. 下列操作，不能打开“设置单元格格式”对话框的是　【　　】

A. 单击“开始”→“字体”右下角的按钮

B. 单击“开始”→“数字”右下角的按钮

C. 单击“开始”→“剪贴板”右下角的按钮

D. 单击“开始”→“对齐方式”右下角的按钮

4. 单击一个单元格，按住鼠标左键拖动到另一个单元格，该操作会选中　【　　】

A. 多行　　B. 多列

C. 相邻单元格区域　　D. 工作表的所有单元格

5. 在 Excel 2019 工作表中，已知 D2 和 D3 单元格的内容分别为“实验”和“素材”。若要在 D4 中显示“实验素材”，则可在 D4 中输入公式　【　　】

A. =D2-D3　　B. =D2&D3

C. =D2+D3　　　　D. =D2 $D3

6. 下列选项中，属于输入正确的 Excel 2019 公式的是 【　　】

A. = =sum(A1:E5)　　　　B. =8^2

C. >=B2 * C2+1　　　　D. A1+B1

7. 在 Excel 2019 中，下列关于“格式刷”按钮描述正确的是 【　　】

A. 可以复制格式，不能复制内容

B. 不能复制格式，可以复制内容

C. 既可以复制格式，也可以复制内容

D. 既不能复制格式，也不能复制内容

8. 在 Excel 2019 中，选中一个单元格后按<Delete>键，将删除的是 【　　】

A. 单元格　　　　B. 单元格内容

C. 单元格中的内容及其格式　　　　D. 单元格所在的行

9. 在 Excel 2019 的活动单元格中，要把“1234567”作为文本处理，应在“1234567”前加上 【　　】

A. 0　　B. '　　C. 空格　　D. ,

10. 在 Excel 中，当数据超过单元格的列宽时，在单元格显示的一组符号是 【　　】

A. ?　　B. #　　C. %　　D. *

二、填空题

1. 图 6-69 中“2021 年”存放在单元格 A1 中，但其占用了 A1 和 A2 单元格，这是通过________单元格操作实现的。

A1　　2021年

	A	B	C	D	E	F
1	2021年	销售地区				总体
2		北方	南方	西部	东部	
3	1月	¥21,016	¥27,400	¥4,528	¥39,074	¥92,018
4	2月	¥27,440	¥22,052	¥4,158	¥27,250	¥80,900

图 6-69　填空题 1 图

2. 在 Excel 2019 中，新建工作簿时创建的工作表初始标签名为________。

3. 当前的数据编辑区如图 6-70 所示，活动单元格地址为________。

F18

图 6-70　填空题 3 图

4. 在 Excel 2019 中，已知 D2 单元格的内容为“=B2 * C2”，当 D2 单元格被复制到 D3 单元格时，D3 单元格的内容为________。

5. 在 Excel 2019 中，当插入行或列时，后面的行或列将________方向自动移动。

6. 在 Excel 2019 中，活动单元格的地址显示在________框。

7. 在 Excel 2019 中，要求计算 A2 到 A6 单元格区域的和并存放 A7 单元格中，在 A7 单元格中输入的公式为“=________(A2:A6)”。

三、简答题

1. 简述 Excel 2019 的主要功能。

2. 给某单元格输入公式后得到的信息为#VALUE!，说明产生错误的可能原因，并举例说明。

3. 简述在单元格中输入分数 2/3 的方法。

4. 简述图 6-71 的图表类型，并说明图中包含哪些图表元素。

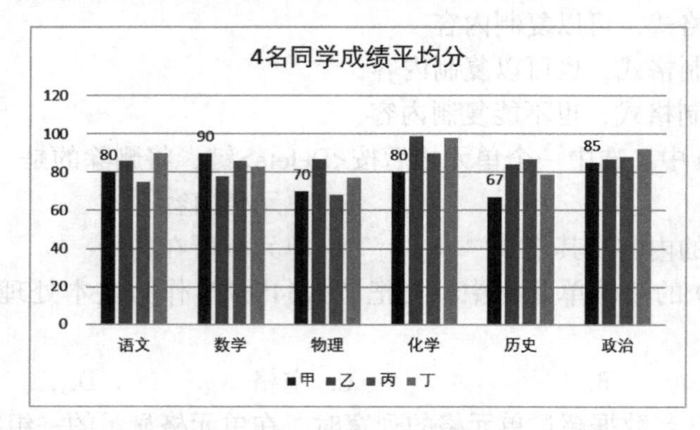

图 6-71　4 名同学成绩平均分

四、操作题

1. 在 Excel 2019 中，已知 B2、B3 单元格中的数据分别为 1 和 3，使用自动填充的方法使 B4～B6 单元格的数据分别为 5、7、9。实际操作一下，并写出操作过程。

2. 在 B2 单元格中输入“2022 年 11 月 14 日”格式的日期。实际操作一下，并写出操作过程。

3. 在 Excel 2019 中，同时选中 A1:C5、E12:F15、B17:E21 区域。实际操作一下，并写出操作过程。

4. 统计图 6-59 中男生和女生人数。实际操作一下，并写出操作过程。

第七章　PowerPoint 演示文稿

学习目标：

1. 熟悉 PowerPoint 2019 的主要功能，熟悉 PowerPoint 2019 窗口组成。
2. 掌握演示文稿的新建和保存方法，熟悉演示文稿的保存类型。
3. 掌握幻灯片的基本操作方法，掌握幻灯片中添加文本、表格、图片、音视频等对象的方法。
4. 理解幻灯片的放映方式，掌握幻灯片的放映方法，掌握幻灯片放映时的切换选项设置。
5. 掌握幻灯片页面大小、主题、背景的设置方法。
6. 熟悉动画效果的类型，掌握动画制作的基本方法、动画制作中各种选项的设置方法。
7. 掌握在幻灯片中通过超链接或动作打开外部资源的方法，如打开文件、运行程序、访问网页等；掌握幻灯片中通过超链接或动作建立演示文稿“超媒体”结构的方法。
8. 理解在不同计算机上播放演示文稿时会存在的问题，掌握导出演示文稿到文件夹的方法；掌握打印演示文稿时的打印选项设置方法。

第一节　PowerPoint 2019 概述

一、PowerPoint 2019 的概述

PowerPoint 2019 是 Microsoft Office 2019 的一个重要组件，利用 PowerPoint 创建的文档文件称为演示文稿。演示文稿已经成为人们工作学习中常见的一种信息表示形式，在教育培训、工作汇报、企业宣传、产品推荐、婚礼庆典、项目竞标和管理咨询等领域都有广泛的应用。

PowerPoint 的主要功能包括以下几点。

1. 幻灯片的制作与编辑

演示文稿中的每一页称为幻灯片，每张幻灯片可能包含文字、图形、图像、表格、公式、剪贴画、艺术字、组织结构图等对象。每张幻灯片都是演示文稿中既相互独立又相互联系的内容。

2. 多媒体功能的支持

为了增加演示效果，PowerPoint 增强了多媒体支持功能，幻灯片中可以插入声音、视频剪辑等多媒体对象，还可以为幻灯片中的各种对象设置动画效果。

3. 演示文稿的播放

在 PowerPoint 中可以直接播放演示文稿，播放时可以是手动切换幻灯片，也可以为每个幻灯片设置播放时间，到达预定时间后自动切换幻灯片。

PowerPoint 制作的演示文稿可以通过不同的方式播放。可以通过计算机直接在显示屏上

播放；可以将文稿制成35 mm 的幻灯片，也可以制成投影片，在通用的幻灯机上使用；也可以在与计算机相连的大屏幕投影仪上直接使用；也可以通过网络会议的形式进行交流；也可以保存演示文稿为 . pdf 的文件、图片格式的文件，还可以导出演示文稿为视频格式文件，甚至可以把演示文稿打包成 CD、导出到文件夹中，以便进行分发传播。演示文稿放映过程中可以播放音频流、视频流，也可以打开文件、运行程序、访问网站等。

4. 母版的设计和应用

若演示文稿中每张幻灯片都需要统一标识或版式，则可以制作幻灯片母版，应用于所有幻灯片。母版可以定义每张幻灯片共同具有的特征，如文本的位置与格式、背景图案，是否在每张幻灯片上显示页码、页脚和日期等。母版使幻灯片的风格保持一致，简化了幻灯片的制作。

PowerPoint 2019 增加了许多新功能，例如：

1）平滑切换。平滑切换功能有助于在幻灯片上制作流畅的动画。

2）缩放定位。使演示文稿更具动态性，实现跨页面跳转的效果。

3）3D 模型。可以插入 3D 模型，并对 3D 模型进行 360°的旋转、放大/缩小等操作。与平滑切换效果结合，可以更好地展示 3D 模型本身。

4）SVG 图标。可以插入和编辑可缩放矢量图形（SVG）图标，创建清晰、精心设计的内容。

5）数字墨迹绘图或书写。可选择用于墨迹书写的笔、荧光笔或铅笔，并使它们可用于各个 Office 应用中。在带触摸屏的设备上，可使用功能区的“绘图”选项卡上的“标尺”绘制直线或将一组对象对齐。

6）导出超高清 4K 视频。演示文稿保存为视频文件时，可以直接导出超高清 4K 分辨率的视频。

7）其他新增功能。新增漏斗图用于显示逐渐减小的比例。可使用 Surface 触控笔或其他任何带蓝牙按钮的触控笔来控制幻灯片。

二、PowerPoint 2019 窗口界面

PowerPoint 2019 窗口界面与 Office 中其他软件保持风格一致，窗口中各部分的名称如图 7-1 所示，主要包含快速访问工具栏、标题栏、窗口控制按钮、菜单、选项卡、功能区、状态栏等部分。

快速访问工具栏放置常用的工具按钮，如保存、打开、放映等。标题栏显示当前文档名称。窗口控制按钮包括功能区显示选项、窗口最小化、最大化/还原及关闭按钮。“文件”菜单主要用来建立、打开、保存、导出、打印演示文稿，以及对 PowerPoint 2019 的选项设置、账户管理等。PowerPoint 2019 的选项卡主要包括开始、插入、设计、切换、动画、幻灯片放映、审阅、视图等，每个选项卡集合了 PowerPoint 的不同功能。功能区里包含了选项卡内的功能按钮。

视图是演示文稿制作和显示的窗口。PowerPoint 2019 提供了 5 种常用视图方式，分别是普通视图、大纲视图、幻灯片浏览视图、备注页视图和阅读视图。通过窗口右下角的视图按钮，或者通过“视图”选项卡中的“演示文稿视图”功能组可以实现不同视图之间的切换。

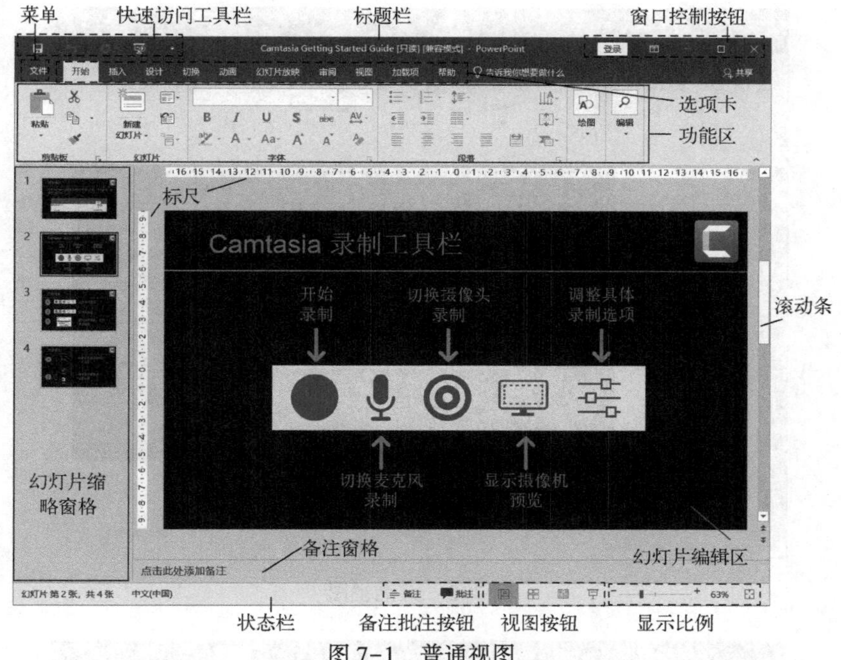

图 7-1　普通视图

1. 普通视图

普通视图是默认视图，窗口如图 7-1 所示，左侧是幻灯片缩略窗格，用于显示文档中所有幻灯片的缩略图。单击左侧的幻灯片缩略图可以实现对当前幻灯片的切换，可以插入、删除、复制、移动幻灯片，可以拖动幻灯片缩略图来改变幻灯片的前后顺序。

右侧上方是幻灯片编辑区，用于显示与编辑当前幻灯片内容，可以处理文本、图形、声音、动画及其他特殊效果。右下方是备注窗格，可以为当前幻灯片添加说明文本，为演讲者提供更多的信息。

2. 大纲视图

大纲视图需要通过“视图”→“演示文稿视图”→“大纲视图”选项来切换。如图 7-2 所示，大纲视图的左侧是大纲窗格，显示演示文稿的文本内容和组织结构，便于把握演示文稿的设计主题。在大纲窗格中输入或编辑文本时，右侧幻灯片中能实时显示对应的变化。大纲窗格中不显示图形、图像、图表等对象。右侧的幻灯片编辑区和备注窗格类似于普通视图。

3. 幻灯片浏览视图

幻灯片浏览视图中，演示文稿按顺序整齐排列、方便用户从整体上浏览幻灯片，如图 7-3 所示。调整幻灯片的背景、主题，同时对多张幻灯片进行复制、移动、删除或隐藏等操作，还可以完成对幻灯片动画设计、放映时间和切换方式的设置。但无法对单张幻灯片的内容进行编辑和修改。

4. 备注页视图

备注页视图中，上方显示当前幻灯片的缩略图，下方显示备注内容，备注是指对幻灯片的相关说明内容，如图 7-4 所示。备注页视图用于完成备注内容的输入和编辑，不能编辑幻灯片的内容。通过备注页视图可以查看演示文稿同备注信息一起的打印效果。备注页视图需要通过“视图”→“演示文稿视图”→“备注页视图”选项来切换。

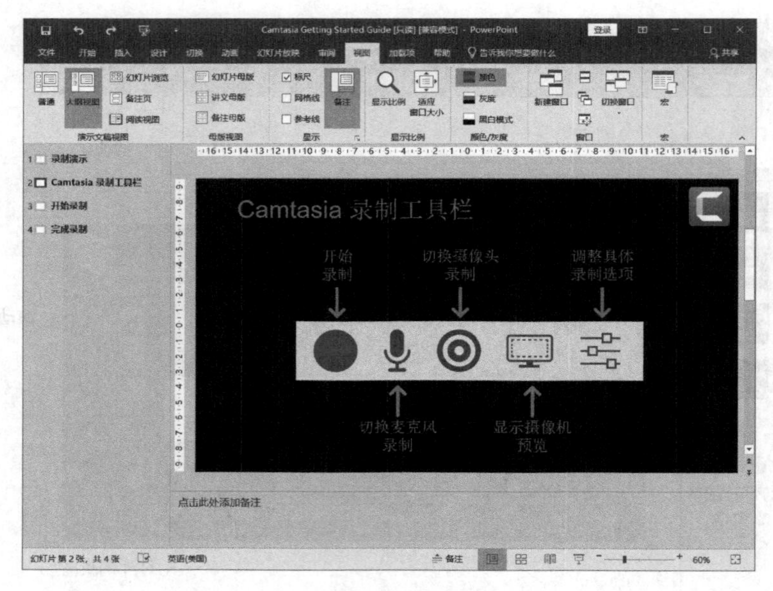

图 7-2　大纲视图

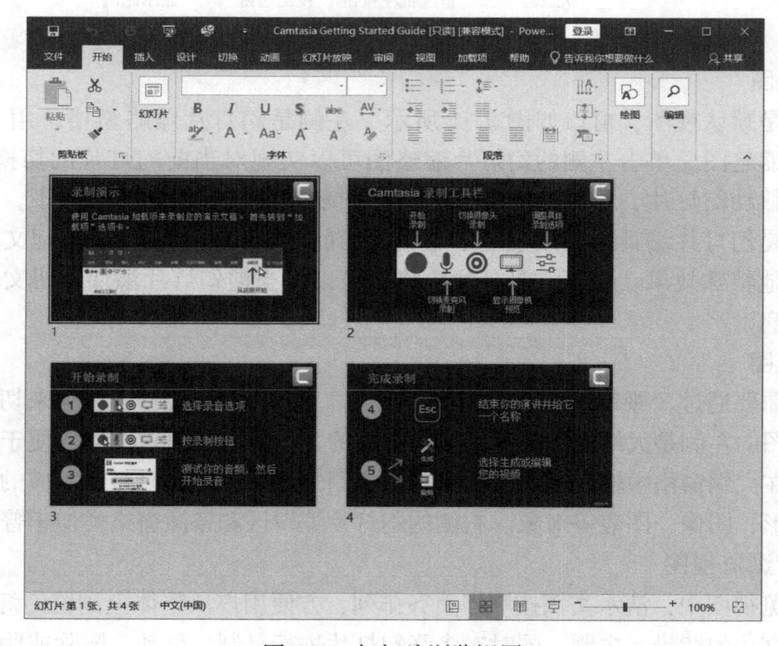

图 7-3　幻灯片浏览视图

5. 阅读视图

阅读视图中可以看到幻灯片在放映下的各类效果，屏蔽其他编辑功能，如图 7-5 所示。相比于放映，阅读视图不是全屏显示，可以通过单击右上角的窗口控制按钮实现窗口大小改变和关闭。阅读视图底部状态栏的左侧显示当前幻灯片在演示文稿中的位置，单击右侧的向左、向右箭头可实现幻灯片的切换，单击“菜单”按钮可实现幻灯片的跳转，单击“视图”按钮可进行不同视图之间的切换。

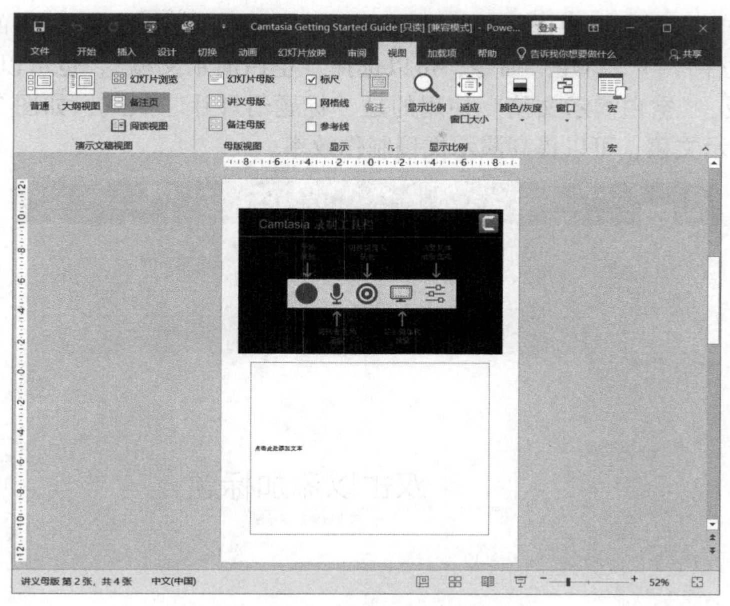

图 7-4 备注页视图

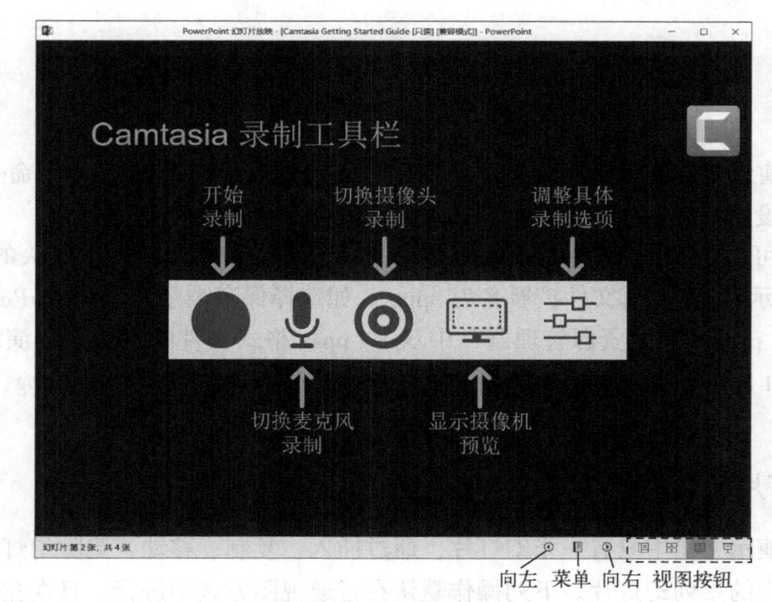

图 7-5 阅读视图

第二节 编辑演示文稿

一、新建和保存演示文稿

幻灯片不能作为单独的文件保存，需要保存在演示文稿中。通常，一个演示文稿包含若干张幻灯片，类似于书本一样，包括封面、目录、正文、封底等。

通过“开始”按钮或者快捷图标等途径启动 PowerPoint 2019。创建新的演示文稿的方法是：单击“文件”→“新建”命令，可以选择“空白演示文稿”，也可以选择 PowerPoint 2019 自带的模板。“空白演示文稿”使用的是“标题幻灯片”版式，如图 7-6 所示。使用样本模板创建演示文稿，可以提高演示文稿制作效率。

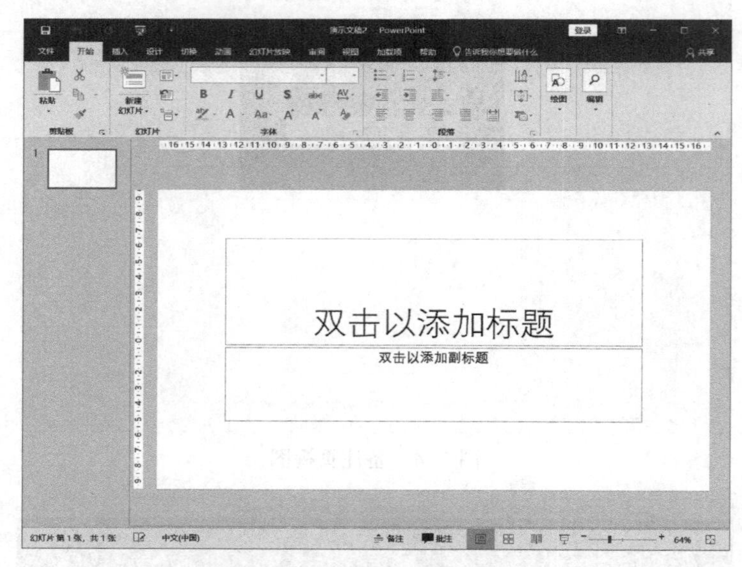

图 7-6 “空白演示文稿”版式

保存新建演示文稿的方法是：单击“文件”→“保存”或“另存为”命令，在“另存为”对话框中设置保存的位置、文件名称及保存类型，单击“确定”按钮。

演示文稿可以保存为多种类型的文件。PowerPoint 2019 版本中默认的保存类型是“PowerPoint 演示文稿”，其文件扩展名为 . pptx。如选择保存类型为“PowerPoint 放映”，则文件扩展名为 . ppsx，在“资源管理器”中双击 . ppsx 格式文件时直接播放演示文稿，而不进入 PowerPoint 的编辑状态。演示文稿的保存类型还可以是 . pdf、. gif、. jpg、. wmv、. mp4 等格式。

二、幻灯片基本操作

新创建的演示文稿中只有一张幻灯片，通过插入、复制、移动、删除幻灯片等操作可以构成演示文稿中的系列幻灯片。下列操作默认在普通视图方式中进行，且在左侧的幻灯片缩略窗格中操作。

1. 选中幻灯片

在幻灯片缩略图窗格中单击某张幻灯片缩略图，该幻灯片被选中。被选中的幻灯片缩略图四周出现红色边框，如图 7-1 中的第 2 张幻灯片缩略图。被选中的单张幻灯片显示在右侧的幻灯片编辑区中，称为当前幻灯片，可对当前幻灯片进行各种编辑操作。

如果需要选中多张连续的幻灯片，可先选中第一张幻灯片缩略图，按住<Shift>键不放，再单击最后一张要选择的幻灯片缩略图。如果需要选中多张非连续的幻灯片，可先按住<Ctrl>键不放，再依次单击需要选择的幻灯片缩略图。

2. 插入新幻灯片

通常有两种方法来确定新插入幻灯片的位置。一种方法是先选中某张幻灯片缩略图，新幻灯片将插入在当前幻灯片之后。另一种方法是在两张幻灯片缩略图的中间空隙处单击，出现一条红色的线，如图 7-7 所示，新幻灯片将插入在这两张幻灯片之间。

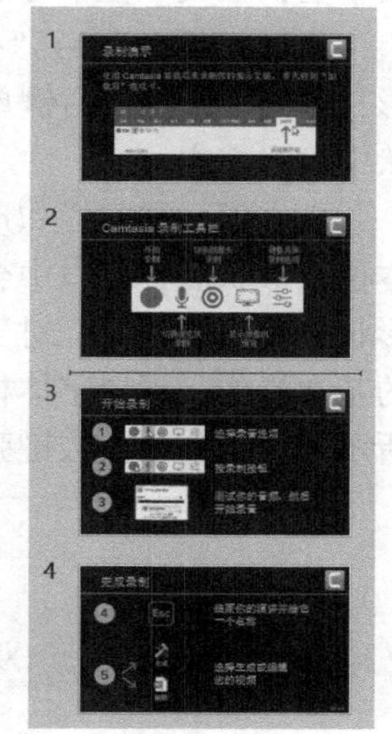

图 7-7　图中红线将是新幻灯片插入位置

插入新幻灯片有多种方法：单击“插入”→“幻灯片”→“新建幻灯片”命令；或者右键单击，在弹出的快捷菜单中选择“新建幻灯片”命令。插入新幻灯片的快捷键是<Ctrl+M>。

3. 复制或移动幻灯片

复制或移动幻灯片的操作方法有很多，例如：

方法 1：使用剪贴板的方法可以实现幻灯片的复制和移动。选中某张幻灯片缩略图，选择“剪切”或“复制”命令，在目的位置选择“粘贴”命令即可。

方法 2：右键单击某张幻灯片缩略图，在弹出的快捷菜单中选择“复制幻灯片”命令，鼠标移动到需要的位置，在两张幻灯片缩略图之间的空白处右键单击，在快捷菜单中选择“粘贴”命令选项。

方法 3：选中某张幻灯片缩略图，按住鼠标左键拖动幻灯片缩略图，在目的位置释放鼠标，可实现该幻灯片的移动。

方法 4：选中某张幻灯片缩略图，右键单击拖动幻灯片缩略图，在目的位置释放鼠标，弹出快捷菜单，选择“剪切”或者“复制”命令，可实现该幻灯片的移动或复制。

4. 删除幻灯片

删除幻灯片的操作方法有很多，例如：

方法 1：选中某张幻灯片缩略图，使用“剪切”命令，或者按<Delete>键，或者按<Backspace>键，可删除该幻灯片。

方法 2：右键单击某张幻灯片缩略图，在弹出的快捷菜单中选择“删除幻灯片”命令，可删除该幻灯片。

5. 隐藏幻灯片

隐藏幻灯片的操作方法有很多，例如：

方法 1：右键单击某张幻灯片缩略图，在弹出的快捷菜单中选择“隐藏幻灯片”命令，可隐藏该幻灯片。

方法 2：选中某张幻灯片缩略图，单击“幻灯片放映”→“设置”→“隐藏幻灯片”命令，可隐藏该幻灯片。

被隐藏的幻灯片并没有被删除，依旧出现在幻灯片缩略图窗格中，在幻灯片缩略图左侧的编号上会出现一道斜杠。被隐藏的幻灯片是指在播放时不出现。再次执行“隐藏幻灯片”命令则取消其隐藏状态。

三、幻灯片中添加文本

幻灯片中的文本需要添加在文本框、文本栏或形状内。如果插入的幻灯片是带有版式的，则自带有文本栏，如图 7-8 中的虚线框，双击文本栏即可输入文本。

通过“插入”→“文本”→“文本框”命令，可以在幻灯片中插入一个横排或竖排的文本框，在文本框中可以输入文本。

通过“插入”→“插图”→“形状”命令，打开下拉菜单，可以选择添加各种多边形、椭圆等形状；右键单击添加的形状，在弹出的快捷菜单中选择“编辑文字”，可以在形状中输入文本。

文本框、文本栏和形状都可以通过鼠标拖动以便在幻灯片中移动位置。选中文本框、文本栏或形状后，窗口中会出现“绘图工具”→“格式”选项卡，用于对文本框、文本栏或形状进行格式设置。对于已输入在文本栏、文本框或形状中的文字，可以如同 Word 2019 中的基本操作，设置字体格式或段落格式。例如，选中文字，会弹出悬浮工具栏，如图 7-9 所示；也可在单击右键弹出的快捷菜单中选择“字体”或“段落”命令。

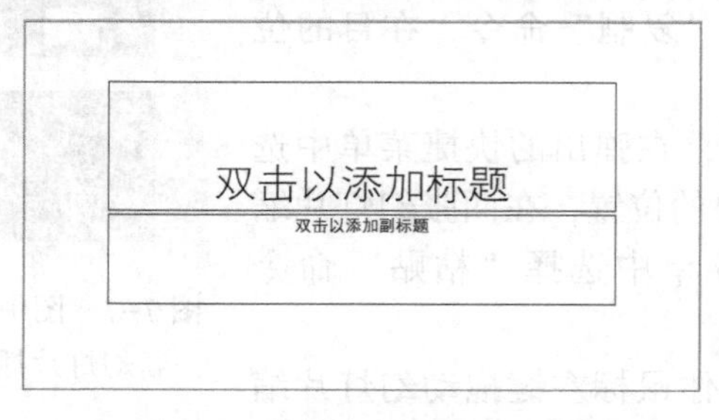

图 7-8　标题幻灯片添加文本

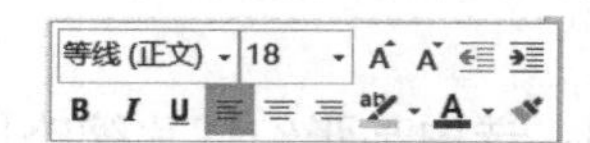

图 7-9　悬浮工具栏

四、幻灯片中插入对象

通过“插入”选项卡，在幻灯片中可以插入多种对象，例如，表格、图像、插图、链接、文本、公式和符号、视频或音频媒体等，如图 7-10 所示。

图 7-10　“插入”选项卡

在幻灯片中，可通过“插入”→“表格”→“表格”命令直接插入表格，也可以插入 Excel 电子表格。插入表格后，将光标定位在表格中任意位置，窗口中会出现“表格工具”选项卡，用于对表格进行设计和布局，例如，添加行列、拆分/合并单元格等。

PowerPoint 提供插入的图片包括图像和插图两类。“图像”组中插入的是位图（栅格图像），通过“插入”→“图像”命令，可以在幻灯片中插入来自本地计算机或互联网的图片、照片、剪贴画、屏幕截图或其他图像。“插图”组中插入的是图形（矢量图），通过“插入”→“插图”命令，可以在幻灯片中插入形状、图标、3D 模型、SmartArt 和图表等。

与 Word 和 Excel 相比，PowerPoint 可以在幻灯片中插入视频和音频媒体。PowerPoint 支持扩展名为 .asf、.avi、.mp4、.m4v、.mov、.mpg、.mpeg 和 .wmv 等的视频文件格式。PowerPoint 中可以插入嵌入式视频或链接至本地计算机的视频文件。插入嵌入式视频会增加演示文稿的文件大小。链接视频可保持较小的演示文稿的文件大小，为防止链接可能断开，建议将演示文稿和链接视频存储在同一文件夹中。

可在幻灯片中添加音乐、旁白或声音片段等音频，PowerPoint 支持扩展名为 . aiff、. au、. mid、. midi、. m4a、. mp3、. mav 和 . wma 等的音频文件格式。若要录制和收听任何音频，计算机必须配备声卡、送话器和扬声器。

通过“插入”→“媒体”→“屏幕录制”命令，PowerPoint 可以录制计算机屏幕以及相关的音频，然后将其嵌入 PowerPoint 幻灯片或保存为单独的文件。

第三节　放映演示文稿

一、幻灯片放映

制作演示文稿的最终目的是放映。“幻灯片放映”选项卡提供了“开始放映幻灯片”“设置”和“监视器”3 个功能组，如图 7-11 所示。“开始放映幻灯片”组提供播放幻灯片的命令按钮。“设置”组提供幻灯片放映方式、隐藏幻灯片、排练计时等设置命令。“监视器”组提供放映幻灯片的显示器设置。

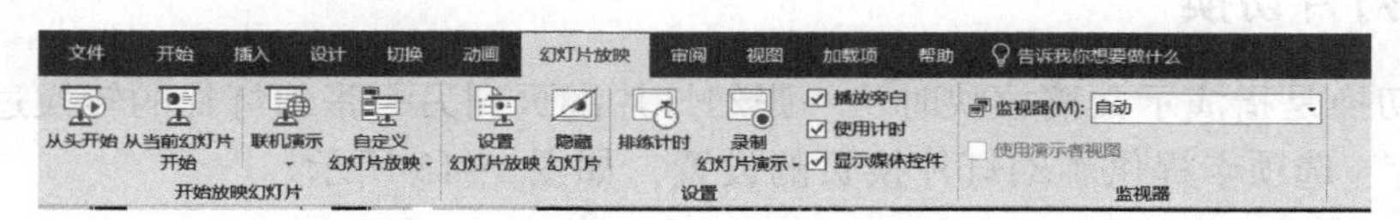

图 7-11　“幻灯片放映”选项卡

1. 设置幻灯片放映方式

通过“幻灯片放映”→“设置”→“设置幻灯片放映”命令，打开“设置放映方式”对话框，设置演示文稿的放映方式，如图 7-12 所示。PowerPoint 提供了 3 种播放演示文稿的放映类型：演讲者放映（全屏幕）、观众自行浏览（窗口）和在展台浏览（全屏幕）。

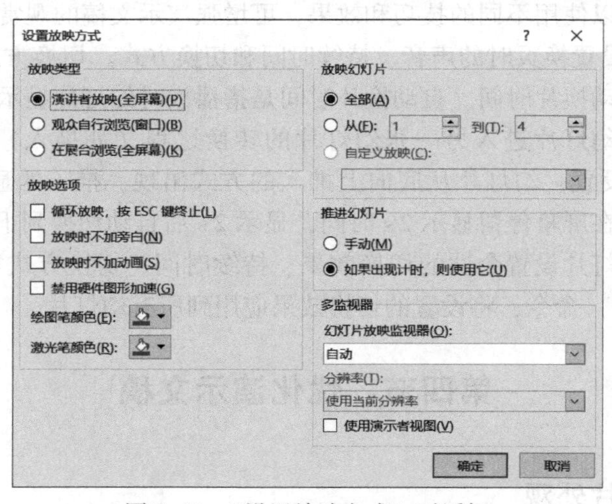

图 7-12　“设置放映方式”对话框

演讲者放映类型是系统的默认放映方式，放映时幻灯片呈全屏显示。在整个放映过程中，可以采用手动或自动计时的方式切换幻灯片，还可对幻灯片中的内容做标记，甚至可以在放映过程中录制旁白。

观众自行浏览类型是一种让观众自行观看幻灯片的放映方式，在标准窗口中显示幻灯片的放映情况，观众可以通过提供的菜单进行翻页、复制、删除、编辑、打印幻灯片。

在展台浏览类型是一种自动播放演示文稿的放映方式，适用于无人值守的情况。在放映过程中，无法通过鼠标来翻页，需要为每张幻灯片设置自动换片时间。幻灯片会循环播放，只有按<Esc>键才能终止放映。

放映幻灯片时，可以播放全部幻灯片，也可以隐藏部分幻灯片不放映，或者通过幻灯片的编号选择放映部分连续的幻灯片，或者用户自定义放映某些幻灯片。对于演讲者放映类型和观众自行浏览类型，可以选择手动切换幻灯片，也可以选择使用事先设置的排练时间，即“如果出现计时，则使用它”。

2. 放映幻灯片

放映幻灯片时可单击“幻灯片放映”→“开始放映幻灯片”组中的命令按钮，幻灯片放映时可以从第一张幻灯片开始，也可以从当前幻灯片开始，如图 7-9 所示。也可以单击窗口状态栏中的命令按钮，该命令总是从当前幻灯片开始放映。

二、幻灯片切换

幻灯片切换是指演示文稿放映时从一张幻灯片翻页到另一张幻灯片的转换过程，也称为换页。“切换”选项卡提供了幻灯片换页的设置，如图 7-13 所示。

图 7-13 “切换”选项卡

“切换到此幻灯片”组用于设置幻灯片切换时的动态效果，如淡入/淡出、推入、擦除等效果。在切换时可以使用不同的技巧和效果，可增强演示文稿的观赏性。

“计时”组用于设置换页时的声音、持续时间和切换方式。切换方式可以是单击鼠标时切换，也可以设置自动换片时间。自动换片时间是指播放时幻灯片显示停留的时间。持续时间是指播放时从一张幻灯片进入另一张幻灯片的转换过程（如推入）需要的时间。例如，根据图 7-13 的选项设置，幻灯片从底向上推入的方式出现，推入的显示过程需要花费 1 s 时间，之后该幻灯片在屏幕停留显示 2 s 时间，显示 2 s 后自动切换到下一张幻灯片。

可以为每一张幻灯片设置个性的切换效果、持续时间、切换方式等，也可以单击“切换”→“应用到全部”命令，将设置的切换效果应用到所有幻灯片。

第四节　优化演示文稿

一、设计幻灯片外观

幻灯片的外观设计是演示文稿制作的重要内容。“设计”选项卡提供了幻灯片大小、幻灯片主题和幻灯片背景的设置。

1. 幻灯片大小

通常幻灯片页面设计为标准的4:3或者宽屏6:9的大小，如图7-14所示。也可以自定义幻灯片的宽度和高度。在排版幻灯片内容之前需要先确定幻灯片页面的大小，否则会影响幻灯片内容布局的美观。设计幻灯片大小的依据是播放演示文稿时显示屏或幕布的纵横比。更改幻灯片大小的步骤如下：单击“设计”→“自定义”→“幻灯片大小”命令，在弹出的快捷菜单中选择标准（4:3）或宽屏（16:9）或自定义幻灯片大小。

2. 幻灯片主题

幻灯片主题是指应用于幻灯片的一组预定义的颜色、字体和视觉效果，可实现演示文稿和谐统一的外观。PowerPoint 2019提供了多种内置的主题，每个主题使用其唯一的一组配色方案、背景、字体样式和效果等来创建幻灯片的整体外观，为演示文稿选择合适的主题以展示适当的个性。

“设计”选项卡的“主题”组提供了内置主题的缩略图，单击主题缩略图右侧的黑三角按钮，如图7-15所示，可查看完整的主题库。找到所需主题后，单击其缩略图以将其应用于演示文稿中的幻灯片。主题可应用于所选幻灯片，也可应用于所有幻灯片。

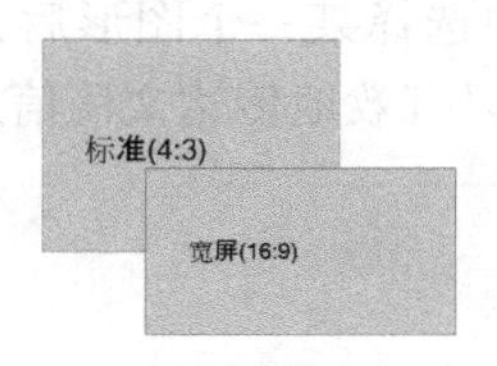

图7-14　幻灯片页面比例示例图

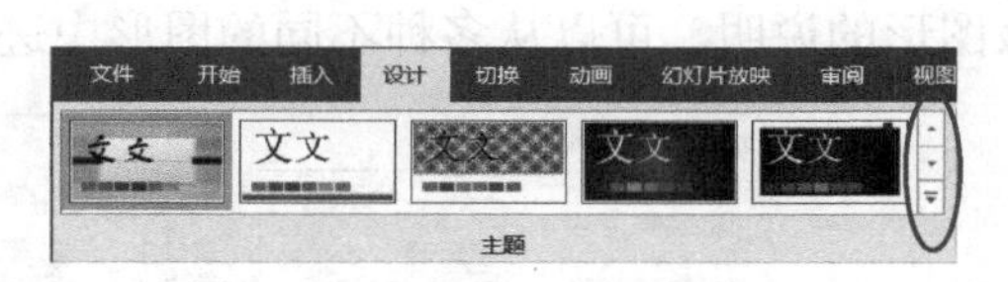

图7-15　“设计”选项卡的“主题”功能组

3. 幻灯片背景

每张幻灯片都包含背景，PowerPoint内置的主题也都有自己个性的背景。当前幻灯片的背景格式可从“设置背景格式”窗格中查看，如图7-16所示。打开“设置背景格式”窗格的方法通常有两种。

方法1：右键单击幻灯片，在弹出的快捷菜单中选择“设置背景格式”命令，打开“设置背景格式”窗格。

方法2：单击“设计”→“自定义”→“设置背景格式”命令，打开“设置背景格式”窗格。

背景可以为纯白、纯色填充、渐变填充、纹理填充或图案填充，背景也可以是图片。背景的配色方案与填充方式有关，不同的填充方式对应着不同的配色选项。在“设置背景格式”窗格中，可以为所有幻灯片或所选的一张或多张幻灯片，设置喜欢的背景填充方式及配色方案。

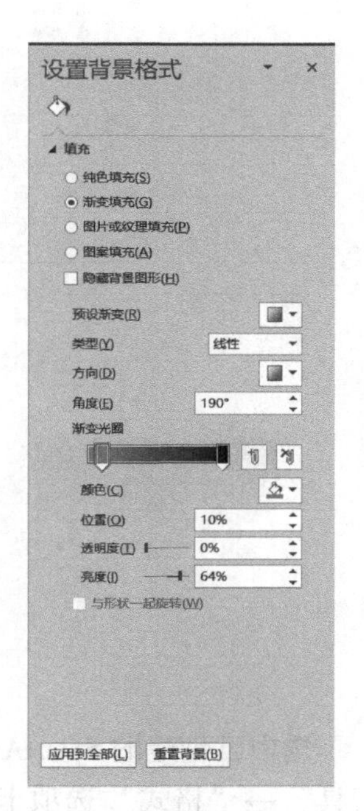

图7-16　“设置背景格式”窗格

二、插入SmartArt图形

SmartArt图形是信息和观点的视觉表现形式，在Word、Excel、PowerPoint中都支持创建SmartArt图形。使用SmartArt图形可以创建具有设计师水准的插图，可以快速、轻松、直观地呈现信息，例如，图 7-17 是用 SmartArt 图形制作的图文并茂的目录幻灯片。

图 7-17　用 SmartArt 图形制作的目录幻灯片

单击“插入”→“SmartArt 图形”命令，打开“选择 SmartArt 图形”对话框，如图 7-18 所示。SmartArt 图形分为 8 种类型：列表、流程、循环、层次结构、关系、矩阵、棱锥图和图片，每种类型包含多种不同的 SmartArt 版式。

创建 SmartArt 图形时要选择与信息匹配的、适合的 SmartArt 类型和版式。例如，图 7-19 中所示的 SmartArt 图形依次为列表、流程、循环和层次结构类型。列表用于显示非有序信息块或者分组信息块；流程用于显示行进，或者任务、流程或工作流中的顺序步骤；循环用于显示以循环流程表示阶段、任务或事件的连续序列；层次结构用于显示组织中的分层信息或上下级关系。有的 SmartArt 图形用于展现特定类型的信息，有的图形只是增强项目符号列表的外观。在“选择 SmartArt 图形”对话框中选择某一个图形后，右下部都有关于该图形的说明，可以从多种不同的图形中进行选择，以有效地传达文稿信息或想法。

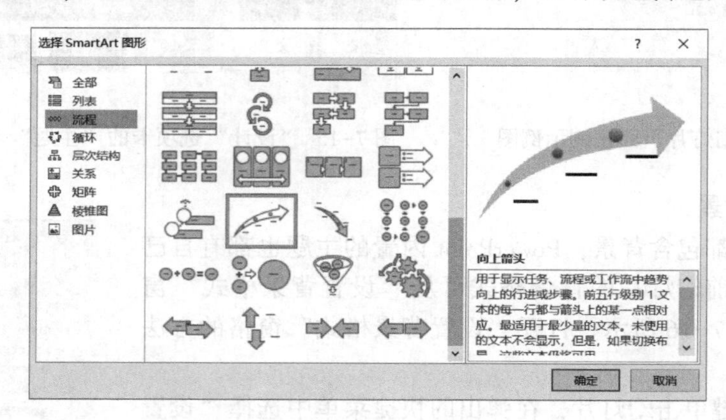

图 7-18　“选择 SmartArt 图形”对话框

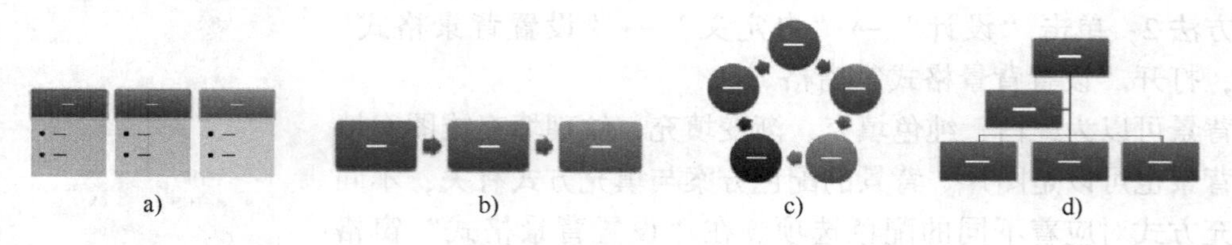

图 7-19　SmartArt 图形

a）列表　b）流程　c）循环　d）层次结构

选中已创建的 SmartArt 图形时，窗口中出现“SmartArt 工具”→“设计”和“SmartArt 工具”→“格式”选项卡，SmartArt 工具提供了对 SmartArt 版式选择、SmartArt 样式选择、颜色更改、形状更改等操作的命令。使用 SmartArt 工具，可以做出酷炫的 SmartArt 图形，增强幻灯片页面的设计感。

三、制作动画

窗口中的“动画”选项卡为幻灯片上的文本、图形、图像、图表等对象提供动画制作的命令。动画效果可使对象出现、消失或移动，可以更改对象的大小或颜色等。给幻灯片添加动画效果可以让页面上不同含义的对象有序呈现、重点突出；相比于静态内容，用动画演示的幻灯片效果会更加直观和准确；合理应用动画，可以有效增强演示文稿的动感与美感，为演示文稿的设计锦上添花。

窗口中的“动画”选项卡包含预览、动画、高级动画和计时 4 个功能组，如图 7-20 所示。

图 7-20 “动画”选项卡

1. 选择动画效果

“动画”功能组提供了可选择的动画效果，单击“动画”组右侧的黑三角，打开动画效果库，如图 7-21 所示，动画效果库包含 4 种类型的动画效果：进入效果、强调效果、退出效果和动作路径。“进入”是指对象在幻灯片中从无到有的过程，这个过程中对象呈现的动画效果称为进入效果，即对象在幻灯片中出现时的动画效果。“退出”是指对象在幻灯片中从有到无的过程，这个过程中对象呈现的动画效果称为退出效果，即对象在幻灯片中消失时的动画效果。已经显示在幻灯片中的对象可以表现出一些行为，例如放大、缩小、加深、变淡等，呈现这些行为的动画效果称为强调效果。“动作路径”是指对象可以沿着已有的路径或自己绘制的路径运动。添加动画时应正确选择不同类型的动画效果。

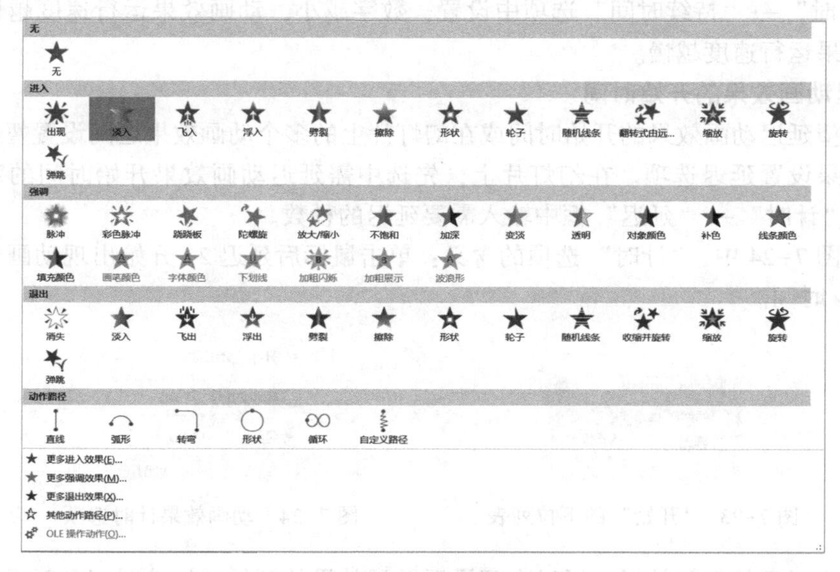

图 7-21 4 种类型的动画效果

为对象添加动画效果的方法是：先选中对象，单击“动画”→“动画”右侧的黑三角，打开动画效果库，单击需要设置的动画效果即可。对象添加了动画效果后，对象的左上角会有数字，数字标识了动画在幻灯片中的出现次序。如果需要取消对象的动画效果，只需要单击“动画”→“动画”→“无”命令即可。

2. 设置动画效果的效果选项

若某对象已经设置动画效果，则单击“动画”→“动画”→“效果选项”命令，可设置动画效果出现的方向、颜色、图案等特性。例如，若为一只球已添加“动画”→“动画”→“飞入”的进入效果，再单击“动画”→“动画”→“效果选项”命令，则弹出如图 7-22 所示的菜单供选择。如果选择“自底部”，则表示这只球从幻灯片的底部向上飞入到指定位置。不同的动画效果对应着各自的效果选项。

图 7-22 “飞入”的“效果选项”

3. 设置动画效果的开始时间

在演示文稿中有多种启动动画效果的方法，可以将动画效果设置为在单击鼠标时开始，或者与幻灯片上的其他动画效果协调。先选中已经设置动画效果的某对象，单击“动画”→“计时”→“开始”右侧的下拉列表，如图 7-23 所示。

➢ 单击时：在鼠标单击幻灯片时启动播放动画效果。
➢ 与上一动画同时：使该动画效果与同一幻灯片中的上一个动画效果同时播放，即一次鼠标单击能同时执行多个动画效果。
➢ 上一动画之后：使该动画效果在同一幻灯片中的上一个动画效果结束后立即启动播放，即一次鼠标单击能按序执行多个动画效果。

4. 设置动画效果的持续时间

动画效果的持续时间是指动画效果的播放时间，反映了动画效果的播放速度。在“动画”→“计时”→“持续时间”选项中设置，数字越小，动画效果运行速度越快，数字越大，动画效果运行速度越慢。

5. 延迟动画效果的开始时间

如果希望延迟动画效果的开始时间或在幻灯片上的多个动画效果之间设置暂停，那么可以对动画效果设置延迟选项。在幻灯片上，先选中需延迟动画效果开始时间的对象，再在“动画”→“计时”→“延迟”框中输入需要延迟的秒数。

例如，图 7-24 中，“计时”选项的含义：单击鼠标后延迟 2 s 开始出现动画效果，动画效果播放 5 s 时间。

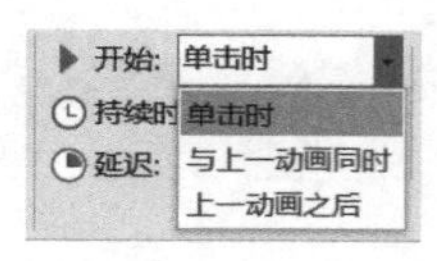

图 7-23 “开始”的下拉列表

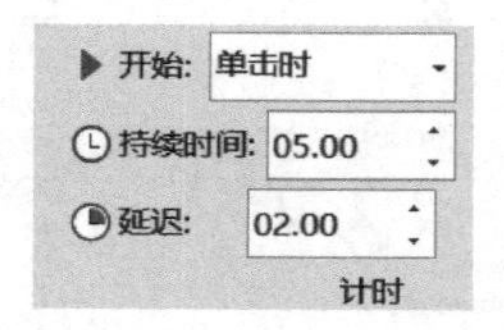

图 7-24 动画效果计时选项

对于多个对象的动画效果，通过合理设置动画效果的开始、持续时间和延迟选项，可以协调动画效果之间的播放时序和衔接，增强幻灯片的播放效果。

6. 添加多个动画效果

在幻灯片中可以为一个对象应用多种动画效果。例如，一个对象已经设置有进入效果，单击“动画”→“计时”→“高级动画”→“添加动画”命令，弹出与图 7-21 相似的动画效果库，可为该对象再添加新的动画效果类型。

7. 动画窗格

单击“动画”→“高级动画”→“动画窗格”命令，可打开动画窗格，如图 7-25a 所示。在动画窗格中，可以看到当前幻灯片上所有动画效果的列表，也能够对幻灯片中对象的动画效果进行设置，包括播放动画、设置动画播放顺序和调整动画播放的时长等。以图 7-25 为例来认识动画窗格。

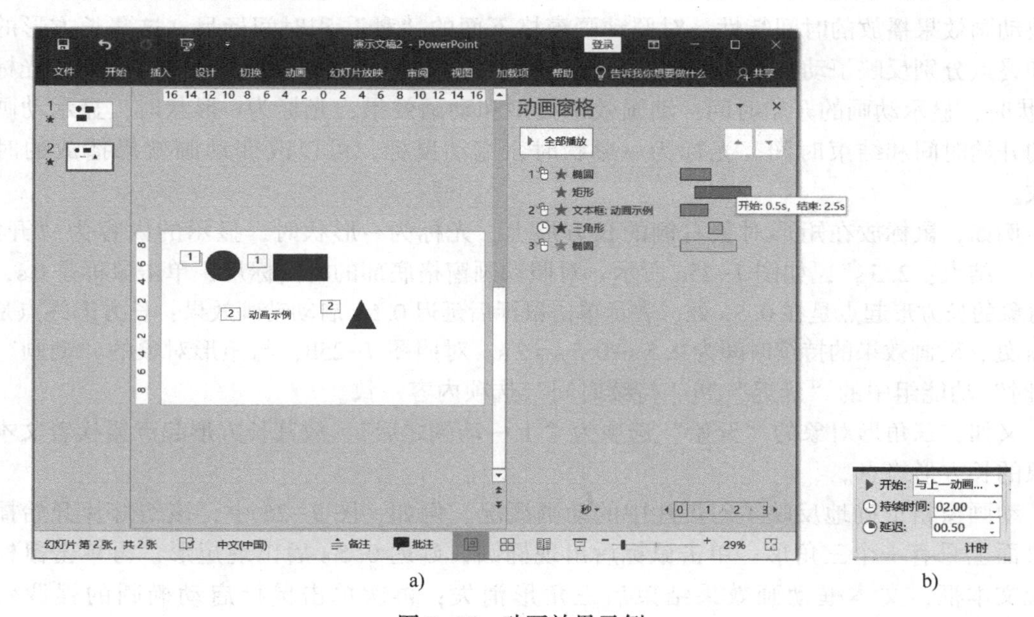

a)　　　　　　　　b)

图 7-25　动画效果示例

a）“动画窗格”示例　b）矩形的“计时”选项

1）查看动画效果。动画窗格中每一行对应一个动画效果。从图 7-25a 所示动画窗格可以看到，当前幻灯片中为椭圆、矩形、三角形和文本框设置了动画效果，其中，椭圆设置了两个动画效果。

2）动画效果的类型。从对象前的五角星颜色识别动画效果的类型，绿色是进入效果，橘色是强调效果，红色是退出效果。例如，第 1 个椭圆、矩形和文本框的动画效果在进入时出现，三角形的动画效果在退出时出现，第 2 个椭圆的动画效果属于强调效果。

3）动画效果的播放顺序。动画窗格中动画效果的上下位置反映了动画效果的播放顺序。在幻灯片和动画窗格中，对象的左侧都有数字 1、2、3、…，数字反映了动画效果的播放序号。

4）调整动画效果的播放顺序。在动画窗格中，单击某一行意味着选中一个动画效果，光标变为⇕形状时，拖动鼠标上下移动，可以改变动画效果在动画窗格中的顺序，也就改变了动画效果的播放顺序。调整动画效果的播放顺序也可以执行“动画”→“对动画重新排序”→“向前移动”命令或“动画”→“对动画重新排序”→“向后移动”命令。

5）动画效果播放的开始时间。在动画窗格中，对象前有图标，表示“单击时”播放动画效果。对象前有图标，表示“上一动画之后”播放动画效果。对象前既没有也没有图标，表示“与上一动画同时”播放动画效果。

例如，椭圆的第1个动画效果在单击鼠标时播放。矩形应该与其前面的椭圆同时播放动画效果，故它们同属数字1。在当前幻灯片中也可看到椭圆和矩形的左上角都有数字1，对照图7-25b中矩形的“动画”→“计时”组的选项信息，矩形的“开始”选项信息是“与上一动画同时”。文本框的动画效果在单击鼠标时开始播放，其播放结束后，开始播放三角形的动画效果，故它们同属数字2。椭圆的第2个动画效果也在单击鼠标时播放。

6）动画效果播放的计时特性。在对象名的右侧有长短不一的长方形，长方形更精准地反映动画效果播放的时间特性。对照动画窗格下面的“秒”和时间标尺，这些长方形的起点和终点分别反映了动画效果播放的开始时间和结束时间。把鼠标放到长方形上时，光标为⇕形状时，显示动画的开始时间、动画效果类型和动画效果；光标为↔形状时，显示动画效果的开始时间和结束时间。光标为↔形状时，拖动鼠标，可以改变动画效果播放的时间参数。

例如，鼠标放在矩形对象右侧的长方形上，光标为↔形状时，显示的内容为“开始：0.5s，结束：2.5s”，如图7-25a所示。对照动画窗格底部的时间标尺，单击鼠标是0s，矩形对象的长方形起点是在0.5s处，表示单击鼠标后延迟0.5s启动动画效果；长方形终点是在2.5s处，动画效果的持续时间为2.5s-0.5s=2s。对照图7-25b，与矩形对象的“动画”→“计时”功能组中的“延迟”和“持续时间”选项内容一致。

又如，三角形对象的“开始”选项为“上一动画之后”，故其长方形起点紧挨着文本框对象的长方形终点。

动画窗格准确地反映了幻灯片中的动画概况。例如，图7-25中，该幻灯片开始播放时页面上只有一个三角形；单击鼠标后出现椭圆，延迟0.5s后出现矩形；再单击鼠标后出现文本框，文本框动画效果结束后三角形消失；再次单击鼠标启动椭圆的强调效果动画。

动画窗格也是当前幻灯片制作动画的详细设置窗口，可以在动画窗格中完成动画效果的各种选项设置，尤其处理多个动画效果时，动画窗格能清晰显示当前幻灯片上所有动画效果及动画效果的顺序关系、时序关系。在动画窗格中选中某个动画效果，单击右侧的向下箭头或者鼠标右键单击，在弹出的快捷菜单中设置动画效果的各种选项。如果当前幻灯片中没有对象设置动画效果，则该幻灯片的动画窗格是灰色的。

8. 使用动画刷复制动画

使用动画刷可以将一个对象的动画效果复制到另一个对象上，动画刷可以应用在当前幻灯片的对象之间，也可以在不同幻灯片或者不同PowerPoint文档之间复制动画效果。

动画刷的使用类似于格式刷。先选择要复制动画效果的对象，再单击或双击“动画”→“高级动画”→“动画刷”命令，动画刷光标变为，最后单击要粘贴动画效果的对象。其中，单击“动画刷”，只能将动画效果粘贴一次；双击“动画刷”，能将动画效果粘贴多次。

四、设置超链接和动作

默认情况下，幻灯片是顺序放映的，在幻灯片中加入超链接或动作设置，可以实现幻灯片之间的任意跳转，使演示文稿具有“超媒体”结构。在幻灯片中加入超链接或动作设置还可以打开演示文稿以外的其他资源，如文件、程序、网页等，增强演示文稿放映时的交互性。

1. 超链接设置

在演示文稿中添加超链接后，就可以从幻灯片中快速访问网站、跳转到其他幻灯片、打开其他文件或启动电子邮件等。

幻灯片中的文本、形状或图片等都可以作为超链接的对象，设置超链接时，先选择要用作超链接的对象，单击“插入”→“链接”→“链接”，打开“插入超链接”对话框，如图 7–26 所示。

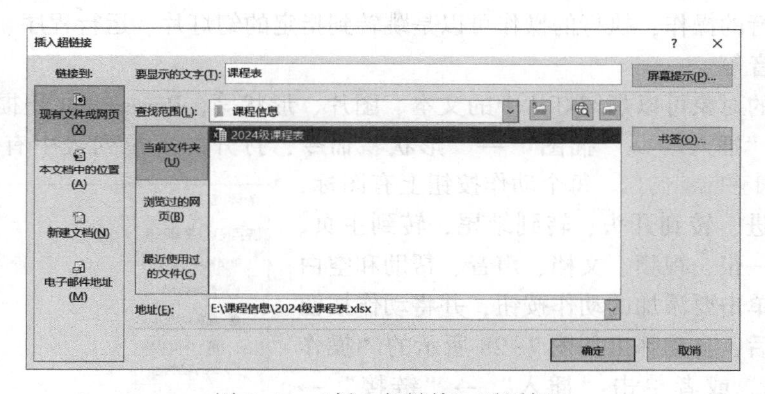

图 7–26 “插入超链接”对话框

若选择“现有文件或网页”，则可以链接到网站或本地计算机上的文件，此时需要添加的信息如下：

- 要显示的文字：显示设为超链接的文本。
- 查找范围：选择“当地文件夹”时，指定链接文件所在的文件夹。
- 屏幕提示：这是一个可选项，键入在用户将鼠标悬停在超链接上时希望显示的文本。
- 当前文件夹、浏览过的网页或最近使用的文件：选择要链接到的位置。
- 地址：可填写要链接到的网页的 URL，或显示链接到的本地文件的路径。

例如，若某幻灯片中包含文本“课程表”，放映该幻灯片时，希望单击“课程表”打开“2024 级课程表 . xlsx”文件，则可以对“课程表”设置超链接，选择“现有文件或网页”，并链接到本地计算机的“2024 级课程表 . xlsx”文件。选项设置如图 7–26 所示。

若选择“本文档中的位置”，则“插入超链接”对话框如图 7–27 所示，可以链接到演示文稿中的指定幻灯片。放映演示文稿时，通过幻灯片之间的超链接，可实现不同幻灯片之间的跳转，使得演示文稿具有“超媒体”结构。

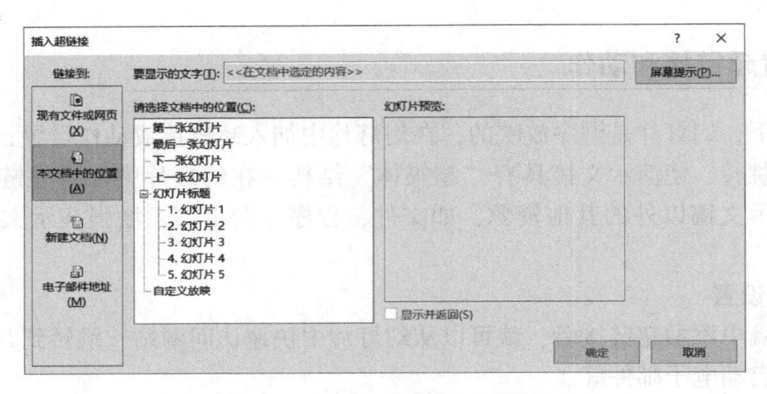

图 7-27 “插入超链接”对话框

2. 动作设置

PowerPoint 2019 还提供了动作设置，动作是指为幻灯片中所选对象提供的单击鼠标或鼠标悬停时要执行的操作，执行的操作可以是跳转到指定的幻灯片、运行程序、访问网页、运行宏或播放声音等。

设定动作的对象可以是幻灯片中的文本、图片、形状等，PowerPoint 还提供了专门的动作按钮。单击“插入”→“插图”→“形状”命令，打开的下拉列表中有一排动作按钮。每个动作按钮上有图标，包含后退、前进、转到开头、转到结尾、转到主页、获取信息、上一张、视频、文档、声音、帮助和空白的常用符号。单击要添加的动作按钮，并将动作按钮放在幻灯片上后，自动弹出如图 7-28 所示的“操作设置”对话框。或者单击“插入”→“链接”→“动作”命令也可打开“操作设置”对话框。

图 7-28 “操作设置”对话框

（1）动作的触发条件

通过选择“单击鼠标”或“鼠标悬停”选项卡，指定操作是在单击鼠标按钮时还是鼠标悬停在对象上时执行。

（2）执行的操作类型

➢ 无动作：不为所选对象设置任何操作。如果对象已选择其他一些超链接选项等，则可以选择此选项以删除该行为。
➢ 超链接到：跳转到另一张幻灯片、演示文稿、URL 或文件，或结束幻灯片放映。
➢ 运行程序：启动一个应用程序，例如，打开一个 Word 程序。可单击“浏览”按钮并导航到要运行应用的 . exe 文件。
➢ 运行宏：运行以前创建或加载的宏。没有启用宏的演示文稿中此选项灰显。
➢ 对象动作：为幻灯片中的图片或嵌入对象设置操作。
➢ 播放声音：播放简短的声音剪辑。可以单击右侧向下箭头，从列表中选择声音。使用“其他声音”选项时，可以指定要播放的 . wav 文件。

第五节　导出和打印演示文稿

一、演示文稿的打包

对于已经制作好的演示文稿，换一台计算机播放有可能会出现问题。例如，演示文稿可能打不开；或者演示文稿打开了，但格式混乱；或者播放过程中，插入的视频、图片、声音等找不到。追究其原因可能需要考虑：计算机上有没有安装 PowerPoint，安装的 PowerPoint 版本是否兼容；演示文稿中使用的字体、颜色等在计算机上是否已安装；演示文稿中所用到的视频、音频、图片等文件在计算机上是否存在，路径是否正确；演示文稿中所用到的超链接指向的文件夹或者目标内容在计算机上是否存在。

解决这些问题的方法是为演示文稿创建一个包。打包是将演示文稿的所有外部元素（如字体、颜色、视频、声音、图片、链接文件等）集成在一起，生成一种独立于运行环境的文件，并将其保存到 CD 或文件夹中。演示文稿打包能解决运行环境的限制，自带播放器，自动打包字体等配置文件，能够把音视频文件、超链接的目标自动复制在同一个文件夹，并自动将目标路径改为目标所在位置。打包后可以在其他计算机上原模原样地呈现演示文稿，正常播放演示文稿中插入的音视频及超链接等。

在 PowerPoint 2019 中提供了一个打包为 CD 的功能。单击“文件”→“导出”命令，弹出“导出”界面，如图 7-29 所示。在“导出”界面中选择“将演示文稿打包成 CD”→“打包成 CD”选项，弹出“打包成 CD”对话框，如图 7-30 所示。

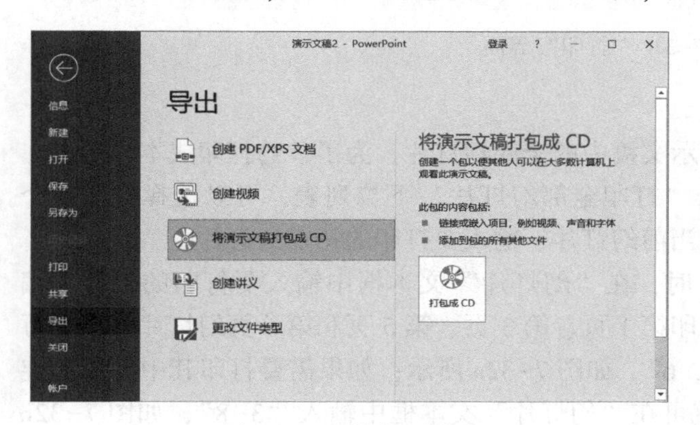

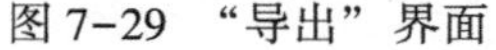
图 7-29　“导出”界面

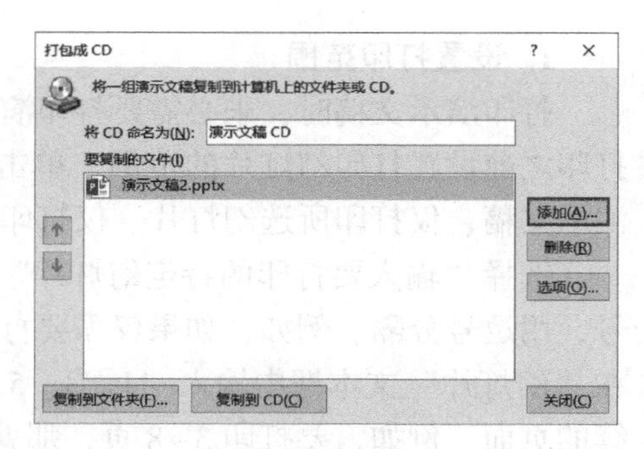

图 7-30　“打包成 CD”对话框

进入打包界面后，在下方可以选择“复制到文件夹”或者“复制到 CD”。通常选择“复制到文件夹”，这样方便用 U 盘复制或者在网络上传送。若单击“复制到文件夹”按钮，则在弹出的对话框中输入文件夹名称、选择文件夹的路径，按“确定”按钮即可。

可以将多个演示文稿添加到一起打包，步骤为：在“打包成 CD”对话框中单击“添加”按钮，选择演示文稿，然后再单击“添加”按钮。对要添加的每个演示文稿重复此步骤，添加的演示文稿显示在“要复制的文件”列表中，使用对话框左侧的箭头按钮可对演示文稿列表重新排序。多个演示文稿将按它们在列表中的顺序播放。

完成打包之后，在文件夹中有一个 AUTORUN. INF 文件，这是安装信息的自动运行文件，如果是打包到 CD 上，它将具备自动播放功能。

二、演示文稿的打印

制作好的演示文稿可以打印到纸张上。单击“文件”→“打印”命令，弹出“打印”界面，如图 7-31 所示。

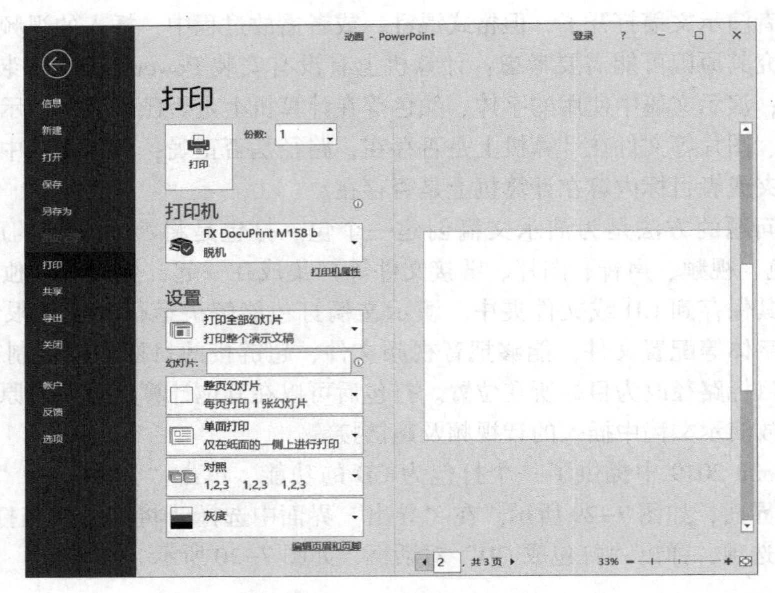

图 7-31 “打印”界面

1. 设置打印范围

打印演示文稿时，未必需要打印演示文稿中的全部幻灯片，为了节约打印成本，可以在打印之前设置打印幻灯片的范围。单击“打印全部幻灯片”下拉列表，可以选择打印整个演示文稿、仅打印所选幻灯片、仅打印当前幻灯片、输入要打印的特定幻灯片。

选择“输入要打印的特定幻灯片”时，在“幻灯片”文本框中输入要打印的幻灯片编号，用逗号分隔。例如，如果仅需要打印第 1 页、第 3 页、第 5 页和第 6 页幻灯片，那么可在“幻灯片”文本框中输入“1，3，5，6”，如图 7-32a 所示；如果需要打印其中某部分连续的页面，例如，要打印 3~8 页，那就可在“幻灯片”文本框中输入“3-8”，如图 7-32b 所示。

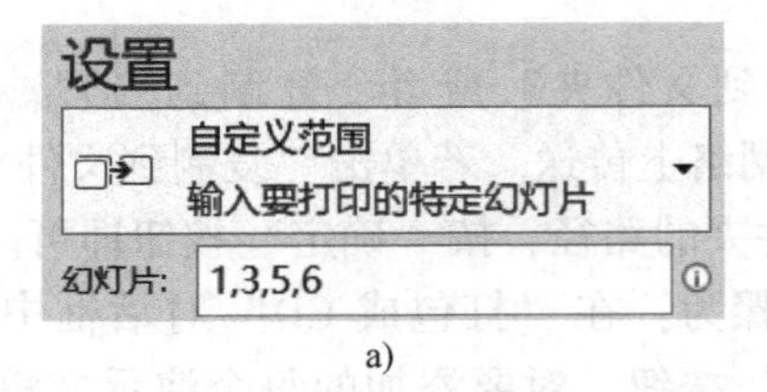

a)

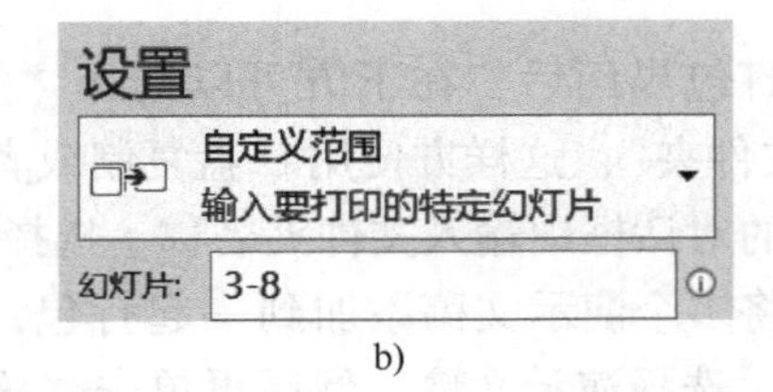

b)

图 7-32 输入要打印的幻灯片编号

a）打印编号不连续的幻灯片 b）打印编号连续的幻灯片

2. 设置打印版式

单击“整页幻灯片”下拉列表，弹出图 7-33 所示的下拉列表。

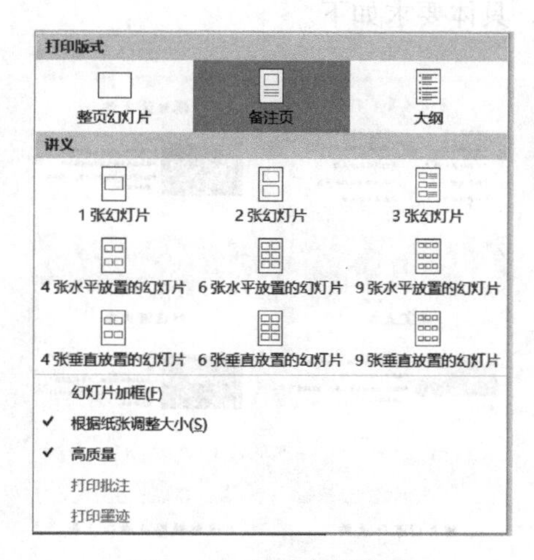

图 7-33　设置打印版式

1）打印版式包含整页幻灯片、备注页和大纲。整页幻灯片是指一张纸上仅打印一张幻灯片。备注页是指一张纸的上半部分打印幻灯片，下半部分打印备注信息。若在备注窗格有精心准备的演讲词，则适合打印成备注页版式，有助于演讲时参考。大纲仅打印幻灯片中的文本，不打印图像。

2）讲义提供了多种版式，并可在一页上打印多张幻灯片，有的还留出空间适合做笔记。默认情况下，一页 A4 纸打印一张幻灯片。但许多时候一个演示文稿少则几十页，多则上百页，且一页幻灯片上的内容并不多，采用一页 A4 纸打印多张幻灯片方式，可以节省纸张，也方便翻阅。

3）下拉列表底部有多个带复选标记的切换选项，如幻灯片加框、根据纸张调整大小等。

3. 设置打印色彩

单击“灰度”下拉列表，弹出可供选择的打印色彩，包括彩色、灰度还是纯黑白打印。

实验操作

实验一　编辑演示文稿

1. 实验目的

1）掌握 PowerPoint 2019 的幻灯片制作的基本方法。

2）掌握插入文本、图片的基本方法。

3）掌握 PowerPoint 2019 的放映方法。

2. 实验内容

根据演示文稿样例（见图 7-34）和素材制作演示文稿，题为“一桥飞架南北 天堑变通途——中国十大著名桥梁”。具体要求如下。

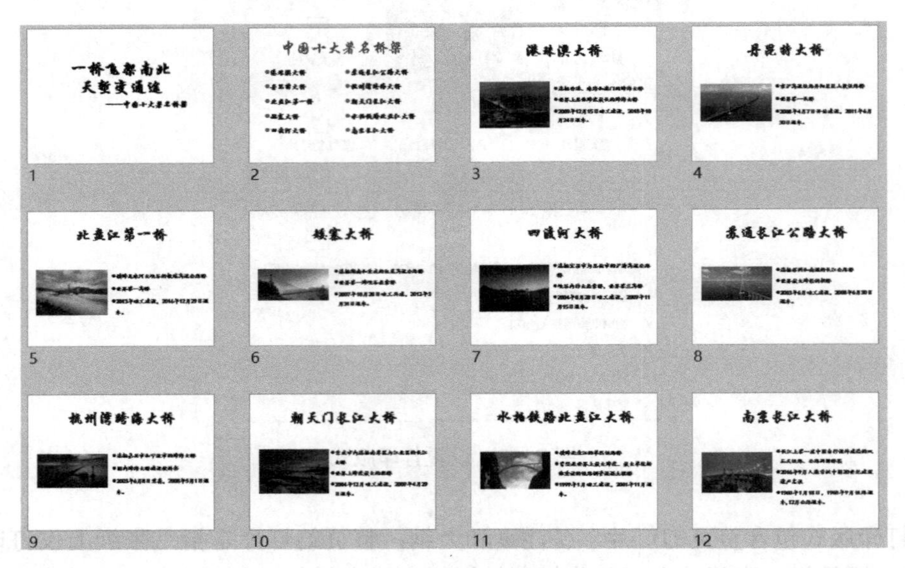

图 7-34 演示文稿样例

1）新建并保存演示文稿“中国十大著名桥梁 . pptx”。

2）制作标题幻灯片。标题幻灯片格式设置见表 7-1。

表 7-1 标题幻灯片格式设置

<table>
<tr><th>序号</th><th>设置对象</th><th>模板</th><th>字体</th><th>字号</th><th>颜色</th><th>对齐方式</th></tr>
<tr><td>1</td><td>幻灯片</td><td>标题幻灯片</td><td colspan="4"></td></tr>
<tr><td>2</td><td>标题</td><td></td><td rowspan="2">华文行楷、加粗</td><td>66</td><td rowspan="2">主题颜色-黑色-文字 1</td><td>居中</td></tr>
<tr><td>3</td><td>副标题</td><td></td><td>32</td><td>右对齐</td></tr>
</table>

3）制作目录幻灯片。目录幻灯片格式设置见表 7-2。

表 7-2 目录幻灯片格式设置

<table>
<tr><th>序号</th><th>设置对象</th><th>模板</th><th>字体</th><th>字号</th><th>颜色</th><th>对齐方式</th></tr>
<tr><td>1</td><td>幻灯片</td><td>两栏内容</td><td colspan="4"></td></tr>
<tr><td>2</td><td>标题</td><td></td><td rowspan="2">华文行楷、加粗</td><td>60</td><td>主题颜色-橙色，个性色 1，深色 25%</td><td>居中</td></tr>
<tr><td>3</td><td>正文</td><td></td><td>32</td><td>标准色-深蓝</td><td>左对齐，1.5 倍行距</td></tr>
</table>

4）制作 10 张正文幻灯片。正文幻灯片格式设置见表 7-3。

表 7-3　正文幻灯片格式设置

序　号	设置对象	模　板	字　体	字　号	颜　色	对齐方式
1	幻灯片	标题和内容				
2	标题		华文行楷、加粗	60	标准色-深蓝	居中
3	正文		楷体、加粗	20	主题颜色-黑色，文字1	两端对齐，1.5倍行距

5）制作完成后，可单击窗口底部右侧的“幻灯片浏览”按钮，查看所有幻灯片的编辑效果。

6）放映幻灯片，查看放映效果。

实验二　放映演示文稿

1. 实验目的

1）认识幻灯片的切换效果。

2）掌握幻灯片切换的设置方法。掌握为幻灯片设置个性的切换效果和将切换效果应用到所有幻灯片的设置方法。

3）掌握演示文稿的放映方法。

2. 实验内容

练习1：所有幻灯片统一的切换效果，自动播放演示文稿。

根据演示文稿素材“中国十大著名桥梁 . pptx”，设置幻灯片的切换选项，自动播放演示文稿。具体要求如下。

1）打开演示文稿“中国十大著名桥梁 . pptx”，并另存为“中国十大著名桥梁-放映 . pptx”。

2）对所有幻灯片设置“立方体”的切换效果，效果选项设置为“自顶部”，并设置自动换片时间为2 s。

3）放映幻灯片，查看放映效果。

练习2：对幻灯片的切换效果做个性化处理

根据演示文稿素材“中国十大著名桥梁 . pptx”，设置幻灯片的切换选项，单击鼠标切换幻灯片，播放演示文稿。具体要求如下。

1）打开演示文稿“中国十大著名桥梁 . pptx”，并另存为“中国十大著名桥梁-放映2. pptx”。

2）按表 7-4 要求设置每张幻灯片的切换效果。

表 7-4　幻灯片的切换效果

幻灯片编号	切换效果	幻灯片编号	切换效果	幻灯片编号	切换效果	幻灯片编号	切换效果
1	门	4	推入	7	时钟	10	覆盖
2	翻转	5	涟漪	8	风	11	窗口
3	百叶窗	6	形状	9	棋盘	12	飞过

3）放映幻灯片，单击鼠标切换幻灯片，查看放映效果。

实验三　美化演示文稿

1. 实验目的

1）掌握幻灯片主题的设置方法。

2）掌握幻灯片背景的设置方法。

3）掌握 SmartArt 图形的使用方法。

2. 实验内容

练习 1：对所有幻灯片应用相同主题

根据演示文稿素材“中国十大著名桥梁 . pptx”，设置幻灯片主题，美化幻灯片。具体要求如下。

1）打开演示文稿“中国十大著名桥梁 . pptx”，并另存为“中国十大著名桥梁-主题 . pptx”。

2）对幻灯片设置“肥皂”的主题效果。

3）放映幻灯片，查看放映效果。

练习 2：对所有幻灯片应用相同背景

根据演示文稿素材“中国十大著名桥梁 . pptx”，设置幻灯片背景，美化幻灯片。具体要求如下。

1）打开演示文稿“中国十大著名桥梁 . pptx”，并另存为“中国十大著名桥梁-背景 . pptx”。

2）对所有幻灯片设置“水滴”的背景效果，透明度为 75%。

3）放映幻灯片，查看放映效果。

练习 3：对幻灯片外观做个性化的处理

根据提供的素材，对幻灯片外观做个性化的处理，美化幻灯片。演示文稿效果如图 7-35 所示。具体要求如下。

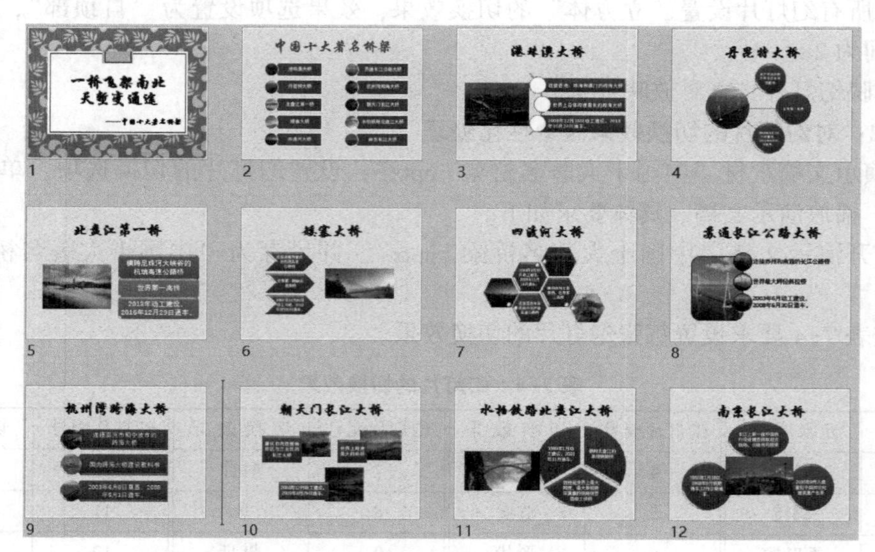

图 7-35　幻灯片效果

1）打开演示文稿“中国十大著名桥梁 . pptx”，并另存为“中国十大著名桥梁-个性化 . pptx”。

2）按表 7-5 要求设置每张幻灯片的个性化效果。

表 7-5　幻灯片的个性化效果

<table>
<tr><th>幻灯片编号</th><th>主　题</th><th>背　景</th><th>SmartArt 版式</th><th>SmartArt 样式</th><th>SmartArt 颜色</th></tr>
<tr><td>1</td><td>肥皂</td><td colspan="4"></td></tr>
<tr><td>2</td><td rowspan="11"></td><td rowspan="11">“水滴”的背景效果，透明度为75%</td><td>垂直图片重点列表</td><td></td><td rowspan="3"></td></tr>
<tr><td>3</td><td>垂直曲形列表</td><td rowspan="10">优雅</td></tr>
<tr><td>4</td><td>射线列表</td></tr>
<tr><td>5</td><td>垂直块列表</td><td>彩色范围-个性色 5 至 6</td></tr>
<tr><td>6</td><td>V 形列表</td><td rowspan="7"></td></tr>
<tr><td>7</td><td>六边形集群</td></tr>
<tr><td>8</td><td>重音图片</td></tr>
<tr><td>9</td><td>垂直图片重点列表</td></tr>
<tr><td>10</td><td>蛇形图片块</td></tr>
<tr><td>11</td><td>基本饼图</td></tr>
<tr><td>12</td><td>基本循环</td></tr>
</table>

3）放映幻灯片，查看放映效果。

实验四　制作动画

1. 实验目的

1）掌握 SmartArt 图形的动画制作方法。

2）掌握带路径动画的基本制作方法。

2. 实验内容

练习 1：制作 SmartArt 图形的动画

根据演示文稿素材“桥梁目录页 . pptx”，制作 SmartArt 图形的动画，播放素材中的“桥梁目录页-动画 . mp4”文件可观看动画效果。动画制作具体要求如下。

1）打开演示文稿“桥梁目录页 . pptx”，并另存为“桥梁目录页-动画 . pptx”。

2）对幻灯片中的目录项设置动画效果：放映幻灯片时，左侧目录行依次从下向上进入幻灯片，左侧最后一行进入后，右侧目录行依次从下向上进入幻灯片。动画设置如图 7-36 所示。对左侧和右侧 SmartArt 图形分别设置“飞入”的进入效果，“效果选项”→“方向”选择为“自底部”，“效果选项”→“序列”选择为“逐个”；左侧目录的“开始”设置为“与上一动画同时”，右侧目录的“开始”设置为“上一动画之后”；在“动画窗格”中修改相应动画效果的“开始”选项，设置结果如图 7-36 所示。

3）保存文件；放映幻灯片，查看放映效果。

练习 2：制作带路径的动画

根据演示文稿素材“瑜伽球与篮球 . pptx”，制作带路径的动画，播放素材中的“瑜伽

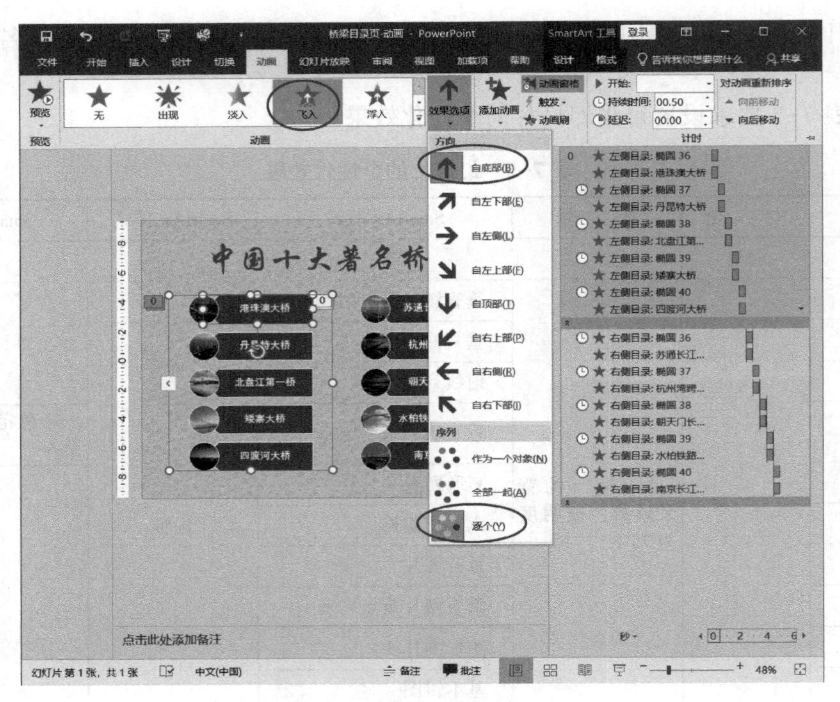

图 7-36　动画设置示例

球与篮球 . mp4”文件可观看动画效果。动画制作具体要求如下。

1）打开演示文稿“瑜伽球与篮球 . pptx”，并另存为“瑜伽球与篮球-动画 . pptx”。

2）对幻灯片中的瑜伽球和篮球设置动画效果：单击鼠标后，瑜伽球沿着路径从左向右滚动，到达右侧终点后消失；在瑜伽球消失的同时，在瑜伽球的位置出现篮球，篮球沿着路径从右向左滚动，到达瑜伽球的初始位置停下。

动画设置界面如图 7-37 所示，动画效果选项设置见表 7-6。

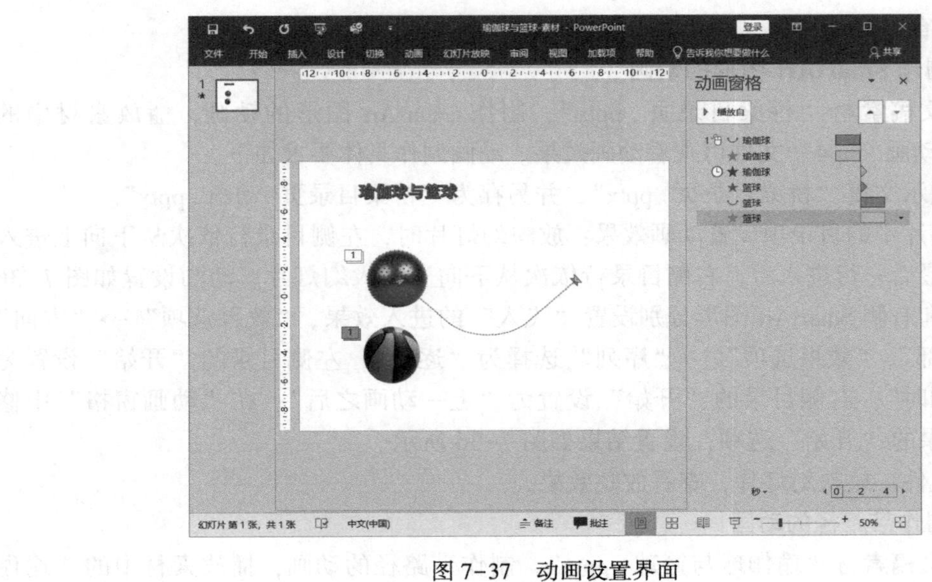

图 7-37　动画设置界面

表 7-6　动画效果选项设置

序　号	对　象	动 画 效 果	“开始”选项	说　　明
1	瑜伽球	动作路径-弧形	单击时	
2	瑜伽球	强调-陀螺旋	与上一动画同时	
3	瑜伽球	退出-消失	上一动画之后	
4	篮球	进入-出现	与上一动画同时	
5	篮球	动作路径-弧形	与上一动画同时	与瑜伽球的路径一致，方向相反
6	篮球	强调-陀螺旋	与上一动画同时	

3）保存文件；放映幻灯片，单击鼠标，查看动画效果。

实验五　设置超链接和动作

1. 实验目的

1）掌握超链接的设置方法。

2）掌握动作的设置方法。

2. 实验内容

根据演示文稿素材“中国十大著名桥梁 . pptx”，设置幻灯片之间的跳转按钮和动作，创建访问相关桥梁网页的链接。具体要求如下。

1）打开演示文稿“中国十大著名桥梁 . pptx”，并另存为“中国十大著名桥梁-动作链接 . pptx”。

2）对目录幻灯片中的文字目录项设置跳转到相关页的超链接。例如，若鼠标单击目录页中的“南京长江大桥”文字，则幻灯片切换到“南京长江大桥”页。

3）对目录幻灯片中的椭圆形图片目录项设置访问相关桥梁网页的超链接。例如，鼠标单击目录页中的“南京长江大桥”图片，打开“南京长江大桥”的相关网页。各个桥梁链接的 URL 地址见表 7-7。

表 7-7　桥梁链接的 URL 地址

桥 梁 名 称	链接 URL
港珠澳大桥	https://baike.baidu.com/item/%E6%B8%AF%E7%8F%A0%E6%BE%B3%E5%A4%A7%E6%A1%A5/2836012
丹昆特大桥	https://baike.baidu.com/item/%E4%B8%B9%E6%98%86%E7%89%B9%E5%A4%A7%E6%A1%A5? fromModule=lemma_search-box
北盘江第一桥	https://baike.baidu.com/item/%E5%8C%97%E7%9B%98%E6%B1%9F%E7%AC%AC%E4%B8%80%E6%A1%A5/23354551
矮寨大桥	https://baike.baidu.com/item/%E7%9F%AE%E5%AF%A8%E5%A4%A7%E6%A1%A5/8011657
四渡河大桥	https://baike.baidu.com/item/%E5%9B%9B%E6%B8%A1%E6%B2%B3%E5%A4%A7%E6%A1%A5/3146064#:~:text=%E5%9B%9B%E6%B8%A1%E6%B2%B3%E5%A4%A7%E6%A1%A5%E4%B8%A4%E5%B2%B8%E5%9D%A1,%E5%87%80%E5%AE%BD24.5%E7%B1%B3%E3%80%82
苏通长江公路大桥	https://baike.baidu.com/item/%E8%8B%8F%E9%80%9A%E9%95%BF%E6%B1%9F%E5%85%AC%E8%B7%AF%E5%A4%A7%E6%A1%A5/3223851

（续）

桥梁名称	链接 URL
杭州湾跨海大桥	https://baike.baidu.com/item/%E6%9D%AD%E5%B7%9E%E6%B9%BE%E8%B7%A8%E6%B5%B7%E5%A4%A7%E6%A1%A5/406268
朝天门长江大桥	https://baike.baidu.com/item/%E6%9C%9D%E5%A4%A9%E9%97%A8%E9%95%BF%E6%B1%9F%E5%A4%A7%E6%A1%A5/3828986
水柏铁路北盘江大桥	https://baike.baidu.com/item/%E6%B0%B4%E6%9F%8F%E9%93%81%E8%B7%AF%E5%8C%97%E7%9B%98%E6%B1%9F%E5%A4%A7%E6%A1%A5/12599459
南京长江大桥	https://baike.baidu.com/item/%E5%8D%97%E4%BA%AC%E9%95%BF%E6%B1%9F%E5%A4%A7%E6%A1%A5/1070999

4）对正文幻灯片设置动作按钮◁、▷、⌂，并设置鼠标单击时切换到上一页、下一页和目录页的功能。

5）保存文件；放映幻灯片，观看放映效果。

本章小结

Microsoft PowerPoint 是适用于 Windows 和 Apple Macintosh 操作系统的一款制作演示文稿的软件，其核心是一套可以在计算机屏幕上演示的幻灯片，这些幻灯片可以按一定的顺序播放，因此演示文稿其实就是一种电子幻灯片。演示文稿提供了可视化界面，学习简单、操作快捷、交互性强，易于表达观点、演示工作成果、传达各种信息。利用 PowerPoint 制作完成的演示文稿的播放形式多样化，丰富多彩的幻灯片能使人们接收信息的效率得到大幅度提高，故演示文稿在教育培训、项目交流、产品演示、开会演讲等领域广泛应用。

PowerPoint 2019 提供了 5 种常用视图方式，分别是普通视图、大纲视图、幻灯片浏览视图、备注页视图和阅读视图。不同视图方式提供了编辑、浏览幻灯片的不同风格，合理使用视图方式，方便制作演示文稿。

新创建的演示文稿中只有一张幻灯片，通过插入、复制、移动、删除幻灯片等操作可以构成演示文稿中的系列幻灯片。PowerPoint 具有强大的制作功能。文字编辑功能强、段落格式丰富、文件格式多样、绘图手段齐全、色彩表现力强。

PowerPoint 通用性强、易学易用，PowerPoint 提供了多种版面布局，插入新幻灯片时，可以是空白幻灯片，也可以使用 PowerPoint 提供的版式，版式提供了幻灯片内容在页面上的分布情况，可以直接在设定好的位置输入内容。为提高幻灯片的制作效果，可以使用 PowerPoint 提供的主题效果、背景格式等。

PowerPoint 具有强大的多媒体展示功能，幻灯片中可以插入多种对象，例如，表格、图像、插图、链接、文本、公式和符号、视频或音频媒体等，并具有较好的交互功能和演示效果。

PowerPoint 具有强大的交互性，利用超链接和动作设置功能，可指向多种对象，如打开文件、播放音视频、访问网页等，可以实现任意幻灯片之间的跳转切换。利用动画效果可使对象出现、消失、强调或移动，可以让页面上不同含义的对象有序呈现、重点突出。

使用 PowerPoint 2019 制作完成的演示文稿，默认保存为 .pptx 文件，还可以保存演示文

稿为 . pdf 的文件、图片格式文件、视频格式文件，甚至可以把演示文稿打包成 CD、导出到文件夹中，以便进行分发传播。演示文稿打印时，可以打印幻灯片、备注页和大纲；可以打印全部幻灯片，也可以打印选定的幻灯片，也可以一页上打印多张幻灯片；打印时可以指定留出空间适合做笔记。

本章具有实践性强的特点，共设计了 5 个实验，涵盖了演示文稿制作的主要知识点。建议：一边学习一边操作，通过操作来理解概念、步骤、命令、选项等内容。习题也都可以通过操作来帮助理解题意、得到答案。每个实验操作都配套有实验素材、实验步骤，学生可自行下载学习。

习　题

一、单项选择题

1. 要修改幻灯片中文本框的内容，下列最合适的操作是 【　　】
   A. 用新插入的文本框覆盖原文本框
   B. 先删除文本框，然后再重新插入一个文本框
   C. 选择该文本框中所要修改的内容，然后重新输入文字
   D. 重新选择带有文本框的版式，然后再向文本框输入文字

2. 在 PowerPoint 2019 中，“链接”按钮所在的选项卡是 【　　】
   A. 开始　　B. 切换　　C. 插入　　D. 设计

3. 在 PowerPoint 2019 的幻灯片浏览视图方式下，不能进行的工作有 【　　】
   A. 复制幻灯片　　B. 编辑幻灯片的文本内容
   C. 设置幻灯片的主题　　D. 设置幻灯片的背景颜色

4. 如果要设置从第 2 张幻灯片跳转到第 6 张幻灯片，需要使用“插入”选项卡中的命令是 【　　】
   A. 动作　　B. 动画　　C. 主题　　D. SmartArt

5. PowerPoint 2019 制作的演示文稿不能保存的文件格式是 【　　】
   A. . pdf　　B. . jpg　　C. . mp4　　D. . docx

6. 在 PowerPoint 2019 中，下列不能启动幻灯片放映的是 【　　】
   A. 按<F5>键
   B. 单击演示文稿窗口右下角的“幻灯片放映”按钮
   C. 执行“视图”→“演示文稿视图”→“幻灯片浏览”命令
   D. 执行“幻灯片放映”→“开始放映幻灯片”→“从头开始”命令

7. 下列关于幻灯片动画效果的叙述，错误的是 【　　】
   A. 可以调整动画效果顺序
   B. 可以为动画效果添加声音
   C. 文本对象不可以设置动画效果
   D. 可为 SmartArt 图形设置动画效果

8. 在 PowerPoint 2019 中，若播放演示文稿时想跳过第 3 张幻灯片，可以执行的操作是 【　　】

A. 删除幻灯片　　　　　　　　　　B. 移动幻灯片

C. 切换幻灯片　　　　　　　　　　D. 隐藏幻灯片

9. 在演示文稿中设置超链接，不能链接的目标是　【　】

A. 另一个演示文稿

B. 幻灯片中的某个对象

C. 其他应用程序的文档

D. 同一演示文稿的幻灯片

10. 在 PowerPoint 2019 中，下列有关幻灯片背景格式的设置，叙述错误的是　【　】

A. 可以纯色填充　　　　　　　　　B. 可以图片填充

C. 可以渐变填充　　　　　　　　　D. 可以动画填充

11. 在 PowerPoint 2019 中，提供幻灯片换页选项设置的选项卡是　【　】

A. 切换　　　　　　　　　　　　　B. 设计

C. 插入　　　　　　　　　　　　　D. 幻灯片放映

12. 在 PowerPoint 2019 中，若需要将演示文稿保存为 .pptx 文件，则保存类型应是

【　】

A. PowerPoint 放映　　　　　　　B. PowerPoint 演示文稿

C. PowerPoint 模板　　　　　　　D. PowerPoint 97-2003 演示文稿

二、填空题

1. 演示文稿制作完成后另存为扩展名________的格式文件，以后打开时直接播放演示文稿，而不进入 PowerPoint 的编辑状态。

2. 在 PowerPoint 2019 的视图模式中，默认的是________视图模式。

3. 在 PowerPoint 2019 中，普通视图包含 3 部分，分别为幻灯片缩略窗格、幻灯片编辑区和________。

4. 在 PowerPoint 2019 中，若需要设置幻灯片的主题，应该使用________选项卡中的命令。

5. 在 PowerPoint 2019 中，若需要新建一张幻灯片，则可执行“________”→“幻灯片”→“新建幻灯片”命令。

6. 在 PowerPoint 2019 中，提供了演示文稿的________功能，可以将演示文稿、其所链接的各种音视频等外部文件，以及有关的播放程序都存放在一起。

三、简答题

1. PowerPoint 2019 中有哪些视图方式？不同视图之间如何切换？

2. 给幻灯片添加动画效果有什么意义？

3. SmartArt 图形有哪些类型？每种类型中列举一个版式，并叙述该版式适合表达的信息类型。

4. PowerPoint 2019 中提供了哪些演示文稿放映方式？如何设置演示文稿放映方式？

第八章　Internet 基础知识及应用

学习目标：

1. 理解计算机网络的功能、计算机网络的分类，掌握计算机网络的工作模式，理解客户机和服务器的概念。

2. 理解计算机网络组成的基本概念，熟悉计算机组网的案例。

3. 熟悉 Internet 的起源与发展，以及 Internet 在我国的发展过程，了解我国互联网中的骨干网。

4. 理解 Internet 中的 IP 地址、IP 数据报、路由器、域名及域名系统的概念。

5. 熟悉 Internet 的接入方式，理解 Internet 提供的 WWW 信息服务、通信服务、文件传输服务，了解互联网新兴的应用，如物联网和云计算等。

6. 熟练掌握信息浏览、信息检索、网络资源下载和网络云盘存储等基本操作。

7. 熟练掌握电子邮件的收发、即时通信软件的使用等。

8. 熟悉计算机网络安全的概念，了解计算机网络系统的脆弱性，熟悉计算机相关的法律法规，养成良好的互联网操作习惯。

第一节　计算机网络概述

计算机网络是指将地理位置不同的具有独立功能的多台计算机及其外部设备，通过通信线路连接起来，在网络操作系统、网络管理软件及网络通信协议的管理和协调下，实现资源共享和信息传递的计算机系统。

一、计算机网络的功能

计算机网络的主要功能有数据通信、资源共享、集中管理、分布式处理、提高可靠性和负载均衡等。

1）数据通信。数据通信是计算机网络的最主要的功能之一。计算机网络能使分散在不同部门、不同单位，甚至不同地区或国家的计算机相互之间进行信息交换。数据通信中传递的信息均以二进制形式来表现；数据通信的另一个特点是与远程信息处理相联系，包括科学计算、过程控制、信息检索等广义的信息处理。例如，收发电子邮件、开视频会议、收看网络电视等都属于计算机网络数据通信的应用。

2）资源共享。资源共享是建立计算机网络的主要目的之一。计算机资源包括硬件资源、软件资源和数据资源。硬件资源的共享可以提高设备的利用率，避免设备的重复投资，例如，局域网内建立一台打印服务器，可以为局域网所有用户提供打印服务。软件资源和数据资源的共享可以充分利用已有的信息资源，减少软件开发过程中的劳动，避免大型数据库的重复建设。例如，使用云端的 Office、Photoshop 软件，可通过浏览器随处访问，避免在本地计算机安装；可使用浏览器访问网页、收听 Web 站点上的音乐等。

3）集中管理。计算机网络技术的发展和应用，已使得现代的办公手段、经营管理等发生了变化。例如，通过管理信息系统可以实现日常工作的集中管理，提高工作效率，增加经济效益。

4）分布式处理。由于有了计算机网络，大型信息处理问题可以借助于分散在网络中的多台计算机协同处理，解决单机无法完成的信息处理任务。例如，习惯使用的搜索引擎，其索引文件的建立、网页内容的处理，都需要借助分布式信息处理来实现。

5）提高可靠性。网络中的计算机可以互为后备。当网络中的某台计算机出现故障时，其上运行的任务可转移到网络中的其他计算机来处理，提高系统的可靠性。

6）负载均衡。当网络中某台计算机负载过重时，网络可将一部分任务自动转移给较空闲的计算机去完成，提高系统的可用性。

二、计算机网络的分类

根据不同的分类方法，计算机网络可以分为多种不同的类型。例如，按使用的传输介质可以分为有线网和无线网；按网络的使用性质可以分为公用网和专用网；按网络的使用对象可分为企业网、政府网、校园网等；按网络覆盖的地理范围可以分为局域网、城域网和广域网三类。

1）局域网（LAN）。局域网覆盖范围通常局限在几千米之内，局域网通常属于一个单位或部门所有，在一幢楼房、一个楼群或一个小区内。

2）城域网（MAN）。局域网覆盖范围通常在5~50 km范围之间。城域网是网络运营商在城市范围内组建的一种高速网络，其网络覆盖范围通常可以延伸到整个城市，借助通信光纤将多个局域网联通公用城市网络形成大型网络，使得不仅局域网内的资源可以共享，局域网之间的资源也可以共享。

3）广域网（WAN）。广域网是一种远程网，网络覆盖范围可达几千千米，甚至更大，覆盖范围可以是一个国家或多个国家，甚至整个世界。

有些广域网是一些机构或组织自行构建的、用于处理专门事务的专用网，例如，政务网、金融网、教育网和公安网等。

因特网（Internet）是覆盖全球的最大的一个计算机广域网，它由大量的局域网、城域网和广域网等互联而成，是一种计算机网络的网络。

三、计算机网络的工作模式

在网络应用中，连接网络的计算机可以扮演不同的角色。从共享资源的角度来看，提供资源（如数据文件、磁盘空间、打印机、处理器等）的计算机是服务器，使用服务器资源的计算机是客户机。每一台联网的计算机，其“身份”或者是服务器，或者是客户机，或者两种身份兼而有之。

计算机网络有两种基本的工作模式：客户机/服务器（Client/Server，C/S）模式和对等（peer-to-peer，P2P）模式。

1. 客户机/服务器模式

客户机/服务器模式中的每一台计算机有着固定的角色。服务器是服务提供方，通常是一些高性能的计算机或专用设备，它们的并发处理能力强，硬盘容量大，数据传输速率高。

可以从不同的角度对服务器分类，从功能的角度，服务器可以分为 Web 服务器、数据库服务器、域名服务器和邮件服务器等。提供网上信息浏览功能的服务器称为 Web 服务器，运行数据库系统的服务器称为数据库服务器，运行域名系统的服务器称为域名服务器，用来负责电子邮件收发管理的服务器称为邮件服务器。

客户机是服务请求方，通常是用户计算机，例如，通过 PC 或手机上网查找资料时，PC 或手机就属于客户机。

在 C/S 模式的工作过程中，客户机向服务器提出请求，服务器响应该请求，完成相应的处理，并将结果返回给客户机。例如，客户机提出访问某个网页的请求，该网站的服务器响应该请求，找到或生成该网页，并将网页下传给客户机，如图 8-1 所示。

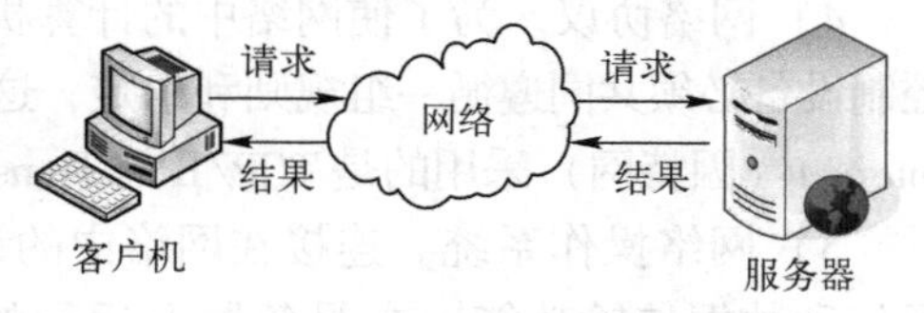

图 8-1　客户机/服务器模式

浏览器/服务器（Browser/Server，B/S）模式是互联网兴起后的一种网络结构模式，是 C/S 模式的一种改进。客户机上只要安装一个浏览器，客户机通过浏览器去向服务器发出请求，即 B/S 模式采取浏览器请求、服务器响应的工作模式。B/S 模式统一了客户端，将系统功能实现的核心部分集中到服务器上，简化了系统的开发、维护和使用。

C/S 模式是最常用、最重要的一种网络类型，例如，上网查找资料、发送电子邮件、浏览 Web 网站中的信息，采用的都是 C/S 模式。C/S 模式的特点是网络的安全性容易得到保证，计算机的权限、优先级易于控制，监控容易实现，网络管理易于规范化。对于 C/S 模式，网络的性能在很大程度上取决于服务器的性能和客户机的数量。

2. 对等模式

对等模式中的每一台计算机既可以作为服务器，也可以作为客户机，即每一台计算机既充当服务的提供者，也充当服务的请求者。例如，图 8-2 中，主机 A 和 D 建立对等通信，主机 A 可以下载主机 D 硬盘中的共享文件，此时，主机 A 是客户机，主机 D 是服务器；同时主机 D 也可以下载主机 A 硬盘中的共享文件，此时，主机 D 是客户机，主机 A 是服务器。如果主机 A 同时还向主机 C 提供服务，则主机 A 又是服务器。常用的迅雷软件在文件下载中使用了对等工作模式。对等模式的特点是灵活方便，但是较难实现集中管理与监控，安全性低。

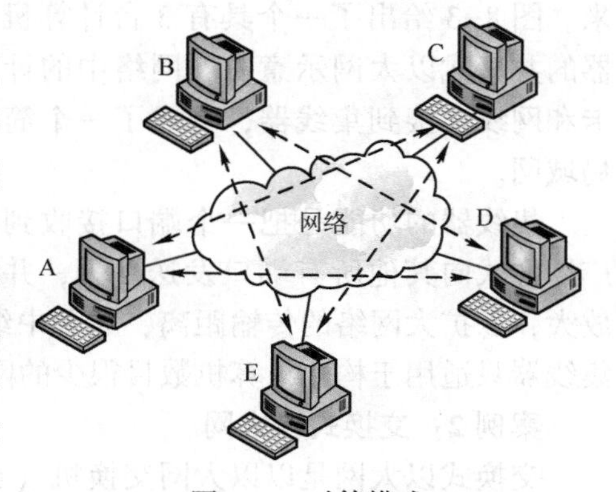

图 8-2　对等模式

四、计算机网络的组成

1. 计算机网络的基本组成

计算机网络一般由计算机、传输介质、通信控制设备、网络协议、网络操作系统、网络应用软件等组成。

1）计算机。网络把许多计算机连接在一起，与网络相连的计算机常称为主机。智能手机中有中央处理器（CPU），连接在计算机网络上的智能手机也可称为主机。随着家用电器的智能化和网络化，越来越多的家用电器，如电视机机顶盒、监控报警设备等也可以接入计算机网络，它们统称为网络的终端设备。

2）传输介质。网络中用于数据传输的介质分有线和无线两种。有线传输介质中的信号是沿着固体媒介传播，数据传输的有线介质有双绞线、同轴电缆和光缆。无线传输介质是电磁波，信号在自由空间中传播。

3）通信控制设备。网络中为了有效、可靠地传输数据还需要各种通信控制设备，常用的通信控制设备有网卡、集线器、交换机、调制解调器和路由器等。

4）网络协议。为了使网络中的计算机能正确地进行数据通信和资源共享，计算机和通信控制设备必须共同遵循一组规则和约定，这些规则、约定或者标准就称为网络通信协议。例如，Internet（因特网）采用的是TCP/IP（Transmission Control Protocol/Internet Protocol）协议簇。

5）网络操作系统。连接在网络中的计算机，其操作系统必须按网络通信协议支持网络通信和数据传输功能。在服务器上运行的网络操作系统需要提供高效、可靠的网络通信能力，还需要负责网络的管理和网络服务工作，例如，配置、授权、日志、计费、安全等。

6）网络应用软件。为了提供网络服务和开展各种网络应用，网络中的计算机还需要安装和运行网络应用程序，例如，浏览器、电子邮件程序、即时通信软件、网络游戏软件等，这些软件为用户提供各种各样的网络应用。

网络中的计算机之间能够交换信息，除了计算机在物理上的连接以外，计算机上必须安装许多使计算机能够交换信息的软件。当叙述到网络互联时，默认网络中的计算机已经安装了适当的软件，在计算机之间可以通过网络交换信息。

2. 计算机网络案例

案例1：共享式以太网

局域网有很多类型，目前广泛使用的是以太网。共享式以太网可以通过集线器连接起来。图8-3给出了一个具有3台计算机和一个集线器的共享式以太网示意图，网络中的计算机通过网卡和网线连接到集线器，构成了一个简单的计算机局域网。

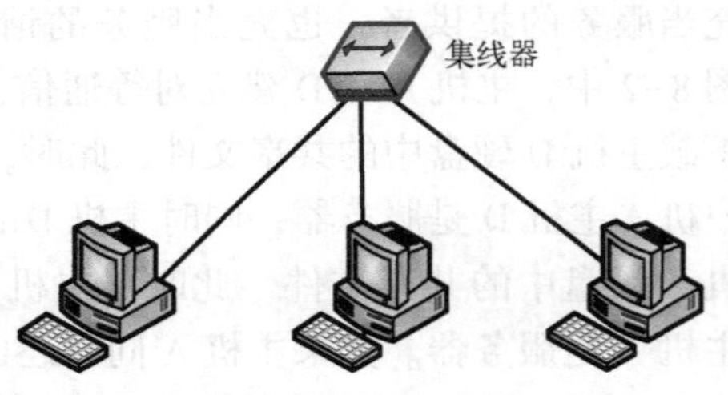

图8-3　共享式以太网示意图

集线器的功能是把一个端口接收到的数据帧以广播方式向其他所有端口发送出去，并对信号进行放大，以扩大网络的传输距离，起着中继器的作用。集线器只适用于构建计算机数目很少的网络。

案例2：交换式以太网

交换式以太网是以以太网交换机（也称为交换机）为中心构建的星形拓扑网络。在交换式以太网中，交换机将接收到的数据帧直接按目的地址发送给指定的计算机，不会向其他无关计算机发送。在交换式以太网中，交换机为每个用户提供专用的信息通道，能支持多对计算机之间同时进行通信。

在学校、企业等单位，借助以太网交换机可以按性能高低将许多小型以太网互相连接起来，构成公司（或单位）—部门—工作组—计算机的多层次局域网。如图8-4所示，用户计算机与所在组（部门）的交换机相连，工作组（部门）的交换机与中央交换机连接。不同层次使用交换机的带宽不一样，例如，工作组（部门）的交换机可以采用100 Mbit/s、

1000 Mbit/s，甚至 10 Gbit/s 的速度与中央交换机连接，中央交换机可以采用总带宽为几百 Gbit/s 的交换机。

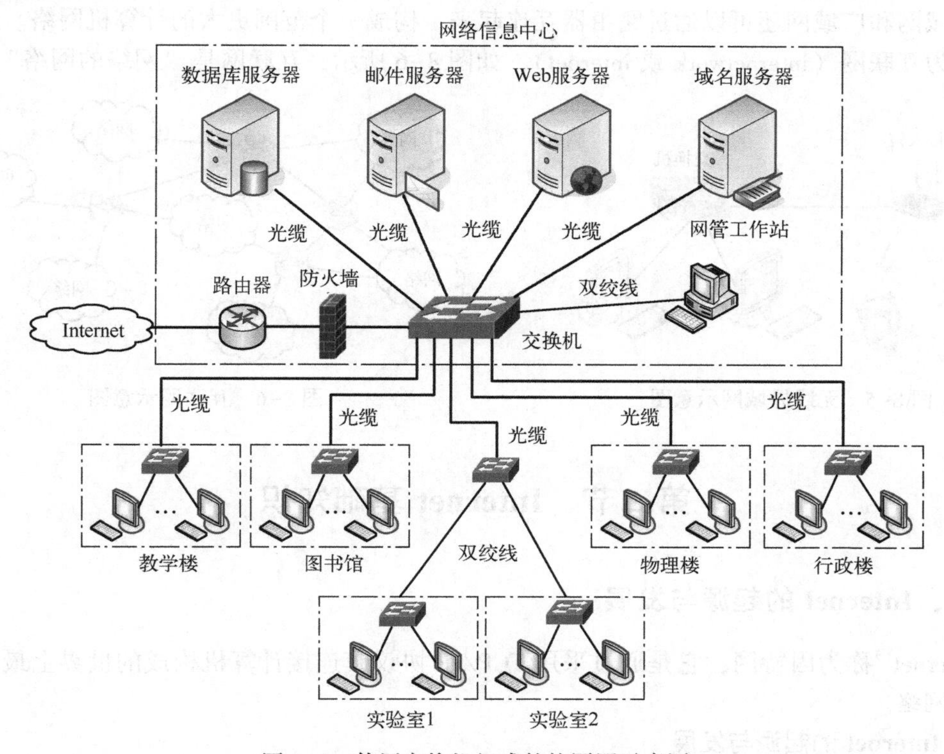

图 8-4　使用交换机组成的校园网示意图

案例 3：无线局域网

无线局域网（Wireless Local Area Network，WLAN）是以太网与无线通信技术相结合的产物，借助无线电波将计算机设备互联起来，构成可以互相通信和实现资源共享的网络体系。目前无线网不能完全脱离有线网，是有线网的补充和延伸。

无线局域网使用的无线电波主要是 2.4 GHz 和 5.8 GHz 两个频段，电波覆盖范围广，具有抗干扰、抗噪声和抗信号衰减能力，通信比较安全，较好地避免了信息被偷听和窃取，具有很高的可用性。

无线局域网采用的协议主要是 IEEE 802.11 标准，俗称 Wi-Fi，需要使用无线网卡、无线接入点等设备构建。例如，采用无线接入的笔记本式计算机、手机、平板电脑等都内置有无线网卡。无线接入点（Wireless Access Point，简称 WAP 或 AP）也称无线热点或热点，是一个无线交换机或无线集线器，主要提供无线工作站与有线局域网之间的数据传输。例如，图 8-5 是一个无线局域网示意图，无线接入点通过双绞线连接在交换机上，把交换机传送过来的无线电波发送出去，或者将接收的无线电波转换成电信号通过双绞线传给交换机，提供无线工作站与有线局域网之间的数据传输。无线接入点的室外覆盖距离为 100~400 m，室内容许最大覆盖距离为 35~100 m，室内信号传播容易受墙壁干扰。

构建无线局域网的另一种技术是蓝牙（Bluetooth），它是一种短距离、低速率、低成本的无线通信技术，常用于笔记本计算机与手机、移动终端设备（如键盘、鼠标等）之间的数据通信，构成一个操作空间在几米范围内的无线个人局域网。

案例 4：互联网

局域网和广域网还可以通过路由器互连起来，构成一个范围更大的计算机网络。这样的网络称为互联网（internetwork 或 internet），如图 8-6 所示，互联网是“网络的网络”。

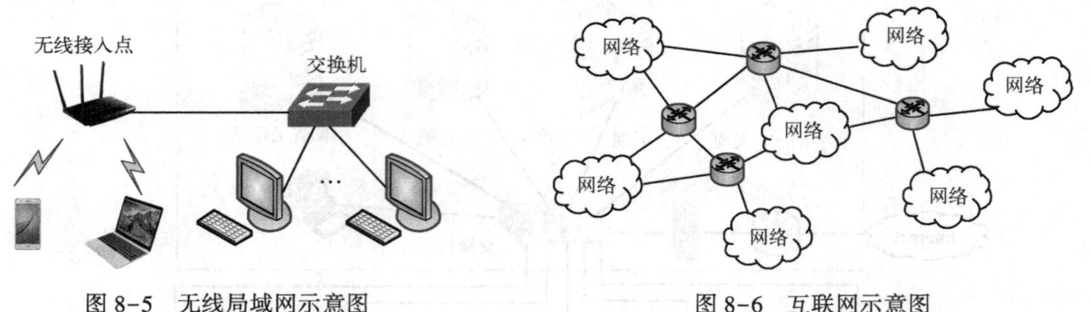

图 8-5　无线局域网示意图　　　　图 8-6　互联网示意图

第二节　Internet 基础知识

一、Internet 的起源与发展

Internet[⊖]称为因特网，它是通过采用 TCP/IP 协议簇连接计算机构成的世界上最大的一个互联网络。

1. Internet 的起源与发展

Internet 起源于美国国防部的 ARPANet 计划，后来与美国国家科学基金会的科学基金网 NSFNet 合并，20 世纪 90 年代起，美国政府机构和公司的计算机纷纷入网，并迅速扩大到大多数国家和地区。Internet 的基础结构大体上经历了 3 个阶段的演进。

第一个阶段是从单个 ARPANet 向互联网发展的过程。1969 年，美国国防部创建的 ARPANet 最初只是一个简单网络，所有连接在 ARPANet 上的主机都直接与就近的结点交换机相连。到了 20 世纪 70 年代，美国国防部高级研究计划署开始研究多种网络的互联技术，开始出现了互联网络，这就是 Internet 的雏形。1983 年 TCP/IP 成为 ARPANet 上的标准协议，所有使用 TCP/IP 的计算机都能利用互联网相互通信，Internet 开始得到发展。

第二个阶段是建成了三级结构的互联网。从 1985 年起，美国国家科学基金会（National Science Foundation，NSF）建立了国家科学基金网（NSFNet），将美国 6 个超级计算机中心连接起来，实现资源共享。NSFNet 采取的是一种具有三级层次结构的广域网络，整个网络系统由主干网、地区网和校园网组成。各大学的主机可连接到本校的校园网，校园网可就近连接到地区网，每个地区网又连接到主干网，主干网再通过高速通信线路与 ARPANet 连接。这样一来，学校中的任一主机可以通过 NSFNet 来访问任何一个超级计算机中心，实现用户

⊖ internet（互联网）是一个通用名词，它泛指由多个计算机网络互联而成的计算机网络。这些网络之间的通信协议可以任意选择，不一定需要使用 TCP/IP。以大写字母 I 开始的 Internet（因特网）则是一个专用名词，它指当前全球最大的、开放的、由众多网络相互连接而成的特定计算机网络，它采用 TCP/IP 协议簇作为通信规则。Internet（因特网）属于一种具体的 internet（互联网）。

之间的信息交换。后来，NSFNet 所覆盖的范围逐渐扩大到全美的大学和科研机构，NSFNet 和 ARPANet 就是互联网的基础。

1990 年，NSFNet 代替了原来的慢速的 ARPANet，成为互联网的骨干网络，ARPANet 在 1989 年被关闭。

第三个阶段是逐渐形成了多层次 ISP 结构的互联网。从 20 世纪 90 年代开始，世界上的许多公司纷纷接入互联网中，网络上的通信量急剧增大。美国政府决定将互联网的主干网转交给互联网服务提供者（Internet Service Provider，ISP）来经营，政府机构不再负责互联网的营运。从 1993 年开始，NSFNet 逐渐被商用的互联网主干网替代。中国电信、中国联通和中国移动是我国最有名的 ISP。

现在的互联网是全世界无数大大小小的 ISP 所共同拥有的，ISP 可以从互联网管理机构申请到很多 IP 地址（互联网上的主机都必须有 IP 地址才能上网），同时拥有通信线路以及路由器等联网设备。用户的计算机若要接入因特网，必须向 ISP 缴纳规定的费用，从该 ISP 获取所需要的 IP 地址使用权，并通过该 ISP 接入到互联网。

2. 互联网在我国的发展

20 世纪 80 年代末期，互联网进入我国。1989 年，中国开始建设互联网，中国科学院承担了中关村教育与科研示范网（NCFC）。1994 年 4 月，NCFC 率先与美国 NSFNet 直接互联，实现了中国与 Internet 全功能网络连接，标志着我国最早的国际互联网络的诞生。1996 年 2 月，以 NCFC 为基础发展起来的中国科学院院网（CASNet）更名为中国科技网 CSTNet，中国科技网成为中国最早的国际互联网络。

1995 年中国公用计算机互联网（ChinaNet）与国际互联网连通，成为国际计算机互联网 Internet 的一部分，是中国的互联网骨干网。ChinaNet 使得互联网“飞入寻常百姓家”。目前 ChinaNet 由中国电信经营。

1995 年还建设了中国教育和科研计算机网（China Education and Research Network，CERNet），CERNet 是由国家投资建设、教育部负责管理、清华大学等高等学校承担建设和管理运行的全国性学术计算机互联网络。CERNet 分 4 级管理，分别是全国网络中心、地区网络中心和地区主结点、省教育科研网、校园网。全国网络中心设在清华大学，负责全国主干网运行管理。CERNet 有连接美国的国际专线。

1996 年建设了中国金桥信息网（China Golden Bridge Network，ChinaGBN），也称为国家公用经济信息通信网。它是中国国民经济信息化的基础设施，是建立金桥工程的业务网，支持金关、金税、金卡等“金”字头工程的应用。

ChinaNet、CERNet、ChinaGBN 和 CSTNet 成为我国最早的四大骨干网。1999—2000 年，中国移动、中国联通、中国网通也建设了自己的互联网：中国移动互联网（CMNet）、中国联通计算机互联网（UNINet）、中国网通公用互联网（CNCNet）。2000 年，中国国际电子商务中心、中国长城互联网络中心、中国工信部分别建设了自己的骨干网：中国国际经济贸易互联网（CIETNet）、中国长城互联网（CGWNet）、中国卫星集团互联网（CSNet）。这些网络一起构成了我国互联网的十大骨干网。这些骨干网之间相互连接，共同组成了我国互联网的主干。

互联网在我国飞速发展，截至 2022 年 6 月，我国网民规模为 10.51 亿，互联网普及率达 74.4%，我国千兆光网具备覆盖超过 4 亿户家庭的能力，已累计建成开通 5G 基站 185.4 万个㊀。

二、Internet 的基本概念

Internet 是采用 TCP/IP，由很多局域网或广域网互联而成的网络，如图 8-6 所示。参加互联的局域网或广域网都是物理网络，这些物理网络会使用不同的数据格式和编址方案，为了让不同物理网络中的主机之间能相互通信、共享资源，TCP/IP 就需要将它们互联成一个统一的网络，解决网络中互连设备的统一编址、数据包格式转换等一系列问题。

1. IP 地址

TCP/IP 定义了主机这一概念，主机是指任何按照 TCP/IP 连接到 Internet 的计算设备。主机可以是 PC、手机、平板电脑，也可以是服务器或网络打印机等其他设备。连接到 Internet 的主机都要运行 TCP/IP 协议软件，以保障网络中的主机之间可以进行数据通信。

为了屏蔽 Internet 的不同物理网络中主机地址格式的差异，IP 规定，全网所有主机必须使用一种统一格式的地址进行标识，这个地址就是 IP 地址。IP 地址是在物理网络上覆盖一层 IP 软件实现的，是在网络互连层使用的主机地址，故并不需要对物理地址做任何修改，物理网络仍然使用它们原有的物理地址。

IP 第 4 版（简称 IPv4）规定，每个 IP 地址使用 4 个字节表示，4 个字节即 32 个二进制位。为了方便使用，IP 地址通常又被写成点分十进制的形式，即 4 个字节分别用 0~255 的十进制数表示，4 个字节之间用小数点“.”分隔。

【例 8-1】 IP 地址 11010100000100000000001001111000 的点分十进制表示为什么？

解：IP 地址 11010100000100000000001001111000 的点分十进制可表示为 212.16.2.120，转换过程如下：

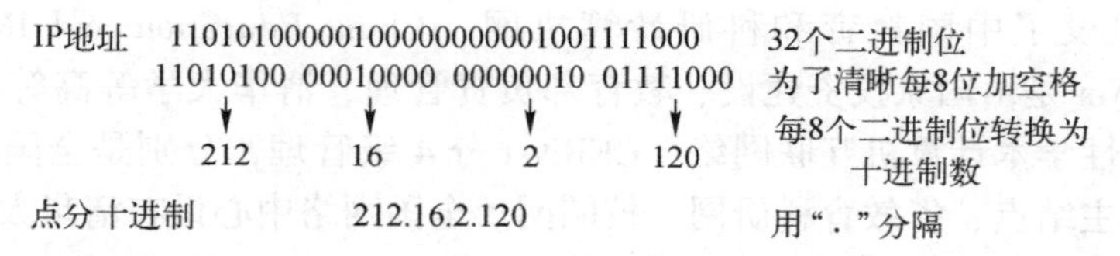

IP 地址中包含有网络号和主机号两个部分，网络号用来指明主机所从属的物理网络的编号，主机号用来指明主机在所属物理网络中的编号。

IP 地址分为 A 类、B 类、C 类、D 类和 E 类。其中，A 类、B 类、C 类属于基本类，每一类有不同长度的网络号和主机号；D 类和 E 类分别作为组播地址和备用地址使用。IP 地址的分类及格式如图 8-7 所示。

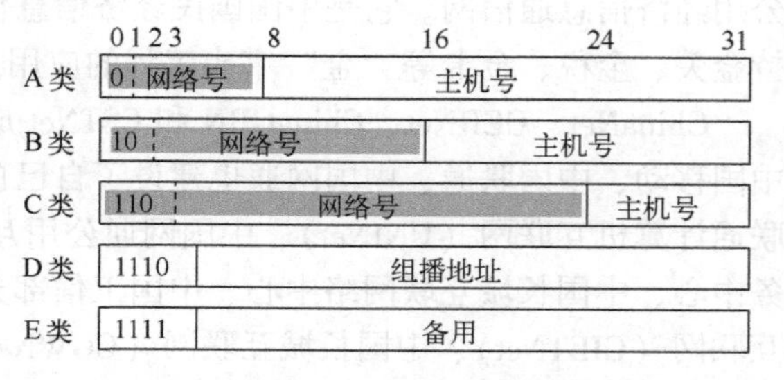

图 8-7　IP 地址的分类及格式

一些特殊的 IP 地址不分配给主机使用。例如，网络号不能是全 0 或全 1，主机号也不能是全 0 或全 1。主机号全 0 的 IP 地址称

㊀ 数据来源于中国互联网络信息中心（CNNIC）发布的第 50 次《中国互联网络发展状况统计报告》。

为网络地址，用来表示一个物理网络，它指的是物理网络本身，而不是网络中的主机。主机号全 1 的 IP 地址称为直接广播地址，当一个 IP 数据包中的目的地址是某一个物理网络的直接广播地址时，这个数据包将被送达该网络中每一台主机。

A 类地址中网络号占 8 位，其中最高位 0，主机号占 24 位，故全球只有 126 个网络可以获得 A 类地址，每一个 A 类地址的网络中可拥有的主机数≤$2^{24}-2$，即 16777214。A 类地址适合于超大型网络。

B 类地址中网络号占 16 位，其中最高位 10，主机号占 16 位。每一个 B 类地址的网络中可拥有的主机数≤$2^{16}-2$，即 65534。B 类地址的网络规模适中。

C 类地址中网络号占 24 位，其中最高位 110，主机号占 8 位。每一个 C 类地址的网络中可拥有的主机数≤$2^{8}-2$，即 254。C 类地址的网络属于小型规模。

【例 8-2】 15. 33. 25. 01、150. 33. 25. 01、202. 33. 25. 01 的 IP 地址分别属于哪一类地址，网络地址分别是什么？

解： 将 IP 地址 15. 33. 25. 01 中的“15”用 8 个二进制位表示为 00001111，该 IP 地址的网络号的最高位是 0，该 IP 地址属于 A 类地址。网络地址由前一个字节表示，即网络地址为 15. 0. 0. 0。

将 IP 地址 150. 33. 25. 01 中的“150”用 8 个二进制位表示为 10010110，该 IP 地址的网络号的最高位是 10，该 IP 地址属于 B 类地址。网络地址由前两个字节表示，即网络地址为 150. 33. 0. 0。

将 IP 地址 202. 33. 25. 01 中的“202”用 8 个二进制位表示为 11001010，该 IP 地址的网络号的最高位是 110，该 IP 地址属于 C 类地址。网络地址由前三个字节表示，即网络地址为 202. 33. 25. 0。

由于 IPv4 中地址长度仅为 32 位，只有大约 40 亿个地址可用，2011 年初国际组织 ICANN 宣布 IPv4 地址已经分配耗尽。从理论上讲，IPv4 地址耗尽应该意味着不能将任何新的 IPv4 设备添加到 Internet，实际上，还有许多方法对此进行缓解。例如，ISP 可以重用和回收未使用的 IPv4 地址。网络地址转换（Network Address Translation，NAT）技术作为一种解决 IPv4 地址短缺的有效方案，这种方法需要在局域网连接到 Internet 的路由器上安装 NAT 软件，装有 NAT 软件的路由器叫作 NAT 路由器，其允许在局域网内使用私有 IP 地址，而当内部主机与 Internet 连接时，NAT 路由器将内部私有 IP 地址转换为公用 IP 地址，使得一个局域网只需要少量公用 IP 地址，以减少公用 IP 地址的消耗。IPv4 地址短缺问题的最终解决方案是采用 IP 第 6 版，即 IPv6。IPv6 把 IP 地址的长度扩展到 128 位，几乎可以不受限制地提供 IP 地址。

2. IP 数据报

为了在异构的物理网络上传送数据包，IP 定义了一种独立于物理网络的数据包格式，称为 IP 数据报（IP datagram）。图 8-8 是 IP 数据报格式的示意图。

IP 数据报包含头部和数据区两部分。头部信息主要是为了确定在网络中进行数据传输的路由，内容包括发送数据报的主机的 IP 地址、接收数据报的主机的 IP 地址、IP 的版本号、头部长度、服务类型、数据报总长度等。数据区信息则是从上一层传来的数据信息。

所有需要在 TCP/IP 网络中传输的数据，在网络互连层都必须封装或分拆成 IP 数据报，之后才能进行发送或接收。

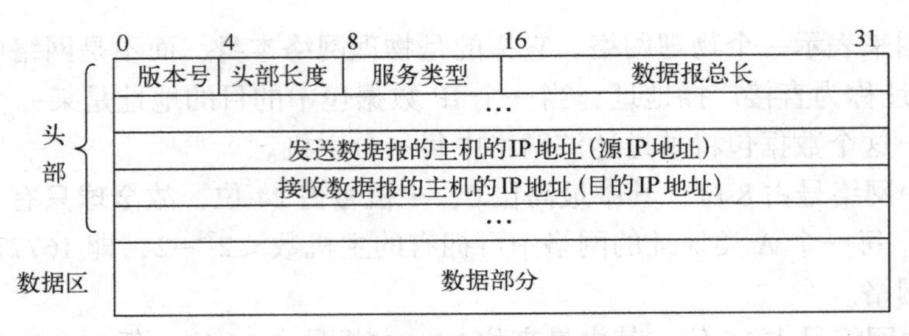

图 8-8　IP 数据报格式示意图

【例 8-3】 已知某 IP 数据报头部的十六进制形式内容为：45 00 01 ef 11 3b 40 00 80 06 81 b2 c0 a8 00 a9 42 aa 62 20，其 IP 数据报头部结构如图 8-9 所示，该 IP 数据报的目的 IP 地址是多少？

比特 0	4	8	16	31
版本号	头部长度	服务类型	数据报总长	
标识			标志	片偏移
生存时间(TTL)		协议	头部校验和	
源IP地址				
目的IP地址				

图 8-9　IP 数据报头部结构

解： 根据图 8-9 中的 IP 数据报头部结构，目的 IP 地址在 IP 数据报头部的最后 4 个字节处，从例题中的十六进制形式内容中可以找到目的 IP 地址为：42aa6220H，即 66. 170. 98. 32。

3. 路由器

因特网是由很多局域网或广域网互联而成的网络，因特网属于一种特定的互联网，连接这些网络的关键设备是路由器。例如，图 8-4 所示的校园网中，可以将中央交换机与防火墙相连，与外网隔开，再通过路由器接入中国教育和科研计算机网，校园网中联网的计算机可以访问因特网上的信息。

路由器能将多个异构网络互联成为一个统一的计算机网络，屏蔽各种不同网络的技术差异，将 IP 数据报按接收主机的 IP 地址进行转发，将 IP 数据报正确地送达目的主机，确保各种不同物理网络的无缝连接。

例如，在图 8-10 中，若主机 A 要向主机 B 发送 IP 数据报，先检查 IP 数据报的目的 IP 地址是否与源 IP 地址在同一个子网，A 与 B 在同一个子网中，则 A 发送的 IP 数据报在子网内传送给 B。若主机 A 要向主机 C 发送 IP 数据报，先检查 IP 数据报的目的 IP 地址是否与源 IP 地址在同一个子网，A 与 C 不在同一个子网，于是，将 A 发送的 IP 数据报发送到本网络上的某一个路由器，该路由器按照 IP 数据报的目的 IP 地址再将 IP 数据报传送给其他路由器，直到 IP 数据报到达 C 所在的网络，最后将 IP 数据报送达主机 C 为止。

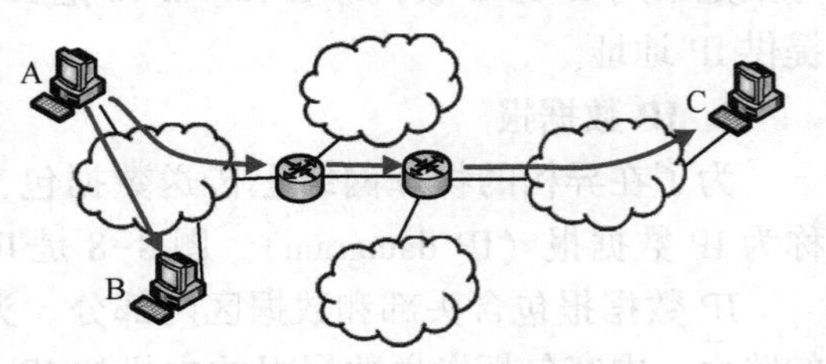

图 8-10　路由器转发 IP 数据报示例

路由器是一种具有多个输入端口和多个输出端口的专用计算机，其功能主要是选择路由和转发 IP 数据报，并进行协议转换。一个路由器通常连接多个网络，连接在哪一个网络的端口，就会分配一个属于该网络的 IP 地址，故一个路由器会拥有多个不同的 IP 地址。当路由器接收到来自一个输入端口的 IP 数据报时，根据其中所含的目的 IP 地址查询路由表，将数据从某个合适的输出端口发送到通信链路上。

随着技术的进步，路由器的功能越来越强大，路由器不仅能互联不同类型的物理网络，还能将一个大型网络分割成多个子网络，平衡网络负载，提高网络传输效率，监视用户流量，过滤特定的 IP 数据报，保障网络安全等。

4. 主机域名和域名系统

IP 地址具有 32 个二进制位，即便使用点分十进制形式表示，用户也难以记忆。TCP/IP 提供了一种字符型的主机命名规则，使用具有特定含义的字符来表示因特网中的主机，这种主机名相对 IP 地址来说是更容易记忆，称为域名。当用户访问网络中的某个主机时，只需使用域名访问，无须使用十进制或二进制数字所表示的 IP 地址。例如，南京大学 Web 服务器的 IP 地址为 202. 119. 32. 7，域名为 www. nju. edu. cn，因特网用户在浏览器中只需要输入 www. nju. edu. cn 就可访问该服务器。

为了避免主机的域名重复，将整个因特网的域名空间分为若干层次，分别为顶级域、二级域、三级域和四级域，其结构如图 8-11 所示。每个域名有几个域组成，域之间用“.”分隔，例如，域名 www. nju. edu. cn，从左至右级别升高，最右边的域称为顶级域。

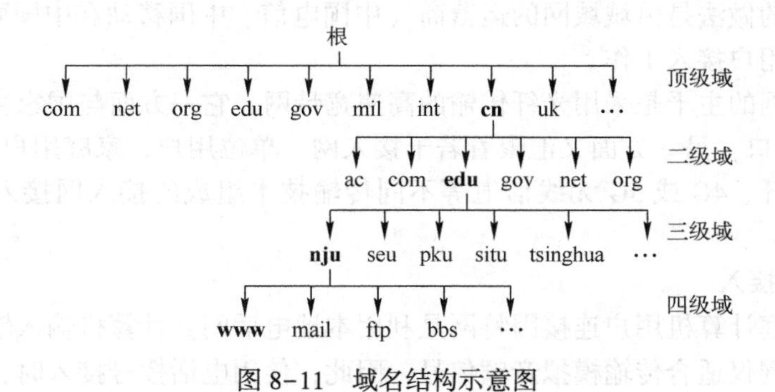

图 8-11　域名结构示意图

表 8-1 列出了顶级域代码的含义。顶级域是由因特网制定的一组正式的标准代码，包括一些组织机构名和国家名。由于因特网起源于美国，所以美国通常不使用国家代码作为顶级域，其他国家一般采用国家代码作为顶级域。中国因特网域名体系的顶级域为 cn，二级域名共 40 个，分为 6 个类型域名（ac、com、edu、gov、net、org）和 34 个行政区域名。

表 8-1　部分顶级域名代码及含义

域名代码	含　义	域名代码	含　义	域名代码	含　义
com	商业组织	edu	教育机构	int	国际组织
net	网络服务机构	gov	政府部门	cn	中国
org	其他组织	mil	军事部门	uk	英国

从域名可以知道主机的大致性质。例如，域名 www. nju. edu. cn 中 www 表示 Web 服务器，nju 表示南京大学，edu 表示教育机构，cn 指中国。

域名和 IP 地址不是一一映射的关系。一个 IP 地址可以对应多个域名，例如，一个主机托管多个网站，这种情况下，这多个网站的 IP 地址就可能会相同。一个域名也可以解析为多个 IP 地址。这主要是针对那种访问量特别大的网站，会使用多个服务器构成服务器集群，域名只有一个，每个服务器都有 IP 地址，为了负载均衡，访问时会将域名解析到不同的 IP 地址。例如百度、qq 这种访问量巨大的网站，一般一个域名对应有多个 IP 地址。主机从一个物理网络移到另一个物理网络，其 IP 地址必须更换，但域名可以不更换。

IP 数据报中的地址是 IP 地址，路由器进行转发时使用的也是 IP 地址，因此，使用域名访问因特网的某个主机时，首先需要将域名翻译为 IP 地址。把域名翻译成 IP 地址的过程称为域名解析，把域名翻译成 IP 地址的软件称为域名系统（Domain Name System，DNS）。运行域名系统的主机称为域名服务器。一般来讲，每一个网络（如校园网或企业网）都要设置一个域名服务器，在域名服务器中存放所管辖网络中所有主机的域名与 IP 地址的对照表，用来实现入网主机的域名与 IP 地址的转换。该域名服务器还需要与它上一级网络中的某个 DNS 以及下一级网络中的每一个 DNS 之间都建立链接，以便实现分布式的域名翻译。

三、Internet 的接入方式

随着互联网的快速发展，大量的局域网和个人计算机用户需要接入因特网。目前我国中心城市普遍采用的做法是由城域网的运营商（中国电信、中国移动和中国联通等）作为 ISP 来承担因特网的用户接入工作。

目前，城域网的主干是采用光纤传输的高速宽带网，它一方面与国家主干网连接，提供城市的宽带 IP 出口，另一方面又汇聚着若干接入网。单位用户、家庭用户可以通过电话线、有线电视线、光纤、4G 或 5G 无线信道等不同传输技术组成的接入网接入城域网，再由城域网接入因特网。

1. 电话拨号接入

早些年，家庭计算机用户连接因特网是利用本地电话网。计算机输入输出的数据都是数字信号，而电话网仅适合传输模拟音频信号，因此，使用电话拨号接入时，需要使用调制解调器（MODEM），利用调制解调器实现数字信号和模拟音频信号的转换。如图 8-12 所示，调制解调器将计算机送出的数字信号调制为适合电话线传输的模拟音频信号，接收方（ISP）的调制解调器再把模拟音频信号恢复成数字信号，然后接入到局域网或因特网。

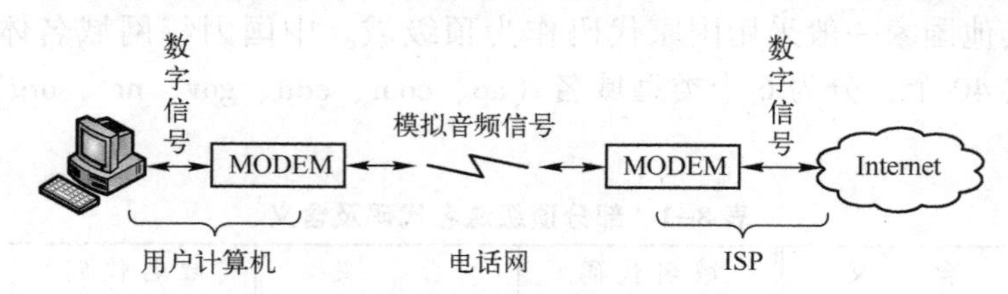

图 8-12　利用电话拨号接入 Internet

2. ADSL 接入

非对称数字用户线（Asymmetric Digital Subscriber Line，ADSL）技术是使用数字技术对

现有的模拟电话线路进行改造，使它能承载宽带业务。标准模拟电话信号的频带被限制在300~3400 Hz，ADSL技术把0~4 kHz低端频谱留给传统电话使用，把原来没有被利用的高端频谱用来传送上网信号。

ADSL仍然利用电话线作为传输介质，只是需要在线路两端加装专用的ADSL MODEM设备，如图8-13所示，用于实现数据的高速传输。电话分离器可以将电话的音频信号和数字信号隔开，这样电话通话和数据通信互不干扰。ADSL能在电话线上同时得到3个信息传输通道，一个是为电话服务的语音通道，一个是速率为64~256 kbit/s的上行数据通道，另一个是速率为1~8 Mbit/s的下行数据通道，它们可以同时工作，互不干扰。用户接收信息使用的是下行数据通道，发送信息使用的是上行数据通道，大多数因特网用户产生的流量都是浏览Web页面或下载文件，用户上传数据量并不一定大，ADSL是适合于接收信息远大于发送信息的用户使用。

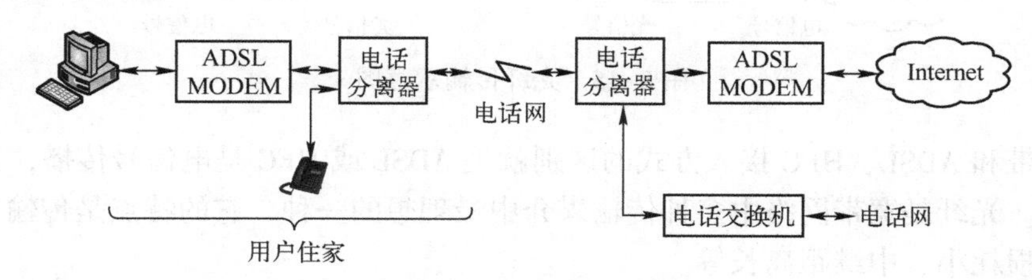

图8-13 利用ADSL接入Internet

3. HFC接入

最早的有线电视网是同轴电缆网，它采用模拟技术对电视节目进行单向传播。在早期有线电视网的基础上开发了光纤同轴电缆混合网（Hybrid Fiber Coaxial，HFC），HFC的骨干网络采用光纤连接到小区，使用同轴电缆接入到用户住家。HFC除了提供广电有线电视节目外，还提供数据和其他宽带交互型业务，具有双向传输功能，而且扩展了传输频带。

借助HFC接入因特网时，计算机仍采用以太局域网技术，同轴电缆连接到计算机这一端时需要使用电缆调制解调器（Cable Modem）技术。Cable Modem的原理与ADSL相似，它将同轴电缆的整个频带划分为3部分，分别用于数据上传、数据下传以及电视节目的下传。数据通信与电视节目的传输互不影响，上网的同时还可以收看电视节目。

Cable Modem可以做成一个单独的设备，类似于ADSL的调制解调器，也可以做成内置式的，安装在电视机的机顶盒里。用户的计算机只要连接到Cable Modem，就可以方便地上网了。调制解调器不需要成对使用，只需要安装在用户端。

计算机接收因特网数据时，数据通过HFC传输至用户家中，由Cable Modem将下行数据中的数字信号解调出来，再转换为以太网的帧格式，通过以太网端口将数据传送至计算机。计算机上传数据时，Cable Modem接收计算机传送来的数据后，经过编码并调制为5~42 MHz频带内的信号，然后经HFC传输至因特网。图8-14是计算机连入HFC的示意图。

4. 光纤接入

光导纤维简称为光纤，是一种传输光波信号的介质。光纤接入网是指使用光纤作为主要传输介质的因特网接入系统。在ISP一侧需要光线路终端（Optical Line Terminal，OLT）进行电信号与光信号的转换，以便信号在光纤中传输；在用户端一侧需要使用光网络单元

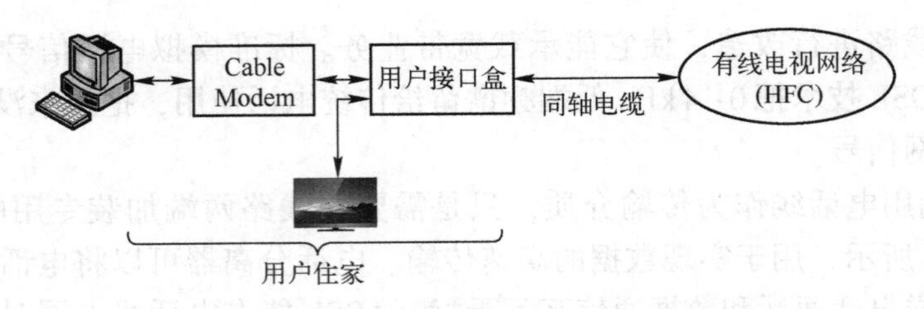

图 8-14　计算机连入 HFC 的示意图

（Optical Network Unit，ONU）进行电信号与光信号的转换，再连接用户计算机，如图 8-15 所示。

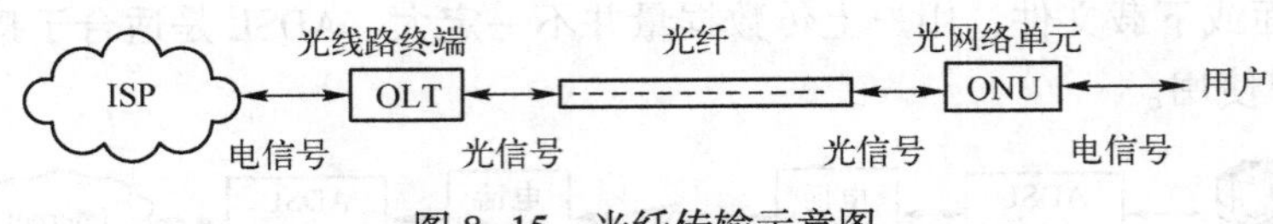

图 8-15　光纤传输示意图

光纤宽带和 ADSL、HFC 接入方式的区别就是 ADSL 或 HFC 是电信号传播，光纤宽带是光信号传播。光纤是宽带网络中多种传输媒介中最理想的一种，它的特点是传输容量大、传输质量好、损耗小、中继距离长等。

光纤接入网按照光网络单元的位置可划分为：光纤到路边（Fiber to The Curb，FTTC）、光纤到小区（Fiber to The Zone，FTTZ）、光纤到大楼（Fiber to The Building，FTTB）、光纤到办公室（Fiber to The Office，FTTO）、光纤到户（Fiber to The Home，FTTH），它们统称为 FTTx。FTTC 和 FTTZ 主要为单位和小区提供宽带服务，将光网络单元放置在路边，每个光网络单元一般可为几幢楼或十几幢楼的用户提供宽带业务，从光网络单元出来用同轴电缆提供电视服务，用双绞线提供计算机联网服务。FTTB 主要为企事业单位提供服务，将光网络单元放置在大楼内，以每幢楼为单位，提供高效数据通信等宽带业务。FTTO 和 FTTH 将光纤直接接入办公室或家庭提供服务，比如将光网络单元直接放置在楼层、办公室或用户家中，提供更好的宽带业务。

目前家庭常用 FTTH 方式。在 FTTH 方式，光网络单元俗称光猫，直接安置在用户家里，由光猫通过网线直接连接到用户计算机或者用户家中的路由器，通过设置后，输入宽带账号及密码即可使用网络。

5. 无线接入

随着无线通信技术的发展，用户不受时间和地点的限制，可以随时随地访问因特网。无线接入技术主要有无线局域网接入、移动通信网接入和卫星接入等方式。

无线局域网在第一节案例 3 中已经叙述。在家里或工作场所建立 Wi-Fi 连接是一种常见的方式。例如，在家庭 FTTH 方式，光猫一头通过光纤接入因特网，另一头通过网线连接无线路由器，家庭中多种电器都可以通过无线路由器接入因特网，例如，装有无线网卡的电视机可以通过 Wi-Fi 连接到无线路由器，示意图如图 8-16 所示。

Wi-Fi 的优点是采用局域网部署，无需使用电线，灵活性和移动性强，安装便捷，故障定位容易；缺点是通信距离有限，稳定性差，功耗较大，组网能力差，安全性也较差，只适合于个人终端和小规模网络应用。

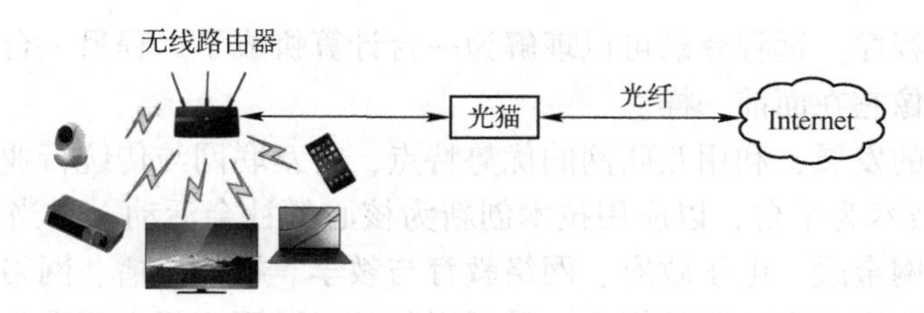

图 8-16　家用电器无线接入 Internet 示意图

手机除了能通过 Wi-Fi 接入因特网，还能通过移动电话网接入因特网，这需要消耗数据流量，费用较高。优点是方便，只要有手机信号的地方就能连入因特网。

全球有十多家网络服务商提供卫星接入因特网的服务。计算机通过卫星接入因特网，需要装配一张卫星网络 PCI 卡，并连接一个卫星接收天线。开通卫星联网许可后，到卫星接收网站获取登录信息，卫星网络运行中心接到要求信号后，根据用户的要求到相应的网站去获取所需信息，再将信息上传到卫星，以高速带宽送到用户的接收天线，然后再传到用户的计算机上。

卫星接入互联网的优点是服务区域广泛，可覆盖我国所有地区。其次是速度快，卫星上网的速度比起传统的调制解调器，要快数十倍到一百多倍。但是目前卫星上网费用昂贵，适用于户外探险、应急通信、野外作业等场景。

四、Internet 提供的服务

因特网上汇集了全球海量的信息资源，用户可以随时在世界范围内的任何地点方便地访问这些信息资源。因特网建立了人与人之间的连接，人们可以随时随地进行信息交流和信息分享，进而缩短人与人之间的距离。因特网满足了人们生产、生活、学习等多方面的需求，也对人们生活和工作带来了巨大的影响。

因特网提供的基本服务有万维网（World Wide Web，WWW）信息服务，包括信息浏览、信息检索等服务；文件传输服务；通信服务，包括电子邮件、即时通信等；远程登录等。

万维网信息服务是一种建立在超文本基础上的浏览、检索信息的方式，它以交互方式查询并且访问存储于远程计算机中的信息，并为多种因特网浏览与检索访问提供单独一致的访问机制。例如，每天在手机或计算机上查看新闻、天气预报，查询某大学招生信息、考试报名信息等，这些都属于使用万维网信息服务。

文件传输是指将网络上一台计算机中的文件移动或复制到另一台计算机上。文件传输服务通常是指执行文件传输协议（File Transfer Protocol，FTP），在 FTP 服务器与用户计算机之间进行文件传输操作。FTP 是因特网上广泛使用的传统应用。

电子邮件即 E-mail，其基本概念相似于传统的邮政服务，用电子信件代替纸质信件，用网络传输代替人工投递，用电子信箱代替木制或铁质信箱。电子邮件是因特网上普遍使用的通信服务。

即时通信是因特网提供的一种人们实时交换信息的通信服务，通信双方或多方可以使用文本、语音、视频等多种方式实时交流信息。

远程登录是因特网较早的应用，可以通过一台计算机登录到远距离的另一台联网的计算机，并运行其中的程序。远程登录可以理解为一台计算机成了远程另一台计算机的终端，可被方便地操控，就像它在面前一样。

随着科学技术的发展，利用互联网的优势特点，将互联网与传统行业进行深度融合。互联网+是以互联网技术为平台，以应用技术创新为核心的社会活动，在当今发展阶段主要包括电子商务、互联网金融、电子政府、网络教育与教学、视频点播、网络社交、网络游戏等类型。新的互联网应用也在不断地推出，最近兴起的互联网应用主要有物联网和云计算等。

物联网是在互联网的基础上，通过传感器、射频识别技术、全球定位系统、红外感应器、激光扫描器等各种装置与技术，按照一定的协议，将各种物品与互联网连接起来，实现物与物、物与人的泛在连接，实现对物品和过程的智能化感知、识别和管理。物联网已经在人们身边到处存在了。例如，在学校的食堂、图书馆等多处场所，都可以通过刷校园卡来实现支付费用、借阅书籍等事务。在超市购物时，用扫描仪识别商品的二维码、购物者的支付宝二维码，或使用手机扫描收款二维码，这些都属于物联网的应用。

云计算是一种基于互联网的商业计算模型，它将计算任务分布在大量计算机构成的资源池上，使各种应用系统能够根据需要获取计算能力、存储空间和信息服务。云计算服务中的各种软硬件资源托管在由云服务提供商管理的远程数据中心内。

云计算借鉴了电厂模式的设计思想，电厂模式就是利用电厂的规模经济效应，降低电力的价格，并让用户在无须购买任何发电设备的情况下方便地使用电力，只需按月付电费。云计算是希望通过建立大规模的计算机集群，对计算资源进行统一生产和分配，使用户享受到成本低廉、随取随用的计算资源。

云计算的应用已经非常普及，在人们身边感知最多的是数据备份，例如，大量照片和文件的云存储和分享，更换新手机时的一键同步。还有很多应用，用户未必感知，例如，双十一的商家大促、秒杀等，不仅交易数据量大，而且要做到实时性，这些都是依靠云计算提供的强大计算能力来实现的。

第三节　Internet 的常用操作

一、网络信息浏览

万维网目前已经成为因特网上使用最广泛的一种信息服务平台。通过万维网，人们可以查找资料、阅读书籍、发表微博、欣赏音乐、观看视频等获取遍布全球的信息资源，还可以进行网上购物、网上银行交易、证券交易等多种商业活动。

万维网由遍布在因特网中的被称为 Web 服务器、数据库服务器的计算机和安装了浏览器软件的客户计算机组成。Web 服务器中存放着大量的网页，数据库服务器中存放着大量的数据资源，网页之间互相链接，形成了一个全球范围内可互相引用的信息网络。

1. 网页

网页是一个由超文本标记语言（Hyper Text Markup Language，HTML）描述的超文本文档，它可以存放在世界某个角落的某一台 Web 服务器中，是万维网中的一“页”，网页要通过浏览器来阅读和展现。HTML 包括一系列标签，通过这些标签描述网页中的文字、图像、动画、声音、表格、链接等，统一了网页上的文档格式。

超文本是用超链接的方法，将各种不同空间的文字信息组织成一个网状文本。如图 8-17 所示，网页 A~F 通过超链接构成了网状结构，浏览 A 网页时通过超链接可以跳转到网页 B、D 和 E，浏览 B 网页时通过超链接可以跳转到网页 C、E 和 F。

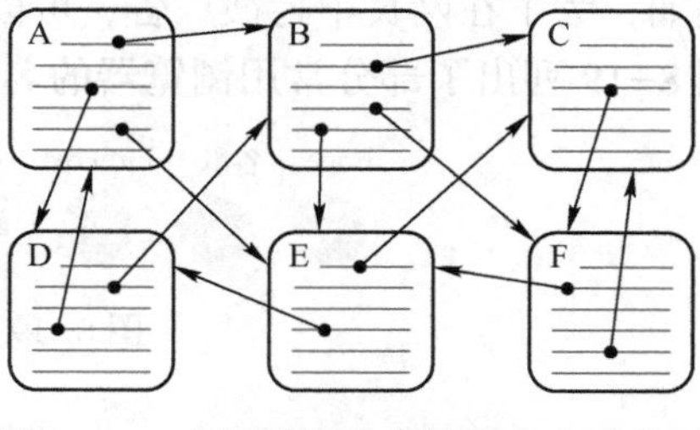

图 8-17　由超链接构成的超文本示意图

在万维网中，信息资源通过网页的形式发布，网页中的起始页称为主页。用户通过访问主页就可直接或者间接地访问其他网页。

2. URL 地址

统一资源定位器（Universal Resource Locator，URL）用于标识因特网中每一个资源的位置（地址）和访问的资源类型。万维网中的每个网页或文件都有一个唯一的 URL，URL 由 3 部分组成：资源类型、存放资源的主机域名、资源文件名。URL 的一般语法格式为

协议://主机域名或 IP 地址[.端口号]/文件路径/文件名

其中，协议指明了访问的资源类型；主机域名是指提供资源的 Web 服务器的域名，现在通常限制使用 IP 地址，只使用主机域名；端口号通常是默认的，如 Web 服务器使用的端口号是 80，一般不需要给出；/文件路径/文件名是指资源在 Web 服务器硬盘中的位置和文件名。

最常用的是超文本传输协议（Hyper Text Transfer Protocol，HTTP），例如，http://www.163.com，要求执行 HTTP，将 Web 服务器上的网页传输给用户的浏览器。这里没有明确给出文件名，以 index.html 或 default.html 作为默认的文件名，表示访问该网站的主页。

HTTP 中存在一些问题，如请求信息以明文传输，容易被窃听截取；数据的完整性未校验，容易被篡改；没有验证对方身份，存在冒充危险。为了解决 HTTP 存在的问题，现在的网站都采用的是超文本传输安全协议（HyperText Transfer Protocol Secure，HTTPS），例如，https://www.163.com。HTTPS 是由 HTTP+加密+认证+完整性保护构建的网络协议，HTTPS 协议为数据通信提供安全支持。

3. 浏览器

万维网采用的是 B/S 模式，用户需要在计算机上运行浏览器软件。浏览器有两个基本功能：将用户的网页请求传送给 Web 服务器，以及向用户展现从 Web 服务器接收到的网页。

使用浏览器访问网页的过程如图 8-18 所示，用户在浏览器的地址栏输入 URL 之后，浏览器便使用 HTTP（或 HTTPS）与 URL 指定的 Web 服务器进行通信，请求服务器下传网页；Web 服务器接到请求后，从硬盘中找到或生成相应的网页文件，用 HTTP（或 HTTPS）回传给浏览器；浏览器对收到的网页进行解释，并将内容显示给用户。

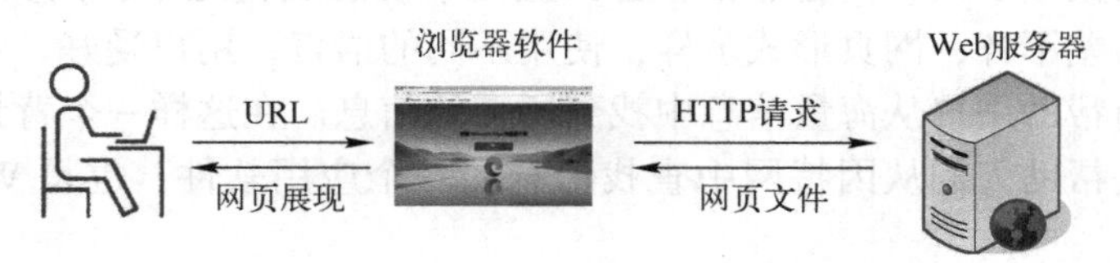

图 8-18　用浏览器访问网页的过程示意图

浏览器对于自己无法解释的信息通常会使用网络插件程序（Plug-in）来补充其功能。例如，为了在网页中拦截广告，可以安装一个广告拦截器插件程序。常用的浏览器有很多，图 8-19 列出了部分常用浏览器的名称与图标。

图 8-19　部分常用浏览器的名称与图标

二、网络信息检索

因特网提供了一个海量的信息库，如何从网络中快速查找到需要的信息资源就成为网络应用中经常遇到的问题。在因特网上寻找信息的途径有多种。例如，在网络上随意浏览，进入特定的网站寻找需要的信息，更多的时候是使用 Web 信息检索工具来寻找需要的信息。

从因特网上检索信息的工具有两类，一类是主题目录，另一类是搜索引擎。

1. 按主题目录查找信息

新浪、网易、搜狐等都是有名的综合性门户网站，这些网站都将大量的信息资源按主题进行分类，先分大类，大类中再细分小类，主题分类是网站对站内信息资源的组织形式。用户可以按照主题目录的分类，一层一层地单击链接来查找有关信息。例如，图 8-20 显示了网易网站的主页显示的主题目录，大类目录分为新闻、娱乐、体育、科技、财经、时尚等，单击“新闻”大类后又弹出新闻包含的子目录，如图 8-21 所示，新闻子目录分为国内、国际、数读、军事等。

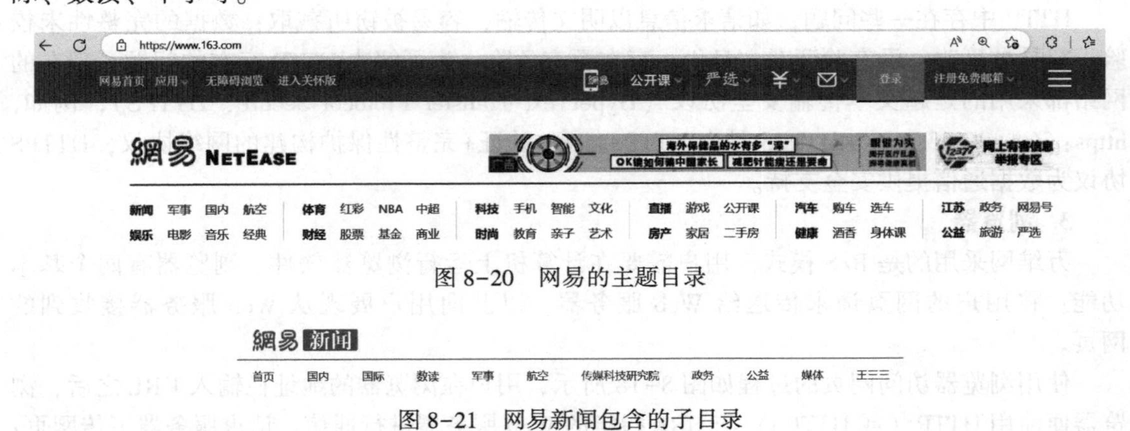

图 8-20　网易的主题目录

图 8-21　网易新闻包含的子目录

2. 使用搜索引擎查找信息

因特网的网页数量巨大、内容非常丰富，且处于动态变化之中；网页缺乏良好的结构、内容重复、质量参差不齐；网页形式多样，使用不同的语言；用户爱好、习惯、知识水平也有很大差别，如何帮助用户从海量信息中找到所需的信息。在这样一个背景下，诞生了搜索引擎。搜索引擎是帮助人们从因特网中查找信息的一个应用软件，也是 Web 最热门的应用之一。

搜索引擎分两种类型。一种是通用的搜索引擎，例如，我国的百度、搜狗等，国外的 Google、Bing（必应）、Yahoo！等，这些通用的搜索引擎提供因特网上不同网站的信息资源查找。另一种是网站自己的搜索引擎，很多网站都提供搜索引擎，这种搜索引擎只检索站内的信息资源。

使用搜索引擎时需要输入搜索关键词，搜索引擎从索引数据库中查找出匹配关键词的网页，由评估程序计算这些网页与搜索关键词的相关度，然后将这些网页的名称、摘要，及其URL排序后发送给用户。例如，图8-22给出了使用百度搜索的一个案例，在搜索框中输入“因特网”作为搜索关键词，按<Enter>键或单击“百度一下”按钮，与“因特网”相关的网页信息便显示出来了。

图8-22　百度搜索引擎的使用案例

三、网络资源下载

因特网上有很多文件类资源，如文本文件、电影文件、音乐文件、程序文件等。下载文件类网络资源的方式有HTTP下载、FTP下载、工具软件下载等。其中HTTP和FTP下载方式使用的是客户机/服务器（C/S）模式，如图8-23所示，都是从服务器上下载，同一时间下载的人数越多，下载速度越慢，受服务器带宽影响很大。工具软件下载常常基于对等（P2P）模式，如图8-24所示，在同一时间内下载同一文件的人越多，下载速度越快。

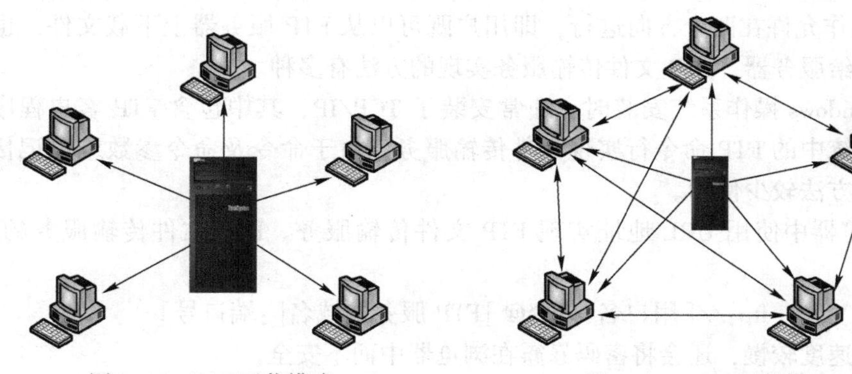

图8-23　C/S下载模式　　　　图8-24　P2P下载模式

1. HTTP 下载

在因特网中使用 HTTP 协议浏览网页，HTTP 下载是指从网页页面直接下载网络资源的方式。对一些软件资源，官方网站和资源网站都可能提供下载途径，建议尽可能从官网网站下载网络资源，能保证软件程序的干净和正确性。例如，若要下载迅雷软件，则在百度中搜索“迅雷官网”，显示如图 8-25 所示，如箭头所指，找到其中的迅雷官方网页，官网中提供软件下载途径。

图 8-25　百度搜索迅雷的官方网站

2. FTP 下载

FTP 是用于在网络上进行文件传输的一套标准协议，称为文件传输协议。FTP 规定文件传输的两台计算机按 C/S 模式工作，主动要求文件传输的发起方是客户机，运行 FTP 客户程序；被要求传输文件的另一方是服务器，运行 FTP 服务器程序，两者协同完成文件传输。

使用 FTP 进行文件传输时，可以一次传输一个文件（夹），也可以一次传输多个文件（夹）。传输操作允许在两个方向进行，即用户既可以从 FTP 服务器上下载文件，也可以将本地文件传输给服务器。FTP 文件传输服务实现的方法有多种。

1）在 Windows 操作系统安装时，通常安装了 TCP/IP，其中包含 FTP 客户程序。可以运行在操作系统中的 FTP 命令行实现文件传输服务，由于命令及命令参数难以记忆，操作不方便，这种方法较少使用。

2）在浏览器中使用 URL 地址实现 FTP 文件传输服务。FTP 文件传输服务的 URL 格式为：

ftp://[用户名:口令@]FTP 服务器域名[:端口号]

这种方式速度较慢，还会将密码暴露在浏览器中而不安全。

3）安装并运行专门的 FTP 客户端应用程序，例如，leapFTP、CuteFTP、FlashFTP，这种软件能较大限度地利用网络资源，下载效率较高。

因特网上有许多 FTP 服务器为用户提供文件共享服务，称为匿名 FTP 服务器，一般以 anonymous 作为用户名，以用户的电子邮箱地址作为口令进行登录，通常只能下载文件，不能修改和上传文件。

3. 工具软件下载

常用的下载软件有迅雷、BitTorrent、FDM（Free Download Manager）、IDM（Internet Download Manager）等。工具软件下载中通常使用对等（P2P）模式，将下载任务（一个文件或一个压缩包）分为几个部分，每一个部分采用一个线程进行下载，实现多资源多线程下载，下载速度快。工具软件下载的另一个优点是可以断点续传。相比于 HTTP 下载，比较好的 FTP 服务器和下载软件具有断点续传能力。断点续传是指在下载时，如果遇到网络中断，在网络恢复后，则可以从已经下载的断线的地方开始继续传送，避免从头开始重新下载，节约用户时间、提高传送速度。

四、网络云盘存储

网络云盘是提供文件存储和文件上下载服务的网站，提供类似 FTP 的网络服务。云盘存储的核心是数据的存储与管理，是云计算技术发展而来的一项应用，它在云计算系统的基础上配置了海量的存储空间，具有安全稳定、海量存储的特点。云盘存储系统的功能很强大，下面列举常用功能。

1. 同步与存储

同步功能是指用户在移动端和 PC 端安装相应的网络云盘软件后，可以将其手机中和计算机中的电话簿、通话记录、短信、文档、音频、视频等同步上传至网络云盘中，并且可以随着用户对电话簿、通话记录、短信等内容的更新，网络云盘会进行同步更新。

2. 分享

分享功能是指网络云盘的用户可以通过网络云盘提供的分享功能，或者通过分享链接、网络云盘账号的方式使得特定或不特定的人获取其网络云盘内信息的功能。例如，会议资料、聚会照片等可以通过百度云盘以链接形式转发给同事或朋友，他们在限定的时间内随时下载。

3. 下载

下载功能是指网络云盘的用户可以将网络云盘中的资料保存到自己选定的空间。例如，下载保存到手机或计算机中；通过分享，可以将其他用户网络云盘中的资料保存在自己的网络云盘中。

4. 在线播放

在线播放功能是指在连接互联网的状态下，网络云盘的用户可以通过云盘自带的播放器来播放云盘中的音频、视频，而不用跳转至移动端或者 PC 端中的播放器。

相对于传统的实体磁盘来说，云盘更方便。用户不需要把储存重要资料的实体磁盘带在身上。通过互联网，可以随时随地从云端读取自己所存储的信息。云盘的快速发展和庞大的用户规模，导致云存储空间的管理问题日益突出，同时也存在许多安全问题。例如，存储在网络云盘上的个人信息，存在被不法分子窃取的危险。

常用的云盘服务商有百度云盘、腾讯微云、天翼云盘、360 云盘等。网络云盘的使用方法比较简单。以百度云盘为例，在PC端，首先打开百度云盘网站，登录百度账号。登录账号之后，单击百度云个人空间主页就可以上传和下载自己的文件。在手机端，需要下载百度云盘的APP软件后使用，使用方法与PC端一样。

第四节　Internet的通信服务

互联网的普及和应用，改变了人类社会已有的信息沟通和交流方式。在互联网渗透进人类社会交往方式之前，人们的社会网络的形成主要是基于亲缘、地缘、业缘与偶遇这4种方式，传统的个人社会网络的形成都是局限在一个很小的范围内。互联网技术极大地改变了这一现状，社会网络的形成突破了地域的界限，以共同兴趣爱好为基础的社团、群等成了在网络上构建人际交往的主要渠道。互联网上的信息交流的内容也从文字、图像、语音发展到短视频、直播等形式，信息交流的方式从电子邮件、微博等离线信息交流方式发展到了即时通信方式，实现了语音聊天、视频聊天、实时直播、在线游戏等多元化信息交流与分享。

一、电子邮件服务

电子邮件（E-mail）服务是最常见、应用广泛的一种互联网应用。电子邮件服务是指通过互联网传送信件、单据、资料等电子信息的通信服务，它是根据传统的邮政服务模型建立起来的，与传统邮政服务相比，电子邮件具有收发速度快、信息多样化、成本低廉、安全性好等特点。几乎所有的大型网站以及校园网、企业网都提供电子邮件服务。例如，网易（163和126）和新浪（Sina）等互联网公司都提供电子邮件服务。

1. 电子邮箱及其地址

在使用电子邮件服务前，用户需要开户申请一个电子邮箱。电子邮箱是网络为用户提供信息交流的电子信息空间，可以为用户提供发送电子邮件、自动接收电子邮件的功能，同时还能对收发的邮件进行存储和管理。

每个电子邮箱都有一个唯一的邮箱地址。邮箱地址由两部分组成：邮箱名和邮箱所在邮件服务器的域名，两者之间用“@”隔开。例如，jsjzikao@163.com是一个邮箱地址，其中，jsjzikao是邮箱的名字，163.com是邮箱所在邮件服务器的域名。

2. 电子邮件的组成

发送电子邮件时需要填写的信息包括3部分。第一部分是邮件的首部，主要包括邮件收件人的邮箱地址、抄送人的邮箱地址、邮件主题，一份邮件可以发送给多人，也可以抄送给多人，因此，收件人地址和抄送人地址都可以是多个；第二部分是邮件的附件，附件中可以包括一个或多个文件，文件类型可以任意；第三部分是邮件的正文。图8-26是空白邮件样例。收到的电子邮件会自动添加发件人的邮箱地址和邮件的发送时间。

3. 电子邮件系统的工作过程

电子邮件系统是典型的客户机/服务器（C/S）系统，主要包括电子邮件客户机、邮件服务器以及支持因特网上电子邮件服务的各种协议。电子邮件客户机是电子邮件客户端软件，是用户与电子邮件系统的接口，用来收、发、创建、浏览电子邮件的工具。常用的邮件客户端软件有我国的Foxmail和微软的Outlook Express等。邮件服务器具有大容量的电子邮箱，并且24 h不间断地运行邮件服务器程序，邮件服务器的功能是发送和接收邮件，同时

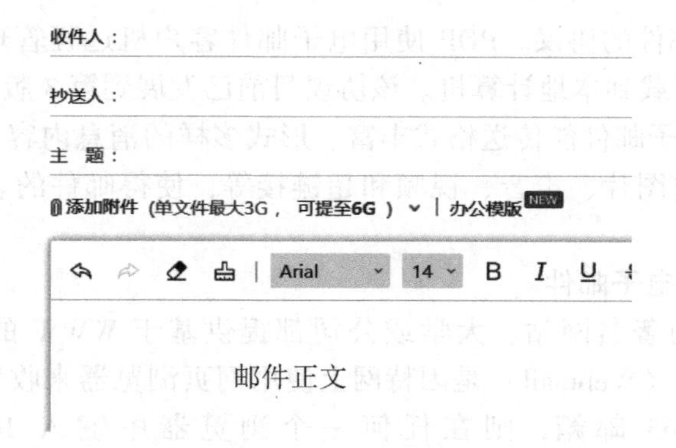

图 8-26　空白邮件样例

还要向发件人报告邮件传送的结果。图 8-27 给出了电子邮件的发送和接收的工作过程步骤。

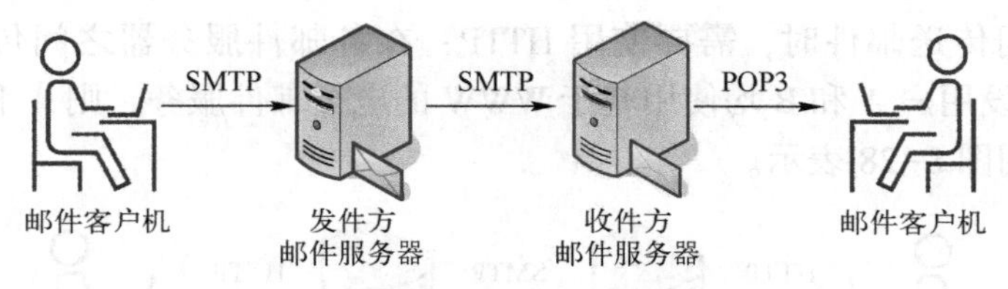

图 8-27　电子邮件发送和接收的工作过程

1）用户使用电子邮件客户机书写邮件。

2）邮件书写完毕，用户单击屏幕上的“发送”按钮，电子邮件客户机将邮件发送到发件方的邮件服务器。

3）发件方的邮件服务器收到邮件后，将邮件临时保存在邮件缓存队列中，等待发送到收件方的邮件服务器。

4）发件方的电子邮件服务器与收件方的电子邮件服务器进行通信，将邮件缓存队列中的邮件传送给收件方的邮件服务器。若收件人邮箱地址错误，则退回信件并通知发件人，邮件传送终止。

5）收件方的邮件服务器接收到邮件后，将邮件存入收件人的电子邮箱。邮件传送终止。

6）收件人在联网的时候，使用电子邮件客户机去自己的邮件服务器读取邮件，并浏览信件。

4. 电子邮件中使用的主要协议

电子邮件是通过通信协议传输的，电子邮件中使用的协议主要有简单邮件传输协议（Simple Mail Transfer Protocol，SMTP）、邮局协议第 3 版（Post Office Protocol Version 3，POP3）和通用互联网邮件扩充（Multipurpose Internet Mail Extensions，MIME）协议等。

SMTP 是因特网上传输电子邮件的标准协议，规定了主机之间传输电子邮件的标准交换格式和邮件的传输机制。SMTP 的目标是可靠、高效地提交和传送邮件，用于将电子邮件从客户机传送到服务器，以及从一个邮件服务器传送到另一个邮件服务器。该协议只能传送文本，不能传送图像、声音和视频等非文本信息。

POP 是接收电子邮件的协议。POP 使用电子邮件客户机远程管理在邮件服务器上的电子邮件，并支持邮件下载到本地计算机。该协议目前已发展到第 3 版，称为 POP3。

MIME 协议允许电子邮件能传送格式丰富、形式多样的消息内容，例如，允许邮件正文中使用字体格式、传送图片、声音、视频和超链接等，使得邮件的表达能力更强，内容更丰富。

5. 基于 WWW 的电子邮件

目前，几乎所有的著名网站、大学或公司都提供基于 WWW 的电子邮件服务，基于 WWW 的电子邮件服务（Webmail）是因特网上使用网页浏览器来收发电子邮件的服务。例如，若使用网易的 163 邮箱，则在任何一个浏览器中键入 163 邮箱的 URL 地址（mail. 163. com）后，就可以使用 163 邮箱。

相比于 Foxmail、Outlook Express 客户端软件，Webmail 的特点是：不管在什么地方，只要能上网，在打开浏览器后，就可以收发电子邮件。

用户在浏览器中浏览因特网中各种信息时需要使用 HTTP，同理，在浏览器和因特网上的邮件服务器之间传送邮件时，需要使用 HTTP；在各邮件服务器之间传送邮件时需使用 SMTP。例如，假设用户 A 和 B 均使用基于 WWW 的电子邮件服务，则 A 和 B 之间的电子邮件收发过程可以用图 8-28 表示。

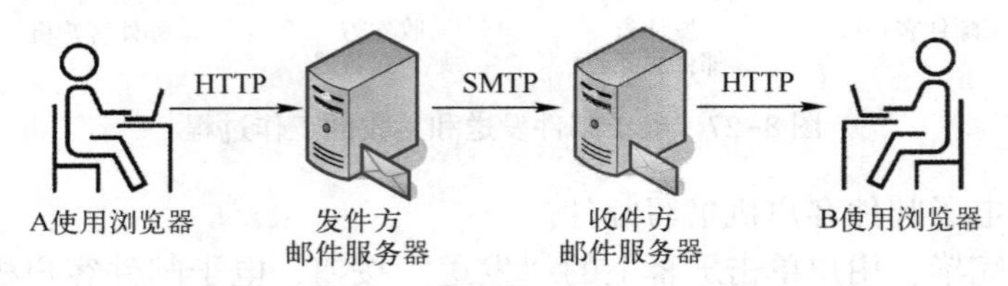

图 8-28　基于 WWW 的电子邮件收发过程

二、即时通信

即时通信（Instant Message，IM）是互联网提供的一种允许人们实时快速地交换信息的通信服务，允许多人使用即时通信软件实时地传递文字信息、文档、语音以及视频等信息流。随着软件技术的不断提升以及相关网络配套设施的完善，即时通信软件的功能也日益丰富，除了基本通信功能以外，逐渐集成了电子邮件、博客、音乐、电视、游戏等多种功能，即时通信不再是一个单纯的聊天工具，是具有交流、娱乐、商务办公、客户服务等特性的综合化信息平台。

1. 即时通信的实现原理

当前使用的即时通信系统基本都组合使用了客户机/服务器（C/S）通信模式和对等（P2P）通信模式。用户登录 IM 服务器进行身份认证阶段是工作在 C/S 模式。随后的客户端之间可以以 C/S 模式通过 IM 服务器进行通信，也可以通过 P2P 模式直接进行通信。

（1）用户登录

即时通信实现原理如图 8-29 所示，用户登录 IM 服务器是工作在 C/S 模式。

用户 A 输入用户名和密码登录到 IM 服务器，服务器通过读取数据库来验证用户 A 的身份，如果用户名、密码都正确，就登记 A 的 IP 地址、IM 客户端软件的版本号及使用的网络连接端口号，然后返回用户登录成功的标志，此时 A 在 IM 系统中的状态为在线。

然后，IM 服务器根据 A 的好友列表，将 A 在线的相关信息发送到同时在线的即时通信好友的客户端，这些信息包括 A 的在线状态、IP 地址、IM 客户端使用的网络连接端口号等。

IM 服务器把 A 的好友列表及相关信息回送到 A 的客户端，这些信息包括好友的在线状态、IP 地址、IM 客户端使用的网络连接端口号等信息，A 的客户端收到后将显示这些好友列表及其在线状态。

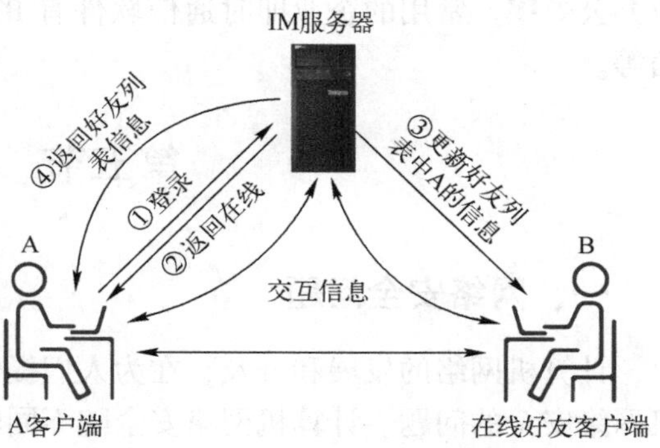

图 8-29　即时通信实现原理示意图

（2）用户之间交互信息

用户之间的信息交互有多种方式，可能采用 C/S 模式，也可能采用 P2P 模式，如图 8-29 所示。

如果用户 A 想与在线好友用户 B 聊天，他将直接通过好友列表中的用户 B 的 IP 地址、端口号等信息，直接向用户 B 的客户端发出聊天信息。用户 B 的 IM 客户端软件将收到的信息显示在屏幕上，然后用户 B 可直接回复信息到用户 A 的客户端，双方的即时消息可不通过 IM 服务器中转，而是通过网络进行点对点的直接通信，即对等通信（P2P）模式。

客户端采用 P2P 模式，可充分利用网络带宽，减少网络的拥塞状况，使资源的利用率大大提高。同时没有中央结点的集中控制，系统的伸缩性较强。

在商用即时通信系统中，由于防火墙、网络速度等原因，导致用户 A 与用户 B 的点对点通信难以建立或者速度很慢，IM 服务器提供消息中转服务，即用户 A 和用户 B 的即时消息全部先发送到 IM 服务器，再由服务器转发给对方。

如果用户 B 没有在线，用户 A 发给好友用户 B 的消息就会发送到 IM 服务器。用户 B 在线时，由服务器转发给用户 B。服务器存储消息的时间一般有限制，例如，微信的 IM 服务器目前只保管用户未读信息 72 h。

用户 A 可以通过 IM 服务器将信息以扩展的方式传递给 B，例如，以短信发送方式发送到 B 的手机，以传真发送方式传递给 B 的电话机，以 E-mail 的方式传递给 B 的电子邮箱等。

2. 即时通信的应用

即时通信利用的是互联网线路，通过文字、语音、视频和文件的信息交流与互动，即时通信系统不但成为人们沟通的工具，还成了人们利用其进行电子商务、工作和学习等交流的平台。即时通信的应用主要分为个人即时通信、商务即时通信和企业即时通信等类型。

个人即时通信主要以个人用户为主，开放式的会员资料，方便交友、聊天和娱乐，常用的个人即时通信软件有微信、QQ 等。

商务即时通信是以企业平台网提供的商务交流或工作交流，以中小企业、个人实现买卖为主，目的是实现寻找客户资料或便于客户服务，例如，阿里旺旺贸易通、阿里旺旺淘宝版等。

企业即时通信是以企业内部为主，融合即时通信、实时协作于一体的办公平台，促进企业办公效率。常用的企业即时通信软件有 RTX 腾讯通、有度即时通、钉钉专有版和企业微信等。

第五节　网络安全

一、网络安全问题

计算机网络的发展和普及，在为人们提供便利、带来效益的同时，也使用户面临着计算机网络安全的问题。计算机网络安全随不同的环境和应用而产生了不同的含义。

从网络提供者的角度，计算机网络安全是指保护计算机网络系统中的硬件、软件和数据资源，不因偶然或恶意的事件遭到破坏、更改、泄露，使网络系统连续可靠地正常运行，网络服务正常有序。从使用者的角度，计算机网络安全是指在网络环境下要保障计算机的安全使用，个人隐私或及机密信息不被窃取、篡改和伪造。

影响计算机网络安全的因素可分为自然因素和人为因素，自然因素是指设备的自然老化或地震等不可抗力导致的威胁；人为因素是指管理不善或网络中的不良分子利用网络漏洞或是应用网络攻击技术对计算机系统资源进行盗用，或是泄露、篡改信息数据等。在多种因素中，人为因素是对计算机网络安全影响、威胁最大的。

1. 系统缺陷

计算机网络系统本身存在一些固有的弱点，即网络系统的脆弱性。网络操作系统体系结构本身就是不安全的。例如，为了系统集成和系统扩充的需要，系统的服务和 I/O 操作可以通过补丁方式升级和动态连接，这种方式给厂商和用户提供了方便，同时也给黑客入侵提供了漏洞。操作系统的另一个安全漏洞是存在超级用户（Administrator 账户），如果入侵者得到了超级用户口令，整个系统将完全受控于入侵者。

计算机系统的硬件和软件故障可影响系统的正常运行，严重时系统会停止工作。系统的硬件故障包括部件故障、电源故障、芯片主板故障和驱动器故障等。系统的软件故障通常有操作系统故障、应用软件故障和驱动程序故障等。

计算机网络中的网络端口、传输线路和各种处理器都有可能因为屏蔽不严或未屏蔽而造成电磁信息辐射，带来有用信息或机密信息泄露。

网络系统的通信线路面对各种威胁显得非常脆弱，非法用户可对线路进行物理破坏、搭线窃听、通过未保护的外部线路访问系统内部信息等。

通信协议也会存在安全漏洞。例如，电子邮件服务器可以被注入恶意软件，然后通过受感染的附件将其发送给客户端。域名系统最常见的漏洞是缓存中毒，攻击者替换了合法的 IP 地址，引导用户访问恶意网站。

各种存储器中存储大量的信息，这些存储介质很容易被盗窃或损坏，造成信息的丢失；存储器中的信息也很容易被复制而不留痕迹。

2. 计算机病毒

计算机病毒是指编制或者在计算机程序中插入破坏计算机功能或者毁坏数据、影响计算机使用，并能自我复制的一组计算机指令或程序代码。计算机病毒是人为制造出来的、专门威胁计算机系统安全的程序。计算机网络中信息的传播，使得病毒的传播更快捷，破坏力更大。

在众多计算机病毒中，最为典型的就是名为“特洛伊”的木马病毒，该病毒将自己隐藏在程序或网页中，一旦用户下载该程序或是点开该网页链接后，该病毒就会直接入侵计算机系统，导致计算机系统瘫痪。

3. 黑客入侵

对于互联网平台，一个明显的特征是无区域性以及开放性，为网络中的不良分子的入侵提供了条件。黑客往往熟悉计算机网络系统，具有较高水平的操作技术，了解各种系统的薄弱点，会有针对性地破坏计算机网络系统或是盗取核心的信息数据。黑客是对计算机网络系统安全影响最大的因素之一。例如，2021 年 3 月底，计算机制造商宏碁遭遇 REvil 勒索软件攻击，并开出了赎金 5000 万美元，根据该组织公布的截图，入侵的数据包括财务电子表格、银行结余和往来信息等文档。

4. 钓鱼网站

钓鱼网站是指欺骗用户的虚假网站，其页面与真实网站界面基本一致，通常伪装成知名银行、在线零售商和信用卡公司等可信的站点，窃取用户提交的银行账号、密码等私密信息。钓鱼网站是互联网中最常碰到的一种诈骗方式。例如，2021 年，被投诉最多的是假冒腾讯公司的钓鱼诈骗网站，通常是假冒腾讯公司给用户发微信通知：“您的微信认证资料已过期，为避免影响您的使用，请及时进行认证，点击 http://*****/认证”。

为了防范和控制计算机网络威胁，保障计算机网络安全，需要增强网络安全技术措施，例如，数据传输技术、入侵检测技术、身份鉴别技术、访问控制技术、审计技术、防病毒技术和备份技术等；需要增强安全管理，从管理角度加强安全防范，建立、健全安全管理制度和措施；国家层面还制定了相应的网络安全管理法律和法规，来管理和约束所有利用计算机信息系统及互联网从事活动的组织和个人；从个人用户角度，要养成良好的计算机及互联网操作使用习惯和操作规范。

二、Windows 安全中心

Windows 10 操作系统自带的 Windows 安全中心是查看和管理设备安全性和运行状态的工具，提供多种选项来为计算机提供在线保护、维护设备运行状况、运行定期扫描和管理威胁保护设置等，用于保护计算机安全。

1. 打开 Windows 安全中心

方法 1：单击“开始”菜单，打开“设置”界面，如图 8-30 所示，选择“更新和安全”。在“更新和安全”界面的左侧菜单中，单击“Windows 安全中心”，在右侧显示的 Windows 安全中心中单击“打开 Windows 安全中心”，进入“Windows 安全中心”界面，如图 8-31 所示。

方法 2：直接在任务栏通知区域找到 Windows 安全中心的盾牌图标，单击图标打开如图 8-31 的 Windows 安全中心。

Windows 安全中心包含 7 个模块：病毒和威胁防护、帐户防护、防火墙和网络保护、应用和浏览器控制、设备安全性、设备性能和运行状况、家庭选项。下面介绍病毒和威胁防护、防火墙和网络保护、帐户保护的相关内容。

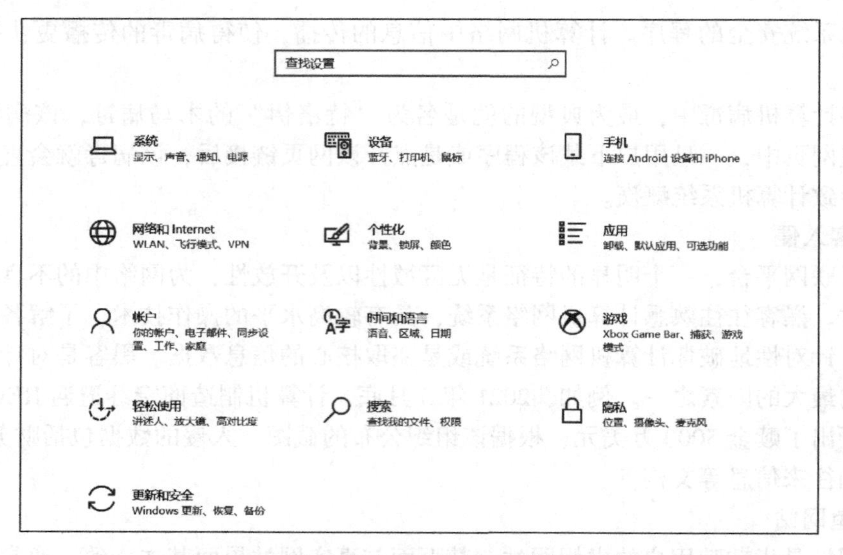

图 8-30 “设置界面”选择“更新和安全”

图 8-31 安全中心

2. 病毒和威胁防护

可以把“病毒和威胁防护”理解为一个杀毒软件，它为计算机提供实时保护，抵御各种形式的恶意软件，包括病毒、间谍软件、勒索软件和黑客攻击。如果计算机安装了第三方杀毒软件，会自动禁用这个模块。Windows 安全中心提供的“病毒和威胁防护”在 AV-Test㊀的测试结果中常年名列前茅，具有很好的杀毒功能。

㊀ AV-Test 是世界上最权威的第三方独立安全测试公司之一。

1）病毒扫描。如果没有安装第三方杀毒软件，系统会定期自动扫描系统重要部分。用户也可以选择手动扫描，单击“扫描选项”，用户可选择快速扫描、完全扫描、自定义扫描或脱机版扫描。快速扫描仅扫描系统重要部分，检查系统中经常发现威胁的文件夹，扫描速度很快。完全扫描检查硬盘上的所有文件和正在运行的程序，扫描时间会与文件数相关。自定义扫描允许用户选择要检查的文件和位置，例如，可以是硬盘、U盘或移动硬盘，或者是某个文件或文件夹。有时候遇到顽固病毒难以直接清除，可以使用脱机版扫描，使用这个功能计算机会重启，先进入恢复模式进行扫描，如果发现恶意程序会自动删除或将其隔离，完成后才正式进入系统。

2）查看杀毒记录。单击“保护历史记录”，可查看杀毒记录。若下载的文件被“病毒和威胁防护”判断为病毒，则桌面右下角会弹出通知，提醒检测到威胁。如果用户确定文件是安全的，则可以打开“保护历史记录”，单击该处理结果，若文件被隔离，则可以直接还原，若文件已被删除，则需要允许后重新下载。

3）加固特定文件夹。勒索软件是一种病毒程序，通常的做法是锁定计算机或移动终端屏幕，或者将重要的文件加密然后再索要赎金。默认情况下“勒索软件保护”仅保护Windows系统文件夹，用户可以添加指定的受保护文件夹，即选择“勒索软件保护”→“受保护的文件夹”，开启该功能后，可以指定需要加固的文件夹，使得这些文件夹不受恶意程序更改。

3. 防火墙和网络保护

防火墙监视并控制网络流量，目的是保护计算机免受可能由所连接网络带来的问题或威胁的破坏。Windows 10内置的防火墙提供基于主机的双向流量筛选，它可阻止进出计算机的未经授权的流量，为联网计算机提供强大有效的保护。

1）检查防火墙状态信息。通过Windows安全中心的“防火墙和网络保护”，可以获取防火墙当前的状态以及其他信息。提供3个网络配置文件，包括域网络、专用网络（例如家庭网络）和公用网络（例如酒店、咖啡馆或图书馆网络），单击每一个配置文件，可切换防火墙为开或关的状态。每个配置文件旁边有带颜色的指示灯，如果指示灯显示绿色，并且带√标记，则表明防火墙已打开并正常使用。如果显示是红色，并且带×标记，则有需要用户执行的操作，通常是需要用户更新防火墙设置。

2）访问和调整防火墙设置。在“防火墙和网络保护”页的网络配置文件状态下面，为用户提供了用来访问和调整防火墙设置的链接。

例如，如果用户需要某个应用通过防火墙通信，不要关闭防火墙，而是可以单击“允许应用通过防火墙”链接，打开“允许的应用和功能”列表，选择对应的条目即可。还可单击“防火墙通知设置”链接，来设置是否阻止某个网络配置文件的通知。

单击“高级设置”，打开“高级安全Windows Defender防火墙”，即可查看每个配置文件的详细设置。

防火墙是一种重要的安全防御，是保持设备安全的关键，建议不要更改防火墙设置，除非确信了解并且能够评估潜在的风险。用户随时可以使用“将防火墙还原为默认设置”链接还原默认的防火墙配置。

4. 帐户保护

“帐户保护”能够为用户的帐户或者当用户登录时提供额外的安全防护，包括Windows

Hello、安全密钥或者动态锁等保护措施。

Windows Hello 允许用户通过面部、虹膜、指纹或个人识别号码（PIN）登录到设备、应用、在线服务和网络。当设置 Windows Hello 生物识别时，它将从面部摄像头、虹膜传感器或者指纹读取器采集数据，然后创建数据表示或图形，经过加密之后存储到用户的设备上。

安全密钥是一种硬件设备（通常为小 USB 密钥的形式），可用于登录到账户，这是比用户名和密码更强的验证方法。由于安全密钥需要配合指纹或 PIN 使用，因此即使有人获得用户的安全密钥，也会因为缺乏 PIN 或指纹而难以登录到账户。安全密钥可从销售计算机配件的零售商处购买。

当用户离开自己的计算机时，建议锁定计算机，以免他人看到屏幕上的内容或使用计算机。按<■（Windows 徽标键）+L>键可立即锁定计算机。当返回时，只需进行身份验证就可回到锁定之前时的界面。

动态锁可以使用与计算机配对的设备来帮助检测用户何时离开，并在配对计算机离开蓝牙范围后不久锁定计算机。这帮助用户离开计算机并且忘记将其锁定时，其他人难于访问计算机。

三、培养良好的互联网操作习惯

要保障个人用户的计算机安全，重要的是养成良好的计算机及互联网使用习惯，从源头上尽可能降低网络安全的隐患和威胁。下面列举了使用计算机和互联网需要注意的几个方面。

1. 及时安装系统补丁

大型软件系统在开发过程中不可避免地存在一些没有发现的问题，称之为漏洞（俗称 bug）。随着用户的广泛使用，系统中存在的漏洞会被不断暴露出来，这些漏洞容易被不法分子利用，为系统安全带来威胁。系统的开发者在发现这些漏洞后，专门为解决这些漏洞编写小程序，称为补丁，或者发布新版系统纠正错误。不管是补丁，还是新版系统，在纠正了漏洞的同时，也可能会引入一些新的漏洞和错误。

常用的 Windows 操作系统，系统自带有 Windows Update 更新程序，能自动查找和安装补丁。第三方软件也能检测和汇总系统需要的补丁供用户安装。

2. 安装和使用杀毒软件

杀毒软件也称为防毒软件，是用于消除各种计算机病毒威胁的一类软件。杀毒软件设计者分析各种病毒程序，从中提取出特征代码，构建病毒特征数据库，以此作为查找病毒的依据。用户安装杀毒软件后，可以对个人计算机系统中的内存和硬盘进行扫描，对系统中的文件与病毒库中的特征进行比较，发现并清除感染病毒的文件。

病毒在不断更新和变异，需要安装最新的杀毒软件，才能在一定范围内发现和处理常见的病毒。还要及时对杀毒软件升级，以使计算机受到持续性地保护。

3. 使用正版软件

使用正版软件是遵从法律法规的需要，有利于加强对软件知识产权的保护，规避法律风险。使用正版软件也有利于从源头上减少信息安全事件的发生，保护好个人计算机系统。

流氓软件是指在未明确提示用户或未经用户许可的情况下，在用户计算机或其他终端上安装运行，侵害用户合法权益的软件，流氓软件是介于病毒和正规软件之间的软件。如果计算机中有流氓软件，可能会出现以下几种情况：用户使用计算机上网时，会有窗口不断弹出；计算机浏览器被莫名其妙地修改或增加了许多工作条；当用户打开网页时，网页会变成不相干的奇怪画面，甚至是色情广告。

下载软件时一定要从软件所在的官方网站获取，从非正规渠道下载软件，常常会携带流氓软件。

4. 及时数据备份

数据备份是指为了防止由于操作失误、系统故障等人为因素或意外原因导致数据丢失，而将整个系统的数据或者一部分关键数据通过一定的方法从主计算机系统的存储设备中复制到其他存储设备的过程。

对于大型数据产生和使用机构，例如，政府、企业或者科研单位，数据备份是一项专业性和技术性的工作，例如，备份策略的制订、备份系统结构的设计，一套完整的专业数据备份系统由备份硬件和备份管理软件两部分组成。

个人计算机内的数据，特别是个人创作的数据，例如，文章、照片、视频等，通常是无价的，个人的数据也会面临损失的风险，做好个人数据的备份同样是一项重要的任务。

在备份前，先要将数据进行分类，例如，操作系统类、常用应用软件类、下载的数据文件（如音乐、视频）、个人创作类等。对于不同类型的数据，需要使用不同的方法进行备份，对于个人创作类的数据，需要重点备份。

数据备份的存储媒介也是需要考虑的。常用的备份媒介有移动硬盘、U 盘、光盘、本地计算机的硬盘，或者网络云盘等。备份在本地计算机的硬盘中最简单，但若计算机出现故障，备份就无效了。因此，重要的数据需要备份在不同的存储媒介中，或者增大备份的副本数。

数据备份后也需要进行有效的管理，对移动硬盘、U 盘、光盘等贴好标签，并注明备份数据的内容、备份时间等，妥善保存这些存储介质。

5. 谨防网络欺骗

保管好自己的个人信息，使用的 QQ 号、微信号、账号、密码等一定要保密。网络聊天时不要随意透露自己的个人私密信息，不要随便与网友约会。进行在线交易和网上购物时要注意安全防范，保持警惕，以防网络诈骗。

四、计算机相关的法律和法规

我国互联网法律体系已经初步建成，由法律、行政法规和部门规章组成的三层规范体系保护着互联网空间。我国颁布有关的法律法规涉及计算机软件保护及著作权登记、计算机信息系统安全保护、计算机信息网络国际联网管理、计算机工程及电信设备进网管理、中国互联网络域名注册管理、中国公众多媒体通信管理、计算机信息系统保密、软件产品管理和金融机构计算机信息系统安全等诸多方面。

其中与公民个人有较直接关系的法律和法规有：《计算机软件保护条例》《中华人民共和国计算机信息系统安全保护条例》《中华人民共和国计算机信息网络国际联网管理暂行规定》《中国公用计算机互联网国际联网管理办法》《计算机信息网络国际联网安全保护管理办法》《中华人民共和国计算机信息网络国际联网管理暂行规定实施办法》《计算机信息系统保密管理暂行规定》和《中华人民共和国个人信息保护法》等。在中国法律管辖的范围内，所有利用计算机信息系统及互联网从事活动的组织和个人，都不得进行相关的违法犯罪活动，否则，必将受到法律制裁。

实验操作

实验一　网络资源下载

1. 实验目的

1）掌握信息的检索方法。

2）掌握从网页页面直接下载软件，并安装软件。

3）掌握通过下载软件来下载文件，理解C/S模式与B/S模式。

2. 实验内容

练习1：从网页页面直接下载软件，并安装。

使用百度或其他搜索引擎，查找“搜狗拼音输入法”程序的官方网页，从搜狗的官方网页中下载该程序文件，并在计算机中安装搜狗拼音输入法。

练习2：从下载软件中下载文件。

常见的下载软件有迅雷、BitTorren、电驴等，选取一种下载软件，下载搜狗拼音输入法。

实验二　网络云盘存储

1. 实验目的

掌握网络云盘中提供的信息存储、下载、上传等服务。

2. 实验内容

常用的云盘服务提供商有百度网盘、腾讯微云、迅雷网盘、阿里云盘、360云盘等，不同云盘提供的基本功能是一样的，选择其中一种云盘，体验云盘的基本使用方法。具体要求如下。

1）在云盘中新建一个名为“下载软件”的文件夹，将实验一中下载的搜狗拼音输入法文件存储在该文件夹中。

2）将该搜狗拼音输入法文件通过复制链接和复制二维码的方式分享给好友。

3）修改“下载软件”的文件夹名为“创作文档”。

4）将搜狗拼音输入法文件复制到“我的资源”中。

5）从云盘中彻底删除“创作文档”中的搜狗拼音输入法文件。

6）将“我的资源”中搜狗拼音输入法文件取回到本地计算机中。

实验三　电子邮件的使用

1. 实验目的

1）理解在线信息交流和离线信息交流的区别。

2）理解电子邮箱地址的构成。

3）掌握电子邮箱的注册和常规使用。

2. 实验内容

电子邮箱分为收费和免费两类。提供免费电子邮箱服务的有网易邮箱、新浪邮箱、QQ邮箱、搜狐邮箱，还有移动通信公司提供的139邮箱、189邮箱等。不同电子邮箱提供的基本功能是一样的，选择其中一种电子邮箱，体验电子邮箱的基本使用方法。具体要求如下。

1）通过电子邮箱给自己或jsjzikao@163.com邮箱写一封信件，并将素材中的文件作为附件发送。

2）查看电子邮箱中已有的信件，并下载或浏览附件中的文件。

3）使用“设置”功能，按自己习惯修改选项内容。

实验四　即时通信的使用

1. 实验目的

掌握即时通信软件的常规使用。

2. 实验内容

即时通信软件有多种类型，实验以腾讯会议软件为例。具体要求如下。

1）启动腾讯会议的客户端，预定会议。

2）加入会议，设置静音、关闭摄像头；打开送话器，打开摄像头。

3）开启共享屏幕，设置全体静音。

4）启用会议录制功能，并将录制文件保存到“D:/腾讯会议”中。

5）使用聊天功能。

6）导出参会成员名单和信息，并将文件保存到本地计算机。

本章小结

Internet（因特网）将世界各地的计算机网络和计算机，按照TCP/IP网络协议，借助有线或无线传输介质，通过通信控制设备，连接成一个世界最大的广域网。现代人的学习、工作和生活已经被编织在互联网中。每天习惯于在互联网上浏览信息、检索信息、下载文件、在线办公、在线交易，也习惯于使用微信、QQ等多种即时通信方式与家人、朋友聊天。在使用互联网的时候，也应该认识网络、熟悉网络，才能更好地发挥网络的作用。

数据通信、资源共享是计算机网络提供的最基本的功能。连接入互联网的用户共享着网络中的软件资源、硬件资源和数据资源，也在通过互联网传输着各种信息。网络信息浏览、网络信息检索、网络资源下载、网络云盘存储、电子邮件服务、即时通信都体现了计算机网络的数据通信、资源共享的功能。

在使用本地计算机或手机连接到互联网的时候，本地计算机或手机通常属于客户机，本地计算机或手机发送请求；网络里接收请求的计算机属于服务器，服务器响应用户请求，执行相关操作，并把操作结果返回给用户的本地计算机或手机。这属于客户机/服务器（C/S）模式。局域网中的服务器有很多，提供不同类型的服务，提供网上信息浏览功能的服务器称为Web服务器，运行数据库系统的服务器称为数据库服务器，运行域名系统的服务器称为域名服务器，用来负责电子邮件收发管理的服务器称为邮件服务器。

当用户通过迅雷等软件下载文件的时候，两台用户的计算机可以直接传送文件内容，此时用户计算机既是客户机也是服务器，它们工作在对等模式。

每个单位，甚至部门都会组建网络，一个单位或部门构建的网络属于局域网，例如，校园网、企业网通常属于局域网。局域网中的多台计算机通过交换机或集线器连接起来；通过防火墙将内网与外网隔开，保障内网安全；通过路由器与互联网连接。本章列举了若干局域网案例。

ChinaNet、CERNet、ChinaGBN 和 CSTNet 是我国最早的四大骨干网。后来又发展了中国移动互联网（CMNet）、中国联通计算机互联网（UNINet）、中国网通公用互联网（CNCNet）、中国国际经济贸易互联网（CIETNet）、中国长城互联网（CGWNet）、中国卫星集团互联网（CSNet）。这些网络组成了我国互联网的骨干网，属于广域网。

局域网与广域网通过路由器连接，构成了网络的网络。因特网就是使用 TCP/IP 的、由各种局域网、广域网连接的一个最大的网络。

本章具有实践性强的特点，共设计了 4 个实验，涵盖了因特网的基本使用和数据通信服务。建议：一边学习一边操作，通过操作来理解章节中的概念、基础知识等内容。每个实验操作题都配有实验步骤，学生可自行下载学习。

习　题

一、单项选择题

1. 网页是一个由 HTML 描述的超文本文档，超文本的核心是　【　】
   A. 链接　B. 网络　C. 图像　D. 声音
2. 在浏览器的地址栏中输入 http://www. 163. com，其中 http 是一个　【　】
   A. 域名　B. 文件传输协议
   C. IP 地址　D. 超文本传输协议
3. 通常所说的 ADSL 是指　【　】
   A. 计算机品牌　B. 网络通信设备
   C. 网络服务商　D. 接入网络的方式
4. 下列选项中，正确表示电子邮箱地址的是　【　】
   A. www. 163. com　B. 192. 168. 0. 1
   C. ABC@ 163. com　D. abc#163. com
5. 下列选项中，正确表示域名的是　【　】
   A. www. cctv. com　B. abc@ 163. com
   C. 196. 168. 0. 1　D. 11000100 10101000 00000000 00000001
6. 电子邮件地址 abc@ nju. edu. cn 中的 nju. edu. cn 表示　【　】
   A. 用户名　B. Web 服务器名称
   C. 学校名　D. 邮件服务器名称
7. 下列软件中，用于访问 WWW 信息的是　【　】
   A. 杀毒软件　B. 迅雷软件
   C. 游戏软件　D. 浏览器软件
8. 下列选项中，属于计算机网络基本功能的是　【　】

A. 运算精度高　　B. 资源共享
C. 内存容量大　　D. 运算速度快

9. 若甲给乙发送电子邮件，此时乙没有上网，那么邮件将　【　】
A. 丢失　　B. 保存在甲的邮件服务器中
C. 退回给甲　　D. 保存在乙的邮件服务器中

10. 下列选项中，属于计算机网络通信设备的是　【　】
A. 显示器　　B. 路由器
C. 运算器　　D. 浏览器

11. 学校的校园网属于　【　】
A. 局域网　　B. 广域网
C. 城域网　　D. 电话网

12. 区分局域网和广域网的依据是　【　】
A. 网络用户　　B. 通信协议
C. 通信设备　　D. 联网范围

二、填空题

1. 网址 www. nju. edu. cn 中的“cn”表示________。
2. 在因特网上专门用于传输文件的协议是________。
3. 将模拟信号与数字信号互相转换的设备是________。
4. Internet 中 URL 的含义是________。
5. 连接到 Internet 的计算机必须安装的网络通信协议是________。
6. Internet 起源于________。
7. C/S 的全称是________。

三、简答题

1. 写出下列计算机网络名词的中文含义：DNS、HTTP、SMTP、WWW、Internet、B/S、WAN、FTTH、E-mail。

2. 请叙述计算机网络的主要功能。

3. 下列几种网络服务中，分别采用了哪些类型的计算机网络工作模式？

①电子邮件服务；②WWW 信息浏览；③使用网页下载软件；④使用迅雷软件下载文件。

四、操作题

1. 通过网络信息检索，查找 IMAP 的中英文全称，以及与哪一个协议功能相似。

2. 通过网络信息检索，查找《中华人民共和国著作权法》的最新版本的年份，以及对软件著作权的相关保护条款内容。

3. 通过网络信息检索，分析使用手机登录银行 APP 软件，通过公共 Wi-Fi 接入方式与银行系统建立连接是否安全。

参考文献

[1] 张福炎，孙志辉．大学计算机信息技术教程：2020 版 [M]．南京：南京大学出版社，2020.
[2] 袁春风．计算机组成与系统结构 [M]．3 版．北京：清华大学出版社，2022.
[3] 赵守香．计算机应用基础：2015 版 [M]．北京：机械工业出版社，2015.
[4] 邵增珍，姜言波，刘倩．计算思维与大学计算机基础 [M]．北京：清华大学出版社，2021.
[5] 王必友，等．大学计算机实践教程 [M]．3 版．北京：高等教育出版社，2021.

后　　记

经全国高等教育自学考试指导委员会同意，由全国考委电子、电工与信息类专业委员会负责高等教育自学考试《计算机基础与应用技术》教材的审稿工作。

本教材由南京师范大学鲍培明副教授负责编写。国防科技大学熊岳山教授担任主审，北京理工大学陈朔鹰副教授和长沙学院朱培栋教授参审，提出修改意见，谨向他们表示诚挚的谢意。

全国考委电子、电工与信息类专业委员会最后审定通过了本教材。

全国高等教育自学考试指导委员会
电子、电工与信息类专业委员会
2023 年 5 月